TECNOLOGIA, INOVAÇÃO E SUSTENTABILIDADE NA GESTÃO:

PERSPECTIVAS E PRÁTICAS ORGANIZACIONAIS

Organizadores:
Osvaldo Luiz G. Quelhas, D.Sc; Marcelo J. Meiriño, D.Sc.;
Sergio Luiz B. França, D.Sc.; Júlio Vieira Neto, D.Sc.;
Cid Alledi Filho, D.Sc

2017

1° Edição

Copyright © 2017 by
Osvaldo Luiz G. Quelhas, D.Sc, Marcelo J. Meiriño, D.Sc.,
Sergio Luiz B. França, D.Sc., Júlio Vieira Neto, D.Sc.,
Cid Alledi Filho, D.Sc.

Published in the United States by GlobalSouth Press Inc TM.
All rights reserved. Published in the United States of America

No part of this book may be reproduced or utilized in any form or by any means, electronic or mechanical, including photocopying, recording, or by any information storage and retrieval system, without written permission from the publisher, except in the case of brief quotations embodied in critical articles and reviews. For information, address GlobalSouth Press Inc., 199 E. Montgomery Suite 100, Rockville-MD. 20850. GlobalSouth Press books are available at exclusive discounts for bulk purchases in the U.S. by corporations, institutions, and other organizations.

For more information, please contact info@globalsouthpress.com or go to http://www.globalsouthpress.com/

Tecnologia, Inovação E Sustentabilidade na Gestão
By G. QUELHAS, Osvaldo Luiz; MEIRIÑO, Marcelo J.;
B. FRANÇA, Sergio Luiz.; NETO, Júlio Vieira; FILHO, Cid Alledi

—1st ed. — 2017

Includes bibliographical references and index

ISBN: 978-1974184057

1. TECHNOLOGY & ENGINEERING / Industrial Technology

2. TECHNOLOGY & ENGINEERING / Manufacturing

3. TECHNOLOGY & ENGINEERING / General

Editorial Board

Bulent Acma, Ph.D.
Anadolu University, Eskişehir, Turkey.

Flavio Saraiva, Ph.D.
Universidade de Brasília, Brasilia, Brazil.

Helmunt Schlenter, Ph.D.
Institute for Global Dialogue, Pretoria, South Africa.

Tullo Vigevani, Ph.D.
Sao Paulo State University, Sao Paulo, Brazil.

Monica Arruda Almeida, Ph. D.
Georgetown University, Washington, D.C., United States of America.

Yong J. Wang, Ph.D.
Ohio University, Columbus, United States of America.

Chih-yu Shih, Ph.D.
National Taiwan University (ROC), Taipei, Taiwan.

Irene Klumbies, Ph.D.
Jacobs University Bremen, Bremen, Germany.

Sai Felicia Krishna-Hensel, Ph.D.
Center Business and Econ. Develop., Auburn University, Montgomery, United States of America.

José Álvaro Moisés, Ph.D.
Universidade de São Paulo (USP), São Paulo, Brazil.

Martina Kaller, Ph.D.
Standford University, California, United States of America

ÍNDICE

PREFÁCIO	7
INDÚSTRIA CRIATIVA: UMA ESTRATÉGIA POSSÍVEL DE DESENVOLVIMENTO EMPRESARIAL	9
PRIVACIDADE E SEGURANÇA DA INFORMAÇÃO NA ERA DIGITAL: DESAFIOS E PERSPECTIVAS EM INOVAÇÃO ATRAVÉS DA COMPUTAÇÃO EM NUVEM MANTENDO A CONFIANÇA DO CLIENTE	25
ELEMENTOS DE CUSTO PARA MANUTENÇÃO E SUPORTE DE SISTEMAS ERP NAS IFES BRASILEIRAS: UMA ABORDAGEM BASEADA NA METODOLOGIA TCO E BIBLIOTECA ITIL	41
BLOCKCHAIN: A MÁQUINA DE CONFIANÇA PARA UM FUTURO QUE EXIGE TRANSPARÊNCIA	71
AS NOVAS NORMAS DE GESTÃO "ABNT NBR ISO 9001:2015 " E "ABNT NBR ISO 14001:2015" APLICADAS À GESTÃO ORGANIZACIONAL, VISTAS COMO INOVAÇÕES TECNOLÓGICAS	87
COMUNICAÇÃO, CONEXÃO E TRANSFORMAÇÃO: O USO DAS NOVAS TECNOLOGIAS DE COMUNICAÇÃO E INFORMAÇÃO PELAS ORGANIZAÇÕES NA PROMOÇÃO DO DESENVOLVIMENTO SUSTENTÁVEL	109
LEAN CONSTRUCTION E *GREEN BUILDING*: PROPOSTA DE INTEGRAÇÃO DOS CONCEITOS E OTIMIZAÇÃO DAS FERRAMENTAS DE CONTROLE	123
A SINERGIA ENTRE O LEAN THINKING E O DESENVOLVIMENTO SUSTENTÁVEL NO AMBIENTE EMPREENDEDOR	143
PARCERIA ENTRE INSTITUIÇÃO DE ENSINO SUPERIOR E EMPRESA NO ENSINO DE GESTÃO ENXUTA (*LEAN MANAGEMENT*): UM ESTUDO DE CASO	159
INTUIÇÃO E FALTA DE CONEXÕES EM GERENCIAMENTO DE PROJETO: UM ESTUDO DE CASO APLICANDO O MODELO PROPOSTO POR ELBANNA (2015)	185

GOVERNANÇA CORPORATIVA SUSTENTÁVEL	203
CARACTERÍSTICAS DE INOVAÇÃO E SUSTENTABILIDADE NAS UNIVERSIDADES: ESTUDO DE CASO EM UMA UNIVERSIDADE PARTICULAR	225
INOVAÇÃO ORGANIZACIONAL, EMPREENDEDORISMO E ASCENSÃO PROFISSIONAL: O RELATO DE EX-PRESIDENTES DE EMPRESA JUNIOR DE UMA UNIVERSIDADE PÚBLICA	253
CONTRIBUIÇÕES DA GESTÃO DA QUALIDADE ALIADA À RESPONSABILIDADE SOCIAL CORPORATIVA PARA O DESEMPENHO ORGANIZACIONAL	267
A PREMISSA DO SER SUSTENTÁVEL: INOVAÇÕES E CRITÉRIOS RELATIVOS AO UNIVERSO ORGANIZACIONAL HOTELEIRO	283
EMPREENDEDORISMO E ESTRATÉGIA EM CONTEXTOS DINÂMICOS DE DESENVOLVIMEMTO ECONÔMICO	301
RELAÇÃO ENTRE PRÁTICAS DE RESPONSABILIDADE SOCIAL, SATISFAÇÃO NO TRABALHO E COMPROMETIMENTO ORGANIZACIONAL: ANÁLISE BIBLIOMÉTRICA E PORTFÓLIO BIBLIOGRÁFICO	319
"A IMPORTÂNCIA DAS INTERLOCUÇÕES DAS ORGANIZAÇÕES E A REAL NECESSIDADE DE ENGAJAMENTO NAS AÇÕES DE DESENVOLVIMENTO TERRITORIAL/LOCAL E DE RELACIONAMENTO COMUNITÁRIO"	339
ESTUDO BIBLIOGRÁFICO DA COMUNICAÇÃO INTERNA E DA REPUTAÇÃO NO CONTEXTO DA RESPONSABILIDADE SOCIAL CORPORATIVA	353
GERAÇÃO Y: ASPECTOS QUE INFLUENCIAM SUA RETENÇÃO NAS ORGANIZAÇÕES	371
INOVAÇÃO ORGANIZACIONAL: PRÁTICAS SOCIALMENTE RESPONSÁVEIS DE GESTÃO EM SAÚDE E SEGURANÇA OCUPACIONAL EM EMPRESAS DO SUDESTE BRASILEIRO	393
SOBRE OS AUTORES	419

PREFÁCIO

A complexidade da sociedade atual induz as organizações e seus gestores a compreender a necessidade de revisão dos modelos de negócio e de gestão a partir de perspectivas e práticas inovadora. O avanço da tecnologia impõe novos modelos de estruturas organizacionais, de sistemáticas de planejamento e controle, de aprendizado e de tecnologias integradoras em serviços e manufatura. Vivemos em momento de pleno desenvolvimento da Indústria 4.0, o que torna de extrema importância a discussão dos mais diversos aspectos que essa "onda" traz consigo, sejam eles positivos ou negativos.

Este desafio se apresenta aos gestores para garantir a redução dos riscos operacionais, melhorar desempenho e a vantagem competitiva, seja por meio da inovação, da aprendizagem e/ou do desenvolvimento de capacidades dinâmicas. A importância do tema "integração da gestão da tecnologia à inovação e à gestão organizacional" adquire importância em função das características das organizações contemporâneas: dinâmicas, complexas e globalizadas. Nesse sentido, buscam associação de Tecnologias de Informação (TI) e gestão, a fim de alcançar alto desempenho nas operações, atendendo as necessidades das partes interessadas.

Os Princípios tradicionais de administração, desenvolvidos após a Revolução Industrial, são insuficientes para resolver os problemas atuais de decisão com que os gestores se defrontam. A integração de TI, gestão organizacional e sustentabilidade é resposta ao elevado nível de competitividade, da diversidade de demandas das partes interessadas (sociais, econômicas, ambientais, culturais) que exigem da organização respostas éticas, transparentes, práticas, rápidas e precisas. Este conjunto de demandas gera aumento na quantidade e complexidade das decisões gerenciais.

Este dilema também é compartilhado pela academia, que pesquisa e cria soluções para disponibilizar ferramentas de gestão no ambiente mercadológico atual. Esse livro reflete a efervescência dessa temática no âmbito acadêmico capitaneada pelos Programas de Mestrado em Sistemas de Gestão MSG e Doutorando em Sistemas de Gestão Sustentáveis PPSIG da Universidade Federal Fluminense, sob os olhares do Laboratório de Tecnologias, Gestão de Negócios e Meio Ambiente LATEC UFF.

O teor deste livro, intitulado "TECNOLOGIA, INOVAÇÃO E SUSTENTABILIDADE NA GESTÃO: PERSPECTIVAS E PRÁTICAS

ORGANIZACIONAIS", constitui contribuição ao mercado diante de um constante processo de otimização dos seus processos, sendo considerado como conhecimento aplicado para solução de problemas vinculados às práticas organizacionais. Assim como representa contribuição para a literatura científica que trata do tema gestão contemporânea. Objetiva apresentar sistemáticas de apoio aos processos de decisão na integração entre modelos organizacionais, tecnologias de TI, gestão, sustentabilidade, transparência, ética nos negócios e inovação permanente.

A contribuição mais relevante deste livro é quanto ao entendimento da ideia de complexidade e de incerteza, no contexto em que se inserem as mudanças organizacionais demandas de um mundo globalizado frente ao desafio de novos modelos competitivos.

Este livro é uma contribuição importante para que as organizações brasileiras alcancem desempenhos elevados em gestão e uma contribuição à pesquisa, formulando reflexões e propostas de lacunas que precisam ser preenchidos pelos trabalhos cientificos futuros. Tem o propósito de orientar estudantes, pesquisadores, gestores organizacionais ou interessados pelo tema, por meio de roteiros e textos didáticos, que auxiliam a transitar na complexa jornada para compreensão e aplicação dos fundamentos da complexidade em gestão.

Com muita satisfação recomendamos este livro, certo da sua contribuição aos leitores, às organizações, às líderes organizações, ao meio acadêmico e à sociedade.

Foi organizado por equipe de professores e pesquisadores em gestão contemporânea: Osvaldo L. G. Quelhas, Marcelo J. Meiriño, Sérgio L. B. França, Julio Vieira Neto e Cid Alledi Filho.

Niterói, 14 de agosto de 2017.

Prof. Osvaldo Luiz Gonçalves Quelhas, D.Sc.

Prof. Marcelo J. Meiriño, D.Sc.

Prof. Sergio L. França, D.Sc.

Prof. Júlio Vieira Neto, D.Sc.

Prof. Cid Alledi Filho, D.Sc.

INDÚSTRIA CRIATIVA: UMA ESTRATÉGIA POSSÍVEL DE DESENVOLVIMENTO EMPRESARIAL

Gabriel B. S. Pinto
Thamilla F. G. Talarico
Tatiana D. I. Sanchez

Diversos países, governos e instituições vêm apostando na inovação criativa como estratégia de ganho de competitividade empresarial (UNCTAD, 2010). Este artigo tem o objetivo de apresentar o posicionamento do Sistema FIRJAN sobre Indústria Criativa, que se consolidou como base para orientação de políticas públicas e empresariais para alguns dos agentes formadores de tais políticas (Ministério da Cultura, 2012). Nesse sentido, são apresentadas duas abordagens: o Mapeamento da Indústria Criativa no Brasil e um estudo de caso empresarial.

Introdução à Indústria Criativa

A criatividade é inerente à condição humana. E a criatividade aliada a conhecimento técnico, quando utilizados como recursos produtivos, geram bens e serviços diferenciados e capazes de criar significados, oferecer experiências, despertar emoções e gerar desejos. Essa diferenciação aumenta a competitividade da indústria e fideliza clientes, cada vez mais ávidos por desfrutar novas experiências e mais exigentes de sua qualidade de vida.

Como apresenta Reis (2012), na esteira da discussão sobre desenvolvimento econômico, a Austrália iniciou na década de 90 o debate sobre políticas públicas com foco no desenvolvimento das indústrias criativas. Nessa mesma década, o governo inglês começou a aplicar uma estratégia de desenvolvimento para os setores criativos fundamentada na ideia de que as indústrias criativas são uma força na geração de emprego, renda e de outras externalidades positivas para a economia.

Com o objetivo de fazer uma fotografia do entendimento do setor, o Ministério da Cultura, Mídia e Esportes do Reino Unido lançou o primeiro mapeamento das indústrias criativas. Com uma visão abrangente, esse estudo agrupou atividades econômicas cujo principal insumo era a criatividade, focando na produção de intangíveis como forma de agregação de valor. O estudo contemplava desde o design ao software.

Em 2001, dois outros estudos trouxeram novas abordagens sobre o tema. John Howkins (2001) agregou à metodologia britânica (DCMS, 1998) uma visão empresarial baseada nos conceitos mercadológicos de propriedade intelectual, na qual marcas, patentes, design e direitos autorais forneciam os princípios para transformar criatividade em produto. No mesmo ano, Richard Florida (2001) acrescentou um novo olhar com ênfase nos profissionais que trabalhavam com processos criativos, os quais ele denominou de "classe criativa". Além da representatividade numérica, este estudo revelou as características sociais dessa nova classe de trabalhadores, bem como seu potencial de contribuição para o desenvolvimento.

De fato, o olhar para as indústrias criativas estava diretamente associado aos novos modos de produção, de distribuição e, principalmente, geração de valor que transformaram o cenário econômico mundial ao longo dos anos 2000. A massificação das novas tecnologias digitais inaugurou a Terceira Revolução Industrial, acarretando em mudanças radicais na geografia internacional e intensificando o processo de globalização.

Nesse mesmo cenário, novos players internacionais aumentaram sua participação. Por exemplo, a China e as economias emergentes asiáticas, baseadas até então na escala de produção fabril, assumiram papel de destaque na manufatura mundial. Em substituição aos velhos centros econômicos que concentravam grande parte da produção, surgiram novas rotas comerciais e dinâmicas de fluxo do grande capital.

As economias que até então lideravam a geografia econômica passaram a enfrentar novos competidores que ingressaram de forma agressiva no mercado. A escala de produção que durante muito tempo era a principal maneira de ganho de mercado no eixo de trocas e de valor, passou a dar lugar para um novo tipo de competição.

Em paralelo a esse deslocamento da concentração da produção, também influenciado pela revolução digital em curso, outro agente conquistou um destaque preponderante: o consumidor. Ele viu seu papel mudando desde o fim da segunda guerra, mas foi com a revolução digital e a consequente intensificação da globalização, que o consumidor se tornou o grande protagonista da economia mundial. Em um mundo cada vez mais hiperconectado e repleto de informações, os desejos e as experiências de consumo ganharam uma relevância significativa para as estratégias empresariais.

A Indústria Criativa tem um evidente caráter estratégico, em especial, em um cenário de crise econômica. A velha máxima que vincula a ideia de que a criatividade é um bem etéreo, inalcançável e privilégio de poucos, não faz sentido. A criação de novos processos produtivos dentro das fábricas, o desenvolvimento de novas formas de escoamento da produção e a implantação de novos modelos de negócio constituem exemplos saudáveis de inovação criativa. Os investimentos empresariais em ativos físicos (plantas e máquinas) começaram a cair proporcionalmente ao PIB, dando espaço aos investimentos em ativos intangíveis baseados no conhecimento: P&D, design, software, capital humano e organizacional, e marcas (*brand equity*).

Como consequência, as fronteiras entre os setores clássicos, tais como definidos pelas classificações internacionais, começaram a desaparecer, uma vez que as próprias manufaturas incorporaram serviços de alto valor agregado para dentro de suas empresas.

Fortalece-se a partir de então uma economia baseada no conhecimento e no intangível A inovação não-tecnológica se torna importante e novas metodologias, como design, ferramentas de modelagem de negócios, marketing estratégico, marcas ou novos modelos de distribuição e relação com clientes e fornecedores ganham preponderância.

De uma forma geral, portanto, ainda que com mais intensidade em alguns países, a Indústria Criativa é reforçada como resposta macroeconômica. As atividades econômicas que têm a produção de intangíveis no centro do seu negócio passaram a ganhar protagonismo na economia. Escritórios de design e arquitetura, agências de marketing e conteúdo se tornaram ainda mais relevantes em uma economia que precisava entender e responder às mudanças desse consumidor em transformação.

O empresário, por sua vez, começa a substituir o imediatismo resultante do ganho com base nos avanços tecnológicos, em prol de ganhos advindos de uma visão mais focada no mercado e orientada pelo cliente. Cresce a importância e a demanda por novos processos, métodos de produção e de venda, por sistemas logísticos e de modelos de gestão e tudo mais que possa incorporar o pensamento criativo.

Ao mesmo tempo, os profissionais criativos começaram a ganhar destaque. Certamente, como lembra Howkins (2001), todas as pessoas são criativas à sua própria maneira, mas poucas pessoas fazem da criatividade seu core business em termos de ganho financeiro ou de realização pessoal. Foi nesse contexto que alguns profissionais se destacaram face à promoção de novas estratégias de desenvolvimento, sendo capazes não só de amortizar os custos resultantes da ruptura com o velho paradigma, como articular caminhos para o enfrentamento das novas condições de competição internacional, que então se intensificava.

As economias mundiais mais fortes já perceberam a enorme relevância da criatividade como diferencial competitivo, tanto que investem, em escala geométrica, na capacitação e no estímulo ao desenvolvimento da inteligência criativa do indivíduo e, por consequência, de suas empresas. Assim, foi-se consolidando a ideia de que a Indústria Criativa constitui uma abordagem estratégica, com capacidade de geração de empregos e renda e, principalmente, com capacidade de alavancar outros setores, tornando-os mais inovadores, dinâmicos e competitivos.

Mapeamento da Indústria Criativa

Por acreditar na vinculação entre criatividade e inovação empresarial, o Sistema FIRJAN lançou o estudo pioneiro *A Cadeia da Indústria Criativa no Brasil*. Alinhado com a metodologia do DCMS e com base nas classificações nacionais de atividades econômicas, nas classificações brasileiras de ocupações e nos dados do Ministério do Trabalho e Emprego, o Sistema FIRJAN publicou, em 2012, o primeiro Mapeamento da Indústria Criativa no Brasil (FIRJAN, 2016). Esse estudo passou a ser base para o monitoramento das políticas públicas e empresariais e instrumento de análise para diversos pesquisadores.

Além da visão sobre a produção criativa, que lançava um olhar sobre as empresas, a FIRJAN buscou ampliar o espectro de análise, dessa vez, contemplando também os profissionais criativos, independentemente do lugar onde trabalham, seja na Indústria Criativa, seja na Indústria Clássica, seja em qualquer outra atividade econômica.

Desde a primeira nota técnica até sua última edição, o Mapeamento da Indústria Criativa passou por algumas revisões, chegando a uma versão final das classificações das atividades econômicas na edição de 2014, repetida na de 2016, com a manutenção das classificações desses doze setores.

Em sua quinta edição, o Mapeamento da Indústria Criativa no Brasil apresentou os resultados dos movimentos da Indústria Criativa no período de profunda crise econômica nacional, a partir de 2013 – ano dos dados analisados na edição anterior do estudo. Nesse cenário, o estudo atualizou as estatísticas sobre as empresas e profissionais criativos. Duas principais análises foram investigadas no estudo: como se comportou a Indústria Criativa no Brasil durante o período de crise econômica; qual o potencial de geração de competitividade da abordagem de indústria criativa pelos profissionais criativos.

Com base no diálogo com especialistas setoriais e fruto do próprio amadurecimento dos conceitos no Brasil, o Mapeamento da Indústria Criativa no Brasil reforçou as divisões dos 13 segmentos criativos de acordo com suas afinidades setoriais em quatro grandes áreas: Consumo (Design, Arquitetura, Moda e Publicidade), Mídias (Editorial e Audiovisual), Cultura (Patrimônio e Artes, Música, Artes Cênicas e Expressões Culturais) e Tecnologia (P&D, Biotecnologia e TIC).

Por possuírem características semelhantes, essa distribuição facilita tanto a leitura do comportamento das áreas, como a identificação das vocações regionais e das tendências ocupacionais em cada segmento (Figura 1).

A visão sobre a cadeia da Indústria Criativa está alinhada à definição da Conferência das Nações Unidas sobre Comércio e Desenvolvimento (Unctad), na qual se refere às atividades de indústria criativa como aquelas compostas pelos ciclos de criação, produção e distribuição de bens e serviços que usam criatividade e capital intelectual como insumos primários. Em consonância com esse entendimento, a cadeia da Indústria Criativa é formada por três grandes categorias:

Figura 1: Fluxograma da cadeia da Indústria Criativa no Brasil

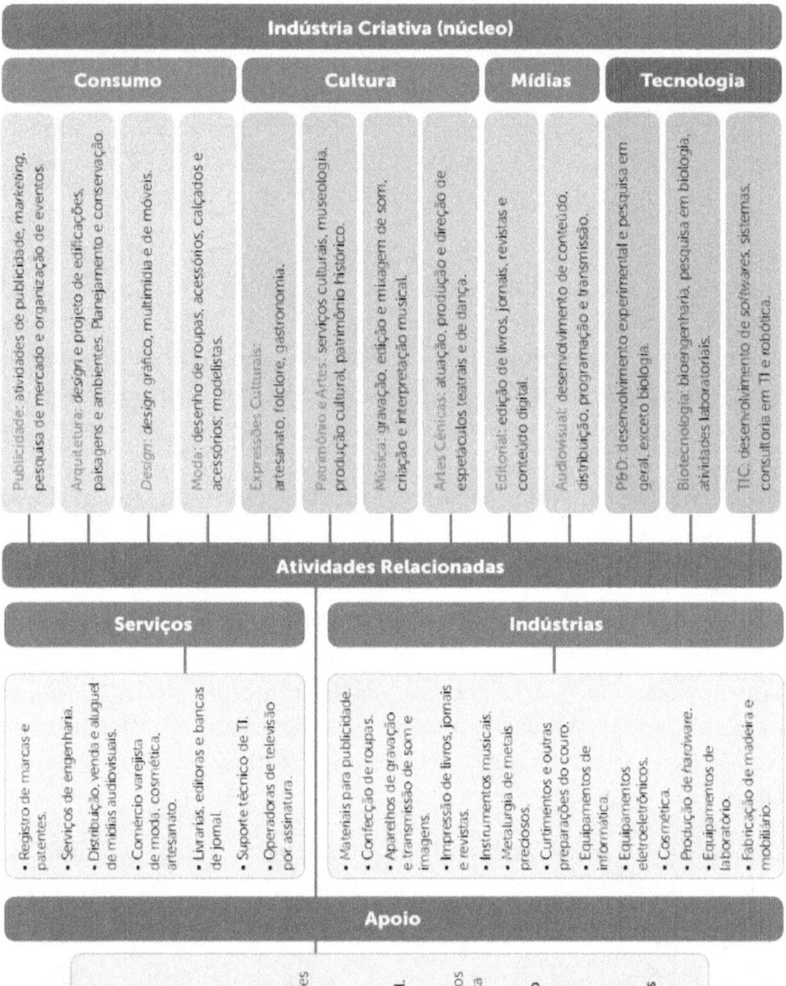

Indústria Criativa (núcleo)

Consumo
- Publicidade: atividades de publicidade, marketing, pesquisa de mercado e organização de eventos.
- Arquitetura: design e projeto de edificações, paisagens e ambientes. Planejamento e conservação.
- Design: design gráfico, multimídia e de móveis.
- Moda: desenho de roupas, acessórios, calçados e acessórios; modelistas.

Cultura
- Expressões Culturais: artesanato, folclore, gastronomia.
- Patrimônio e Artes: serviços culturais, museologia, produção cultural, patrimônio histórico.
- Música: gravação, edição e mixagem de som, criação e interpretação musical.
- Artes Cênicas: atuação, produção e direção de espetáculos teatrais e de dança.

Mídias
- Editorial: edição de livros, jornais, revistas e conteúdo digital.
- Audiovisual: desenvolvimento de conteúdo, distribuição, programação e transmissão.

Tecnologia
- P&D: desenvolvimento experimental e pesquisa em geral, exceto biologia.
- Biotecnologia: bioengenharia, pesquisa em biologia, atividades laboratoriais.
- TIC: desenvolvimento de softwares, sistemas, consultoria em TI e robótica.

Atividades Relacionadas

Serviços
- Registro de marcas e patentes.
- Serviços de engenharia.
- Distribuição, venda e aluguel de mídias audiovisuais.
- Comércio varejista de moda, cosmética, artesanato.
- Livrarias, editoras e bancas de jornal.
- Suporte técnico de TI.
- Operadoras de televisão por assinatura.

Indústrias
- Materiais para publicidade.
- Confecção de roupas.
- Aparelhos de gravação e transmissão de som e imagens.
- Impressão de livros, jornais e revistas.
- Instrumentos musicais.
- Metalurgia de metais preciosos.
- Curtimentos e outras preparações do couro.
- Equipamentos de informática.
- Equipamentos eletroeletrônicos.
- Cosmética.
- Produção de hardware.
- Equipamentos de laboratório.
- Fabricação de madeira e mobiliário.

Apoio
- Construção civil: obras e serviços de edificação.
- Indústria e varejo de insumos, ferramentas e maquinário.
- Tecelagem.
- Capacitação técnica: ensino universitário, unidades de formação profissional.
- Telecomunicações.
- Representação comercial.
- Comércio: aparelhos de som e imagem, instrumentos musicais; moda e cosmética em atacado.
- Reparação e manutenção de computadores e de equipamentos periféricos.
- Serviços de tradução.
- Agenciamento de direitos autorais.

Indústria Criativa (núcleo): é formada por atividades profissionais e/ou econômicas que utilizam as ideias como insumo principal para geração de valor.

Atividades Relacionadas: constituída por profissionais e estabelecimentos que proveem bens e serviços à Indústria Criativa. Representadas, em grande parte, por indústrias e empresas de serviços, fornecedoras de materiais e demais elementos, considerados fundamentais para o funcionamento do núcleo criativo.

Apoio: constituída por ofertantes de bens e serviços, de forma indireta, à Indústria Criativa.

A metodologia do Mapeamento joga luz exclusivamente na Indústria Criativa núcleo. Aborda o setor criativo sob duas óticas: a ótica da produção, que define PIB Criativo e estabelecimentos; e a ótica do mercado de trabalho, que identifica os profissionais criativos que atuam em todas as atividades econômicas – e não exclusivamente em empresas consideradas criativas.

Para isso, foram utilizadas as bases de dados oficiais do Ministério do Trabalho e Emprego (RAIS) por meio das quais se faz a identificação do quantitativo de empresas que oficialmente atuam nessa área, com base na Classificação Nacional das Atividades Econômicas (CNAE). Por sua vez, a mão de obra criativa formalmente contratada na economia foi identificada segundo a Classificação Brasileira de Ocupações (CBO).

Por fim, além das análises apresentadas neste mapeamento, os dados relativos aos empregos criativos por município estão disponíveis no endereço: www.firjan.com.br/economiacriativa.

O Mapeamento da Indústria Criativa de 2016 cobre o período entre 2013 (ano da última publicação) e 2015 e tem como cenário um período de profunda crise econômica nacional. Assim, o objetivo do trabalho vai além de atualizar as estatísticas, propondo-se a identificar como se comportou a Indústria Criativa no Brasil nesse período de crise.

Resultados do Mapeamento da Indústria Criativa no Brasil

Como mencionado acima, o Mapeamento aborda a Indústria Criativa sob duas óticas. A primeira é a ótica da produção, que se reporta ao valor de produção gerado pelos estabelecimentos criativos – que não necessariamente empregam apenas trabalhadores criativos. A segunda ótica é a do mercado de trabalho, ou seja, dos profissionais criativos, independentemente do lugar onde trabalham, seja em empresas tidas como estritamente criativas, seja em qualquer outra atividade econômica.

A capacidade de se reinventar tem se consolidado como um dos fatores de vantagem competitiva no meio empresarial. Além dos insumos tradicionais de produção – capital, matéria-prima e mão de obra – as ideias passaram a ser input relevante e necessário para a diferenciação e geração de valor.

O aumento da importância da geração de ideias e da criatividade não é um fenômeno recente, mas ganha renovado impulso na atual conjuntura da economia brasileira. Como observado por Florida (2011), em praticamente todos os segmentos da economia, aqueles que conseguem criar e continuar se transformando são os que obtêm sucesso de longo prazo. Em um momento de reorganização e busca pela diferenciação, as áreas estratégicas das empresas passam a olhar com atenção para a economia criativa.

Sob a ótica da produção, a área criativa se mostrou menos impactada ante o cenário econômico adverso do período 2013-2015, quando comparada à totalidade da economia nacional. De fato, a participação do PIB Criativo no PIB Brasileiro cresceu de 2,56% para 2,64%, mantendo a tendência observada desde meados da década passada. Como resultado, a área criativa foi responsável por gerar uma riqueza de R$ 155,6 bilhões para a economia brasileira no último ano.

Gráfico 1: Participação do PIB Criativo no PIB total Brasileiro – 2004 a 2015

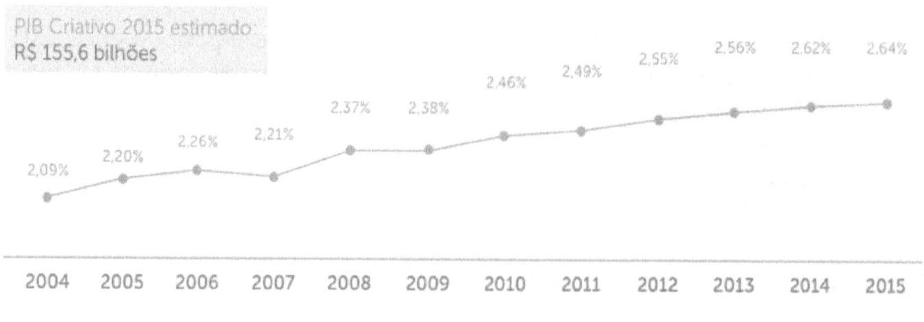

PIB Criativo 2015 estimado: R$ 155,6 bilhões

Ano	2004	2005	2006	2007	2008	2009	2010	2011	2012	2013	2014	2015
%	2,09%	2,20%	2,26%	2,21%	2,37%	2,38%	2,46%	2,49%	2,55%	2,56%	2,62%	2,64%

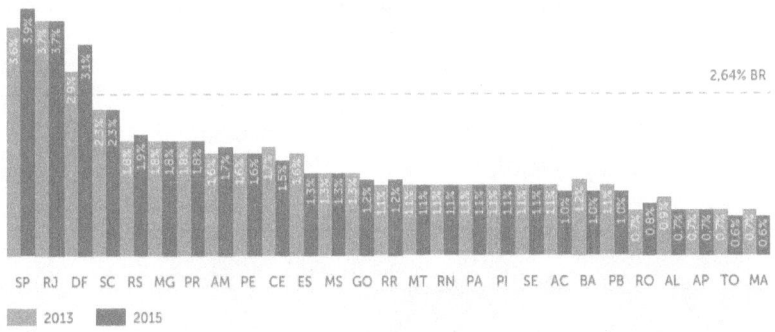

Gráfico 2: Participação estimada do PIB Criativo nas UFs

Em 2015, o Brasil tinha 851,2 mil profissionais criativos formalmente empregados, frente aos 850,4 mil, registrados em 2013. Uma leitura inicial desse número poderia sugerir certa decepção, na medida em que foram gerados pouco menos de mil empregos em um período de dois anos – uma expansão de somente 0,1% (Tabela 1).

No entanto, é importante ressaltar os desafios enfrentados pela economia brasileira no mesmo período, quando foram extintos 900 mil postos de trabalho, o que representa redução de 1,8% no estoque total de trabalhadores formais. Mais uma vez, fica evidente o papel estratégico dos profissionais criativos na atividade produtiva. Como consequência, no período adverso, os profissionais criativos aumentaram sua participação no mercado de trabalho (1,8% em 2015 ante 1,7% em 2013), o que reforça o papel estratégico da classe criativa na atividade produtiva.

Entre as áreas criativas, Consumo (44,2%) e Tecnologia (36,8%) responderam por mais de 80% dos trabalhadores criativos no Brasil – destaque para P&D, TIC, Publicidade e Arquitetura. Em relação à edição anterior, Consumo, Cultura e Tecnologia apresentaram evolução superior ao total da economia.

Em relação à remuneração, os trabalhadores criativos continuaram a apresentar salários superiores à média da economia – fato constatado, inclusive, nas quatro áreas criativas. A classe criativa tem salário médio de R$ 6.270, mais de duas vezes e meia a remuneração média dos empregados formais brasileiros (R$ 2.451).

Já em comparação com 2013, os maiores aumentos reais de salário ocorreram justamente nos segmentos que apresentaram menor remuneração: Música

(+9,6%), Expressões Culturais (+4,3%), Moda (+3,7%) e Audiovisual (+0,8%) – fato que aponta para a redução da desigualdade da renda entre os segmentos criativos.

Tabela 1: Número de empregados da Indústria Criativa no Brasil, por áreas criativas e segmentos – 2013 e 2015

Segmento	Empregos			Salários*		
	2013	2015	Var. %	2013	2015	Var. %
Total mercado de trabalho	48.948.433	48.060.807	-1,8%	R$ 2.442	R$ 2.451	0,4%
Indústria Criativa	850.404	851.244	0,1%	R$ 6.493	R$ 6.270	-3,4%
Consumo	380.797	376.275	-1,2%	R$ 5.620	R$ 5.411	-3,7%
Publicidade	112.667	131.717	16,9%	R$ 6.638	R$ 6.276	-5,4%
Arquitetura	124.470	113.499	-8,8%	R$ 8.157	R$ 7.736	-5,2%
Design	86.984	81.863	-5,6%	R$ 3.250	R$ 3.010	-7,4%
Moda	56.676	49.196	-13,2%	R$ 1.663	R$ 1.724	3,7%
Cultura	62.115	66.527	7,1%	R$ 2.976	R$ 2.898	-2,6%
Expressões Culturais	22.491	26.815	19,2%	R$ 1.776	R$ 1.852	4,3%
Patrimônio e Artes	16.423	16.005	-2,5%	R$ 4.381	R$ 4.383	0,0%
Música	12.022	11.989	-0,3%	R$ 2.609	R$ 2.860	9,6%
Artes Cênicas	11.179	11.718	4,8%	R$ 3.717	R$ 3.304	-11,1%
Mídias	101.388	95.099	-6,2%	R$ 3.628	R$ 3.590	-1,0%
Editorial	50.816	48.930	-3,7%	R$ 4.468	R$ 4.332	-3,0%
Audiovisual	50.572	46.169	-8,7%	R$ 2.784	R$ 2.805	0,8%
Tecnologia	306.104	313.343	2,4%	R$ 9.242	R$ 8.831	-4,5%
P&D	166.300	164.346	-1,2%	R$ 11.765	R$ 11.205	-4,8%
TIC	112.942	120.601	6,8%	R$ 6.351	R$ 6.386	0,6%
Biotecnologia	26.862	28.396	5,7%	R$ 5.784	R$ 5.471	-5,4%

* Nota: Valores de 2013 a preços de 2015 (deflator: IPCA/IBGE).

No período 2013-2015 houve mudanças importantes no rol de profissionais que compõem os segmentos e áreas criativas, que apontam para maior especialização e profissionalização e para maior foco na experiência do consumidor (agregação de valor para atendimento eficiente ao consumidor). Tendências observadas sobretudo nos segmentos de Design, Moda, Publicidade e Expressões Culturais.

Entre os estados, São Paulo e Rio de Janeiro se sobressaem no mercado de trabalho criativo: são 328 mil trabalhadores paulistas e 99 mil trabalhadores fluminenses. Esses são, ainda, os dois estados que mais se destacam em termos de participação: 2,4% de todos os trabalhadores formais de São Paulo e 2,2% do Rio de Janeiro têm como principal ferramenta de trabalho a criatividade. Santa Catarina e Rio Grande do Sul também têm participação de criativos superior à média nacional. Na comparação com 2013, das 27 unidades federativas, 17 registraram aumento da participação dos criativos na força de trabalho.

Na análise de remuneração por estado, o Rio de Janeiro é o grande protagonista – mantendo o padrão dos mapeamentos anteriores. Os profissionais fluminenses possuem as maiores remunerações em seis dos 13 segmentos: Pesquisa & Desenvolvimento (R$ 16.302), Artes Cênicas (R$ 9.010), TIC (R$ 8.314), Audiovisual (R$ 6.453), Patrimônio e Artes (R$ 6.219) e Moda (R$ 2.217).

Apesar de o senso comum associar os trabalhadores criativos a ambientes profissionais exclusivamente criativos, dos 851,2 mil profissionais que têm as ideias como insumo principal para geração de valor, 683,5 mil (80,0%) estavam fora das áreas criativas e 199 mil (23,4%) atuavam, inclusive, na Indústria de Transformação.

Por fim, em relação a 2013, os postos de trabalho criativos na Indústria de Transformação foram menos impactados que as demais ocupações (-6,3% frente a -9,0%), estendendo o papel estratégico dos criativos também para a Indústria Clássica.

Estudo de caso de aplicação da abordagem de Indústria Criativa: O Caso do Grupo Abril

Como elucidado anteriormente, a materialização da abordagem de Indústria Criativa nas empresas, além das classificações setoriais, também consiste na valorização e na aplicação de metodologias que colocam os intangíveis como estratégia de competitividade. Assim, nessa seção, o intuito é somar à visão anterior, contribuindo com mais uma abordagem sobre indústria criativa.

Ora denominada atividade econômica, ora denominada disciplina empresarial, o marketing estratégico é também responsável pela construção dos novos modelos de negócios. Pela própria definição semântica, as áreas de mercado (tradução para a área de marketing das empresas) são responsáveis pela construção de novos modelos de negócio, partindo do foco do cliente.

Situação do Grupo Abril

Apresentamos aqui uma leitura construída a partir da apresentação do Grupo Abril no evento Nocaute[1] realizado pelo Sistema FIRJAN, no dia 12 de abril de 2017, bem como por pesquisas sobre a realidade da empresa.

Os produtos do grupo Abril estão presentes no dia a dia da vida do brasileiro desde as revistas infantis até nichos adultos. Hoje, o grupo é um dos maiores produtores de conteúdo do país, atuando também em logística, licenças, assinaturas, Big Data e *branded content*.

De acordo com Ricardo Perez, diretor de assinatura do Grupo Abril, sete das dez revistas mais lidas do Brasil fazem parte do Grupo Abril e o posicionamento para seu público está pautado na estratégia de atuar como produtor de conteúdo em um cenário de constante mudança do fazer do jornalismo. Ainda de acordo com Perez, em março de 2017, a abril bateu um recorde de audiência no digital com 83 milhões de usuários únicos puxado pela Exame e pela Capricho (maior *fanpage* do mundo no mercado *teen*).

Segundo o site do grupo Abril (2017), são 3,4 milhões assinantes de suas publicações, o que torna a linha editorial e suas respectivas marcas, o produto mais reconhecido pela população. Mas o que geralmente não é reconhecido é que o grupo Abril oferece mais do que os negócios de marcas e mídia. Pelo vasto número de assinantes das suas publicações, o que a maioria das pessoas conhece está restrito a uma única linha de atuação do grupo, que o público, de forma geral, não conhece e que se estende por uma outra gama de serviços que vai além das publicações de conteúdo.

Entre essas operações, destacamos algumas: o Grupo conta com operações gráficas que o posicionam como um dos maiores parques gráficos da América Latina, fornecendo serviços inclusive para algumas concorrentes nesse setor. Entre os serviços oferecidos pela empresa, está a produção fabril do catálogo de produtos da Avon, folhetos de propaganda do Pão de Açúcar, livros didáticos de diversas editoras, entre outros. Ainda segundo Perez, são mais de 40 empresas que contratam os serviços de impressão do grupo.

Em resposta à necessidade da prestação de um serviço de entrega próprio, o grupo Abril construiu mais uma linha de serviço, a Total Express, que é hoje

---

1 Nocaute é um evento trimestral do Sistema FIRJAN que tem como objetivo apresentar casos de aplicação de Indústria Criativa nas empresas.

a maior empresa privada de e-commerce no Brasil, atrás apenas dos Correios, empresa pública de entregas, segundo Ricardo.

O consumidor como principal ativo da empresa

Ao longo dos anos, por conta dos serviços de assinatura das revistas e publicações em geral, o grupo Abril foi conquistando um grande número de assinantes. Hoje, sabe-se que o banco de dados de grandes volumes consiste em um ativo estratégico para as empresas, sobretudo em se tratando das informações de milhões de clientes. A fidelização dos clientes por assinatura permitiu a construção de vasta base de dados qualificada pela demanda dos próprios assinantes. Por exemplo, todos assinantes da revista Boa Forma já indicam interesse pelo consumo de conteúdo orientado para o consumidor que busca uma vida saudável. Da mesma forma, os consumidores da revista Casa Cor pressupõe a adesão a temas ligados à Arquitetura. Todas essas informações ficam concentradas na empresa Abril Big Data, empresa de banco de dados com mais de 40 milhões de nomes, para vender, relacionar e fazer parcerias, entre outros.

O entendimento do know-how de gestão de clientes e o reconhecimento das informações das preferências dos assinantes permitiram a construção de um novo modelo de negócio para a empresa.

Como a editora Abril não cobre todos os nichos do mercado editorial, passaram a aproveitar a estrutura instalada para esse serviço, o sistema de logística, atendimento e outros, para clientes que não tem essa capacidade instalada. Assim, passaram a oferecer aos seus concorrentes sua própria experiência desenvolvida com o serviço de assinatura.

Os vetores que direcionam a atuação consistiram em pensar em produtos que são extensões da marca, ou seja, aproveitar a audiência fiel e a força da marca. O segundo vetor foi oferecer aos seus assinantes serviços que façam a sensação de valor percebido maior.

O entendimento do grande ativo do grupo Abril sobre sua carteira de clientes e gestão de assinantes permitiu ao grupo unir os elos de seus negócios, permitindo a criação de uma série de produtos e serviços que nada mais são do que uma junção disso. Produtos que se aproveitaram de uma estrutura que já tinha sido montada em diversos segmentos pra formar esses novos produtos e serviços. Segundo Ricardo Perez, Diretor de Assinaturas do grupo Abril, tudo acaba tendo relação com a base de assinaturas porque é usada a gestão do cliente como base para oferecer o melhor produto a ele.

GoBox

Instalado depois de 6 anos de estudo, desde a primeira avaliação até a implantação, o GoBox é um clube de assinatura de diversos produtos do Grupo Abril. Lançado em maio de 2016, o serviço do clube de assinatura parte das preferências dos clientes para vender produtos diretamente produzidos em parceria com terceiros e entregues através da empresa de logística.

Segundo o posicionamento da própria empresa, o objetivo é surpreender o assinante com itens selecionados especialmente para ele. A missão da **GoBOX** é levar para a vida das pessoas momentos surpreendentes e agradáveis através da assinatura de produtos especiais, afirmou Ricardo Perez. De fato, a surpresa ao consumidor passa por uma gestão ativa da cartela de assinantes da empresa, que permite monitorar as preferências dos consumidores.

Ao todo, são mais de 16 clubes de assinatura dos mais variados tipos, desde produtos licenciados da marca Disney até a assinatura de produtos de vinho. Nesse caso, os produtos ofertados para os consumidores de vinho, o serviço se chama BemVino. Um parceiro da empresa importa os vinhos e todas as etapas subsequentes são realizadas por uma empresa do grupo, desde a produção de conteúdo editorial que vai associado à distribuição física do produto. Cada assinante recebe um material explicando de onde veio esse vinho, como ele foi produzido, com o que ele harmoniza melhor na refeição, como ele pode ser servido, agregando valor ao produto ofertado. Trata-se de produção de conteúdo direcionada, o que aumenta a confiança do usuário com a chancela Abril, que é muito importante, e isso é impresso nas gráficas. E, por fim, usa a estrutura do serviço de Big Data pra saber pra quem esse serviço poder ser oferecido e qual o cliente que teria maior aderência a esse produto.

GoRead

O GoRead é basicamente uma plataforma digital que ofereça títulos de revistas não apenas do Grupo Abril, mas também 60 títulos de editoras do Brasil todo, apenas com uma assinatura mensal. Segundo a própria empresa, os assinantes que gostam de impressos não trocam para o digital por vários motivos, então são públicos diferentes. Trata-se de um novo público que prefere um modelo muito mais moderno e diferente do que aquele que a empresa já faz.

GoToShop

Por sua vez, o GoToShop nada mais é do que um *e-commerce* que vende produtos que as revistas estão recomendando. Também com base na gestão das assinaturas e no monitoramento das preferências dos consumidores, a empresa consegue oferecer um canal direto sobre o que está sendo indicado por suas publicações. Por exemplo, a Casa Claudia, publicação orientada para o público feminino que fala sobre decorações dá a dica qualificada de um produto em suas páginas por quem entende e leva a uma plataforma de e-commerce pra comprar o item. Assim, com base na curadoria da marca, conseguem potencializar o negócio da empresa.

Entender o consumidor como centro do seu negócio é uma premissa de marketing. Foi isso que o grupo Abril fez. Ampliou seu negócio editorial, oferecendo para as empresas concorrentes a gestão das assinaturas. Alugar seu parque gráfico também para impressão das concorrentes reflete o entendimento da empresa sobre seu principal ativo. Ainda que os balanços patrimoniais reflitam seu maior ativo como as propriedades físicas, para esse grupo, o maior ativo que ela tem é a gestão de cliente e é nisso que ela vem focando e colocando no centro do seu negócio.

Colocar o consumidor e a vontade de surpreendê-lo como um fator estratégico no negócio da empresa é um exemplo prático da aplicação de indústria criativa que vai além das classificações setoriais de empresas e empregos.

Conclusões

Indústria Criativa é ainda um tema recente no Brasil. Mesmo que o tema tenha sido lançado no começo da década de 90, o maior entendimento do que é Indústria Criativa e a percepção de seu caráter estratégico no desenvolvimento das empresas e no aumento da competitividade das indústrias é algo que vem crescendo. Reflexo disso é a maior valorização dos profissionais e das empresas dos segmentos da indústria criativa mesmo em um período de baixo crescimento econômico brasileiro, como mostram os números do Mapeamento da Indústria Criativa no Brasil.

No entanto, o papel estratégico da Indústria Criativa não se revela apenas pelos números. Somam-se a eles, aplicações práticas de ferramentas e abordagens baseadas na valorização do intangível como cruciais para o negócio. O Caso do grupo Abril é um exemplo de como a criatividade pode auxiliar uma empresa a identificar oportunidades já existentes, a aumentar sua linha de serviços e a conquistar novos mercados.

Referências

FIRJAN–FEDERAÇÃO, DAS INDÚSTRIAS DO ESTADO; DO RIO, DE JANEIRO. Mapeamento da indústria criativa no Brasil. Rio de Janeiro, FIRJAN, 2016.

HOWKINS, John. The Creative Economy: How People Make Money from Ideas. Londres: Penguin Press, 2001.

MINISTÉRIO DA CULTURA, Plano da Secretaria da Economia Criativa: políticas, diretrizes e ações, 2011 – 2014 Brasília, 2012. 156 p. ISBN - 978-85-60618-08-8.

REIS, ANA CARLA FONSECA. (2012). Cidades Criativas: da teoria à prática. São Paulo: SESI-SP

DCMS – DEPARTMENT FOR CULTURE, MIDIA AND SPORTS, Creative industries Mapping document, HMSO, London, 2001.

UNCTAD – UNITED NATIONS CONFERENCE ON TRADE AND DEVELOPMENT. Creative economy report 2010. Creative economy: a feasible development option. U.N., 2010

FLORIDA, RICHARD; A ascensão da classe criativa – e seu papel na transformação do trabalho, do lazer, da comunidade do cotidiano. Porto Alegre: L&PM Editores, 2011.

PRIVACIDADE E SEGURANÇA DA INFORMAÇÃO NA ERA DIGITAL: DESAFIOS E PERSPECTIVAS EM INOVAÇÃO ATRAVÉS DA COMPUTAÇÃO EM NUVEM MANTENDO A CONFIANÇA DO CLIENTE

Gustavo Lagoeiro
Marcelo J. Meiriño

Introdução: Pavimentando o Caminho da Governança Empresarial na Era Digital

Com o advento da tecnologia, privacidade e proteção de dados tornaram-se uma área desafiadora para todas as empresas, independentemente de seu segmento ou indústria. Na nova era da tecnologia, onde milhares de informações pessoais estão fluindo entre PCs, tablets, telefones celulares, relógios inteligentes e outros dispositivos conectados à computação em nuvem e a vários datacenters ao redor do planeta, uma preocupação cada vez mais forte começa a frequentar a mente do consumidor: como meus dados pessoais são protegidos, quem tem acesso a eles e para quais finalidades?

Os governos ao redor do mundo estão lançando novas leis e regulamentos de proteção de dados. As empresas nunca antes investiram em tantas ferramentas, recursos, programas, treinamentos e tecnologias para lidar com estes novos requisitos. Enquanto a tecnologia e a inovação continuarem a evoluir, o compartilhamento de dados entre empresas e consumidores aumentará, os governos promulgarão novas leis e regulamentos de protecção de dados e as empresas terão de investir recursos adicionais em conformidade com estes novos regulamentos. Este é um novo ciclo de negócios sem um ponto final.

Do ponto de vista de negócios, as empresas enfrentam dois desafios: primeiro, externamente, devem lidar com as mudanças exigidas pelo governo e pelo exigente mercado consumidor. Em segundo lugar, internamente, devem garantir a adequação dos sistemas, processos e procedimentos de segurança de dados para cumprir com os requisitos e evitar penalidades governamentais com multas e encargos elevados ou ter sua marca e imagem prejudicada devido a uma violação e perda de dados pessoais críticos dos seus clientes. Quando aprofundamos a análise nesses desafios, inevitavelmente nos deparamos com a necessidade das empresas em reestruturar sua organização. Um abrangente programa de privacidade e segurança da informação deve ser implementado a fim de suportar os desafios internos e externos que irão mudar permanentemente a forma como a empresa interage com seus clientes e parceiros.

Um programa de privacidade e segurança da informação se concentra em todos os aspectos da proteção de dados pessoais e governa os fluxos de dados pessoais entre a empresa e seus funcionários, clientes e parceiros no que diz respeito à coleta de dados, uso, compartilhamento, retenção, armazenamento e exclusão. O próprio programa aborda os desafios internos e externos citados acima. Considerando que, do ponto de vista da empresa, a privacidade é responsabilidade de todos, os funcionários em diferentes cargos ou funções tem um papel a desempenhar - dos engenheiros de sistemas que são responsáveis pela incorporação da privacidade no desenho do produto aos advogados que são responsáveis por entender as leis locais e os requisitos do setor, a fim de suportar nos ajustes dos processos internos conforme necessário. Em outras palavras, a responsabilidade vai da inovação ao cumprimento das exigências legais. Este amplo espectro de privacidade na organização é justificável com base na seguinte equação: quanto maior a necessidade de personalizar os serviços ao cliente, mais dados a empresa irá coletar e, portanto, maior será o risco de expor inadvertidamente os dados pessoais dos seus clientes.

A tricotomia de inovação, regulação governamental e segurança dos dados impulsiona a privacidade na organização. O desafio é equilibrar estes três pontos, permitindo continuamente a inovação, mantendo a segurança e a conformidade com a legislação. As equipes de produtos, os administradores de sistemas e os departamentos jurídicos tem papéis claramente definidos em suas respectivas áreas e devem trabalhar juntos para alcançar tais objetivos em uma empresa. Embora esses papéis sejam essenciais para o cumprimento dos requisitos dos clientes e governos, da perspectiva da privacidade, estas três funções são focadas principalmente na gestão de riscos e do que necessariamente na geração de receita ou vendas. Portanto, outro indivíduo tem um papel fundamental a desempenhar na compreensão dos requisitos dos clientes, buscando o equilíbrio mencionado acima, e mantendo altas vendas e geração de oportunidades: o profissional de vendas e marketing.

A área de privacidade e segurança tem sido principalmente desenvolvida dentro das organizações baseada em uma perspectiva de gestão de risco e, portanto, os profissionais de marketing e vendas muitas vezes a vêem como um complemento às áreas de *compliance*. Embora isso seja verdade a partir de uma perspectiva, se estes mesmos profissionais de marketing e vendas olharem para privacidade e segurança da informação por um outro ângulo, eles podem encontrar outra verdade: que eles estão perdendo grandes oportunidades por não usar a privacidade e segurança da informação como uma vantagem competitiva, especialmente quando o mundo atravessa a era da transformação digital e a computação em nuvem.

Existe um paradigma claro a se quebrar: É hora dos profissionais de marketing e vendas mudarem o seu discurso sobre privacidade e começarem a falar sobre as possibilidades, não restrições. Com o aumento do marketing digital, a corrida emergente das empresas à chamada Transformação Digital e o advento de novos canais de vendas, como a mídia social, a internet das coisas e inteligência artificial (IA), a quantidade de dados consumidos e compartilhados continua a aumentar dia após dia. Considerando todas as transações on-line e em tempo real armazenadas na nuvem, o *Big Data* está por toda parte. Profissionais de marketing e vendas devem explorar todas as possibilidades de usar, vender e falar sobre a tecnologia incorporando privacidade na conversa. Se apresentado corretamente, a privacidade e a segurança da informação será atraente para os clientes e pontos chaves no processo de vendas.

Em uma empresa centrada na informação, onde os dados são o ativo mais valioso para gerar negócios, o profissional de marketing e vendas deve se posicionar ao centro de um pentágono imaginário composto dos seguintes vértices:

- *Big Data*: análise preditiva e cognitiva

- *Cybersecurity*: proteção de dados

- Responsabilidade: respeito à política e declaração de privacidade
- Inovação: tê-la como prioridade e diferencial para o seu cliente
- Transparência: diga o que você faz e faça o que você diz

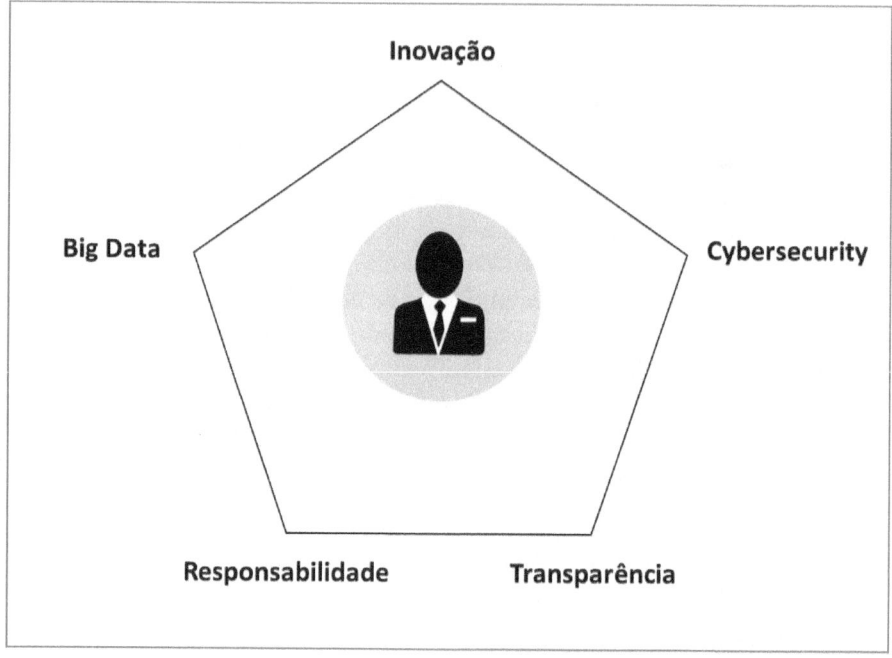

Figura 1

Compliance é consequência. É o resultado principal do equilíbrio que o profissional de marketing e vendas procura entre estas 5 forças ao se posicionar no centro deste pentágono. Com o apoio dos profissionais de privacidade e segurança, eles podem alcançar ainda mais. No entanto, por outro lado, profissionais de privacidade também devem analisar a privacidade da perspectiva de negócios, se eles buscam a valorização da área e a atenção da empresa.

Muitas empresas de tecnologia e serviços hoje adotam a privacidade na concepção dos seus produtos (*PbD - Privacy by Design*). Ou seja, toda e qualquer criação de novos produtos ou serviços dentro do portfolio das empresas já nascem com os requisitos e conformidades de privacidade e segurança de dados atendendo a sua declaração de privacidade – *privacy statement* e os requerimentos legais e governamentais. Mesmo que a privacidade em sua concepção seja visto como um conceito importante para produtos e serviços, especialmente para empresas de internet e computação em nuvem, ainda há um sentimento da maioria dos profissionais de marketing e vendas de que a privacidade faz parte dos esforços de conformidade da organização ao invés de uma área de proteção e respeito aos seus clientes e ser usada como uma estratégia de vendas. No entanto, essa percepção provavelmente mudará à medida que os consumidores recompensem as empresas confiando em suas práticas de proteção de dados. Em um estudo recente conduzido pela Morrison & Foerster - *Morrison & Foerster Insights: Consumer Outlooks on Privacy*, quando 900 consumidores nos EUA foram questionados se "A privacidade está afetando suas decisões de compra", 82% responderam 'SIM' em 2015 comparado com 54% em 2011. A resposta "Marca/ Nome da empresa e Confiança na Tecnologia" está no topo da lista de perguntas como "Por que os consumidores confiam em uma empresa para proteger suas informações pessoais? ".

Este resultado é uma clara evidência de como a privacidade, segurança e proteção de dados estão influenciando nas decisões de compras dos clientes. Muitas empresas ainda não estão prestando atenção ao que os consumidores estão dizendo e, nesses casos, apenas demonstra o quanto os seus executivos de vendas ainda estão fazendo negócios de uma maneira antiga.

Durante o Simpósio de Privacidade da IAPP (Associação Internacional de Profissionais de Privacidade) em Toronto em 2016, onde houve muitos painéis e discussões interessantes sobre privacidade e negócios que apoiaram essa tendência discutida acima, a Dra. Ann Cavoukian (Ph.D e Diretora Executiva do Privacidade e *Big Data* da Ryerson University no Canadá) mencionou que as empresas devem investir em privacidade desde a concepção dos seus produtos e mensurar o retorno do investimento na cadeia de valor:

"O desafio não é apenas adquirir novos clientes, mas também o de mantê-los, alavancando os padrões de proteção de dados.".

Ela também dissipou alguns mitos:

- A privacidade gera inovações. Não sufoca ou reprime o negócio
- A noção de que a privacidade deve ser sacrificada para a inovação é uma falsa dicotomia ganha-perde, não refletindo a realidade das empresas que realizam este investimento
- Basicamente, a privacidade e segurança de dados devem ser considerados como um mecanismo de aquisição e fidelização de clientes
- As pessoas querem privacidade. A privacidade está aberta à tecnologia

Algumas ações relativamente bem-sucedidas foram colocadas em prática por profissionais de marketing em empresas centradas na informação, como envolver o público-alvo para ouvir o que pensam e incorporar a privacidade na fase anterior de desenvolvimento do produto. No entanto, ainda há muitas oportunidades para profissionais de marketing e vendas irem além, especialmente considerando a mentalidade de proteção de dados e como usá-la adequadamente para permitir e aumentar suas vendas.

As empresas possuem muitas abordagens diferentes para como alavancar suas receitas através dos seus times de marketing e vendas. A capacidade de posicionar a privacidade como uma vantagem competitiva é uma transformação inevitável que será liderada pelo mercado, como sempre e terá como mote principal a demanda por segurança da era digital e computação em nuvem. Enquanto o assunto mais importante é se posicionar à frente de seus concorrentes, o custo para ficar à frente pode ser alto ou baixo, dependendo de quão rápido você ou sua empresa reagirão a esta nova tendência.

Todos Migrando Para a Nuvem

A computação em nuvem, *cloud computing*, é um dos conceitos de tecnologia mais discutidos no mundo dos negócios. Entretanto, apesar dos inúmeros benefícios relativos à escalabilidade da sua demanda, redução dos custos em infraestrutura de tecnologia, serviços de profissionais especializados 24x7 durante 365 dias no ano, a provisão de uma infraestrutura do tamanho e adequada ao seu negócio, sustentabilidade e meio ambiente (de acordo com pesquisa realizada pela Universidade Northwestern em conjunto com o Laboratório Nacional Lawrence Berkeleye em 2013, se todas as empresas dos Estados Unidos da América migrassem seus dados para a nuvem a economia de energia seria em torno de 87%) e retorno do investimento, levar as informações das empresas para a nuvem ainda esbarra em insegurança com relação as questões de privacidade e proteção dos dados.

O investimento em computação em nuvem planejado para o ano de 2017 com as empresas dos EUA gira em média de US $ 1,77M na nuvem, enquanto empresas na Europa e no resto do mundo gastando US $ 1,3M, de acordo com o resultado de uma pesquisa realizada pela empresa IDG intitulada '*2016 Enterprise Cloud Computing Survey*'. Ainda de acordo com esta pesquisa, para empresas com mais de 1000 funcionários, o valor médio é de US $ 3 milhões. Dessas grandes empresas uma em cada dez gastará pelo menos US $ 10 milhões apenas em adequação de aplicativos e plataformas para a migração.

Também está previsto para 2017 que as empresas invistam 28% de seus orçamentos de TI na computação em nuvem. A maior parte disto, 45%, será gasto em *Software como Serviço (SaaS)* com mais 30% em Infra-estrutura como Serviço (IaaS). Além disso, as empresas gastarão 19% de seus orçamentos em nuvem usando *Plataforma como Serviço (PaaS)* para desenvolvimento.

A computação em nuvem está se tornando rapidamente a maneira padrão de as empresas desenvolverem e executarem novos aplicativos. Pelo menos 70% de todas as organizações tem um aplicativo em nuvem (acima de 51% em 2011) e para organizações maiores, o valor é ainda maior (75%). De fato, até 2020 a previsão é que 90% de todas as organizações estarão executando aplicativos em nuvem.

Isto denota um caminho irreversível na forma de como as empresas irão coletar, acessar, utilizar, armazenar e descartar os dados dos seus clientes. A computação em nuvem é uma realidade e a quantidade de interações e coletas de dados cresce em um ritmo espantoso, fazendo com que as empresas desenvolvam novas formas de se fazer negócios, customizando cada vez mais as suas ofertas através da análise e estruturação dos dados coletados. O *Big Data* como fomentador e maior fornecedor de dados estruturados para o negócio se torna uma das principais alavancas de geração de oportunidades e receitas.

Para Davenport (2014) *Big data* é um termo genérico para dados que não podem ser contidos em repositórios usuais. Refere-se a dados volumosos demais para caber em um único servidor, não estruturados demais para se adequar a um banco de dados estruturado em linhas e colunas ou fluidos demais para serem armazenados em um data warehouse estático. O aspecto mais complexo do big data não é o volume, mas a sua falta de estrutura que dificulta a análise para conhecimento, inovação e valor.

Com o avanço cada vez mais acelerado do desenvolvimemnto de novas tecnologias, o compartilhamento de dados pessoais entre as pessoas e as empresas de forma instantânea, automática e ininterruptas, através de aplicativos e *devices* diversos conectados aos nossos corpos e a internet, um questionamento específico vem se tornando um caso a mais de preocupação para os consumidores e um ponto de atenção para as empresas: quais os limites aceitáveis de coleta de dados e utilização dos mesmos? Qual a definição de ética de utilização dos mesmos e transparência para o provimento dos serviços relacionados?

Para obtenção destas respostas, duas verdades são indiscutíveis:

1) O caminho sem volta da utilização da *internet das coisas e inteligência artificial* (carros automatizados, relógios inteligentes, automatização residencial, monitoramento fisiológico e etc) detalhados no tópico abaixo.

2) A necessidade crescente de regulamentação de transferência, acesso e segurança de dados pessoais dos consumidores. Com relação à regulamentação governamental, as mesmas são indispensáveis para:

- Maior transparência das empresas com relação à utilização destes dados e os procedimentos de proteção. Coleta deve se restringir ao que é indispensável para oferta do serviço.

- Obtenção de consentimento dos clientes para qualquer ação que venha a ser realizada com os dados e principalmente com respeito a quais entidades e pessoas da organização terão acesso e manipulação dos mesmos, incluindo o compartilhamento com terceiros.

- Claro procedimento de retenção dos dados pela empresa enquanto esteja vigente a prestação dos serviços ou apenas por quanto tempo for requerido em casos de exigências legais.

- Claro procedimento de descarte destes dados uma vez finalizados os serviços ou o cumprimento de retenção por exigências legais.

O termo "ética" é definido por Houaiss (2013) como a parte da filosofia responsável pela investigação dos princípios que motivam, distorcem, disciplinam ou orientam o comportarmento humano, refletindo a respeito da essência das normas, valores, prescrições e exortações presentes em qualquer realidade social.

Pressman (2010) menciona como responsabilidade do Engenheiro de Software e, neste contexto, aplica-se também a qualquer profissional de tecnologia da informação que coleta e manipule dados de terceiros (clientes), os seguintes princípios quanto à ética e privacidade:

- Nunca roubar dados para ganho pessoal.

- Nunca destruir maliciosamente ou modificar programas, arquivos ou dados de outras pessoas.

- Nunca violar a privacidade de um indivíduo, grupo ou organização.

- Nunca invadir um sistema por esporte ou lucro.

- Nunca criar ou disseminar vírus ou verme de computador.
- Nunca usar tecnologia de computação para facilitar a discriminação ou o assedio.

Como vemos, se por um lado temos o processo ininterrupto de desenvolvimento e utilização da tecnologia como bens de consumo em serviços, por outro temos a necessidade de regulamentação do uso dos dados pessoais compartilhados com as empresas, que determinarão o correto ciclo de vida da informação (coleta, acesso, uso, retenção, compartilhamento e descarte) assim como determinará os limites operacionais e éticos do seu uso.

A Inteligência Artificial: Os Desafios e as Oportunidades

O potencial que a inteligência artificial *(IA)* possui de ampliar as capacidades humanas e melhorar a sociedade é ilimitado e estamos apenas nos deparando com o início deste ciclo.

Com o advento dos carros com piloto automático, as assistentes pessoais digitais que conseguem antecipar as nossas necessidades e o diagnóstico médico computadorizado, a IA está começando a mudar a vida das pessoas para melhor. As grandes empresas de tecnologia nunca investiram tanto em uma nova abordagem tecnológica que não à microcomputação, hardwares, softwares, telefones portáteis e tablets como estão investindo na inteligência artificial para comandar e determinar um novo paradigma de utilização da tecnologia vigente com uma forma de interação muitas vezes imperceptíveis para o consumidor. A conveniência e praticidade determinam este novo ciclo de interação entre homem e máquina.

Para Russel e Norvig (2004), os filósofos já muito antes dos computadores procuravam a resposta para o funcionamento da mente humana, o mesmo objetivo da inteligência artificial. A asserção de que as máquinas talvez pudessem agir de forma inteligente é chamada hipótese de IA fraca pelos filósofos e, a ascensão de que as máquinas que o fazem estão realmente pensando é chamada hipótese de IA forte. Por questões de éticas de seu trabalho, a maior parte dos pesquisadores de IA assume em princípio a hipótese de IA fraca, e não se preocupam com a hipótese da IA forte.

Os progressos recentes em inteligência artificial são construídos sobre os avanços em pesquisas, estudos e horas de aprendizagem, raciocínio e percepção automatizadas, os quais são possíveis graças ao poder da computação em nuvem. Fica claro a dimensão dos bilhões de terabytes de dados compartilhados com as grandes empresas provedoras de serviços de computação em nuvem.

A computação em nuvem se tornou uma plataforma essencial para a prestação de serviços de inteligência artificial, permitindo que grandes quantidades de dados sejam analisadas de forma rápida e em escala.

Oportunidades, como carros autônomos, estão criando um mercado para robôs e soluções de IA, e o futuro é brilhante. Prevê-se que o mercado cresça para US $ 153 bilhões em 2020, incluindo US $ 83 bilhões para robótica e US $ 70 bilhões para análises baseadas em IA, de acordo com o Bank of America Merrill Lynch.

A expansão a esta escala não é garantida. A IA requer acesso a grandes quantidades de dados, mas as leis e as políticas governamentais podem dificultar o acesso benéfico. A IA também levanta importantes preocupações éticas e de privacidade que poderiam minar a confiança na computação em nuvem, se não forem abordadas corretamente. Percebemos aqui mais uma vez a evolução conjunta entre *Big Data*, privacidade e segurança, através de computação em nuvem e ética na sua utilização.

Para promover a inovação através da inteligência artificial e a implementação de suas capacidades, os governos devem criar estruturas legais e políticas que permitam o acesso aos dados, incentivem os investimentos em tecnologias e assegurem que as mesmas sejam confiáveis aos consumidores, com transparência, ética e uma governança de privacidade e segurança que garanta a confiança.

A Nuvem Recriando uma Antiga Profissão: O Cientista de Dados

Com o desafio das organizações em transformar os bilhões de dados não estruturados coletados através de inúmeras interações e diferentes *devices* de forma a estruturá-los para melhor entender e atender a sua demanda e geração de oportunidades, as empresas de tecnologia e dados passaram a investir demasiadamente na formação de um nova (velha) profissão: O cientista de dados. Os cientistas de dados são uma nova geração de especialistas analíticos que têm as habilidades técnicas para resolver problemas complexos – e a curiosidade de explorar quais são os problemas que precisam ser resolvidos.

Como não existe no curriculum acadêmico das universidades a formação específica do cientista de dados, muitos vem migrando suas carreiras originalmente provindas de formações em matemática, ciências da computação, estatísticos e etc. E, por transitarem entre o mundo dos negócios e de TI, eles são muito procurados e bem remunerados.

Em artigo escrito por Thomas Davenport e D.J. Patil para a Harvard Business Review (HBR), intitulado *Data Scientist: The Sexiest Job of the 21st Century* (Cientista de Dados: O trabalho mais sexy do século XXI), os mesmos destacam que o cientista de dados "É um profissional de alto nível com treinamento e curiosidade para fazer descobertas no mundo dos grandes dados... milhares de cientistas de dados já estão trabalhando tanto em start-ups como em grandes empresas já estabelecidas no mercado. A sua aparição súbita na cena comercial reflete o fato de que as empresas agora estão lidando com informações que vem em variedades e volumes nunca antes encontrados. Se sua organização armazena vários petabytes de dados, se a informação mais crítica para sua empresa reside em formas que não sejam linhas e colunas de números, ou se responder a sua maior pergunta envolveria uma mistura de vários esforços analíticos, então você tem uma grande oportunidade de *Big Data* em mãos.".

Esta nova demanda é definitivamente uma resultante dos tempos modernos da era digital. Cientistas de dados não faziam parte das carreiras mais procuradas por muitos anos, e a sua popularidade atual se reflete na imensidão de oportunidades advindas do *Big Data*, onde a crescente demanda pelo entendimento e estruturação dos dados não estruturados para estruturados e o advento de criação de oportunidades e personificação dos serviços aumentando as receitas das empresas determinaram a imprescindível criação e valorização destes cargos nas organizações. A ciência de dados hoje, portanto, é parte crucial da engrenagem de geração de valor para o cliente, quando o analisamos da perspectiva da era digital e computação em nuvem. Podemos dizer que o cientista de dados é o profissional que adicionará valor direto à cadeia de negócios com os dados processados na nuvem.

A Confiança do Cliente: Percepção e Definição

Em estudo recente conduzido pela empresa Deloitte Touche Tohmatsu em 2015 denominado "Digital Democracy Survey" sobre o comportamento do consumidor e o seu relacionamento com as empresas varejistas no que concerne a privacidade e segurança de dados, a conclusão sobre os resultados obtidos é de que os consumidores estão atentos às práticas de privacidade e segurança e a quebra da confiança na relação está diretamente associada a um destes fatores.

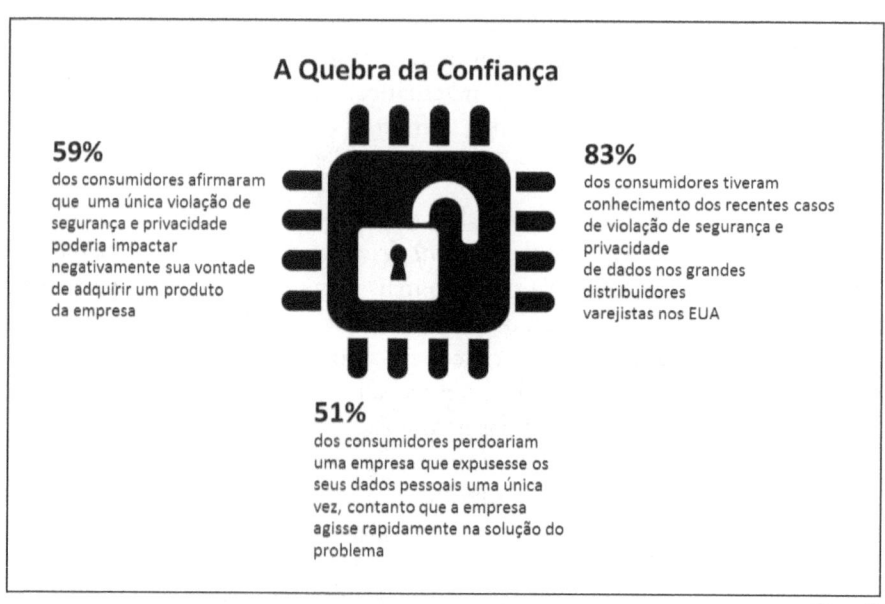

Figura 2

De uma forma mais holística e analisando a transformação das empresas na era digital, percebemos que o maior bem entre produtos e serviços que uma empresa que se propõe a trabalhar e salva-guardar as informações dos seus clientes é a confiança. A obtenção da confiança dos seus clientes se torna o pilar fundamental do potencial de geração de negócios na era digital. E sem privacidade, segurança de dados e adição de valor, não há confiança.

De acordo com John Salloum (membro do International Association of Privacy Professionals – IAPP no Canadá e advogado especialista em marketing e leis de privacidade, reconhecido em inúmeras publicações legais), "Os consumidores só interagirão com as empresas cujas marcas eles confiam. Precisamos entender que confiança daqui por diante será construída de novas formas. Todas as formas de promoção que os consumidores se servem será o resultado de um exercício de confiança baseado em privacidade, segurança e o valor que a marca vos serve. Se as empresas esquecerem disto, irão perder a confiança dos seus clientes. Se abusarem da privacidade dos seus clientes, perderão a confiança e os negócios.".

Durante o evento "Data Marketing 2015 Summit" realizado em Toronto deste mesmo ano, John Salloum apresentou a seguinte equação que representa um novo modelo de relacionamento dos clientes com as empresas e define o significado de confiança dos consumidores na era digital:

> *Confiança* = Privacidade x Segurança x Valor

Figura 3

A equação acima exibe com exatidão que caso um dos três fatores (privacidade, segurança ou valor) forem iguais a zero, não há confiança.

Conclusão

Observamos que a pavimentação do caminho que sustenta as melhores práticas de governança de uma organização que valoriza a inovação através da adoção de tecnologia passa primeiramente pela adoção da computação em nuvem. As inúmeras formas de interação e coleta de dados através dos mais diversos tipos de dispositivos (*devices*) requer que a empresa defina um programa de privacidade e proteção dos dados que atenda aos requisitos de negócios, obedeça com eficiência os requerimentos das diversas leis e regulamentações governamentais que garantem aos consumidores e clientes o conforto e principalmente a segurança necessária de que os seus dados (pessoais e não pessoais) estejam sendo coletados, armazenados, manipulados e utilizados com o propósito de terem os seus serviços atendidos de acordo com o escopo adquirido ou contratado. As práticas e métodos de como as empresas tratam o dados dos seus clientes em todo o ciclo de vida da informação, ou seja, desde a sua coleta até o seu descarte ou remoção devem constar na declaração de privacidade das empresas, com clareza e transparência.

As empresas não devem tratar a privacidade e segurança digital (*cybersecurity*) como barreiras para a migração de dados dos seus clientes para a nuvem. Estas áreas devem ser consideradas como chaves e aliadas para a migração, uma vez que a computação em nuvem é um caminho sem retorno e uma tendência na utilização de tecnologia no seu mais completo potencial. Para tanto, um profissional essencial para uma empresa que seja centrada na informação e entenda os benefícios desta transição, aliando as necessidades dos clientes com os benefícios advindos da computação em nuvem (o *Big Data*), demonstrando transparência, responsabilidade e inovação é o profissional de marketing e vendas.

Uma empresa centrada na informação coleta milhares, milhões e bilhões de dados, a depender do seu porte, que ficam armazenados na computação em nuvem. Estes dados, apesar de não estruturados, representam um ativo e uma oportunidade de negócios para as empresas de forma incomensurável. Para a análise e o tratamento destes dados de forma que se transformem em não estruturados para estruturados (com o propósito de personificar o atendimento e a experiência dos clientes, gerando novas oportunidades de negócios e atuando diretamente na captação e retenção dos mesmos), fez ressurgir nas empresas um papel de um profissional indispensável na era digital: o cientista de dados. O cientista de dados primariamente possui um papel analítico e de desenvolvedor de modelos e algoritmos capazes de concatenar os dados de forma a adicionar valor através da captação, retenção e alavancagem das receitas. Valor é o que define o que este profissional adiciona às empresas na era digital. Por outro lado, dados coletados e não utilizados, pela perspectiva de privacidade e segurança de dados, significa passivo para as empresas, uma vez que ocupam espaço no armazenamento (custo), fazem parte dos riscos combinados de uma violação e potencializa o aumento da exposição e prejuízo ao nome, história e marca da empresa.

O avanço e o progresso da tecnologia nos apresenta diferentes formas de interação da máquina com o homem. A inteligência artificial já é uma realidade em diversos novos dispositivos conectados à internet e em muitos dos casos, coletando dados pessoais dos consumidores de forma ininterrupta. Esta tendência faz com que o aumento da coleta de informações pessoais e não pessoais não pare de crescer e fazendo com que a adoção de políticas governamentais que determinarão e regulamentarão esta relação a fim de propiciar a correta utilização e proteção de dados se apresente cada vez mais necessária, assim como os demais tópicos abordados como a adoção por parte das empresas de uma política de privacidade e segurança. Essa tendência fez com que também as empresas e os órgãos governamentais em alguns países iniciassem um processo de discussão sobre os limites da utilização destes dados e a ética empresarial na coleta e utilização dos mesmos.

Para todas as direções em que a tecnologia avança na era digital, um fator preponderante de sucesso estará sempre presente na relação das empresas com os seus clientes: a confiança. Com o advento da computação em nuvem, as práticas de privacidade e segurança de dados adquiriram um papel protagonista na conquista da confiança dos clientes. Não obstante, o valor adicionado à experiência dos clientes e sua satisfação no consumo dos bens ou serviços das empresas jamais deixará de representar o propósito de toda esta engrenagem da era digital, fazendo com que a confiança do cliente seja o produto resultante destes três segmentos: privacidade, segurança e valor.

Referências

MORRISON & FOERSTER. 2015. **Morrison & Foerster Insights: Consumer Outlooks on Privacy.** Disponível em: <https://www.mofo.com/special-content/mofo-privacy-insights/> THE INTERNATIONAL ASSOCIATION OF PRIVACY PROFESSIONALS. 2016. **IAPP Canada Privacy Symposium.** Disponível em: <https://iapp.org/conference/iapp-canada-privacy-symposium/>

BERKELEY LAB. 2013. **Berkeley Lab Study Finds Moving Select Computer Services to the Cloud Promises Significant Energy Savings.** Disponível em : <http://newscenter.lbl.gov/2013/06/11/berkeley-lab-study-finds-moving-select-computer-services-to-the-cloud-promises-significant-energy-savings/>

IDG. 2016. **2016 IDG Enterprise Cloud Computing Survey.** Disponível em: <https://www.idgenterprise.com/resource/research/2016-idg-enterprise-cloud-computing-survey/>

DAVENPORT, Thomas H., **Big Data at Work: Dispelling the Myths, Uncovering the Opportunities.** Boston, Massachusetts: Harvard Business Review Press, 2014.

HOUAISS, Antonio; VILLAR, Mauro; FRANCO, Francisco Manoel de Mello. **Grande Dicionário Houaiss da Língua Portuguesa.** Rio de Janeiro: Editora Objetiva, 2013.

PRESSMAN, Roger S. **Software Engineering: A Practitioner's Approach.** Boston, Massachusetts: McGraw Hill Education, 2010.

RUSSEL, Stuart; NORVIG, Peter. **Inteligência Artificial.** 2. Ed. Rio de Janeiro: Campos, 2004.

BANK OF AMERICA MERRILL LYNCH. 2016. **Growth is Expected to Be Outsized.** Disponível em: <https://www.bofaml.com/ar/augmented-and-virtual-reality-market.html>

HARVARD BUSINESS REVIEW, 2012. **Data Scientist: The Sexiest Job of the 21st Century, by Thomas H. Davenport and D.J. Patil.** Disponível em: <https://hbr.org/2012/10/data-scientist-the-sexiest-job-of-the-21st-century>

DELOITTE TOUCHE TOHMATSU, 2015. **Digital Democracy Survey.** Disponível em: <https://www2.deloitte.com/content/dam/Deloitte/global/Documents/Technology-Media-Telecommunications/gx-tmt-deloitte-democracy-survey.pdf>

CHAMBERS AND PARTNERS, 2017. **John Salloum - Osler, Hoskin & Harcourt LLP – Toronto.** Disponível em: <https://www.chambersandpartners.com/Canada/person/559410/john-salloum>

DATA MARKETING CORP, 2017. **Data Marketing 2015 Summit.** Disponível em: <http://www.datamarketing.ca/>

ELEMENTOS DE CUSTO PARA MANUTENÇÃO E SUPORTE DE SISTEMAS ERP NAS IFES BRASILEIRAS: UMA ABORDAGEM BASEADA NA METODOLOGIA TCO E BIBLIOTECA ITIL

Sérgio Luís Lima Corrêa
Mirian Picinini Méxas
Geisa Meirelles Drumond
Marcelo J. Meiriño

Instituições Federais de Ensino Superior (IFES) no Brasil utilizam Sistemas ERP (*Enterprise Resource Planning*) ou Sistemas Integrados de Gestão Empresarial como principal sistema de informação para sustentar seus negócios e permitir o funcionamento da instituição. Sistemas ERP geralmente são abrangentes, caros e são utilizados por um longo tempo até serem substituídos ou descontinuados. Como esses sistemas permanecem em operação por muito tempo, seus custos de manutenção e suporte devem ser mensurados em seu ciclo de vida. Para identificar os elementos de custo mais relevantes para manter sistemas ERP nas IFES brasileiras, foi realizada uma revisão bibliográfica que selecionou esses elementos mais evidentes na metodologia TCO (*Total Cost of Ownership*) e os alinhou aos elementos de custo citados na biblioteca ITIL (*Information Technology Infrastructure Library*). Em seguida, realizou-se um levantamento com 41 especialistas em sistemas ERP de IFES brasileiras, a fim de mapear suas percepções dos elementos de custos tipificados de acordo com a ITIL. O estudo resultou em uma classificação dos elementos de custo de maior relevância para a mensuração dos custos de manutenção e suporte dos sistemas ERP nas IFES brasileiras, o que pode contribuir para auxiliar os tomadores de decisão não apenas a adotar esses elementos de custo, como também, ajudá-los no planejamento financeiro de recursos para Tecnologia da Informação.

Introdução

A Tecnologia da Informação (TI) é uma das principais ferramentas que as instituições dispõem para alcançar seus objetivos, onde cada qual tem adequado sua gestão da informação de acordo com as suas necessidades específicas e recursos disponíveis. As frequentes mudanças ocorridas nas últimas décadas estão, de certo modo, relacionadas com o desenvolvimento de novas tecnologias da informação, que têm ocasionado grandes transformações nas organizações, e que passou a ser vista nos últimos anos como valioso recurso estratégico. De igual modo, as Instituições Federais de Ensino Superior (IFES) brasileiras também passam pelo mesmo processo de modernização.

Menezes e Santos (2002) conceituam IFES como "instituições criadas ou incorporadas e mantidas pela União, constituindo o Sistema de Instituições Federais de Ensino Superior e a Rede Pública de Ensino". Segundo os autores, as IFES desempenham papel fundamental no desenvolvimento científico e tecnológico do país, bem como na formação de profissionais nas várias áreas do conhecimento.

Comum a todas as instituições públicas ou privadas, é imperativo haver controle administrativo e acadêmico, o que levou as IFES brasileiras adotar Sistemas ERP (*Enterprise Resource Planning*). Tais sistemas permitem o controle dessas áreas abastecendo todo o ambiente com informações operacionais e gerenciais. Portanto, sistemas ERP são desenvolvidos e mantidos nessas instituições para o desempenho das atividades que lhes compete, além disso, sua abrangência permite obtenção de informações valiosas para tomada de decisão.

Além disso, os sistemas ERP, geralmente são abrangentes, caros e são utilizados por um longo tempo até serem substituídos ou descontinuados. Assim, sofrem ou passam por várias manutenções corretivas, adaptativas e evolutivas ao longo de seu ciclo de vida. Logo, continuadamente recebem melhorias e alterações que os tornam sempre mais tolerantes a falhas e adaptados a novas tecnologias disponíveis. Por conseguinte, se a vida útil de um ERP é indefinida, o sistema fica em produção durante muito tempo e sofre manutenções regulares e a medida que sua base de usuários e seu tempo de uso forem aumentando, a demanda por adaptação e aperfeiçoamento também aumentam (PRESSMAN, 2011).

De acordo com Piraquive, Crespo e Garcia (2015), quando um projeto termina, o custo não se acaba, e começa a fase de produção que geralmente apresenta altos custos de manutenção e suporte. Por outro lado, Wantroba (2007) argumenta que investimentos em TI não conseguem mais ser justificados considerando apenas os critérios de rentabilidade, os quais tradicionalmente são tidos como os mais importantes, já que os benefícios produzidos pela TI tendem a ser intangíveis e difíceis de medir.

Vale a pena destacar que para os projetos de desenvolvimento de sistemas ERP geralmente há uma estimativa de custos envolvida, porém quando esses sistemas já estão totalmente implantados e em produção, não há prática de mensurar os custos de manutenção e suporte de tais sistemas. Estima-se que estes custos nas IFES sejam bastante onerosos.

Diante deste contexto, esta pesquisa tem como objetivo identificar e classificar os elementos de custo mais relevantes para mensuração dos custos de manutenção e suporte de Sistemas ERP em produção. Espera-se, como contribuição, possibilitar às IFES a mensuração e controle desses custos, que poderá ser utilizada nos planejamentos de orçamento de TI, que por sua vez poderá fornecer informações importantes para o planejamento estratégico das IFES. Isto posto, seria possível também haver um controle e monitoramento maior dos gastos de TI, a partir do momento que se poderá identificar quando esse custo irá ultrapassar os limites impostos ou acordados nos orçamentos da área de TI das IFES.

Fundamentação Teórica

Esta seção enfatiza os conceitos e considerações sobre manutenção e suporte de sistemas ERP, assim como sobre a metodologia TCO e *framework* ITIL.

A. *Manutenção de Sistemas ERP*

De acordo com Laudon e Laudon (2010), sistemas integrados de gestão, também conhecidos como ERP (*Enterprise Resource Planning*, ou em sua tradução textual, sistemas de planejamento de recursos empresariais) são usados para integrar processos de negócio nas diversas áreas em um único sistema de *software* e em um único repositório de dados. Também fornecem informações valiosas para uma melhor da tomada de decisão.

Por sua vez, os *softwares* integrados são complexos, e uma customização ou manutenção profunda pode prejudicar o desempenho do sistema, comprometendo a integração de processos e informações, seu principal benefício (LAUDON; LAUDON, 2010). Define-se como manutenção de sistemas a monitoração, avaliação e modificação de sistemas de informação (SI) ou *software* em uso para a concretização de melhorias desejáveis ou necessárias (O'BRIEN, 2004).

Pressman (2011) declara que a manutenção de *software* começa quase imediatamente quando o mesmo é liberado aos usuários, dando início a uma fila crescente de correções de erros, solicitações de adaptações e melhorias, que devem ser planejadas, programadas e, por fim, executadas. De fato, não é raro uma organização de *software* despender de 60% a 70% de todos os recursos com manutenção de seus sistemas.

Conforme Pressman (2011), a suportabilidade do *software* é a capacidade da prestação de serviço de suporte a um sistema de *software* durante toda a vida útil do produto. Logo, isso implica em satisfazer quaisquer necessidades ou requisitos, infraestrutura de suporte ou qualquer outro recurso necessário para manter o *software* operacional e também capaz de satisfazer suas funções. Ainda, segundo Pressman (2011), a suportabilidade também exige que sejam providenciados recursos para resolver os problemas diários dos usuários. A função do pessoal de suporte também é responder às dúvidas dos usuários sobre instalação, operação e uso da aplicação.

Sendo assim, a manutenção e o suporte de *software* são atividades contínuas que ocorrem por todo o ciclo de vida de um aplicativo (PRESSMAN, 2011). Para Sommerville (2011), existem três tipos diferentes de manutenção de *software*: correção de defeitos; adaptação ambiental e adaptação de funcionalidade.

Além disso, as pesquisas em geral concordam que a manutenção de *software* ocupa uma proporção maior dos orçamentos de TI que o desenvolvimento (a manutenção detém, aproximadamente, dois terços do orçamento, contra um terço para desenvolvimento) (SOMMERVILLE, 2011). Como salienta Pressman (2011), a manutenção e suporte de *software* representam as atividades mais custosas na vida útil de um aplicativo, e as estimativas de custo e esforço de *software* nunca serão uma ciência exata. Muitas variáveis podem afetar o custo final do *software* e o esforço necessário para desenvolvê-lo.

B. *Total Cost of Ownership (TCO)*

O TCO surgiu através de estudos realizados pelo *Gartner Group*, empresa especializada em consultoria e pesquisas de TI, que buscava mensurar as várias formas de custos nas organizações (SILUK, 2014). De acordo com Gartner (1997), a metodologia TCO foi apresentada na Comdex em novembro de 1997 e foi patrocinada por 12 empresas líderes de TI na época.

Gartner (1997) entende que o objetivo da pesquisa para gerar a metodologia TCO era criar um padrão da indústria de TI e oferecer com precisão às empresas um meio credível de avaliar opções para reduzir custos de TI. Ainda, segundo Gartner (1997), modelos atuais de TCO usam um consistente plano de contas que se baseiam em um sistema de informação funcional. Além disso, o TCO ainda abrange ativos de TI, riscos, complexidade e melhores práticas.

Ellram e Maltz (1995) também indicam o uso de análise do TCO como uma excelente abordagem para compreender as verdadeiras implicações de custo na decisão de terceirização, ao invés de focar somente em preço.

Dentro deste prisma, West e Daigle (2004) observam que sistemas ERP geralmente são muito caros e têm consequências a longo prazo. Acima de tudo, o sistema ERP pode ser um empreendimento muito arriscado, e uma análise de TCO pode ajudar a mitigar esse risco.

Vale destacar que o TCO ou Custo Total de Propriedade consiste em avaliar todos os custos diretos e indiretos relacionados à compra de todo investimento importante na área de *hardware* ou *software* (WANTROBA, 2007).

De acordo com Gartner (1997), o plano de contas do TCO envolve custos de Capital (*hardware, software, network*, etc.), Administração (gestão de ativos, seguros, jurídico, etc.), Suporte Técnico *(help desk*, documentação, extração de dados, etc.) e Operações de Usuário Final (gestão de dados, desenvolvimento de aplicações, treinamento, etc.). Contudo, segundo Gartner (1997), a metodologia TCO decidiu adotar a terminologia utilizada no plano de contas da Interpor (desenvolvido pela Interpor em conjunto com a Microsoft) por duas razões: primeira, o plano de contas da Interpor distingue mais claramente entre custos orçados e não orçados; e segunda razão, o plano de contas da Interpor inclui explicitamente custos associados com o tempo de inatividade do usuário final.

Ainda, conforme Gartner (1997), segue, na Tabela 1, a classificação de custos orçados e não orçados segundo a metodologia TCO:

Tabela 1. A Classificação de Custos da Metodologia TCO

(Orçados) Custos Diretos	(Não orçados) Custos Indiretos
Hardware e *Software* - Os gastos de capital e taxas de arrendamento de novas instalações e atualizações de servidores, clientes, impressoras e comunicação de dispositivos em rede.	Usuário final - O custo de usuários finais que suportam a si mesmos em vez de solicitar apoio, a aprendizagem informal (formação não formal), e usuário final que autodesenvolve aplicações.
Gestão - A rede, sistema e gerenciamento de armazenamento e de trabalho e honorários de serviços profissionais de *outsourcing*.	O tempo de inatividade - A perda de produtividade devido a parada de rede planejada e não planejada e indisponibilidade do sistema, medido como salários perdidos.
Suporte - O trabalho de suporte *help desk*, o trabalho e as taxas de treinamento, compras, viagens, contratos de manutenção e de apoio.	
Desenvolvimento - O desenvolvimento de aplicações e conteúdo, teste e documentação incluindo novos desenvolvimentos, customizações e manutenção de aplicações não comerciais.	
Taxas de Comunicações - A linha de locação, taxas de acesso do servidor, e despesas alocadas de *WAN*.	

Fonte: Elaboração própria

C. *Information Technology Infrastructure Library (ITIL)*

ITIL é um *framework* público que descreve as melhores práticas em gerenciamento de serviços de TI. Ele oferece uma estrutura para a governança de TI, bem como a gestão e controle desses serviços. Foca-se na medição contínua e melhoria da qualidade dos serviços de TI entregues, tanto do negócio como na perspectiva do cliente (ITIL, 2011).

O ITIL também é um agrupamento das melhores práticas utilizadas no gerenciamento de serviços de tecnologia de informação de alta qualidade, obtidas em consenso após décadas de observação prática, pesquisa e trabalho de profissionais de TI e processamento de dados (FERNANDES; ABREU, 2012).

Entre 2007 e 2008 foi publicada a versão 3 do ITIL, que é composta por cinco livros, ou também conhecidos como ciclos de vida, e organizados do seguinte modo: *Service Estrategy* (Estratégia de Serviço), *Service Design* (Desenho de Serviço), *Service Transition* (Transição de Serviço), *Service Operations* (Operação de Serviço) e *Continual Service Improvement* (Melhoria Continuada de Serviço). Cada uma das cinco publicações principais engloba uma fase do ciclo de vida do serviço.

A presente pesquisa centra-se no estudo do Processo de Gerenciamento Financeiro da publicação Estratégia de Serviço. Portanto, não foram abordados os processos dos outros ciclos de vida do ITIL.

O objetivo do ciclo de vida Estratégia de Serviço é converter o gerenciamento de serviços em ativos estratégicos para atender aos objetivos estratégicos da empresa, e possui três processos de Gerenciamento: Financeiro, *Portfólio* de Serviços e Demanda.

Por sua vez, o Processo de Gerenciamento Financeiro tem por objetivo assegurar os recursos financeiros necessários para a entrega dos serviços de acordo com os requisitos dos clientes. Este processo identifica e calcula um valor monetário para um serviço ou componente de serviço (FREITAS, 2010). Além disso, no Gerenciamento Financeiro é possível identificar elementos de custo semelhantes ou análogos aos elementos de custo do TCO e que, portanto, podem ser alinhados e que nortearam esta pesquisa.

Diante deste cenário, os tipos de custos precisam ser determinados, pois também são usados nas atividades de elaboração do orçamento. Os principais custos referem-se a *hardware*, *software*, pessoal acomodações, transferência e serviços externos (CESTARI FILHO, 2011).

Em vista disso, é imprescindível distinguir entre os diferentes tipos de custos para definir uma política de preços clara e consistente. O número de tipos de custos varia dependendo do tamanho da organização de TI e suas necessidades (BAILEY, 2010). A seguir, a Tabela 2 apresenta a classificação de custos sugerida no *framework* ITIL de acordo com suas características (FREITAS, 2010). Verificam-se três tipos de classificações: quanto à forma de entrega (custos fixos e variáveis); quanto à atribuição (custos diretos e indiretos); e quanto à natureza (Custos de Capital e Custos Operacionais).

Logo, pelo exposto até aqui, fica evidente na literatura disponível que os elementos de custo identificados na pesquisa são similares ou coincidentes entre a metodologia TCO e do processo de Gerenciamento Financeiro do *framework* ITIL.

Tabela 2. A Classificação de Custos do Framework ITIL

Forma de Entrega	
Custos Fixos	**Custos Variáveis**
Custo fixo para um serviço estipulado par a um determinado período de tempo. Exemplo: licença de *software* anual.	Custo que varia de acordo com a demanda, utilização e com o tempo de execução do serviço. Exemplo: projetos de desenvolvimento, consultoria externa, manutenções realizadas sem contrato de garantia.
Atribuição	
Custos Diretos	**Custos Indiretos**
Custos atribuídos diretamente a um cliente. Exemplo: serviços realizados por um provedor interno diretamente a um cliente específico.	Custos compartilhados ou rateados entre mais de um cliente pela execução dos serviços. Exemplo: serviços compartilhados entre vários clientes como correio eletrônico ou acesso à internet.
Natureza	
Custos de Capital	**Custos Operacionais**
Custos de aquisição formal de ativos fixos para a empresa. Exemplo: compra de computadores.	Custos rotineiros de operação de TI. Exemplo: manutenções, suportes ou projetos.

Fonte: Elaboração própria

Estratégia da Pesquisa

Esta pesquisa adotou a seguinte estratégia:

- Realização de pesquisa bibliográfica no período de junho a dezembro de 2014, para identificar os elementos de custo para mensuração de custos de manutenção e suporte de sistemas ERP, alinhando os elementos de custo citados na metodologia TCO ao processo de Gerenciamento Financeiro do *framework* ITIL.

- Consolidação e classificação dos elementos de custo identificados na literatura de acordo com a tipificação sugerida pelo *framework* ITIL, sendo desconsiderados os Custos de Capital e mantidos os tipificados como Custos Operacionais, que foram classificados em níveis: Custos Diretos e Custos Indiretos; e Custos Fixos e Custos Variáveis.

- Elaboração de um questionário eletrônico que foi submetido a 41 especialistas em gestão de sistemas ERP, atuantes nas IFES de vários estados do Brasil, objetivando levantar a relevância atribuída aos elementos de custo identificados e classificados. A escala de relevância adotada foi a *Likert*, contendo 5 (cinco) possibilidades de resposta. Antes de ser enviado, o questionário foi testado e validado por um grupo de cinco especialistas experientes em sistemas ERP, com o objetivo de assegurar o bom resultado da pesquisa.

- Apresentação dos resultados do questionário utilizando estatística descritiva baseada na análise de frequência das respostas, e geração de uma relação de elementos de custo de manutenção e suporte de TI, classificada conforme a relevância mapeada pelos especialistas.

A pesquisa bibliográfica foi realizada, utilizando mecanismos de busca nas bases *Scopus*, *Scielo* e DOAJ, e teve o propósito de identificar quais elementos de custo são mais relevantes para manutenção e suporte de sistemas ERP. As palavras chaves utilizadas na pesquisa foram: *"TCO"*, *"ITIL"*, *"TCO and ITIL"*, *and "financial" or "cost" or "cost elements"*. Também foram aplicados filtros da área "COMP" (computação) e publicações dos últimos cinco anos, sendo selecionados 12 documentos aderentes ao tema da pesquisa. Além das publicações científicas, foram utilizados cinco livros para referenciar os elementos de custo de TI, totalizando 17 documentos.

Compilação e Classificação dos Elementos de Custos

Com base na síntese da revisão bibliográfica, elaborou-se uma tabela contendo todos os elementos de custo de TI mencionados e suas respectivas referências, visando fundamentar esta pesquisa. A Tabela 3 sintetiza a classificação dos elementos de custo por tipo segundo diversos autores.

Tabela 3. Classificação dos Elementos de Custo por Tipo de Custo

Tipo de Custo	Autores	Elementos de Custo Identificados
Custos de Capital	Bailey (2010), Cestari Filho (2011), Esteves et al. (2000), Freitas (2010), Laudon; Laudon (2010), Mencer et al. (2011), Ricardo (2006), Wantroba (2007)	Aquisição de *hardware* (armazenamento, comunicações, redes, computadores, *notebooks*, impressoras)
		Aquisição de *software* (sistemas operacionais, banco de dados, aplicativos, ERP)
		Aquisição de condicionador de ar
		Aquisição/construção *datacenter*
		Arrendamentos
		Atualizações
		Eliminações/descartes
		Infraestruturas
		Instalações
		Leasing
		Mobiliário
		Projetos de desenvolvimento

Tipo de Custo	Autores	Elementos de Custo Identificados
Custos Operacionais	Bailey (2010), Camargo (2014), Cestari Filho (2011), Esteves et al. (2000), Freitas (2010), Laudon; Laudon (2010), Mencer et al. (2011), Padilha; Marins (2005), Schmidt (2014), Wantroba (2007)	Custos com comunicações
		Custos com manutenções/suporte
		Custos com operações (conversão de dados, integração, testes)
		Custos com pessoal administrativo
		Custos com pessoal técnico
		Custos com pessoal terceirizado (contratação)
		Usto
		Custos com segurança eletrônica
		Custos com terceirizações (*outsourcing*)
		Encargos com pessoal
Custos Diretos	Barbosa et al. (2009), Bierma; WaterStraat (2014), Camargo (2014), Cestari Filho (2011), Freitas (2010), Gartner (1997), Gonçalves; Quintana (2001), Laudon; Laudon (2010), Mencer et al. (2011), Padilha; Marins (2005), Ricardo (2006), Wantroba (2007), West; Daigle (2004)	Custos com desenvolvimentos (incluindo testes, documentação, implantação)
		Custos com gestão
		Custos com manutenções (correção, customização, otimização, evolução)
		Custos com suporte técnico (*helpdesk*)
		Custos com treinamentos
		Custos com viagens (transportes, diárias, refeições)
		Serviços externos (prestados diretamente)

Tipo de Custo	Autores	Elementos de Custo Identificados
Custos Indiretos	Bailey (2010), Barbosa et al. (2009), Camargo (2014), Cestari Filho (2011), Freitas (2010), Gartner (1997), Gonçalves; Quintana (2001), Laudon; Laudon (2010), Mencer et al. (2011), Padilha; Marins (2005), Ricardo (2006), Schmidt (2014), Wantroba (2007), West; Daigle (2004)	Auditorias
		Consultorias
		Custos de confiabilidade (*backup*, redundância, testes)
		Custos de falhas (*downtime*, inatividade, indisponibilidade)
		Despesas administrativas
		Despesas com manutenções
		Despesas de representação
		Despesas financeiras
		Despesas tributárias
		Materiais (consumo, insumos, escritório, suprimentos, etc.)
		Serviços compartilhados
		Serviços Externos (manutenção, gerais, apoio, segurança, outros serviços)
		Telecomunicações
Custos Fixos	Barbosa et al. (2009), Camargo (2014), Cestari Filho (2011), Freitas (2010)	Aluguéis
		Armazenagem (depósito, dispensa)
		Licenças de *software*
		Locação de Equipamentos
		Seguros
		Serviços Externos (manutenção, gerais, apoio, segurança, outros serviços)

Tipo de Custo	Autores	Elementos de Custo Identificados
Custos Variáveis	Barbosa et al. (2009), Cestari Filho (2011), Freitas (2010)	Amortizações
		Depreciações
		Energia elétrica
		Juros
		Telefonia

Fonte: Elaboração própria

Após a análise dos elementos de custo levantados na literatura, apresentados através da Tabela 3, os mesmos foram consolidados na Tabela 4, que apresenta a Classificação de Custos Operacionais de TI mais adequados ao objetivo principal dessa pesquisa, ou seja, identificar os elementos de custo mais relevantes para apuração dos custos de manutenção e suporte dos Sistemas ERP.

Vale destacar que, de acordo com Cestari Filho (2011), Custos de Capital são custos envolvidos na compra de itens que serão usados durante alguns anos e serão depreciados; e Custos Operacionais são custos resultantes do uso no dia a dia dos serviços de TI. Na visão de Barbosa (2009), Custos de Capital se referem à depreciação de ativos fixos tangíveis e investimentos de longo prazo, enquanto Custos Operacionais são os custos associados à gestão diária da organização de TI. Portanto, o foco dessa pesquisa ateve-se aos custos operacionais de TI e não aos custos de aquisição ou de investimento em sistemas. A seguir, a Tabela 4 mostra a classificação dos elementos de custo operacionais de TI.

Tabela 4. Classificação de Custos Operacionais de TI

Custos Operacionais de TI			
Diretos		Indiretos	
Fixos	Variáveis	Fixos	Variáveis
Custos com pessoal administrativo	Custos com comunicações	Aluguéis	Auditorias
Custos com pessoal técnico	Custos com desenvolvimentos	Armazenagens	Consultorias

Custos Operacionais de TI			
Diretos		Indiretos	
Fixos	Variáveis	Fixos	Variáveis
Custos com pessoal terceirizado	Custos com gestão	Serviços externos	Despesas administrativas
Custos com terceirizações	Custos com manutenções		Despesas de representação
Encargos com pessoal	Custos com operações		Energia elétrica
Licenças de *software*	Custos com suporte técnico		Materiais de consumo
Locação de equipamentos	Custos com segurança eletrônica		Serviços compartilhados
Serviços externos	Custos com treinamentos		Telecomunicações
	Custos com viagens		Telefonia
	Custos de confiabilidade		
	Custos de falhas		

Fonte: Elaboração própria

Análise dos Resultados

Após a identificação e classificação dos elementos de custo operacionais de TI, foi montado e aplicado um questionário *web* com objetivo de obter dos Especialistas em gestão de Sistemas ERP das IFES brasileiras, sua percepção de relevância quanto aos elementos de custo elencados a partir da literatura. No entanto, antes de ser enviado, o questionário foi testado e validado por 5 (cinco) especialistas experientes em gestão de sistemas ERP, que concordaram com os elementos de custo identificados, bem como com sua classificação, porém, fizeram algumas sugestões na formatação do mesmo. A pesquisa de campo foi efetuada no período de janeiro/2015 a março/2015 com aplicação do questionário, e a análise dos resultados foi realizada de abril/2015 a junho/2015.

O questionário proposto foi dividido em quatro partes. A primeira refere-se ao do perfil do respondente. A segunda trata dos Custos Diretos, subdivididos em 8 (oito) elementos de Custos Fixos e 11 (onze) elementos de Custos Variáveis. A terceira aborda os Custos Indiretos, subdivididos em 3 (três) elementos de Custos Fixos e 9 (nove) elementos de Custos Variáveis. A quarta parte contempla uma questão discursiva, para comentários livre do respondente.

Utilizou-se na segunda e terceira partes do questionário, a escala *Likert* de um a cinco, com as seguintes opções: (1-nenhuma relevância; 2-baixa relevância; 3-média relevância; 4-alta relevância; 5-muito alta relevância), onde os respondentes pontuaram, de acordo com a sua percepção de relevância, cada elemento de custo proposto.

Então, a pesquisa de campo foi aplicada junto a 41 especialistas em gestão de Sistemas ERP das IFES de vários estados do Brasil, durante o período de 90 dias, e resultou em uma nova classificação dos mais relevantes elementos de custo operacionais de TI. Destes 41 respondentes, 17 (dezessete) são pertencentes a diferentes IFES, com uma média de 2,41 especialistas por IFES.

Os resultados da pesquisa serão apresentados a seguir, iniciando pelo perfil dos respondentes seguido da classificação dos elementos de custos de maior relevância.

A. *Resultados sobre o perfil do respondente*

Com relação ao perfil do respondente, a Figura 1 apresenta a distribuição de especialistas em gestão de Sistemas ERP que participaram da pesquisa por Regiões do Brasil. Nota-se que a Região Sudeste teve o maior número de respondentes, seguida da Sul, Norte e Nordeste, não havendo nenhum respondente da Região Centro-Oeste, apesar do questionário ter sido enviado para IFES de todas as Regiões do Brasil.

Figura 1. Percentual de respondentes por Região do Brasil

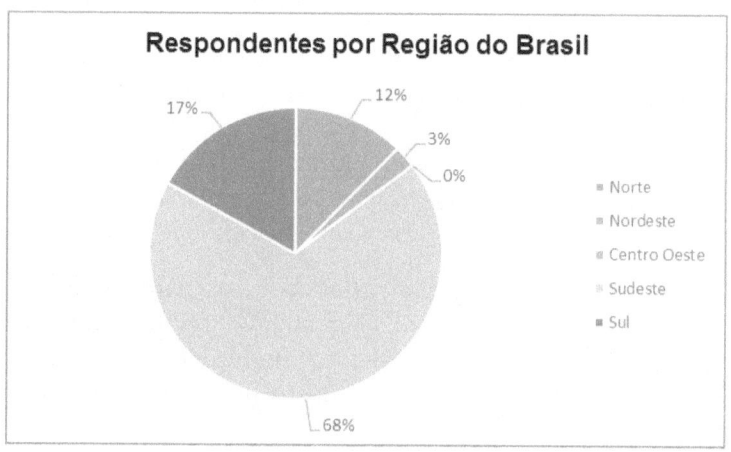

Fonte: Elaboração Própria

Quanto ao tempo de serviço do especialista em gestão de Sistemas ERP nas IFES, observa-se na Figura 2, que dos 41 respondentes, a grande maioria dos respondentes declara expressiva experiência na função, ou seja, 78% tem no mínimo 4 anos de experiência na gestão de Sistemas ERP (34% de 4 a 7 anos, 5% de 8 a 10 anos e 39% mais de 10 anos e apenas 22% possuem até 3 anos de experiência). Este perfil é um dado importante, pois se espera que especialistas com mais experiência, tendem a ter uma percepção mais realista.

Figura 2. Tempo de serviço na função de Especialista em gestão de Sistemas ERP

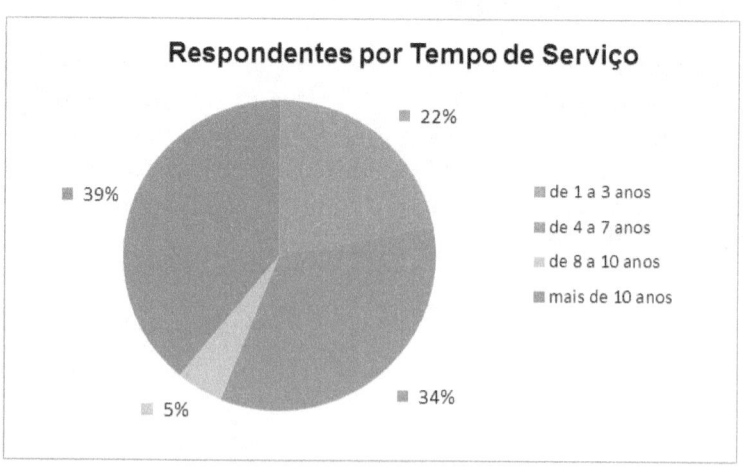

Fonte: Elaboração Própria

Outra informação obtida através do questionário que pode ser relevante para os gestores de TI das IFES, refere-se ao número de IFES que utiliza serviços terceirizados no desenvolvimento, manutenção e suporte de seus sistemas ERP. É importante salientar que as IFES terceirizam alguns sistemas ERP, enquanto outros sistemas são mantidos com recursos internos, ou seja, algumas IFES não utilizam terceirização na totalidade de seus sistemas ERP. Assim, 51% dos respondentes declararam não utilizar serviços terceirizados na gestão de sistemas ERP, enquanto 49% declararam utilizar serviços terceirizados.

B. *Resultados sobre a relevância dos elementos de custo*

Quanto ao grau de relevância atribuído pelos especialistas em gestão de Sistemas ERP das IFES, a Figura 3, apresenta uma nova classificação da distribuição das relevâncias atribuídas para cada Elemento de Custo pelos especialistas de acordo com a maior relevância e maior frequência observada.

De acordo com Camargo (2014), o planejamento de custos de um projeto calcula os recursos necessários para realizá-lo e para alcançar os objetivos propostos. Os tipos de custos geralmente considerados nas estimativas de projeto são: custos diretos (diretamente relacionados ao trabalho específico do projeto – mão de obra, passagens ou equipamentos, etc.), custos indiretos (indiretamente relacionados ao trabalho – luz, comunicações, etc.), custos fixos (custos que não variam conforme o projeto – locação, salários e benefícios) e custos variáveis (que variam conforme o trabalho executado – contrato de trabalho temporário, etc.).

Deste modo, com intuito de melhor demonstrar as relevâncias atribuídas a cada elemento de custo pelos especialistas, demonstradas na Figura 3, serão apresentados na sequência, em formato de gráficos de coluna, as distribuições reclassificadas pela maior relevância, e em seguida, pela maior frequência nos quatro grupos: Custos Diretos Fixos, Custos Diretos Variáveis, Custos Indiretos Fixos e Custos Indiretos Variáveis.

Figura 3. Distribuição de Relevâncias atribuídas pelos Especialistas

			Quantidade de Especialistas por Relevância					Relevância	Frequência
			5	4	3	2	1		
Diretos	Fixos	Custos com pessoal técnico	5	17	13	4	2	4	17
		Custos com terceirizações	7	12	11	6	5	4	12
		Encargos com pessoal	4	9	18	5	5	3	18
		Custos com pessoal terceirizado	6	4	15	9	7	3	15
		Custos com pessoal administrativo	3	11	12	10	5	3	12
		Serviços externos	2	5	7	16	11	2	16
		Licenças de *software*	5	6	11	14	5	2	14
		Locação de equipamentos	1	5	5	13	17	1	17
	Variáveis	Custos com desenvolvimentos	9	15	7	8	2	4	15
		Custos com manutenções	6	15	14	6	0	4	15
		Custos com operações	4	14	14	8	1	4	14
		Custos com treinamentos	5	3	17	16	0	3	17
		Custos com comunicações	2	13	16	7	3	3	16
		Custos com gestão	6	10	15	9	1	3	15
		Custos com suporte técnico	5	12	15	8	1	3	15
		Custos com viagens	2	7	10	19	3	2	19
		Custos de confiabilidade	3	11	8	17	2	2	17
		Custos com segurança eletrônica	3	8	12	14	4	2	14
		Custos de falhas	4	12	10	14	1	2	14
Indiretos	Fixos	Aluguéis	1	2	4	7	27	1	27
		Armazenagens	0	5	4	13	19	1	19
		Serviços Externos	0	2	10	13	16	1	16
	Variáveis	Telefonia	4	13	11	9	4	4	13
		Despesas administrativas	0	6	22	6	7	3	22
		Telecomunicações	3	9	17	8	4	3	17
		Energia elétrica	5	10	14	7	5	3	14
		Consultorias	3	6	6	17	9	2	17
		Materiais de consumo	1	8	13	15	0	2	15
		Auditorias	0	3	6	11	21	1	21
		Despesas de representação	0	1	8	14	18	1	18
		Serviços compartilhados	0	1	12	12	16	1	16

Fonte: Elaboração Própria

Custos Diretos - Fixos

Como já mencionado nessa pesquisa, Barbosa et al. (2009) apontam que os Custos Diretos são mais facilmente percebidos porque são diretamente atribuídos. Por conseguinte, os gráficos apresentados nessa pesquisa sugerem, de fato, que os Custos Diretos aparecem como mais relevantes na opinião dos especialistas.

Conforme essa pesquisa demonstrou os Custos Diretos – Fixos compõem-se dos seguintes elementos de custo constantes da Figura 3: Custos com pessoal administrativo, Custos com pessoal técnico, Custos com pessoal terceirizado, Custos com terceirizações, Encargos com pessoal, Licenças de *software*, Locação de equipamentos e Serviços externos.

Após avaliação das maiores frequências por relevância atribuída pelos especialistas a cada elemento de custo do grupo de Custos Diretos Fixos, a Figura 4, a seguir, apresenta a nova classificação dos elementos de custo desse grupo.

Figura 4. Maiores frequências por relevância do grupo Custos Diretos Fixos

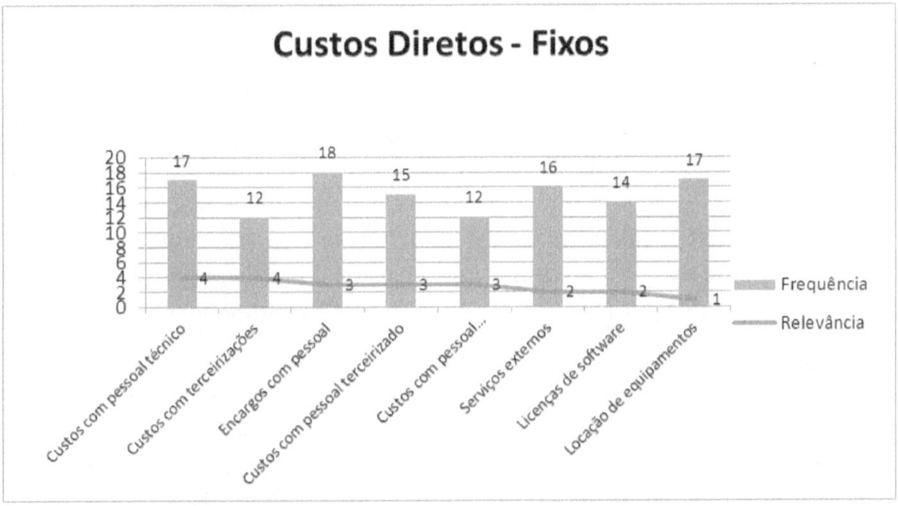

Custos Diretos - Fixos

Elemento	Frequência	Relevância
Custos com pessoal técnico	17	4
Custos com terceirizações	12	4
Encargos com pessoal	18	3
Custos com pessoal terceirizado	15	3
Custos com pessoal...	12	3
Serviços externos	16	2
Licenças de software	14	2
Locação de equipamentos	17	1

Fonte: Elaboração Própria

Inicialmente vale a pena diferenciar entre dois elementos de custo desse grupo: "Custos com Terceirizações" se referem a custos de valores pagos a empresas terceirizadas para prestar serviço na unidade; enquanto que, "Custos com Pessoal Terceirizado", se refere a custos de salários líquidos de todos trabalhadores terceirizados da unidade.

Os elementos de custo "Custos com pessoal técnico" e "Custos com terceirização" apresentam-se empatados com maior relevância 4 – Alta. No entanto, o elemento de custo "Custos com pessoal técnico" obteve uma maior frequência 17 (dezessete) ou 41,5% do total, enquanto o elemento de Custo com terceirizações obteve a frequência 12 (doze) ou 29,3% do total. Realmente, na prática, esses são os custos diretos fixos que acabam afetando mais diretamente a manutenção dos sistemas ERP.

Na sequência apresentam-se os elementos de custo "Encargos com pessoal", "Custos com pessoal terceirizado" e "Custos com pessoal administrativo" empatados com relevância 3 – Média. No entanto, com maior frequência de 18 (dezoito) ou 43,9% do total; 15 (quinze) ou 36,6% do total e 12 (doze) ou 29,3% do total, respectivamente.

Vale ressaltar que a maioria dos participantes da pesquisa (29,3%) considerou o elemento de custo "Custos com Pessoal Administrativo" como de média relevância; porém 26,8%, como alta e 24,4%, como baixa, que são valores semelhantes, indicando certa divergência entre os respondentes. Os demais consideram 12,2% como nenhuma relevância; e apenas 7,3% como muito alta relevância.

Na sequência apresentam-se os elementos de custo "Serviços Externos" e "Licenças de *Software*" que empatam com relevância 2 – Baixa, porém com frequência de 16 (dezesseis) ou 39% do total e 14 (quatorze) ou 34,1% do total, respectivamente. É importante destacar que o elemento de custo "Serviços Externos" se refere a custos com serviços externos contratados para uso exclusivo no ambiente de TI, como por exemplo, obras e instalações no ambiente de TI sem, no entanto, prestar serviços próprios de TI na unidade.

E na última posição neste grupo, o elemento de custo "Locação de equipamentos" que se apresenta com o menor grau de relevância atribuída 1 – Nenhuma Relevância e com frequência 17 (dezessete) ou 41,5% do total. A maioria dos participantes da pesquisa (41,5%) considerou o elemento de custo "Locação de Equipamentos" como nenhuma relevância e 31,7% como baixa, totalizando 73,2% do total, o que sugere que é mesmo dada pouca relevância para este elemento de custo durante a manutenção de Sistemas ERP.

Nota-se que os elementos de custo com relevância 2 e 1 geralmente são mais utilizados durante o desenvolvimento dos sistemas ERP e pouco usados durante a manutenção dos mesmos, o que justifica esta baixa relevância.

Custos Diretos - Variáveis

Conforme essa pesquisa demonstrou os Custos Diretos – Variáveis compõem-se dos seguintes elementos de custo constantes da Figura 3: Custos com desenvolvimento, Custos com manutenções, Custos com operações, Custos com treinamentos, Custos com comunicações, Custo com gestão, Custos com suporte técnico, Custos com viagens, Custos com confiabilidade, Custos com segurança eletrônica e Custos com falhas.

Após avaliação das maiores frequências por relevância atribuída pelos especialistas a cada elemento de custo do grupo de Custos Diretos Variáveis, a Figura 5, a seguir, apresenta a nova classificação dos elementos de custo desse grupo.

Figura 5. Maiores frequências por relevância do grupo Custos Diretos Variáveis

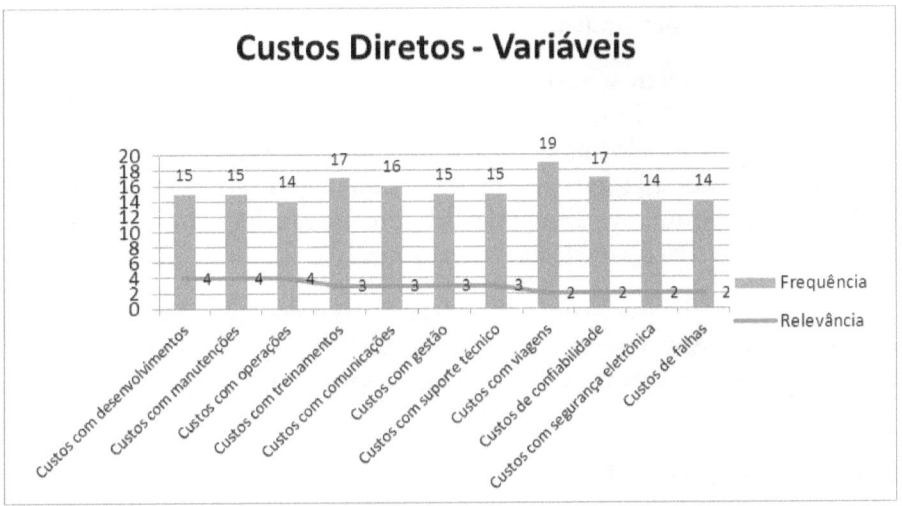

Fonte: Elaboração Própria

Os elementos de custo "Custos com desenvolvimento", "Custos com manutenção" e "Custos com operações" apresentam-se empatados com relevância 4 – Alta. No entanto, os elementos de Custos com desenvolvimento e Custos com manutenção obtiveram a mesma freqüência, 15 (quinze) ou 36,6%% do total, enquanto o elemento de Custo com operações obteve a frequência 14 (quatorze) ou 34,1% do total. Observa-se na prática que esses são os custos diretos variáveis que acabam afetando mais diretamente a manutenção dos sistemas ERP.

Houve empate de 34,1% para os participantes da pesquisa que consideraram o elemento de custo "Custos com Operações" como média e alta relevância;

19,5% como baixa; 9,8% como muito alta; e apenas 2,4% como nenhuma relevância. Devido ao empate de mesma frequência entre as relevâncias média e alta, e como o critério adotado era de adotar a maior relevância e a maior frequência, então o referido elemento de custo aparece classificado como sendo de alta relevância.

Na sequência apresentam-se os elementos de custo "Custos com treinamentos", "Custos com comunicações", "Custo com gestão" e "Custos com suporte técnico" todos empatados com relevância 3 – Média. No entanto, com maior frequência de 17 (dezessete) ou 41,5% do total; 16 (dezesseis) ou 39% do total e os dois últimos elementos de custo empatados com frequência 15 (quinze) ou 36,6% do total, respectivamente.

Na sequência apresentam-se os elementos de custo "Custos com viagens", "Custos com confiabilidade", "Custos com segurança eletrônica" e "Custos de falhas" todos classificados na mesma relevância 2 – Baixa. No entanto, com maior frequência de 19 (dezenove) ou 46,3% do total; 17 (dezessete) ou 41,5% do total e os dois últimos elementos de custo empatados com frequência 14 (quatorze) ou 34,1% do total, respectivamente.

Os elementos de custos com relevância 3 e 2 são geralmente são mais utilizados durante o desenvolvimento dos sistemas ERP, mas são também importantes serem considerados durante a manutenção desses sistemas.

Custos Indiretos - Fixos

Segundo Barbosa et al. (2009), os Custos Indiretos não são diretamente atribuídos, necessitando de rateios para serem alocados; e por isso são mais dificilmente percebidos.

Conforme essa pesquisa demonstrou os Custos Indiretos – Fixos compõem-se dos seguintes elementos de custo constantes da Figura 3: Despesas com Aluguéis, Armazenagens e Serviços externos.

Após avaliação das maiores frequências por relevância atribuída pelos especialistas a cada elemento de custo do grupo de Custos Indiretos Fixos, a Figura 6, a seguir, apresenta a nova classificação dos elementos de custo desse grupo.

Figura 6. Maiores frequências por relevância do grupo Custos Indiretos Fixos

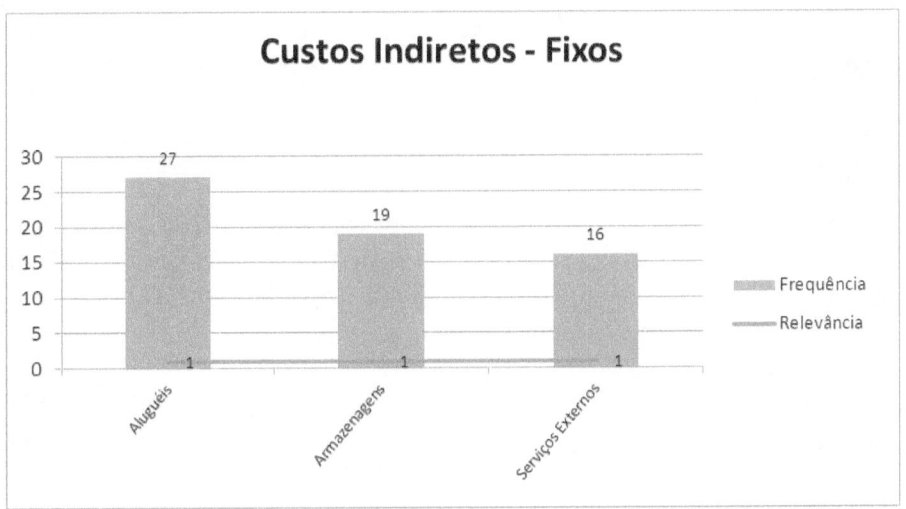

Fonte: Elaboração Própria

Importante salientar a diferença entre o elemento de custo "Serviços externos" desse grupo Custos Indiretos – Fixos com o elemento de custo, de mesmo nome, do grupo Custos Diretos – Fixos. No grupo de Custos Diretos – Fixos, o elemento de custo "Serviços externos" são serviços contratados para uso exclusivo no ambiente de TI, enquanto que no grupo de Custos Indiretos – Fixos, o elemento de custo "Serviços externos" são serviços contratados para serviços não diretamente ligados a TI, como por exemplo, manutenções, serviços gerais, apoio, segurança, e outros serviços.

Os elementos de custo de "Aluguéis", "Armazenagens" e "Serviços externos" apresentam-se todos empatados com o menor grau de relevância 1 – Nenhuma relevância. No entanto, com frequência de 27 (vinte e sete) ou 65,9% do total; 19 (dezenove) ou 46,3% do total e 16 (dezesseis) ou 39% do total respectivamente.

Foi possível notar na Figura 6 que a percepção da maioria dos especialistas quanto a este grupo de custos é de nenhuma relevância em todos os elementos de custo apresentados. Isso justifica-se, pois, esses elementos de custo são apropriados na fase de desenvolvimento dos sistemas ERP e acabam sendo mantidos durante a fase seguinte de manutenção.

Custos Indiretos - Variáveis

Conforme essa pesquisa demonstrou os Custos Indiretos – Variáveis compõem-se dos seguintes elementos de custo constantes da Figura 3: Telefonia, Despesas Administrativas, Telecomunicações, Energia Elétrica, Consultoria, Materiais de Consumo, Auditorias, Despesas de representação e Serviços compartilhados.

Após avaliação das maiores frequências por relevância atribuídas pelos especialistas a cada elemento de custo do grupo de Custos Indiretos Variáveis, a Figura 7, a seguir, apresenta a nova classificação dos elementos de custo desse grupo.

Figura 7. Maiores frequências por relevância do grupo Custos Indiretos Variáveis

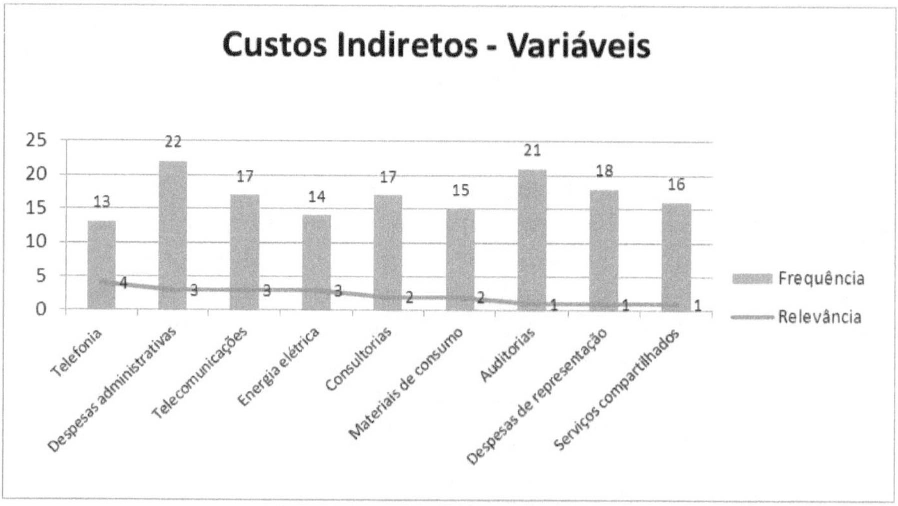

Fonte: Elaboração Própria

O elemento de custo "Telefonia" é o único elemento de custo que se apresenta com a maior relevância 4 – Alta e frequência 13 (treze) ou 31,7% do total. Em seguida, apresentam-se os elementos de custo "Despesas administrativas", "Telecomunicações" e "Energia elétrica" todos empatados com relevância 3 – Média; com maior frequência 22 (vinte e dois) ou 53,7%; frequência 17 (dezessete) ou 41,5% e frequência 14 (quatorze) ou 34,1%, respectivamente.

Na prática observa-se que esses custos indiretos variáveis que acabam afetando mais diretamente a manutenção dos sistemas ERP.

Os elementos de custo "Consultorias" e "Materiais de consumo" apresentam-se empatados com relevância 2 – Baixa; com maior frequência 17 (dezessete) ou 41,5% e frequência 15 (quinze) ou 36,6% respectivamente.

Finalizando, os elementos de custo "Auditorias", "Despesas de representação" e "Serviços compartilhados" apresentam-se classificados com o menor grau de relevância 1 – Nenhuma relevância. No entanto, com maior frequência de 21 (vinte e um) ou 65,9% do total; 18 (dezoito) ou 46,3% do total e 16 (dezesseis) ou 39% do total, respectivamente.

Geralmente os elementos de custo com relevância 1 e 2 são mais utilizados durante o desenvolvimento dos sistemas ERP, apesar de também serem importantes durante a manutenção desses sistemas.

Considerações finais

Assim sendo, após a avaliação das maiores frequências por relevância atribuídas pelos especialistas a cada elemento de custo dos grupos de Custos Diretos e Custos Indiretos, foi possível acrescentar as considerações a seguir.

Analisando as respostas obtidas na questão discursiva, pode-se concluir que os especialistas em gestão de Sistemas ERP das IFES não fizeram comentários sobre os elementos de custo apresentados no questionário, indicando que os respondentes concordaram com os elementos elencados na pesquisa.

Também não houve comentário ou sugestão sobre falta ou excesso de elementos de custo relevantes na opinião dos especialistas, assim como nenhum comentário sobre a tipificação dos elementos de custo adotada nesta pesquisa, que deu origem ao questionário.

Portanto, a presente pesquisa sugere o uso dos elementos de custo constantes da Tabela IV, que foram reclassificados e apresentados na Figura 3, para mensurar os custos operacionais dos sistemas ERP da instituição. Essa mensuração pode servir para orientar o Gestor de TI das IFES quanto aos custos de manter sistemas ERP, e estes também poderão ser usados como indicadores para traçar metas estratégicas de TI.

Conclusão

Através da revisão de literatura, foi possível identificar os elementos de custo mais citados pelos autores na apuração de custos de TI. Nessa fase da pesquisa, foram relacionados os elementos de custo utilizados na metodologia TCO e suportados pelo processo de gerenciamento financeiro do *framework* ITIL. Além disso, foram analisadas as 17 referências selecionadas, buscando entender como os autores dessas referências tratam os elementos de custos em suas pesquisas.

Em seguida, os elementos de custo identificados foram então consolidados e tipificados de acordo com o mapeamento em camadas sugerido no *framework* ITIL, ou seja, no nível mais alto: Custos de Capital e Custos Operacionais; no nível intermediário: Custos Diretos e Custos Indiretos; e no nível mais baixo: Custos Fixos e Custos Variáveis. Seguindo o foco da pesquisa que é de mensuração de custos de manutenção e suporte de sistemas ERP, os Custos de Capital foram desconsiderados. Então, a classificação dos elementos de custo operacionais de TI foi apresentada na Tabela IV– Classificação de Custos Operacionais de TI para manutenção e suporte de Sistemas ERP.

Após a aplicação de um questionário web junto aos especialistas em gestão de sistemas ERP, a análise dos resultados foi apresentada na Figura 3 e em formato de gráficos de coluna, com a reclassificação dos elementos de custo operacionais de TI de acordo com o grau de relevância atribuído a cada elemento de custo pela maioria dos especialistas.

As distribuições também foram reclassificadas pela maior frequência nos quatro grupos: Custos Diretos Fixos, Custos Diretos Variáveis, Custos Indiretos Fixos e Custos Indiretos Variáveis. Observou-se, nesta análise, que os custos com maior relevância são os que na prática acabam afetando mais diretamente a manutenção dos sistemas ERP. Por outro lado, notou-se que os custos com menor relevância são normalmente os mais utilizados durante o desenvolvimento dos sistemas ERP e pouco usados durante a manutenção dos mesmos.

Como contribuição deste trabalho, espera-se que, os elementos de custo identificados nesta pesquisa possam servir de base para que as instituições mensurem os seus custos com manutenção e suporte de sistemas ERP em produção. Tais elementos de custo também podem ser divididos em subelementos de custo com o propósito de obter mais precisão na mensuração dos custos dos sistemas ERP.

Além disso, esses elementos podem ser usados durante a elaboração do Plano Diretor de Tecnologia da Informação, fornecendo informações aos órgãos de fiscalização do Governo Federal, e em outros casos, também podem servir de subsídio para determinar a vantagem ou desvantagem econômica para a instituição em caso de terceirização do serviço de TI.

Esta pesquisa foi efetuada em ambiente público de IFES. Como trabalhos futuros sugere-se uma nova pesquisa explorando a relação da organização pública versus privada. Em instituições privadas, a princípio, os elementos de custo levantados nessa pesquisa seriam os mesmos. Porém, o questionário respondido por um número representativo de especialistas em gestão de Sistemas ERP do ambiente privado, poderia apresentar relevâncias divergentes com relação ao ambiente público. Outra sugestão interessante seria a criação de um método sistemático para mensurar os custos de manutenção e suporte dos Sistemas ERP junto ao desenvolvimento de um *software* específico para mensurar e ratear esses custos quando necessário.

Referências

BAILEY, C. *Manual Técnico ITIL V3 em espanhol*. 2010. Disponível em: <http://pt.scribd.com/doc/46054639/Manual-Tecnico-ITIL-v3-EN-ESPANOL>. Acesso em: 06 jun. 2014.

BARBOSA, C. et al. *Gerenciamento de custos em projetos*. 3. ed. Rio de Janeiro: FVG, 2009.

BIERMA, T.J.; WATERSTRAAT, F. L. *Total Cost of Ownership for Metalworking Fluids*. Illinois Waste Management and Research Center, Illinois State University, Illinois, USA, Apr. 2014. Disponível em: <http://www.wmrc.uiuc.edu/main_sections/info_services/library_docs/RR/RR-105.pdf>. Acesso em: 09 abr. 2014.

CAMARGO, M.R. *Gerenciamento de projetos*: fundamentos e prática integrada. Rio de Janeiro: Elsevier, 2014.

CESTARI FILHO, F. *ITIL v3 Fundamentos*. Rio de Janeiro: RNP/ESR, 2011.

ELLRAM, L.M.; MALTZ, A.B. The use of Total cost of ownership: concepts to model the outsourcing decisions. *The International Journal of Logistics Management*, v. 6, n. 2, p. 55-66, 1995.

ESTEVES, J.M.; SANTOS, A.A.; CARVALHO, J.A. O Ciclo de Vida dos Custos dos Sistemas ERP. In: *VII Congresso Brasileiro de Custos*, Recife, Agosto 2000. Disponível em: < https://anaiscbc.emnuvens.com.br/anais/article/view/3052>. Acesso em: 28 abr. 2014.

FERNANDES, A. A.; ABREU, V. F. *Implantando a Governança de TI da Estratégia à Gestão de Processos e Serviços*. 3. ed. Rio de Janeiro: Brasport, 2012.

FREITAS, M.A.S. *Fundamentos do Gerenciamento de Serviços de TI*: preparatório para certificação ITIL V3 Foundation. Rio de Janeiro, Brasport, 2010.

GARTNER. *A White Paper on Gartner Group's Next Generation Total Cost of Ownership Methodology*. 1997.

GONÇALVES, R.C. de M.G.; QUINTANA, A. C. M.. Custos Totais de Propriedade como parte da análise de investimentos em sistemas ERP. In: *Cruzando Fronteras*: Tendencias de Contabilidad Directiva para el Siglo XXI, León, España, 4 a 6 Julho 2001. Disponível em: <http://www.intercostos.org/documentos/Trabajo083.pdf>. Acesso em: 05 abr. 2014.

ITIL. *An Introductory Overview of ITIL®V3*. 2011. Disponível em: <http://www.doc-developpement-durable.org/file/Projets-informatiques/cours-&-manuels-informatiques/ITIL/An_Introductory_Overview_of_ITIL_V3.pdf>. Acesso em: 04 nov. 2015.

LAUDON, K.C.; LAUDON, J.P. *Sistemas de Informação Gerenciais*. 9. ed. São Paulo: Pearson Prentice Hall, 2010.

MENCER, O. et al. *Finding the right level of abstraction for minimizing operational expenditure review*. 2011. Disponível em: <http://dl.acm.org/citation.cfm?id=2088262>. Acesso em: 05 set. 2014.

MENEZES, E.T. de; SANTOS, T.H. dos. IFES (Instituições Federais de Ensino Superior) (verbete*)*. In: *Dicionário Interativo da Educação Brasileira* – EducaBrasil. São Paulo: Midiamix, 2002. Disponível em: <http://www.educabrasil.com.br/ifes-instituicoes-federais-de-ensino-superior/ >. Acesso em: 11 set. 2015.

O'BRIEN, J. A. *Sistemas de informação e as decisões gerenciais na era da Internet*. 2. ed. São Paulo, Saraiva, 2004.

PADILHA, T.C.C.; MARINS, F.A.S. Sistemas ERP: características, custos e tendências. *Produção*, v. 15, n. 1, p. 102-113, jan./abr. 2005. Disponível em: < http://www.scielo.br/pdf/prod/v15n1/n1a08.pdf >. Acesso em: 05 abr. 2014.

PRESSMAN, R. S. Engenharia de Software: uma abordagem profissional. 7. ed. Porto Alegre: AMGH, 2011.

PIRAQUIVE, F. N. D.; CRESPO, R. G.; GARCIA, V. H. M. Analysis and Improvement of the Management of IT Projects. *IEEE Latin America Transactions*, v. 13, n. 7, p. 2366-2371, July 2015.

RICARDO, V.W. *Elementos de custo para o cálculo do Custo Total de Propriedade em Tecnologia de Informação*. 2006. Monografia - Departamento de Ciências Contábeis, Universidade Federal de Santa Catarina (UFSC), Florianópolis, 2006. Disponível em: <http://tcc.bu.ufsc.br/Contabeis294193>. Acesso em: 11 abr. 2014.

SCHMIDT, M. *Total Cost of Ownership TCO Explained*: Definitions, Meaning, and Example Calculations. Boston, Business Encyclopedia, Solution Matrix, 2014. Disponível em: <http://www.business-case-analysis.com/total-cost-of-ownership.html>. Acesso em: 20 jun. 2014.

SILUK, J.C.M. et al. A tomada de decisão aplicada ao Custo Total de Propriedade em uma Instituição de Ensino Superior privada. *Engevista*, Escola de Engenharia, Universidade Federal Fluminense (UFF), Niterói, v. 16, n. 1, p. 122-136, mar. 2014. Disponível em: <http://www.uff.br/engevista/seer/index.php/engevista/article/viewArticle/538⊠>. Acesso em: 29 abr. 2014.

SOMMERVILLE, I. *Engenharia de Software*. 9. ed. São Paulo: Pearson Prentice Hall, 2011.

WANTROBA, E. *Avaliação de Investimentos em Sistemas Integrados de Gestão Empresarial*. 2007. Dissertação (Mestrado em Engenharia de Produção) - Departamento de Pós-Graduação, Universidade Tecnológica Federal do Paraná (UTFPR), Ponta Grossa, 2007. Disponível em: <http://www.pg.utfpr.edu.br/dirppg/ppgep/dissertacoes/arquivos/63/Dissertacao.pdf>. Acesso em: 11 abr. 2014.

WEST, R.; DAIGLE, S. L. Total Cost of Ownership: A Strategic Tool for ERP Planning and Implementation. *Educause Center for Applied Research, Research Bulletin*, v. 2004, n.1, Jan. 2004. Disponível em: <https://library.educause.edu/resources/2004/1/total-cost-of-ownership-a-strategic-tool-for-erp-planning-and-implementation>. Acesso em: 28 abr. 2014.

BLOCKCHAIN: A MÁQUINA DE CONFIANÇA PARA UM FUTURO QUE EXIGE TRANSPARÊNCIA

João Guilherme Lyra,
Marcelo J. Meiriño
Dilma Pimentel

Introdução

Historicamente as sociedades cresceram com a crença de um órgão central como base da confiança. Podemos citar o simples exemplo dos relógios nos topos das igrejas e o soar dos sinos, que informavam o horário oficial da cidade. Qualquer atraso de funcionamento do relógio da igreja não era considerado erro, o erro seria dos demais relógios que não estariam de acordo com o horário oficial.

Durante milênios as sociedades nunca questionaram as informações "oficiais" e sempre creditaram a confiança dos sistemas em especificas organizações. Se alguma informação errada fosse compartilhada por esses controladores ou mesmo alterada por má fé, todos considerariam o errado como o certo.

Como exemplo, os cartórios são entidades milenares, suas origens transcenderiam ao Império Romano. Sua função social é registrar nascimentos, mortes, propriedades, entre outras funções. A centralização destas informações e a confiança que depositamos nestes órgãos controladores muitas vezes foram abaladas por diversas questões. Em 2014, o Conselho Nacional de Justiça criou uma força tarefa para combater as fraudes na Previdência, que desde 2003 teriam causado prejuízos de 4,5 bilhões de reais em suas contas e, 90% destas fraudes utilizavam documentos falsificados, muitos com anuência de cartórios brasileiros. (fonte: cnj.jus.br)

Os bancos, outra entidade que há mais de séculos são os controladores dos sistemas monetários que conhecemos hoje, também foram responsáveis por grandes crises econômicas, muitas delas geradas pela falta de transparência e má gestão dos recursos de terceiros e, mesmo com toda segurança do sistema bancário que nos fazem crer o atual sistema nunca evitou a quebra de bancos. Somente neste século, no Brasil, podemos citar a falência dos bancos; Cruzeiro do Sul, PanAmericano, Schahin, Morada, Matone, Prosper e Banco Santos.

Em 2008, a crise do *subprime* e a quebra do gigante banco americano Lehman Brothers mostrou mais uma vez a fragilidade do sistema monetário atual. Neste contexto, em 3 janeiro de 2009, bem distante dos holofotes do mercado financeiro, surgia a moeda virtual Bitcoin. Como já existiam inúmeras outras moedas virtuais, talvez o mundo não tenha percebido o potencial revolucionário que nascia naquele momento.

O sistema básico do Bitcoin é descrito num texto de apenas 8 páginas, intitulado "*Bitcoin: A Peer-to-Peer Electronic Cash System*", cujo autor seria Satoshi Nakamoto. Até hoje restam dúvidas da real identidade de Satoshi Nakamoto. Não se sabe se é uma pessoa ou mesmo um grupo de pessoas que desenvolveu o sistema.

Mougayar (2016) afirma que o importante é compreender as soluções do protocolo proposto por Nakamoto:

1. Possibilita transações numa rede *Peer-to-Peer* (P2P) sem necessidade de intermediários;

2. Os registros possuem uma criptografia inviolável tornando os registros imutáveis;

3. As transações possuem registro de data e hora que junto a criptografia do sistema cria uma cadeia progressiva de transações;

4. Resolve o problema da Teoria dos Jogos conhecido como Generais Bizantinos nas redes ponto a ponto (P2) o que evita gastos duplos;

5. A validação das transações é realizada por todos os usuários pois todas as transações são distribuídas a todos.

Depois de seu surgimento e um modesto crescimento, o Bitcoin ficou durante algum tempo com seu *market cap* (capitalização do mercado) estabilizado por volta de 1,5 bilhão de dólares. Em novembro de 2013, em apenas poucos dias este volume capitalizado dispara para próximo a 14 bilhões de dólares (fonte: coinmarketcap.com). Esta valorização da moeda e de todo mercado Bitcoin causa curiosidade de muitos para a até então moeda virtual. Economistas e analistas começam a procurar entender o porquê de as pessoas estarem investindo seu dinheiro para comprar uma moeda que não tem órgão emissor, regulador, muito menos que afirme a legitimidade da propriedade. A principal conclusão que se chegou foi o potencial de segurança oferecido pela tecnologia subjacente do Bitcoin, o Blockchain.

E o que seriam os blockchain?

Blockchain

O blockchain é um histórico de registro público compartilhado a todos os usuários (nodos) do sistema. No blockchain são armazenadas e compartilhadas todas as transações, desde a primeira transação e todas as futuras. Estes nodos têm acessos as atualizações do blockchain e mantêm seus registros próprios atualizados. Esses registros próprios são conhecidos como *legder*, palavra que deriva do termo contábil "Livro Razão". Quando é realizada uma transação de bitcoin é criado um registro criptografado da transação (*hash*) que é distribuído a todos os usuários. Os usuários verificam se há alguma transação anterior que valide a real propriedade do bitcoin do emissor. Os nodos que reconhecem a operação vão distribuindo pela rede aos outros nodos, até que ela seja incorporada a um bloco (ZHENG, 2016).

Os blocos armazenam os registros de transações validadas pela rede de usuários. E no caso do Bitcoin, um bloco novo é gerado a cada 10 minutos, então este é o tempo médio de concretização de uma operação do bitcoin. Quem cria os blocos são os mineradores, que são nodos que estão dispostos a utilizar os processadores de seus computadores para resolverem um desafio matemático complexo. Ao encontrar o alvo do desafio, os mineradores são recompensados com bitcoins e assim é emitida a criptomoeda (ANTONOPOULOS, 2016). Esta forma evita a concentração de moedas em um usuário, em busca de uma distribuição mais igualitária.

Quando gerado o bloco, as mais recentes operações validadas pelos nodos da rede são anexadas ao bloco em formação. Há um número máximo de operações que cada bloco pode armazenar. Quando um bloco é consolidado e as operações ficam imutáveis, o que impossibilita a alteração dos registros do sistema, este bloco com as últimas operações efetuadas é anexado a cadeia de blocos e compartilhado aos usuários, para que mantenham seus registros (*ledgers*) atualizados para não aceitarem operações em duplicidade.

Vamos exemplificar em uma ilustração a realização de uma transação de bitcoin para mais fácil compreensão.

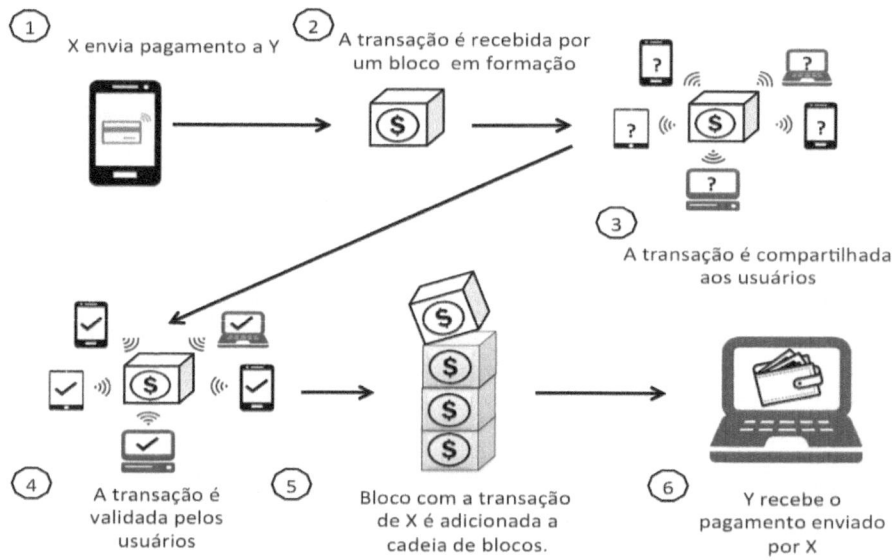

Figura 1 – Fluxo de pagamento Blockchain

Fonte: Elaborado pelos Autores

As transações comerciais online hoje necessitam de um intermediário para a validação, efetivação e distribuição do valor. O protocolo de confiança do Blockchain elimina etapas e, por este motivo a revista The Economist (2015) classificou de "Maquina da Confiança".

O importante é entendermos a essência deste novo modelo. Estamos falando de um modelo distribuído. Sem órgão central regulamentador. Onde não há hierarquia entre os usuários, sendo todos os registros do sistema distribuídos de forma idêntica a todos os usuários. A distribuição igualitária dos registros é fundamental para a confiança do sistema e validação das transações.

Faz-se importante entender a evolução das transmissões das informações. Iniciamos as comunicações com modelos centralizados. Evoluímos para um modelo descentralizado, pela necessidade de facilitar o acesso e a capilaridade aos sistemas centrais. A tecnologia blockchain elimina os órgãos centralizadores, adotando o modelo distribuído. Embora muitos autores classifiquem o sistema blockchain como descentralizado, percebemos que os blockchains se assemelham ao modelo proposto pelo engenheiro Paul Baran em seu estudo *"On Distributed Communications"* de 1964, sobre comunicação distribuída.

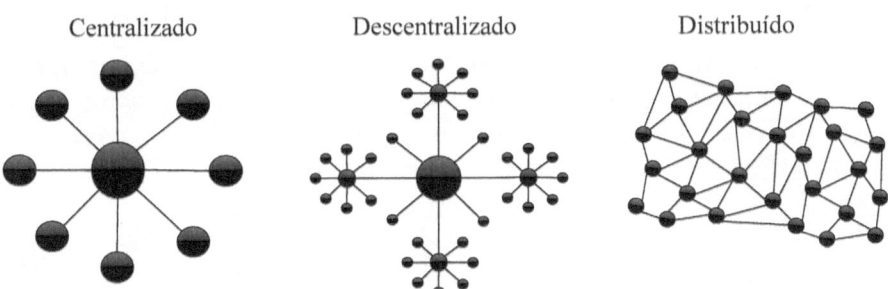

Figura 2 – "On Distributed Communication Network"

Fonte: Adaptada de Paul Baran

Baran (1964) formulou o modelo distribuído para comunicações militares. Percebia a vulnerabilidade nos centros de comunicações pois, caso os centros de comunicações fossem destruídos pelos inimigos, as tropas ficariam sem informações. A comunicação distribuída apresenta mais segurança para os sistemas de comunicações militares.

A distribuição da informação, o compartilhamento igualitário dos históricos de registros, a criptografia inviolável, códigos abertos, inovação colaborativa, onde inúmeros programadores estão aperfeiçoando continuamente estes sistemas possibilitaram o surgimento de novos blockchains. As novas cadeias de blocos também são conhecidas como *altchains* por não registrarem suas transações na cadeia de blocos do Bitcoin. Estes novos blockchains não se restringem a funcionalidades financeiras. As aplicações são inúmeras e afetarão diretamente as estratégias empresariais.

Novos Ecossistemas com os Blocos

Grandes empresas como; Microsoft, Santander, JP Morgan, Intel, entre outras estão financiando a Enterprise Ethereun Alliance, comunidade que estuda e desenvolve aplicações para a plataforma blockchain.

Os primeiros setores a serem afetados com as mudanças propostas dos blockchain são o financeiro, logística e registro de propriedades. (WEF, 2015)

Variáveis Externas

Em 2016 um pouco mais de 0,025% do PIB mundial circulava nas plataformas blockchains, mas segundo estimativas do World Economic Forum haverá um crescimento de 10% neste mercado em 2017. O WEF projeta que até 2025 já estarão circulando entre os registros públicos 10% do PIB mundial. (WEF, 2016)

Os Bitcoins hoje já não habitam sozinhos o universo das criptomoedas. O mercado de criptomoedas e criptoativos iniciou o ano de 2017 com um valor total de mercado próximo a 18 bilhões de dólares e em meados de junho de 2017 este valor já se aproxima a 120 bilhões de dólares[2].

Em 2013 a Tailândia foi um dos primeiros países a legislar sobre as criptomoedas, e sua postura foi de banir o uso de qualquer criptomoeda. Adotando postura diferente, em março de 2014, o Japão se tornou o primeiro país a regulamentar o Bitcoin. O governo japonês não reconheceu o Bitcoin como uma moeda e sim como mercadoria, fato que possibilita a troca e tributação no país. Mas em suma, a maioria dos governos ainda discute sobre o tema e como adotar a aplicação desta tecnologia no mercado financeiro.

A inércia por parte dos governos tem relação com a falta de consenso e entendimento das análises macroeconômicas sobre as criptomoedas. Cermak (2017) afirma que por ser descentralizada, sem órgão controlador da emissão de moeda impossibilita a aplicação de qualquer política monetária. Cermak (2017) esclarece que os economistas concordam que os valores das moedas têm suas volatilidades ligadas as taxas de câmbio que geralmente podem ser explicada por variáveis macroeconômicas, como inflação, taxas de juros, oferta monetária, exportações e PIB. Como Bitcoin não possui controlador, poderia tecnicamente ser considerado uma moeda internacional e sua volatilidade

---

2 Fonte: coinmarketcap.com

cambial não pode ser explicada por variáveis macroeconômicas de apenas um país e sim de analises globais.

Os economistas ainda buscam correlações entre as variações das criptomoedas e outros fatores econômicos. Swason (2017) apresenta correlações entre as crises econômicas e instabilidades políticas-econômicas a alta dos valores do bitcoin. A crise grega, as incertezas do futuro da Inglaterra após o Brexit são mencionadas como motivadores para o aumento do Bitcoin. No mesmo artigo é apresentado a correlação entre as restrições impostas pelo governo chinês para remessas internacionais e o aumento de valor dos bitcoins. O que se percebe é que as criptomoedas estão sendo usadas risk-off quando há insegurança no mercado, semelhante ao que ocorre com o ouro por séculos. Afirmação que vai de encontro com os estudos de Cermak (2017).

Um mercado monetário global aumenta variáveis a serem analisadas e oculta inúmeras outras. As análises macroeconômicas tendem a ficar ainda mais complexas do que já são. O professor Kupfer (2008) nos alertou que a corrente principal de economia tem abandonado o Principio da Incerteza Econômica. Não podemos ser utópicos crendo que a tecnologia blockchain, mesmo compartilhada, transparente e sem órgãos controladores irá evitar novas crises econômicas. Pelo contrário, o empoderamento que é dado a todos os participantes neste sistema trarão a necessidade de uma visão ainda mais holística de toda economia mundial. Blankenship (2017) ao comentar sobre as aplicações no ciberespaço descentralizado aprofunda a problemática das analises geoeconômicas e geopolíticas, pois as mudanças ocorrem a velocidades e escalas impossíveis para as pessoas compreenderem.

Variáveis Internas

Mesmo com toda dificuldade para a formulação das analises macroeconômicas, é consenso que os custos operacionais, nas organizações, caem com adoção dos blockchains, mas pairam dúvidas de reais valores de economia com adoção desta plataforma. Em seu relatório anual a Accenture's High Performance Investment Bank (Consultoria financeira para bancos da Accenture), nos oferece alguns números após implementação do uso desta tecnologia pela consultoria. Estima-se que um ecossistema completo poderia conter:

Relatórios Financeiros: Os custos podem diminuir em 70%, como resultado da qualidade dos dados otimizados, da transparência e dos controles internos fornecidos com uma fonte compartilhada e única de dados verificados;

Compliance: os custos de conformidade podem cair de 30% a 50% devido à maior transparência e auditabilidade das transações;

Operações Centralizadas: As operações centralizadas que suportam funções como *"Know Your Customer"* e *client-onboarding* poderiam trazer 50% de poupança, estabelecendo processos mais eficientes para gerenciar identidades digitais compartilhando em uma única fonte de dados de clientes de forma segura;

Custos Operacionais: Operações de negócios como suporte comercial, middle office, liquidação e as tomadas de decisão também poderiam reduzir seus custos operacionais em 50%, diminuindo ou eliminando a necessidade de reconciliação, confirmação e análise de mercado.

Tapscott (2016) vislumbra os benefícios de ecossistema completo baseado em blockchain. Este ecossistema ofereceria relatórios contábeis instantâneo, de fácil acesso e com alta credibilidade. Uma nova dinâmica ao fluxo de caixa das empresas surgiria, pois acabaria com demoras excessivas para recebimentos de transações financeiras, que pairam no modelo atual, o que obriga muitas empresas a recorrem a linhas de créditos de antecipação de recebíveis, pagando juros e aumentando ainda mais os custos empresariais por demora das realizações injustificáveis.

Novas Aplicações

Não há dúvida alguma que blockchain é uma grande revolução. O blockchain é a terceira geração de evolução das plataformas de tecnologia. A primeira plataforma são os mainframes e suas redes. A segunda, a Internet, computadores pessoais e redes de área local. A terceira plataforma fornece computação em qualquer lugar, imediatamente e permite que as organizações implantem e consumam recursos de computação em comunidades compartilhadas (Underwood, 2016).

Quando aplicamos a tecnologia blockchain somada a outras tecnologias como; Internet das Coisas (IoT) e contratos inteligentes (*smart contracts*) as funcionalidades se multiplicam. Este é um dos motivos de Mougayar (2016) classificar os blockchains como uma metatecnologia por possuir a capacidade de afetar e ser afetado por outras tecnologias.

CrowdSales

Com o crescimento da Internet a partir da década de 1990 surgiram diversos meios que ampliar o poder de capitação de recursos para o mercado de capitais. Devido a estes avanços tecnológicos os investimentos em *venture capital* refletiram o aumento de transações e volume neste mercado, como ressaltou em 2004 a National Venture capital Association –NVCA (2004) .

E neste mundo online surgiram outras formas de financiamento de startups, se destacando entre eles os *crowdfundings*. Lambert e Schwienbache (2010) simplificam o conceito de crowdfunding como o financiamento de um projeto ou empreendimento por um grupo de indivíduos (*crowd*). Ressaltam que em teoria, os indivíduos já financiam investimentos indiretamente através de suas economias, uma vez que os bancos atuam como intermediários entre aqueles que têm e aqueles que precisam de dinheiro. Em contraste, *crowdfunding* ocorre sem qualquer intermediário: os empresários "tocam a multidão" levantando o dinheiro diretamente junto aos indivíduos.

Hoje, facilmente encontramos sites de *crowdfunds* na internet. Projetos de apelo sustentáveis e culturais tiveram êxitos nesta forma de financiamento. Para aumentar a arrecadação, muitos projetos oferecem aos doadores agradecimentos, produtos desenvolvidos já acabados ou créditos no final do filme.

HÖRISCH (2015), em seu artigo amplia o conceito de *crowdfunding*, englobando os financiamentos coletivos que possibilitam retornos financeiros futuros aos apoiadores dos projetos. Poderíamos classificar de uma forma melhor esta modalidade de financiamento coletivo como *crowdsale*, que tem sua aplicabilidade com o uso dos blockchains.

O *crowdsale* ainda não está presente na literatura acadêmica, dessa forma é necessário seu entendimento juntos as plataformas de blockchains que oferecem esta aplicação. O *crowdsale* é um modelo de investimento inovador de *startups*. Os projetos são divulgados de forma semelhante aos que ocorrem no *crowdfunding* mas em contra partida os financiadores recebem *tokens*. Os *tokens* são parecidos com ações empresariais. Os empreendedores, em busca de financiamento, definem o valor a ser arrecado para começar o projeto e os valores dos *tokens* a serem oferecidos aos investidores dos projetos. Os *tokens* poderão ser comercializados futuramente e seu valor será definido junto ao sucesso do projeto. Os lucros também podem ser compartilhados junto aos investidores. A confiança nas informações de valores arrecadados pela startup, divisões dos *tokens*, divisão dos lucros só existem com a adoção de blockchain, que disponibiliza os registros de forma compartilhada. O termo usado para o período de arrecadação de capital e venda dos *tokens* por esse startup é ICO (*Initial Coin Offering*).

Os tokens também podem ser usados na gestão dos startups quando utilizados para votações sobre as aplicações dos recursos financeiros que foram disponibilizados aos seus idealizadores. Os investidores dos *crowdsales* ganham poder de voto nas decisões das empresas e qualquer recurso dos startups só podem ser retirados se aprovado pelo "conselho de *tokens*", o que se assemelha a ações ordinárias tradicionais. Assim são minimizados os problemas de gestão sempre mencionados nas literaturas sobre *crowdfunding*. O termo dado a este modelo de gestão, baseados em algoritmos de confiança é DAO (*Descentralized Autonomous Organization*).

Como muitos projetos *crowdfunding* possuem olhares sustentáveis, os *crowdsales* atendem as necessidades econômicas do *Triple Bottom Line* da sustentabilidade ao transformar os financiadores de projetos sustentáveis de mero doadores a sócios dos projetos.

Quando falamos de blockchain*s*, muitas aplicações são especuladas, fato compreensível pelo potencial transformador de sua plataforma, mas no caso dos *crowdsales*, a aplicação já é uma realidade. Uma das plataformas que oferece esta aplicação é a Ethereum que disponibiliza seus códigos abertos (*open-source*) para o auxílio de qualquer empreendedor que deseja buscar fundos através do uso dos *crowdsales*.

Mas nem tudo são flores no mundo do empreendedorismo principalmente se tratando de novos negócios. Alguns *criptofunds* já foram descontinuados como Koinify, Swarm e Blocktrust, sendo necessário a conversão dos *tokens* para criptomoedas e/ou a migração para outra plataforma. Quem tem prosperado neste ramo é bnktothefuture.com, que é baseada em Hong Kong que, em visita em seu site no dia 1 de maio de 2017, gerenciava um volume capitado de US$ 538 milhões.

Quem aproveitou os *crowdsales* para criar seu startup foi a Steem[3], que apresenta um novo conceito de rede social. Seu projeto inovador não pretende distribuir dividendos somente entre os financiadores, possuidores de *tokens*, mas dividir partes dos lucros aos usuários da rede social, pois eles acreditam que os usuários são os verdadeiros criadores de conteúdos das redes sociais e que merecem participar do crescimento da mesma. Este modelo só se faz possível usando os recursos das plataformas blockchain*s*.

---

3   Fonte: steemit.com

Como vimos com a Steem, os blockchains proporcionam novas formas de negócios, relacionamentos entre stalkeholders e capacidade para fomentar uma economia mais distribuída e sustentável. Outro novo conceito desta economia colaborativa que se desenvolve com apoio dos blockchains, são os *crowdsourcing*.

CrowdSources

Estelle's-Arolas e Gonza'lez-Ladro'n-de-Guevara (2012) conceituam o *crowdsourcing* como:

> "Crowdsourcing é um tipo de atividade on-line participativa em que um indivíduo, uma instituição, uma organização sem fins lucrativos ou uma empresa propõe a um grupo de indivíduos com diferentes conhecimentos, heterogeneidade e participantes, através de um apelo aberto flexível, de compromisso voluntário de uma tarefa. O empreendimento da tarefa, de complexidade e modularidade variável, e em que a multidão deve participar trazendo seu trabalho, dinheiro, conhecimento e/ou experiência, sempre em benefícios mútuos. O usuário receberá a satisfação de um determinado tipo de necessidade, seja econômico, reconhecimento social, autoestima ou o desenvolvimento de habilidades individuais, enquanto o *crowdsourcer* obterá e utilizará a sua vantagem o que o usuário trouxe para o empreendimento, cuja forma dependerá do tipo de atividade empreendida. " (traduzido pelos autores)

Um exemplo prático de *crowdsourcing* é o da *startup* Golem, que tem a proposta de desenvolver um supercomputador, distribuído. A Golem remunera em criptomoedas os parceiros em todo mundo dispostos a vender parte da capacidade ociosa de processamento de computadores domésticos. Este é mais um exemplo das novas possibilidades de negócios, pois qualquer pessoa no mundo que possua computador, que o utiliza somente para leitura de e-mails e redes sociais se torna um fornecedor para empresas que necessitam de maior capacidade de processamento. (fonte: golem.network)

Algo excelente se pensado com um olhar na sustentabilidade. Reduz a necessidade de produção de computadores, logo reduz o consumo de recursos naturais. Desconcentra a renda ao eliminar a necessidade de grandes investimentos para se tornar um fornecedor de processamento de dados tornando qualquer possuidor de computador um fornecedor de processamento. Este é um dos muitos exemplos que surgem a todo momento que mostram o potencial revolucionário da forma de pensar os negócios.

E para demonstrarmos o potencial deste mercado, vale verificar o histórico de valor da Golem. A startup arrecadou em 11 de novembro de 2016, por meio de *crowdsale* US$ 8.600.000. E consultando o valor de capitalização do mercado, a Golem já possuía US$ 480 milhões, no final de junho de 2017[4].

O crescimento da Golem vai de encontro as projeções da Gartner (2017) que estima que em 2022 negócios baseados em blockchain valerão 10 bilhões de dólares. A Gartner acredita que a inovação empresarial criará mudanças extraordinárias a partir de conceitos mundanos. Os exemplos já estão aparecendo em algumas áreas mais modernas de tecnologia e dos negócios. Sobre os blockchain é difícil evitar tais inovações, pois a tecnologia tem o potencial para impactar tudo, desde transações financeiras, dinheiro, a intercâmbios de informações da comunidade. A realidade é que o bloco está baseado em conceitos mais comuns de compartilhamento, distribuição e visibilidade de dados. No entanto, seu impacto final será amplo e avançado, muito mais longe do que as tecnologias de suas raízes foram até agora. Por exemplo, o uso de blockchain como uma maneira potencial de aumentar a confiabilidade das transações e a visibilidade das informações, mantendo a privacidade das transações, permitirá que ecossistemas de parceiros interajam com mais liberdade e diversidade do que nunca (GARTNER, 2017).

Considerações Finais

O estudo começou por abordar como os problemas históricos dos sistemas centralizados de informações e comunicações abalam a confiança social. Ao contextualizar o surgimento do Bitcoin, que em meio a mais uma crise financeira, causada por este modelo centralizado, crise a do *subprime* de 2008, o protocolo de Satoshi Nakamoto ofereceu uma alternativa de confiança distribuída ao mundo. Fez-se necessário no estudo, um aprofundamento no funcionamento da tecnologia subjacente do Bitcoin, o Blockchain, pois ainda há carência do tema na literatura acadêmica brasileira.

Embora os blockchain*s* não fossem o foco principal neste estudo e sim os benefícios, as novas formas de negócio e relações sociais que os blocos proporcionarão, foi necessário apresentarmos estimativas dos benefícios financeiros que as empresas terão com a implementação da cadeia de blocos. Aspectos essenciais para entendermos porque das projeções otimistas de diversos órgãos em relação a uso desta tecnologia blockchain.

---

4   Fonte: coinmarketcap.com

Uma analise das variáveis macroeconômicas foi apresentada para expor a insegurança e receios por parte dos governos em relação aos criptoativos assim como os benefícios mediáticos, Mas antes, são apresentados os modelos inovadores de *crowdsale* e crowdsource; os recentes conceitos de *Initial Coins Offerings* (ICO) e *Descentralized Autonomous Organization* (DAO); e algumas startups que se beneficiaram destas novas propostas. Pois sem eles, talvez não fosse fácil compreender a possibilidade de novos negócios que podem ser criados com os blockchains.

As pesquisas futuras acerca dos *blockchains* possuem um vasto campo a ser explorado. Trata-se de uma tecnologia disruptiva com o potencial de afetar diversos ramos da sociedade.

Referências

ACCENTURE. **News Release**. Disponível em: <https://newsroom.accenture.com/news/blockchain-technology-could-reduce-investment-banks-infrastructure-costs-by-30-percent-according-to-accenture-report.htm> Acesso em: 25 de maio de 2017.

BANCO CENTRAL DO BRASIL. **Museu**. Disponível em:< http://www.bcb.gov.br/pt-br/#!/n/museu> Acesso em: 01 de jun. de 2017

BARAN, Paul et al. On distributed communications. **Volumes I-XI, RAND Corporation Research Documents, August**, p. 637-648, 1964.

BERQUÓ, Anna Taddei Alves Pereira Pinto. A regulação dos sistemas monetário e financeiro. **Prima Facie-Direito, História e Política**, v. 5, n. 8, 2006.

BLANKENSHIP, Joe R. **Forging Blockchains: Spatial Production and Political Economy of Decentralized Cryptocurrency Code/Spaces**. 2017. Tese de Doutorado. University of South Florida.

CAMPO, Carlos Hernán González. E-stakeholders: una aplicación de la teoría de los stakeholder a los negocios electrónicos. **Estudios Gerenciales**, v. 26, n. 114, p. 39-57, 2010.

CERMAK, Vavrinec. Can Bitcoin Become a Viable Alternative to Fiat Currencies? An Empirical Analysis of Bitcoin's Volatility Based on a GARCH Model. 2017.

CRYPTOCURRENY MARKET CAPITALIZATIONS. Disponível em: <https://coinmarketcap.com> Acesso em: 25 de jun. de 2017.

CONSELHO NACIONAL DE JUSTIÇA. Disponível em: <http://www.cnj.jus.br/noticias/cnj/61736-cnj-fara-levantamento-sobre-113-cartorios-citados-em-investigacao-de-fraudes-contra-a-previdencia> Acesso em: 15 de jun. de 2017.

ECONOMIST, T. **The trust machine**. The Economist, 2015.

ESTELLÉS-AROLAS, Enrique; GONZÁLEZ-LADRÓN-DE-GUEVARA, Fernando. Towards an integrated crowdsourcing definition. **Journal of Information science**, v. 38, n. 2, p. 189-200, 2012.

GARTNER GROUP. Top Strategic Predictions for 2017 and Beyond: Surviving the Storm Winds of Digital Disruption. Disponível em <https://www.gartner.com/doc/3471568?srcId=1-6595640805 > Acesso em: 17 de jun. de 2017.

HÖRISCH, Jacob. Crowdfunding for environmental ventures: an empirical analysis of the influence of environmental orientation on the success of crowdfunding initiatives. **Journal of cleaner production**, v. 107, p. 636-645, 2015.

KUPFER, David. O Principio da Incerteza. **Valor Econômico**. 2 de abril de 2008. Disponível em: <http://www.ie.ufrj.br/aparte/pdfs/kupfer020408.pdf> Acesso em: 30 de maio de 2017.

MOUGAYAR, William. **The Business Blockchain: Promise, Practice, and Application of the Next Internet Technology**. John Wiley & Sons, 2016.

MISHKIN, Sarah. "Thailand bans Bitcoin." **Financial Times**, 31 julho de 2013, p. 19. AcademicOneFile.

NAKAMOTO, Satoshi. **Bitcoin: A peer-to-peer electronic cash system**. 2008.

NATIONAL VENTURE CAPITAL ASSOCIATION et al. Venture impact 2004: Venture capital benefits to the US economy. Arlington, **VA: National Venture Capital Association,** 2004.

PEREIRA, Alessandro Sanches; LIMA, Juliana CF; RUTKOWSKI, Emilia Wanda. Ecologia Industrial, Produção e Ambiente: uma discussão sobre as abordagens de interconectividade produtiva. In: **Anais 1st International Workshop Advances in Cleaner Production**. 2007.

SCHWIENBACHER, Armin; LARRALDE, Benjamin. Crowdfunding of small entrepreneurial ventures. 28 de setembro de 2010. HANDBOOK OF ENTREPRENEURIAL FINANCE, **Oxford University Press.** Disponivel em <https://ssrn.com/abstract=1699183> Acesso em: 15 de junho de 17.

SWANSON, Ana. Why bitcoin just had an amazing year. **The Washington Post**. 3 de janeiro de 17. Disponivel em: < https://www.weforum.org/agenda/2017/01/2016-was-a-good-year-for-bitcoin-at-least> Acesso em 18 de junho de 17.

TAPSCOTT, Don; TAPSCOTT, Alex. **Blockchain revolution**. Portfolio Penguin, 2016.

WORLD ECONOMIC FORUM. **The future of financial infrastrutcture**. 2016. Disponivel em: <http://www3.weforum.org/docs/WEF_The_future_of_financial_infrastructure.pdf> Acessado em: 20 de maio de 17.

ZHENG, Zibin et al. **Blockchain Challenges and Opportunities: A Survey**. 2016.

AS NOVAS NORMAS DE GESTÃO "ABNT NBR ISO 9001:2015 " E "ABNT NBR ISO 14001:2015" APLICADAS À GESTÃO ORGANIZACIONAL, VISTAS COMO INOVAÇÕES TECNOLÓGICAS

Edson Carlos Santos de Andrade
Júlio Vieira Neto
Osvaldo Luiz Gonçalves Quelhas
Ronaldo Augusto Granha

Este capítulo visa apresentar e avaliar a contribuição das novas normas ABNT NBR ISO 9001:2015 - Sistema de gestão da qualidade, e ABNT NBR ISO 14001:2015 - Sistema de gestão ambiental - Requisitos com orientações para uso, para o incremento da inovação tecnológica e da sustentabilidade das organizações. Para tanto, foi desenvolvida uma revisão literária dessas normas, visando identificar as mudanças introduzidas em relação as suas respectivas edições anteriores, e seus impactos nas organizações.

Introdução

Em 2015, a Associação Brasileira de Normas Técnicas – ABNT, representada pelos seus comitês técnicos ABNT/CB-025 (Comitê Brasileiro da Qualidade) e ABNT/CB-038 (Comitê Brasileiro de Gestão Ambiental), publicou novas revisões das normas de Gestão de Sistema da Qualidade e de Gestão de Sistemas Ambiental. A decisão por essas publicações refletiu a decisão similar tomada pela *International Organization for Standardization – ISO*, representada pelos seus comitês técnicos ISO/TC 176 (*Quality management and quality assurance committee*) e ISO/TC 207 (*Environmental management committee*). As notações e denominações das novas normas publicadas são as seguintes:

- NBR ISO 9001:2015 - Sistema de Gestão da Qualidade: publicada no Brasil em 30/09/2015, corresponde a tradução do *Standard ISO 9001:2015 - Quality management systems - Requirements*, de 24/09/2015. Essa norma substituiu e cancelou a NBR ISO 9001:2008 Versão Corrigida:2009 (ABNT, 2017; e ISO, 2017).

- NBR ISO 14001:2015 - Sistemas de Gestão Ambiental — Requisitos com orientações para uso: publicada no Brasil em 06/10/2015, corresponde a tradução do *Standard ISO 14001:2015- Environmental management systems - Requirements with guidance for use*, de setembro de 2015. Essa norma substituiu e cancelou a NBR ISO 14001:2004 (ABNT, 2017; e ISO, 2017).

Conforme ABNT (2017), a NBR ISO 9001:2015 estabelece padrões para um sistema de qualidade que possibilite a produção pela organização de produtos e serviços em conformidade com as suas especificações técnicas, a melhoria de seus processos, as obrigações regulatórias, e as necessidades dos clientes.

Sobre a NBR ISO 14001:2015, a ABNT (2017) esclarece que esta define padrões para um sistema de gestão ambiental que aperfeiçoe o desempenho sustentável das suas operações e obrigações com o meio ambiente.

Ambas as normas apresentam ou melhoram a apresentação de conceitos que, se adequadamente aplicados, permitirão o atingimento de seus respectivos objetivos dentro da organização.

A primeira mudança conceitual, e que consta das duas normas analisadas (NBR ISO 9001:2015 e NBR ISO 14001:2015), envolve a apresentação de uma estrutura de alto nível:

1. Escopo

2. Referência normativa

3. Termos e definições

4. *Contexto* da organização

5. *Liderança*

6. *Planejamento*

7. *Suporte*

8. *Operação*

9. *Avaliação de desempenho*

10. *Melhoria*

Fonte: NBR ISO 9001:2015 e NBR ISO 14001:2015

Essa estrutura será comum a todas as normas de gestão, e estará presente na norma NBR ISO 45001, com edição está prevista para 2018, e que trata de Sistemas de Gestão de Segurança e Saúde. A sua introdução facilita o estabelecimento de sistemas integrados e demais sistemas em uma organização, uma vez que a otimização obtida possibilita uma gestão bem mais objetiva dos mesmos.

Este capítulo tem como objetivo detalhar os quatro pontos, que mais devem necessitar de tempo para se adequar o sistema da empresa à revisão 2015, que são:

- Contexto da Organização;
- Entendendo as necessidades e expectativas de partes interessadas;
- Ações para abordar riscos e oportunidades;
- Planejamento de mudanças.

Antes de tratar estes pontos, passa-se a descrever outras inovações aplicadas, importantes, porém conceituais e ligadas à conscientização, tais como:

- Tornar o Sistema de Gestão da Qualidade - SGQ mais alinhado com o negócio da organização;
- Maior engajamento dos colaboradores;
- Maior participação da liderança;
- Informação documentada;
- Conhecimento da Organização.

O SGQ mais alinhado ao negócio pode ser evidenciado nos itens das normas que tratam do Contexto da Organização, no qual devem ser considerados fatores internos e externos, para os quais aplicações de técnicas como, por exemplo, a análise SWOT, além de ter como fontes de informações o Planejamento Estratégico e Missão da organização, que caracterizam o negócio.

Quanto ao engajamento observa-se que itens diretamente ligados à competência, conscientização, mentalidade de riscos, planejamento de mudanças e conhecimento da organização, tem como caracterização este engajamento de todos os participantes.

A maior participação da Alta Direção tem todo um item denominado Liderança, ao mesmo tempo em que a norma neste não mais enfatiza e obriga que haja um representante da Direção, com o objetivo de distribuir entre toda esta liderança a responsabilidade pelas atividades inerentes ao Sistema.

Em relação a Informação Documentada, a revisão atual aborda no item 7.5 da Norma NBR ISO 9001:2015 e da Norma NBR ISO 14001:2015, o que assunto que antes envolvia 2 itens, um para controle de documentos e outro para controle de registros. Na versão atual o que é documento ou registro é identificado na interpretação do texto, logo a alteração a ser realizada para adequação do SGQ da organização não traz grandes consequências. Esta modificação abrange as duas normas NBR ISO 9001:2015 e NBR ISO 14001:2015.

Finalizando esta etapa de mudanças que não impactam quanto ao tempo de adequação, tem-se o Conhecimento da Organização, que dentre os já mencionados requer um maior cuidado quanto à novidade.

As organizações há muito reconhecem o conhecimento como um bem ativo da mesma é fundamental para a obtenção da conformidade do produto e serviços, a norma nesta revisão enfatizou tal reconhecimento, introduzindo o item 7.1.6 Conhecimento Organizacional, presente somente na NBR ISO 9001:2015, que salvaguarda as empresas quanto à rotatividade de mão de obra, no que diz respeito a retenção de informações, através de uma comunicação eficaz.

Esta abordagem sobre conhecimento refere-se a fatores internos e fatores externos tais como: melhoria de processos, produtos e serviços, lições aprendidas, projetos bem sucedidos, normas, conferências, seminários, workshops, conhecimentos de clientes, de mercado e de provedores externos.

O item descreve 3 aspectos fundamentais sobre o conhecimento organizacional:

- Determinar os conhecimentos necessários para realizar seus processos e obter a conformidade do produto e serviços;

- Como reter essas informações e como disponibilizá-las;

- Como monitorar mudanças, considerando o conhecimento atual e como obter os conhecimentos necessários, mas não de domínio dos seus colaboradores, para implementá-las.

Quanto aos conhecimentos necessários a organização deve identificar aqueles relevantes em cada processo que faz parte do SGQ. A retenção e armazenagem dessas informações devem ser de fácil acesso para os interessados, e protegidas quanto á propriedade intelectual e quanto à integridade das mesmas.

A obtenção de conhecimento para atender novas demandas e mudanças é fundamental para o alcance de melhorias e base para o processo de Aprendizagem e Inovação, e seu valor ocorrerá se aplicado em benefício dos objetivos da organização.

O Conhecimento Organizacional, o qual a norma retrata é o conhecimento provido da experiência das pessoas e também conhecido como Conhecimento Tácito é o conhecimento do dia a dia. O compartilhamento deste conhecimento é fundamental para geração de benefícios para o negócio.

As principais premissas sobre Gestão do Conhecimento Organizacional, são:

- Valoroso ativo organizacional;

- Recurso;

- Reside nas pessoas;

- Pode ser explicitado de diversas formas;

- Aplicado em processos gera qualidade;

- Ao utilizarem as redes sociais corporativas geram novos comportamentos em relação ao conhecimento;

- Tem a Tecnologia da Informação como um grande facilitador para a Gestão do Conhecimento. Ela dá suporte, sistematiza e torna contínuas as execuções das práticas.

O conhecimento organizacional utilizando a Rede Social Corporativa como ferramenta de Compartilhamento. A rede social corporativa é uma base tecnológica de comunicação, controlada pela organização, com uma nova visão de estrutura organizacional em rede, colocada a serviço do negócio.

A rede social corporativa permite que não só o público interno à organização, proceda intercâmbio de informações, mas também clientes, provedores externos e outras partes interessadas, enriquecendo o conhecimento, armazenando-o de forma a permitir um fácil compartilhamento, inovador e agilidade quanto às respostas as mudanças. Além de outras vantagens na utilização da rede corporativa, tem-se o aspecto motivador, promovendo um maior engajamento dos envolvidos, como enfatizado na nova versão.

A seguir são apresentados os itens que requerem maiores cuidados quanto à adequação, em função de apresentarem as maiores novidades no que se refere à inovação tecnológica da nova revisão das normas e também no que se refere a tempo de entendimento, tratamento e implementação. Esses itens estão apresentados seguindo uma lógica de implementação, segundo os autores, de forma a atingir uma otimização desta adequação, e ainda, apresentar uma sugestão de como o item deve ser implementado na empresa.

Planejamento de Mudanças – Item 6.3 da NBR ISO 9001:2015.

É importante, ao iniciar este detalhamento, observar que a NBR ISO 14001:2015 não contempla este subitem. Porém nada impede a organização utilizá-lo para monitorar uma mudança no seu Sistema de Gestão Ambiental.

Os autores da norma NBR ISO 9001:2015 como sugerem que, dentre os principais pontos a serem detalhados, este seja o primeiro a ser tratado pela organização, pelo seguinte motivo, tem-se inicialmente dois aspectos a serem incluídos, neste planejamento que são utilizados como protótipos de mudanças que auxiliarão a implementação do mesmo e servem de evidências na auditoria de adequação, caracterizando a implementação do item, que são:

➢ Adequação do SGQ;

➢ Item 6.1 – Ações para abordar riscos e oportunidades.

Ao final da implementação item 6.3 do SGQ da organização tem-se como resultado o planejamento para dois importantes temas da adequação, toda a gestão da adequação do Sistema que tem como prazo final a data da auditoria de adequação junto ao órgão certificador da organização e o segundo, o planejamento no que se refere a tratamento de riscos, lembrando que não está limitado a isso, podendo a organização desejar que se faça a gestão de outra mudança que esteja identificada.

Uma vez entendidas essas premissas, torna-se necessário descrever a sistemática que a partir destes momentos deve ser seguida pela organização, que deve contemplar os seguintes aspectos;

- Identificar a mudança;
- Analisar tipo de mudança (Requisito legal, tecnológica, sites, etc);
- Relacionar processos envolvidos;
- Definir envolvidos;
- Análise crítica da mudança;
- Verificar conhecimento da organização quanto à mudança;
- Caso necessário, analisar necessidades e formas de conhecimentos a adquirir;
- Promover brainstorming para idealização de ações;
- Preparar plano de ação, segundo técnica 5W/2H;
- Obter aprovação do plano, junto à Direção;
- Promover revisão do plano, caso necessário, e obter aprovação da Direção;
- Monitorar andamento do plano.

Ao identificar a mudança passa para sua análise e como sugestão é que tal análise fique registrada como uma informação documentada, como o exemplo a seguir:

Descrição da Mudança:	Adequação do SGQ à revisão 2015	
Esta mudança afeta todo o SGQ?	Sim ( )	N( )
É em função de requisito legal?	Sim ( )	N( )
O Conhecimento Organizacional atende?	Sim ( )	N( )
Caso negativo, é preciso treinamento externo?	Sim ( )	N( )
O treinamento está previsto pelo RH?	Sim ( )	N( )
A infraestrutura está adequada?	Sim ( )	N( )
Caso negativo descreva a(s) necessidade(s):		
Quais os processos envolvidos? Todos ( )	1 – 3 –	2 – 4 –
Qual o prazo limite para implantação?		
Há necessidade de Consultoria?	Sim ( )	Não ( )

Torna-se fundamental, que no plano de ação seja estabelecida uma ação, classificada de monitoramento, que deve ser realizada, a cada mês de implementação, visando a verificação da adequação e/ou inclusão de ações que coloquem o plano sob controle, sempre que necessário.

Após a análise da mudança passa-se a elaboração do plano de ação, cuja sugestão foi apresentá-lo utilizando-se a técnica do método "5W/2H", como apresentado a seguir:

Plano de Ação: Adequação do SGQ à Norma NBR ISO 2015							
O que?	Por quê?	Onde?	Quem?	Quando?	Como?	Quanto Custa?	

Considerando a importância deste item para a organização, para o sucesso de alcance dos objetivos para a mesma, a participação dos principais líderes da organização nestes dias é fundamental para a eficácia desta implementação.

A organização deve considerar em termos de planejamento para implementação deste item a necessidade de dois dias de trabalho.

Entendendo as necessidades e expectativas de partes interessadas

A sugestão é partir para este estudo, pois é necessário pouco tempo para sua implementação e este serve de fonte para outros aspectos que serão apresentados.

Este item é contemplado nas duas normas NBR ISO 9001:2015 e NBR ISO 14001:2015, observando-se que as partes interessadas em cada norma podem ser diferentes e estas devem ser relevantes ao sistema. É importante salientar que as partes interessadas se limitam ao SGQ, escopo da organização e o seu contexto, quando se fala da NBR ISO 9001:2015.

Convém mencionar o que a NBR ISO 9000:2015, conceitua sobre partes interessadas, que não é apenas o cliente que deve ser considerado como tal. Um dos objetivos de compreender o contexto da organização é identificar suas partes interessadas.

Partes Interessadas são aquelas que fornecem riscos significativos à sustentabilidade organizacional se suas necessidades e expectativas não forem atendidas. Organizações definem quais resultados são necessários prover às partes interessadas pertinentes para reduzir esses riscos.

As organizações, em relação às Partes Interessadas, devem:

- Atrair;
- Capturar;
- Reter apoio.

Quais situações podem influenciar a sustentabilidade das organizações:

- Não prover produtos e/ou serviços que atendam os requisitos dos clientes;
- Não atender requisitos legais e outros requisitos;
- Necessidades e expectativas relevantes dessas partes interessadas.

A sistemática para atender a este item da Norma baseia-se em:

- ✓ Identificar quais são as partes interessadas, definindo as relevantes;
- ✓ Identificar quais são os requisitos de cada parte interessada;
- ✓ Atender os requisitos identificados, através de ações implementadas pela organização;
- ✓ Monitorar este atendimento;
- ✓ Ter um canal de comunicação com as partes interessadas.

Em um sistema da Qualidade pode-se considerar como partes interessadas:

- ➢ Funcionários;
- ➢ Lideranças;
- ➢ Acionistas;

- Provedores Externos;

- Clientes.

Obs.: *Pode-se incluir o Governo, em função de possíveis riscos de ocorrerem multas. Atenção aqui se deve levar em consideração o valor despendido pela empresa para o pagamento da multa, que compromete o resultado do negócio.*

Em relação à NBR ISO 14001:2015 tem-se como partes interessadas, além dos citados acima, as seguintes partes:

- Comunidades ao redor da empresa ou as que podem ser impactadas ou se sentirem impactadas;

- ***Órgãos Ambientais.***

Para implementar este item da norma a organização deve considerar um dia de trabalho com sua liderança.

Entendendo a organização e seu contexto.

Identificar os fatores internos e externos que estejam relacionados com o propósito da organização, com a sua visão estratégica, com sua missão ou que afetem a sua capacidade de atingir os resultados do seu Sistema de Gestão da Qualidade ou seu Sistema de Gestão Ambiental, para que os mesmos sejam monitorados e analisados criticamente, é o objetivo do item 4.1 Entendendo a organização e seu contexto nas duas normas.

Quando se fala de fatores tanto internos quanto externos deve se considerar tanto os positivos quanto os negativos, daí a utilização da Análise SWOT como ferramenta para tratamento deste item.

		ASPECTOS	
		POSITIVO	NEGATIVO
FATOR	**INTERNO**	**STRENGHTS** (FORÇAS) **S**	**WEAKNESSES** (FRAQUEZAS) **W**
	EXTERNO	**OPPORTUNITIES** (OPORTUNIDADES) **O**	**THREATS** (AMEAÇAS) **T**

A própria norma apresenta uma série de aspectos que devem ser considerados, quando da identificação e análise dos fatores, como os apresentados a seguir:

- ❖ Externos:
    - ➢ Requisitos legais;
    - ➢ Tecnológico;
    - ➢ Competitivo;
    - ➢ Mercado;
    - ➢ Cultural;
    - ➢ Social;
    - ➢ Econômico.

Obs.: Estes aspectos a serem observados devem levar em contas os ambientes Internacionais, Nacionais, Regionais e/ou Locais.

- ❖ Internos:
  - ➢ Valores;
  - ➢ Cultura;
  - ➢ Conhecimento;
  - ➢ Desempenho da Organização.

A delimitação deste item varia de empresa para empresa, dependendo de seu porte, complexidade de seus produtos e/ou serviços e de seu escopo.

Para definir o contexto que é a inter-relação de circunstâncias que envolvem um fato, acontecimento, situação ou conjuntura deve ser realizada com a participação de pessoas de várias áreas, sobretudo a Alta Direção e Liderança, em reunião específica para tratamento do assunto, podendo ser parte de um planejamento estratégico.

Para analisar fatores internos e externos, realizar encontros distintos, ou melhor, separados.

Como tratar os assuntos referentes aos fatores externos:

- ✓ Como está a situação econômica;
- ✓ E o mercado, está favorável ou não à organização?
- ✓ Quais são os concorrentes da organização?
- ✓ Pode-se classificar estes concorrentes, como maiores, menores, novos, antigos, etc.?
- ✓ Eles possuem tecnologias mais modernas?
- ✓ Existe algum diferencial aplicado pela concorrência, em termos de produto, de marketing ou outros, tais como: distribuição, logística?
- ✓ O mercado externo é interessante para empresa?
- ✓ Com relação a este aspecto, qual o posicionamento da empresa?

- ✓ Existe algum requisito legal que pode resultar em multas, no que se refere ao produto e/ou serviço da empresa?
- ✓ Quais as percepções dos clientes da empresa?
- ✓ Quais maiores expectativas?
- ✓ Como os provedores enxergam a empresa?
- ✓ A comunidade está satisfeita com a empresa?

E os fatores internos:

- ✓ Qual o nível de escolaridade dos colaboradores da empresa?
- ✓ Existe algum objetivo sobre melhorar esta escolaridade?
- ✓ Qual o nível de Satisfação dos colaboradores?
- ✓ Existe algum processo com deficiência de mão de obra, quanto à quantidade e/ou qualificação?
- ✓ A situação econômica da organização está sustentável?
- ✓ A infraestrutura e o ambientes de trabalho estão adequados?
- ✓ Podem ser melhorados?
- ✓ O produto e/ou serviço da empresa é conhecido pelo público, incluindo concorrentes?
- ✓ O Nível tecnológico da organização está adequado, precisa ser atualizado?
- ✓ A eficácia do Sistema de Gestão da Qualidade e/ou Ambiental está adequada?
- ✓ Quais os níveis de desempenho dos processos internos, de suporte e/ou assistência técnica?
- ✓ A empresa promove o desenvolvimento de novos produtos e/ou serviços?
- ✓ Os colaboradores sabem o que os clientes estão desejando?

Esses são alguns exemplos, não são limitados à.

Após a identificação desses fatores, parte-se para a análise de quais fatores são positivos e negativos, a fim de identificar possíveis oportunidades e riscos envolvidos, priorizando-os adequadamente, para idealização de ações que possam elevar as oportunidades e controlar de forma a mitigar os que representem riscos.

A empresa deve estabelecer uma periodicidade de monitoramento, assim como, o tipo de metodologia a ser implementada para cada tipo de fator, de forma a verificar a evolução do contexto interno e/ou externo.

Considerando Sistema de Gestão Ambiental - SGA tem-se os Requisitos Legais como fatores externos que mais influenciam a possíveis mudanças no contexto da organização, e ainda, Partes Interessadas podem ter bastante influencia neste contexto.

Este item da norma para implementação a organização deve considerar 4 dias, podendo ser aumentado em função do escopo do SGQ ou do SGA.

Mentalidade de Risco

A mentalidade de risco habilita uma organização a determinar os fatores que podem causar desvios nos seus processos e no seu SGQ em relação aos resultados planejados, a colocar em prática controles preventivos para minimizar efeitos negativos e a maximizar o aproveitamento das oportunidades que surjam.

O risco é o efeito da incerteza, este efeito que é um desvio do esperado que pode ser positivo ou negativo. Nem todos os processos de um Sistema de Gestão representam o mesmo nível de risco que afetem o atingimento dos seus objetivos e os efeitos da incerteza podem diferir na organização.

A norma NBR ISO 9001:2015, no seu item 6.1, estabelece ações para abordar riscos e oportunidades que estabelece que a organização, deve determinar os riscos e oportunidades que necessitam ser tratados, considerando como fontes de análises o contexto da organização e as partes interessadas.

Na NBR ISO 14001:2015 tal item é também incluído, e como já foi dito, no sistema ambiental, como importante fonte para a abordagem dos riscos, incluem-se os requisitos legais e os aspectos ambientais relacionados. Nesta norma ambiental está claro que a organização deve manter informações documentadas, sobre quais riscos e oportunidades precisam ser abordadas e quais processos necessários e que eles são devidamente realizados conforme planejados.

É importante frisar que este item da nova revisão, já era solicitado nas revisões antigas, não de forma tão explícita como agora, mas quando as versões anteriores, mencionavam planejamento, ações preventivas e ações corretivas, esta última para evitar a recorrência de uma não conformidade, e ainda, a própria análise crítica, estava agindo de forma antecipada para evitar que o risco de acontecer, tornasse um caso real.

Ao se definir o risco este deve estar alinhado com o objetivo da Qualidade, quando se referir a um Sistema de Gestão da Qualidade e do Ambiente quando referir-se à Sistema de Gestão Ambiental.

Como mencionado para se identificar o risco deve-se considerar os fatores internos e externos e como exemplo de fator interno tem-se:

- Desempenho da mão de obra;
- Área de TI;
- Produtividade;
- Manutenção das Máquinas;
- Erros de projetos, quando estes são realizados internamente;
- Falta de material;
- Etc.

Fatores Externos:

- Atraso de Provedores Externos;
- Entrega de materiais pelo provedor externo;
- Falta de definição do cliente;
- Requisitos legais;
- Erro de projeto, quando este é realizado pelo cliente;
- Falta de Energia;
- Etc.

Este item ao ser implementado deve ter a participação de representantes de todos os processos, de maneira a identificar os possíveis riscos e analisá-los segundo uma sistemática definida pela organização, no sentido de verificar a intensidade deste através de uma matriz de riscos, o que pode indicar o tipo de tratamento que deve ser aplicado ou não, para mitigá-lo ou eliminá-lo ou até mesmo aceitar tal risco.

Esta matriz de riscos, sugerida pelos autores, apresenta duas dimensões a serem avaliadas, que são:

* Probabilidade/Frequência (baixa, ou média ou alta);
* Severidade (baixa ou média ou Alta).

		Severidade			Resultado
		Baixa	Média	Alta	
Probabilidade	Baixa				
	Média				
	Alta				

As normas não indicam nenhuma técnica para tratamento dos riscos identificados, que varia conforme a complexidade do seu sistema, do seu escopo e do seu contexto, seguem algumas técnicas que a empresa pode optar por utilizar, indicadas pela Norma ABNT NBR ISO 31010:

* FMEA - *Failure Mode and Effect Analysis* ou Análise do Modo e Efeito de Falha - método utilizado orginalmente para avaliação de risco em falhas de processo e projeto;

* HAZOP - *Hazard and Operability Study* - Estudo de Perigos e Operabilidade - método utilizado originalmente para identificar e

avaliar problemas de processo que podem causar risco pessoal ou de equipamento;

- *Brainstorming;*
- *Checklist;*
- Análise Preliminar de Perigos;
- Análise de Perigos e Pontos Críticos de Controle (HACCP);
- Avaliação de Riscos Ambientais;
- Técnica Estruturada de *What/if (WHIFT)*;
- Análise de Árvore de Falhas;
- Análise de Árvore de Eventos;
- Análise de Causa e Efeito;
- Matriz de Probabilidade – Consequência;
- Entre outras.

As organizações devem fazer abordagem que cubram todos os aspectos do negócio e não apenas os processos de fabricação ou não apenas nos processos que a organização entenda como importantes.

Exemplo: Aplicação da Técnica *What/If*, para tratamento do Risco:

Atividade	O que aconteceria se...	Causas	Consequências	Observações / Recomendações
Recebimento de Materiais	Não seja entregue o Certificado do Material	O Fornecedor não enviou	Não cumprimento dos requisitos	Cobrar ao Fornecedor/Registrar na Sistemática de Avaliação e Aguardar o Certificado.
Recebimento de Materiais	...	...	...	,,,

Atividade	O que aconteceria se...	Causas	Consequências	Observações / Recomendações
Recebimento de Materiais	...	...	...	,,,
Recebimento de Materiais	...	...	...	,,,
Recebimento de Materiais	...	...	...	,,,

Um fato importante, como estabelecido na norma, é que a mentalidade, a sistemática e os riscos e suas ações utilizadas para mitigar tais riscos, deve ser difundida na organização, de maneira a obter um maior engajamento dos colaboradores objetivando o não acontecimento do risco, pois são eles que praticam as ações idealizadas.

Existe a norma ABNT NBR ISO 31000 Gestão de Riscos que apresenta a sistemática completa para gestão de Riscos que pode ser utilizada como fonte para implementação da sistemática da empresa sobre tratamento de Riscos.

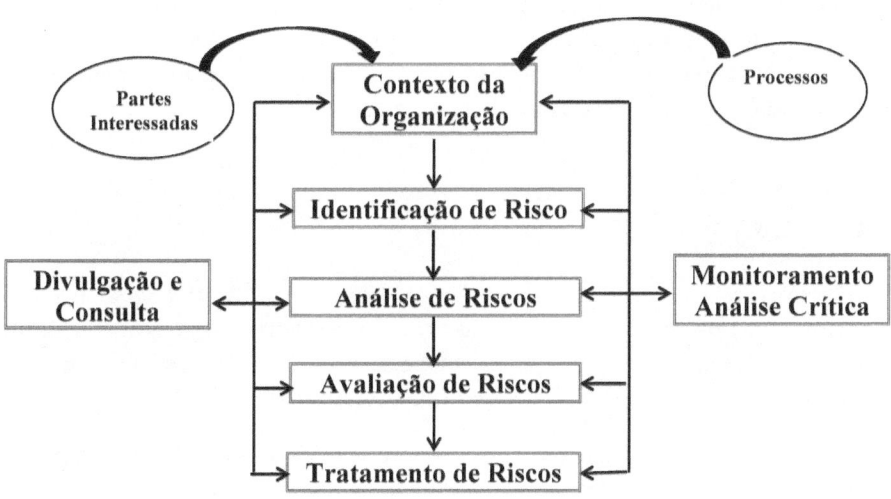

Fonte: ABNT NBR ISO 31000

A organização deve periodicamente monitorar se as ações implementadas como medidas de controle para eliminar ou reduzir os riscos ou para implementar oportunidades foram eficazes e se de fato atingiram os objetivos, realizando os ajustes, caso sejam necessários.

Com relação à análise crítica, que pode ser realizada na reunião de análise crítica do Sistema de Gestão, que tem uma periodicidade já definida, na qual a empresa deve verificar se:

> As ações foram devidamente implementadas e a efetividade das mesmas foi obtida;

> Foram identificados novos riscos que necessitam ser tratados;

> O contexto da organização foi revisado e esta revisão originou novos riscos;

> Houve ocorrências no período dos riscos tratados;

> Há necessidade de se estudar um risco já tratado, porém não foi eficaz a ação implementada;

> A sistemática está eficaz.

Caso a análise identifique alguma necessidade de revisão deve se proceder ao tratamento com as pessoas envolvidas em reunião específica para tal, caracterizando desta maneira que a melhoria contínua se encontra implementada na empresa no que se refere à mentalidade de risco.

Conclusão

As normas não deixaram de utilizar o conceito PDCA, o qual não foi mencionado, pois tal assunto é de pleno conhecimento dos envolvidos com Sistemas de Gestão, o mesmo para o mapeamento de processos que continua como maneira de se ter o conhecimento da organização.

O alinhamento dos sistemas com o objetivo do negócio, maior participação da liderança e engajamento dos envolvidos foram conceitos enfatizados que com certeza estimularão a utilização dos Sistemas de Gestão.

As empresas que colocarem estes conceitos como parte da cultura da mesma e se concentrarem nestes pontos detalhados atingirão o seu objetivo quanto à adequação atingido em tempo hábil e com o sucesso desejado.

Referências

ASSOCIAÇÃO BRASILEIRA DE NORMAS TÉCNICAS. **ABNT NBR ISO 19011**: Diretrizes para auditorias de sistema de gestão da qualidade e/ou ambiental. Rio de Janeiro, 2002.

_____. **ABNT NBR ISO 9001**. Sistemas de Gestão da Qualidade. Rio de Janeiro, 2008.

_____. **ABNT NBR ISO 9001**. Sistemas de Gestão da Qualidade. Rio de Janeiro, 2015.

_____. **ABNT NBR ISO 14001**. Sistemas de Gestão Ambiental. Rio de Janeiro, 2004.

_____. **ABNT NBR ISO 14001**. Sistemas de Gestão Ambiental. Rio de Janeiro, 2015.

_____. **ABNT NBR ISO 31000**. Gestão de riscos - Princípios e diretrizes. Rio de Janeiro, 2009.

_____. **ABNT NBR ISO 31010**. Gestão de riscos — Técnicas para o processo de avaliação de riscos. Rio de Janeiro, 2012.

ISO - **International Organization for Standardization**. https://www.iso.org/. Acessado em 19/06/2017.

ABNT – **Associação Brasileira de Normas Técnicas** - http://www.abntcatalogo.com.br/. Acessado em 19/06/2017.

Comunicação, conexão e transformação: O uso das Novas Tecnologias de Comunicação e Informação pelas organizações na promoção do desenvolvimento sustentável

Simone Milach
Marcelo J. Meiriño
Sergio Ricardo da Silveira Barros

Introdução

Mudanças profundas têm acompanhado a trajetória do desenvolvimento da sociedade moderna. Nas últimas três décadas dois fatores distintos, que compõem essa transformação, têm impactado no dia-a-dia das pessoas, na forma das pessoas trabalharem, consumirem e até mesmo de se divertirem. Um desses fatores são as Novas Tecnologias da Informação e Comunicação (NTICs), que adentraram sem grandes esforços nas sociedades que dispõem de infraestrutura tecnológica. Elementos positivos e negativos são associados ao seu uso e compreender como operar de forma mais favorável é um dos grandes desafios das NTICs. O outro fator é a busca por uma sociedade mais sustentável, que apesar da sua ampla disseminação e de seus benefícios inquestionáveis requer um maior vigor coletivo, sua implementação é complexa e envolve mudanças estruturais em todos setores da sociedade moderna.

As organizações que compõem as sociedades modernas já identificaram esses dois fatores a serem trabalhados. O uso de NTICs como websites, plataformas online e mídias sociais estão presentes das pequenas às grandes organizações. Uma forma de produzir de forma mais sustentável também tem guiado cada vez mais a estratégia das organizações, introduzindo responsabilidades sociais e ambientais, além das tradicionais preocupações financeiras. A combinação desses dois fatores nos ambientes corporativos, sendo as NTICs como ferramenta e a sustentabilidade como uma estratégia de gestão, já desponta em muitas organizações, apesar de em diferentes níveis de maturidade. O presente capítulo apresenta insumos para compreender quais são os desafios desse processo que mescla tecnologias da informação e comunicação e sustentabilidade e quais as oportunidades possíveis para que esse arranjo favoreça uma transformação positiva da sociedade.

O Conceito de Sustentabilidade

Definir a sustentabilidade e compreender suas características é essencial para investigar como ela pode ser inserida na dinâmica das NTICs. O conceito de sustentabilidade começou a ser delineada quando a Comissão Mundial Independente sobre Meio Ambiente e Desenvolvimento criada em 1983 pela Assembleia Geral das Nações Unidas foi convocada para formular uma agenda global para mudança. Resultou desde ambicioso projeto o relatório "Nosso Futuro Comum" que compôs a essência do desenvolvimento sustentável. A definição, que perpassava pelo atendimento das necessidades básicas considerando as limitações do planeta, foi ancorada no desafio de pôr o conceito em prática. O desenvolvimento sustentável envolveria uma progressiva transformação da economia e sociedade e as suas metas deveriam ser definidas nos termos da sustentabilidade (WCED, 1987).

Passados 30 anos, o conceito de sustentabilidade foi progressivamente fortalecido. A compreensão da sua importância por toda a sociedade fez com que a essência do desenvolvimento sustentável fosse inserida na agenda das mais diversas organizações espalhadas por todo o mundo (BETTENCOURT e KAUR, 2011).

A larga disseminação e a simpatia global por esse conceito se deve principalmente pela sua ambiguidade. Quando o conceito foi criado, os autores não se preocuparam em demonstrar a sua viabilidade ou etapas práticas para a sua implementação, mas garantiram sua ampla aceitação. A característica ambígua do termo e o discurso abstrato em torno da temática permite múltiplas interpretações ao mesmo tempo que promove um senso de união. Dessa forma, valores individuais são mantidos e conflitos são minimizados facilitando uma mudança de comportamento a longo prazo. No entanto, até hoje a sua definição não é muito clara, tendo diferentes significados para cada pessoa e um caminho para alcançá-la ainda não está bem traçado (ALLEN, 2016).

Considera-se por fim, que a sustentabilidade se dará em uma sociedade participativa, ou seja, quando os cidadãos cultivarem continuamente o cuidado consciente para formação de uma democracia sócio ecológica (BOFF, 2013).

As Novas Tecnologias da Informação e Comunicação (NTICs)

As Novas Tecnologias de Informação e Comunicação (NTICs) por sua vez, podem ser definidas como as tecnologias e as formas das pessoas se comunicarem que deram origem à sociedade informacional vivida na atualidade, impulsionada principalmente nos anos 90. São métodos normalmente associados à interatividade, nas quais o modelo unidirecional da comunicação é desfeito (VELLOSO, 2014). Na própria década de 90, autores como Lèvy (1993) e Castells (1999) já identificavam as NTICs como um novo paradigma da sociedade atual, com mudanças estruturais que transformava a maneira das pessoas pensarem, agirem e de conviverem.

Fuchs et al (2010) define as Novas Tecnologias da Informação e Comunicação e mais especificamente a web, como um sistema sociotécnico[5], onde humanos interagem utilizando redes tecnológicas e que ao mesmo tempo melhora a cognição humana, comunicação e cooperação. O autor defende que o uso da web pode propiciar uma transformação para uma sociedade plenamente cooperativa e que possa desenvolver uma consciência global.

Isso porque nas últimas décadas o advento da internet e da comunicação em rede abriu a possibilidade de uma comunicação interativa através da web que ocorre em uma velocidade e espalhamento geográfico sem precedentes (SCHULTZ et al,2013). Dessa forma, nesse novo contexto as mudanças comportamentais se tornam inevitáveis. Aproveitando que essas transformações estão ocorrendo, porque não aproveitar a oportunidade direcionando a sociedade para um caminho mais sustentável?

---

5   Sistemas sociotécnicos tratam das relações entre as pessoas e os equipamentos para alcançar melhores resultados, mas que como consequência trazem mudanças de valores, de estruturas cognitivas, de estilo de vida, hábitos e formas de comunicação que alteram profundamente a sociedade (TRIST, 1981).

NTICS e a Sustentabilidade: Oportunidades e Desafios

As expectativas da sociedade em relação ao desenvolvimento sustentável surgem no mesmo momento da popularização da internet e com a formação das sociedades organizadas em rede. Nessa contemporaneidade inevitável, Tran (2012) ressalta que os sistemas sociotécnicos, como a web, podem ser interessantes para a transição para uma sociedade mais sustentável, uma vez que esse tipo de mudança requer larga difusão de inovações tecnológicas e comportamentais. Para Tran, tratam-se de processos coevolucionários entre sociedade e tecnologia, apoiados nas crescentes inovações em tecnologia e mudanças no comportamento humano.

Ao estudar justamente as implicações das NTICs para a sustentabilidade, Fuchs (2008) faz uma análise da sociedade moderna, que deriva de uma sociedade industrial para uma sociedade da informação. Nessa investigação, desconstrói o mito que uma sociedade da informação, por suas características, seria mais sustentável. Exemplifica com o trabalho remoto, que não necessariamente reduz a necessidade de as pessoas viajarem. Fuchs também desmistifica o que se acreditava que o próprio setor da informação não teria um impacto ambiental significativo. Ressalta que a economia do conhecimento não é uma economia de bens invisíveis e intangíveis e que os próprios produtos eletroeletrônicos que integram essa economia tem sido um grande problema em termos de resíduos sólidos.

O autor evidencia que o que pode tornar a sociedade da informação em uma sociedade sustentável é uma nova forma de desenvolvimento que deixe de investir no futuro do capital para investir no futuro das pessoas e da natureza, o que exigiria uma mudança drástica nas estruturas da sociedade atual. Para Fuchs, *"uma sociedade da informação sustentável é uma sociedade que utiliza as tecnologias da informação e comunicação para promover uma vida boa para todos os seres humanos das gerações atuais e futuras, através do fortalecimento da diversidade biológica, usabilidade tecnológica, riqueza econômica para todos, participação política e sabedoria cultural".*

Desta maneira, Fuchs salienta que as NTICs podem representar riscos, e que no sistema atual que vivemos, as tecnologias que mais beneficiam a sociedade e o meio ambiente não necessariamente são as mais promovidas, e sim aquelas que mais permitem a acumulação de capital. Por outro lado, apresenta novas oportunidades para as questões de sustentabilidade, havendo também uma tendência positiva importante. Como aspectos positivos ressalta a comunicação interativa online, a web como mais uma forma de comunicação da ecologia, e as possibilidades de comunicar e cooperar virtualmente com manifestações ecológicas.

Arts et al (2015) ao mergulhar no tópico da conservação ambiental e uso de novas tecnologias da informação e comunicação levanta como risco a eventualidade do distanciamento do indivíduo da natureza física. Contudo destaca o notável papel da comunicação por meio das tecnologias digitais em propiciar a construção de uma relação entre cidadãos e organizações fornecendo informações, fazendo consultas e criando interesse em tópicos específicos e transferindo conhecimento.

A interação e colaboração dos cidadãos por meio das NTICs está crescendo rapidamente nos últimos anos em todas as áreas. Como exemplo, pode ser observado as pessoas colaborarem no seu dia-a-dia com governos, informando sobre os funcionamentos das cidades, e com a ciência, coletando dados para pesquisas científicas na denominada Ciência Cidadã. As empresas também devem olhar para esse movimento e aproveitar o momento para a troca de informação e experiências entre pessoas e seus departamentos.

Projetos de ciência cidadã, por exemplo, requerem o desenvolvimento de sistemas de comunicação e colaboração projetados para resolver problemas bem específicos. Com a ajuda das NTICs, as empresas podem ir além da troca de informação por meio das páginas eletrônicas e mídias sociais e mobilizar cidadãos interessados para participar de projetos sociais e ambientais relacionados às atividades das organizações. No entanto, estes devem ser devidamente projetados e executados com esse propósito, o que não é uma tarefa trivial (ESTEVES et al, 2016).

Ao mesmo tempo que as NTICs aproximam as organizações das pessoas e proporciona novas formas de colaboração e uma comunicação mais direta e ampla, essa facilidade também pode incitar manifestações e denúncias em rede contrárias quando organizações reconhecidamente quebram a confiança da sociedade por práticas ambientais ou sociais irresponsáveis. Portanto, percebendo que as NTICs podem ser tanto positivas quando negativas, cabe compreender o seu uso para minimizar os aspectos nocivos e incitar os aspectos favoráveis.

As NTICs e a sustentabilidade corporativa

Não diferente dos outros grupos da sociedade, as empresas também devem participar do movimento rumo ao desenvolvimento sustentável e, portanto, devem considerar uma nova agenda a cumprir. O projeto Visão 2050 do Conselho Empresarial Mundial para o Desenvolvimento Sustentável (WBCSD) também está de acordo que um mundo a caminho da sustentabilidade exigirá mudanças fundamentais nas estruturas de governança, nas estruturas econômicas, nos negócios e no comportamento humano. O projeto ainda recomenda que as escolhas corporativas estejam associadas à visão de longo prazo e à preocupação central de contemplar da forma mais harmoniosa possível as demandas econômicas e socioambientais (CEBDS, 2010).

Nesse cenário, a luta pela sobrevivência e a visão de longo prazo faz das empresas importantes líderes na rota para a sustentabilidade. Os impactos negativos que as empresas vêm gerado na sociedade e as práticas empresariais não responsáveis estão sendo cada vez mais questionados. São reflexos dessa mudança, a força que ganhou as licenças sociais para operar, suspensão de atividades, multas e não concessão de financiamentos, o que, consequentemente, geram um impacto econômico para as empresas.

Para minimizar os possíveis impactos negativos citados acima e também para explorar as novas oportunidades que a sustentabilidade pode trazer, as empresas vêm debatendo como deve ser a sua implementação nos negócios. A tendência é que a sustentabilidade corporativa seja uma condição para a sobrevivência das empresas, entretanto, a sua implementação é complexa e exige iniciativas voluntárias transformadoras que perpassam por toda a estrutura de uma organização.

Nas últimas três décadas, a abordagem da sustentabilidade já tem mudado significativamente a forma de gestão das empresas. Adicionalmente, muito influenciadas pelas NTICs, mudanças de comportamentos associadas ao consumo, consciência ambiental e à relação do indivíduo com a sociedade podem impactar diretamente as empresas, seus produtos e serviços.

Se por um lado, a comunicação em rede pressiona as organizações, pois permite que os públicos expressem suas expectativas globalmente e levantam grandes audiências dentro de poucas horas em uma conversa crítica sobre a legitimidade da empresa (SCHULTZ et al, 2013), por outro lado, a comunicação em rede pode ser um catalisador da sustentabilidade numa sociedade global (FUCHS et al, 2010).

Todavia, as organizações também esbarram na ambiguidade do conceito da sustentabilidade, nas indefinições de como implementar e em muitas incertezas. Mazmanian e Kraft (2009) fazem referência a instabilidade própria do conceito de sustentabilidade: *"Não importa qual objeto de sustentabilidade é medido, sempre vai existir um intervalo de tempo entre o qual a sustentabilidade não pode ser alcançada"*. Essa incerteza, adicionada as demandas de múltiplos stakeholders e mudanças constantes no contexto requerem das empresas ferramentas dinâmicas para a ação.

Da mesma forma, Guthey e Morsing (2014) sugerem que a Responsabilidade Social Empresarial (RSE) de uma organização é melhor entendida não como uma agenda clara e consistente, mas sim como um fórum para a construção de sentido, a diversidade de opinião e debate sobre as normas e expectativas sociais conflitantes ligados à atividade empresarial.

Ao relacionar o papel da comunicação com a RSE, Scultz et al (2013) argumenta que a sociedade atual, comunicativa e em rede, desafia e muda a configuração da RSE. A RSE estaria deixando de ser uma vertente instrumental e política-normativa, na qual seria uma ferramenta para alcançar objetivos organizacionais e para criação de normas e passaria a ter uma construção através do processo da comunicação em uma forma dinâmica de interação nas sociedades em rede de hoje.

O uso das NTICs para a comunicação da temática da sustentabilidade corporativa já é uma realidade, ainda que muitas vezes em estágio embrionário. Especificamente no Brasil, o Conselho Empresarial Brasileiro para o Desenvolvimento Sustentável (CEBDS) em 2009 realizou um estudo sobre os tipos de comunicação relacionada a sustentabilidade existentes no ambiente corporativo. Observou que as empresas brasileiras se encontram em distintos estágios de entendimento e incorporação do conceito de sustentabilidade, desta forma reconhece a existência de diferentes abordagens de comunicação, duas delas são relevantes para a presente discussão:

a) A comunicação *da* sustentabilidade – Nessa abordagem, a empresa informa a sua visão, metas, atitudes e posturas de sustentabilidade, comunica as iniciativas concretas e anuncia os resultados alcançados através de relatórios de sustentabilidade. A ação deve vir antes da comunicação.

b) A comunicação *para a* sustentabilidade - Provocar mudança é o objetivo da comunicação para a sustentabilidade. As empresas atuam como agentes de mudança local, regional ou global – dependendo do seu tamanho e poder de influência. Essa abordagem desencadeia processos educacionais e ajudam a construir uma realidade mais sustentável como um todo. Promove o diálogo com os seus stakeholders e comunicar o que, de fato, está realizando.

A forma mais recorrente de observar o uso das NTICs para a promoção da sustentabilidade pelas organizações é através dos websites corporativos. Um estudo realizado por Milach (2015), como parte do requisito para a conclusão da disciplina Sistemas de Gestão Sustentáveis do Mestrado em Sistemas de Gestão da Universidade Federal Fluminense, investigou como a questão da sustentabilidade era retratada nos websites corporativos das 27 empresas brasileiras premiadas em 2014 pelo Guia Exame de Sustentabilidade. Nesse estudo foram identificadas cinco formas de comunicação relacionadas à sustentabilidade: 1) Comunicação para legitimidade - quando as empresas utilizam suas páginas eletrônicas para divulgar iniciativas voltadas para a sustentabilidade, sendo um exemplo típico de "comunicação *da* sustentabilidade"; 2) Comunicação para prestação de contas – quando utiliza-se a web para divulgar os relatórios de sustentabilidade e para prestar contas dos seus impactos socioambientais e ações correlatas; 3) Comunicação para transição para a estratégia – quando as empresas apresentam uma espécie de plataforma ou portal alinhando a sua estratégia de sustentabilidade às suas iniciativas; 4) Comunicação da Governança Sustentável – quando visivelmente a questão da sustentabilidade é intrínseca à estratégia da empresa, faz parte da identidade corporativa e começa a ser abordada em diferentes espaços da página eletrônica da organização; 5) Conexão: Abordagem e engajamento com stakeholders – quando as empresas apresentam informações diferentes para cada público e canais e ferramentas especiais de interação do indivíduo com a empresa.

Nas 24 das 27 estudadas foi identificada uma comunicação para legitimidade, ou seja, a grande maioria das empresas dedicam um espaço nos seus websites para divulgar as suas ações de sustentabilidade. Dentro da comunicação voltada para à prestação de contas, todas as empresas estudadas também apresentaram relatórios de sustentabilidade. Isso demostra que essas formas de comunicar a sustentabilidade já são comuns nas organizações. No entanto, apesar da ampla abordagem sobre a sustentabilidade, o que se percebe nesse estudo é um aproveitamento singelo do que as NTICs podem oferecer em termos de interação, conexão, participação e consequentemente transformação para a sustentabilidade. Grande parte das empresas utilizam a web como um canal de informação tradicional, operando em mão única. As conexões através da web, visando a transformação para uma sociedade mais sustentável, ainda são tímidas.

Uma forma diferenciada de apresentação das informações sobre sustentabilidade foi encontrada em cinco organizações, dentre as estudadas. Tratam-se de Plataformas de Sustentabilidade ou Portais. Milach (2013) em seu estudo sobre Plataformas de Sustentabilidade Corporativas, define estas como *o posicionamento em sustentabilidade de uma empresa embasado em temas prioritários para a organização e para os seus públicos. É apresentada em um ambiente virtual ou na forma de um documento reunindo a abordagem de sustentabilidade e as boas práticas alinhadas as suas declarações, de forma a comunicar sua postura perante o tema ou mesmo interagir com o seu público para a construção em conjunto de um desenvolvimento mais sustentável através da colaboração e inovação* (MILACH, 2013).

As Plataformas demonstram um amadurecimento das organizações em relação à sustentabilidade, pois alinha as ações ambientais com a estratégia. Contudo, nem sempre demonstra uma maior maturidade em relação a uma comunicação mais interativa que as NTICs podem oferecer. Em algumas organizações foram observadas Plataformas de sustentabilidade globais, com grandes campanhas de comunicação da sustentabilidade a nível mundial. Nestes casos pode ser observado meios de comunicação interativos e inovadores.

Um avanço na forma como as empresas estão abordando a temática da sustentabilidade pode ser confirmado na comunicação da governança sustentável, quando é observada a comunicação institucional das empresas, sobre a qual 77% das empresas estudadas expressam claramente a sustentabilidade presente na sua missão e 33% das empresas comunicam a sustentabilidade como uma forma de gestão estratégica. O uso das páginas eletrônicas para disseminar um posicionamento estratégico em sustentabilidade é muito positivo tanto para a sustentabilidade do negócio quanto para a imagem das empresas, mas deve ser verídico uma vez que as empresas serão cobradas por suas declarações em rede.

Dois outros aspectos levantados no estudo foram a comunicação específica para diferentes stakeholders e formas de conexão com estes públicos. Em relação à comunicação em rede, que apresenta dinamismo, imediatismo e possibilidades de considerar cada público de formas diferentes, quase nenhum avanço foi encontrado. Apenas três empresas das 27 apresentaram informações específicas para diferentes públicos e a conexão, com exceção de uma empresa que chamava o público para uma plataforma de inovação, era em formas de rápidos questionários. O que mostra um pequeno aproveitamento do real potencial da web.

Até mesmo quando utilizadas as mídias sociais, reconhecidas pelo potencial de integração, outros estudos ainda revelaram um baixo aproveitamento do potencial das redes. Campos (2015) investigou as campanhas lançadas na mídia social Facebook pelo Comitê Brasil em Defesa das Florestas e do Desenvolvimento Sustentável entre 2011 e 2012 contra o Código Florestal em relação a interação e participação popular. Apesar de o tema ser considerado pelos membros do Comitê como um dos maiores debates nacionais, os dados analisados por Campos indicaram resultados tímidos em termos de interação e participação popular. A autora sugere que essa mídia social ainda é empregada como um espaço de transmissão de informações, mas com potencial interativo e de participação pouco explorado tanto pelas organizações, quanto pela população.

Conclusão

A sustentabilidade não é um instrumento de gestão, mas uma nova forma de gestão e sendo assim necessariamente envolve comunicação. A comunicação tradicional não pode atender um processo do desenvolvimento sustentável devido à complexidade que o mesmo envolve, dessa forma, as novas tecnologias de informação e comunicação ocupam um papel importante nessa transição.

A revisão da literatura a respeito da sustentabilidade deixa claro que o conceito requer, para a sua compreensão uma abordagem inovadora. Ademais, tem como característica ser ambígua, contudo com alto poder de engajar as pessoas. Isto significa que as ferramentas utilizadas nesse processo devem possibilitar o dinamismo, integrações, interrelações e ampla participação popular, características essas da web e das mídias sociais.

Dessa maneira, ao mesmo tempo que presenciamos um esforço global em prol do desenvolvimento sustentável, vivenciamos uma forma de comunicação em rede capaz de proporcionar transformações sociais e que apresentam grande potencial de atender as demandas de uma rota sustentável. Ao analisar como as empresas brasileiras, que foram premiadas por seus destaques em sustentabilidade, estão utilizando a comunicação em rede para abordar a questão da sustentabilidade, pode ser observado a ampla utilização da web. No entanto, muito pouco foi observado em relação às conexões reais com os públicos e à exploração do potencial da internet em interagir e colaborar.

Entende-se que a revolução de novas tecnologias de informação e comunicação pode levar a transformações sociais e mudanças na configuração da sustentabilidade. É pertinente, contudo olhar atentamente para a área de comunicação em rede para desenhar um caminho para a sua implementação, sem esquecer que uma transformação real apenas acontece quando o que se comunica é de fato verdadeiro e reflete a posição de uma organização.

Referências

ALLEN, M. W. Strategic communication for sustainable organizations: theory and practice. New York: Springer Publishing Company. 2016.

ARTS, K.; van der Wal, R.; e ADAMS W. Digital technology and the conservation of nature. Ambio 44(Suppl. 4). 2015.

BETTENCOURT, L. M.; KAUR, J. Evolution and structure of sustainability science. PNAS: Proceedings of the National Academy of Sciences of the United States of America, n. 49, vol. 108, pp. 19540-19545. 2011.

BOFF, L. Sustentabilidade: o que é: o que não é. 2ª edição. Petrópolis: Vozes, 2012.

CAMPOS, L. Organizações da sociedade civil na internet: implicações na participação em campanhas ambientais. Dissertação de Mestrado apresentada ao departamento de Desenvolvimento Sustentável (Cds), da Universidade de Brasília UnB. 2015.

CASTELLS, M. A Sociedade em Rede - A era da informação: economia, sociedade e cultura; v. 1, 3a. Editora São Paulo, Paz e Terra, 1999.

CEBDS. Visão 2050. A nova agenda para as empresas. Fonte: CEBDS - Conselho Empresarial Brasileiro: http://cebds.org.br/media/uploads/pdf/ visao_brasil _2050_-_ vfinal.pdf. 2010.

ESTEVES, M. G. P.; MILACH, S.; SOUZA, J. M. Sistema para apoiar a participação do cidadão no monitoramento ambiental das atividades de Óleo & Gás. Rio Oil & Gas 2016 Expo and Conference. Rio de Janeiro. 2016.

FUCHS, C. The Implications of New Information and Communication Technologies for Sustainability. Environment, Development and Sustainability (10), pp. 291-309. 2008.

FUCHS, C.; HOFKIRCHNER, W.; SCHAFRANEK, M.; RAFFL, C.; SANDOVAL, M. e BICHLER., R. Theoretical foundations of the web: cognition, communication, and co-operation. Towards an understanding of web 1.0, 2.0, 3.0. Future Internet 2 (1): 41-59. 2010.

GUTHEY, E.; MORSING, M. CSR and the Mediated Emergence of Strategic Ambiguity. Journal of Business Ethics 120, nº 4. 2014.

LÈVY, P. As tecnologias da Inteligência – o futuro da inteligência coletiva na era da informática. São Paulo: Ed. 34, 1993.

MAZMANIAN, D. A.; KRAFT, M. E. (Eds.). Toward sustainable communities: transition and transformations in environmental policy. Massachusetts: Massachusetts Institute of Technology. 2009.

MILACH, S. Plataformas de Sustentabilidade Corporativa. Monografia apresentada à Escola Politécnica da Universidade Federal do Rio de Janeiro e ao Comitê Brasileiro do Programa das Nações Unidas para o Meio Ambiente (Instituto Brasil PNUMA) para obtenção do título de Especialista em Gestão Ambiental. 2013.

MILACH, S. Comunicação, conectividade e transformação: Análise do uso das páginas institucionais web para promover a sustabilidade corporativa. Trabalho da disciplina Sistemas de Gestão Sustentáveis do Mestrado Sistemas de Gestão da Universidade Federal Fluminense como parte do requisito para aprovação. 2015.

SCHULTZ, F.; CASTELLO, I.; e MORSING, M. The construction of corporate social responsibility in network society: a communication view. Journal of Business Ethics, 115 (4), 681–692. 2013.

TRAN, M. Agent-behaviour and network influence on energy innovation diffusion. Communications in Nonlinear Science and Numerical Simulation, v. 17, n. 9, p. 3682–3695. 2012.

TRIST, E. The evolution of socio-technical systems. Occasional paper, 2, 1981.

VELLOSO, Fernando. Informática: conceitos básicos / Fernando Velloso. - 9ed. - Rio de Janeiro: Elsevier, 2014.

WCED. Report of the World Commission on Environment and Development: Our Common Future. Genebra, Suiça. 1987.

LEAN CONSTRUCTION E *GREEN BUILDING*: PROPOSTA DE INTEGRAÇÃO DOS CONCEITOS E OTIMIZAÇÃO DAS FERRAMENTAS DE CONTROLE

Juliana das Chagas Santos
Paula Bié Alves
Osvaldo Luiz Gonçalves Quelhas
Alberto Eduardo Besser Freitag

Introdução

A pesquisa de Junior e Filho (2004) apresenta uma proposta de integração entre dois conceitos, o de Construção Enxuta (do inglês *Lean Construction*) e Edifícios Verdes (do inglês *Green Building*). Essa combinação, também conhecida como "*Lean Green*", representa um novo pensamento gerencial, integrando fatores como práticas de produção e o uso dos recursos com a finalidade de otimizar os processos, a qualidade e o desempenho para o produto e sua operação.

Filho, Campos e Assumpção (2016) mostram no seu estudo que a estratégia de produção é de grande importância na etapa de produção e operação sendo um processo decisivo para a conquista de resultados positivos. Caso a estratégia utilizada seja ineficiente, compromete-se toda a realização do projeto.

Analisando a gestão enxuta aliada à gestão ambiental, identifica-se uma estratégia para a realização de um gerenciamento que visa minimizar custos e colaborar com o meio ambiente.

A Figura 1 destaca a integração dos principais processos que são envolvidos na combinação para esse novo modelo de pensamento.

Figura 1 – Pensamento "Lean Green" através do ciclo de vida da edificação.

Fonte: Junior e Filho (2004)

A produção enxuta consiste em um conjunto de melhores práticas, passando a ter uma nova visão sobre redução de desperdícios e custos, treinamento dos funcionários e inovação em tecnologia, proporcionando melhores resultados para os processos de manufatura (FILHO, CAMPOS, ASSUMPÇÃO, 2016). A Figura 2 apresenta a visão geral do Sistema Toyota de Produção, destacando as ferramentas *Just-in-time* e *Jidoka* como princípios de melhorias para aplicação do conceito de gestão enxuta.

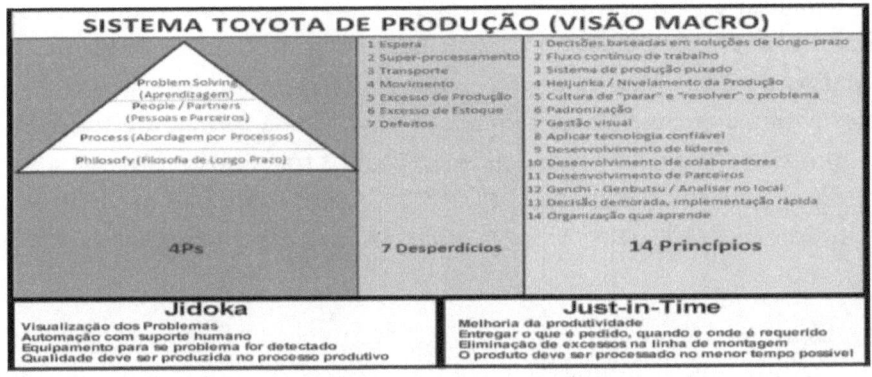

Figura 2 - Visão Geral dos princípios e conceitos do Sistema Toyota de Produção.

Fonte: Filho, Campos e Assumpção (2016)

A partir do acima exposto, elaborou-se a Tabela 1, que mostra as ferramentas e conceitos que contribuem com a integração Lean e Green.

Tabela 1 – Boas práticas para implantação de um conceito Lean Green

Ferramentas e conceitos que contribuem com a integração Lean e Green	Lean	Green
Just in Time	Melhoria da produtividade; utilização do menor tempo possível	Eliminação dos excessos na linha de produção
Jidoka	Diagnosticar os problemas, qualidade no processo	Qualidade dos materiais utilizados e a origem
Redução do estoque	Redução de desperdícios sem valor agregado; melhora fluxo de processo	Impacto ambiental diminuído
5S	Redução do consumo de insumo	Descarte adequado

Fonte: Os próprios autores (2017)

Analisando a literatura existente, percebe-se uma oportunidade de se desenvolverem pesquisas para identificar correlações entre ferramentas/técnicas de *Lean Construction* e *Green Building*, e modelos de certificações para a aplicação da gestão *Lean Green*. Dessa forma, o estudo aqui proposto complementa os entendimentos dos trabalhos existentes, almejando responder ao seguinte problema de pesquisa: "Como integrar os conceitos de *Lean Construction* e *Green Building* e otimizar as ferramentas de controle?".

Espera-se responder essa questão, desenvolvendo uma proposta de integração, que combine ferramentas, conceitos e métodos de *Lean Construction*, com uma forma de controle que contribua para a viabilização de *Green Building*, que é o objetivo geral deste estudo. Os objetivos específicos são identificar os conceitos, ferramentas e técnicas de *Lean Construction e Green Building*, a partir de uma revisão sistemática da literatura, e correlacioná-los com certificações, que atuem como mecanismos de controle, visando contribuir com a adoção do *Green Building* por empresas do setor da construção civil.

A justificativa para tal trabalho está em disponibilizar conhecimento que contribua para que mais empresas do setor de construção civil possam usufruir dos benefícios trazidos pela integração de conceitos de *Lean Construction* e *Green Building*. Os resultados do estudo também poderão subsidiar pesquisadores no desenvolvimento de trabalhos científicos. As limitações deste estudo são oriundas dos termos utilizados nas frases de pesquisa, e escolha das bases científicas pesquisadas.

Esta primeira parte contém as premissas que levaram ao desenvolvimento desta pesquisa, a segunda parte apresenta o material coletado utilizando como método de pesquisa uma revisão sistemática da literatura, a terceira parte traz os resultados esperados para os objetivos iniciais deste estudo e a discussão dos mesmos e a quarta parte apresenta as conclusões.

Material e método

O material para a elaboração desta pesquisa foi coletado por meio de uma revisão sistemática da literatura, em quatro etapas. Primeiro, foi identificado um conjunto de registros resultante das frases de pesquisa utilizada na base científica SciELO. Em seguida, foi selecionado um segundo conjunto, constituído pelos documentos que restaram, após a eliminação dos registros em duplicidade, bem como os não pertinentes ao assunto e com informações incompletas e sem relevância para o tema proposto. Depois, procedeu-se com uma análise de conteúdo dos estudos para eleger aqueles a serem incluídos na revisão da literatura, que é a etapa final.

Inicialmente será apresentado o material utilizado na elaboração deste trabalho, englobando literatura científica existente a respeito de "*Lean Construction* e *Green Building*" na construção civil. Em seguida, será detalhado o método de pesquisa adotado.

Material

No Brasil, em consequência dos significativos impactos ambientais causados pela construção civil, existem alguns empreendimentos com certificação ambiental e outros em processo de certificação, visando que as construções sejam mais economicamente e ambientalmente sustentáveis. As certificações ambientais são compostas por critérios de avaliação que consideram diferentes aspectos ambientais e a certificação é concedida de acordo com o desempenho do edifício diante desses critérios (PICOLLI *et al.*, 2010).

Picolli *et al.* (2010) apresentou resultados de um estudo de caso no qual foram analisadas as peculiaridades na gestão da construção de edifícios candidatos a essa modalidade de certificação, identificando-se atividades usuais e novas atividades, quando comparadas à gestão da construção de edifícios, sem o interesse na certificação. Os resultados apontam que o sistema de certificação exigiu atividades usualmente realizadas na fase de projeto, porém com um nível maior de envolvimento por parte dos projetistas. Na fase de produção, além de maiores exigências nas atividades tradicionalmente realizadas, identificaram-se novas atividades de gestão para a empresa construtora, assim como a necessidade de disponibilizar informações técnicas dos produtos por parte dos fornecedores. A certificação ambiental aplicada à construção civil, na visão de Picolli *et al.* (2010), pode ser considerada como uma iniciativa de avanço para a sustentabilidade ambiental na construção, que mostra-se pertinente no panorama mundial.

No Brasil, essa prática ainda é muito pouco aplicada, pois é necessário uma preocupação e pensamento sustentável por parte das lideranças de cada empresa. A fase de escopo e projeto demonstra ser uma boa diretriz para o processo de certificação, buscando empenho dos projetistas e um comprometimento significativo na inserção de especificações mais detalhadas de materiais e de memoriais mais elaborados. No seu estudo, Picolli *et al.* (2010) verificou a necessidade de uma abordagem sistêmica do processo de gestão desses empreendimentos, envolvendo a requalificação de todos os agentes, desde os operários até a cadeia de fornecedores de materiais e componentes. Não se trata apenas da certificação, mas de uma nova visão da atividade da construção civil.

De acordo com Grünberg, Medeiros e Tavares (2014), as indústrias de construção estão desenvolvendo métodos para a avaliação dos impactos ambientais gerados pelas construções, para tanto, é importante que os parâmetros e objetivos estejam claros, para que se possa verificar o cumprimento das questões voltadas para a sustentabilidade. Nesse sentido, alguns países já desenvolveram certificações para garantir o cumprimento de padrões de construções ambientalmente corretos e pré-determinados, visando minimizar os impactos ambientais. As certificações que foram desenvolvidas em alguns países, precisam de adequação quando aplicadas à realidade das construções brasileiras. Grünberg, Medeiros e Tavares (2014) compararam através da aplicação do método AHP (*Analytic Hierarchic Process*), técnica que mostrou-se apropriada para refinar a escolha de um sistema de certificação ambiental, a melhor certificação aplicável às construções brasileiras. As análises foram realizadas utilizando-se três selos, que foram utilizados em construções brasileiras: (A) certificação estrangeira LEED; (B) uma adaptação do sistema francês, Processo AQUA; e (C) a primeira metodologia brasileira, "Selo Casa Azul". Observou-se pelo resultado de que o sistema de certificação ambiental "Casa Azul" obteve maior nota final, tendo sido desenvolvido para ser aplicado no Brasil. Em segundo lugar, o Processo AQUA e em seguida a certificação LEED, com menor desempenho.

Alarcón *et al.* (2008) ressaltam que nos últimos 10 anos muitas empresas estão implementando o *Lean Construction* em busca da melhoria do desempenho dos projetos de construção civil. No estudo desenvolvido com base na implementação do Sistema *Last Planner*, foram observados projetos durante 5 anos, com o intuito de desenvolver estratégias e ferramentas de apoio para a implementação do *Lean Construction*, considerando os principais impactos observados nos projetos, as lições aprendidas e as dificuldades para a implementação, melhorias na produtividade, redução de variabilidade e efetividade das estratégias de implementação.

Alarcón *et al.* (2008) afirmam que o Sistema *Last Planner* é uma ferramenta capaz de melhorar a confiabilidade do planejamento dos projetos, gerando uma maior estabilidade e menos variabilidade no indicador do percentual do plano completo do projeto. Esse melhor desempenho produz mudanças nas causas das inconformidades. O Sistema *Last Planner* pode ser implementado com o auxílio de ferramentas de TI, que irão suportar melhor a implantação e de forma mais padronizada. Algumas estratégias que foram testadas para essa implementação e renderam bons resultados, são: desenvolvimento de treinamento sistemático e ações de pesquisa, além de interação proativa com a gerência do contrato e, colaboração entre empresas e uma busca constante de novas formas de melhorar o processo de implementação.

O trabalho em uma abordagem colaborativa, com diferentes ações de treinamento, compartilhando experiências e informações entre as empresas produzem benefícios, tais como: desenvolvimento de habilidades para implementação e desenvolvimento de uma competição saudável entre empresas que estão trabalhando juntas, aprendendo rapidamente com os sucessos e falhas (ALARCÓN *et al.*, 2008).

Por meio de um estudo de revisão da literatura, Pavez, González e Alarcón (2010) utilizaram o Sistema *Last Planner* para análise dos impactos da visão integral como forma de facilitar a incorporação de práticas de gestão mais eficientes, como a implantação do *Lean* na organização. Por visão integral entende-se o enfoque de gestão exterior, como: estruturas, processos e resultados aliados aos aspectos centrais do comportamento individual e coletivo das pessoas. Tem-se realizado estudos para a integração desses dois mundos internos e externos. Pavez, González e Alarcón (2010) concluíram que se a construção *Lean* pretende evoluir para uma gestão mais eficaz, então é importante incluir elementos da visão integral, e focar tanto no desenvolvimento técnico quanto humano, fazendo com que barreiras humanas e organizacionais sejam eliminadas. A maioria das pesquisas de construção *Lean* tem como objetivo melhorar o desempenho do projeto através de uma abordagem técnica e menos ligadas às questões humanas, organizacionais e culturais, porém, quando ligados somente aos objetivos técnicos, a abordagem não permite lidar bem com a complexidade social dos projetos de construção, causando poucas implementações e / ou falhas, portanto, analisa-se a importância da visão integral.

A associação *Green-Lean* para projetos de construção auxilia na integração das variáveis do meio ambiente, que tem papel relevante frente ao cenário de competitividade enfrentado pelas empresas, portanto, a sustentabilidade deve ser considerada durante todo o ciclo de vida dos projetos. No estudo de Martínez, González e Fonseca (2009), realizou-se a integração entre o *Green Building* e *Lean Construction*, através da determinação de vetores de integração entre essas duas filosofias, por meio de análises morfológicas e matrizes de impacto cruzado. A integração foi suportada pela ferramenta de implementação conhecida como *"Constructabilidad"*, onde fez-se possível a implementação e operacionalização dos distintos vetores de integração *Green-Lean* para cada etapa do ciclo de vida do projeto de construção, conseguindo suportar os critérios de sustentabilidade nos processos e nas etapas envolvidas durante todo o ciclo de vida dos projetos de construção. Martínez, González e Fonseca (2009) verificaram a importância de equipes multidisciplinares para discussão dos objetivos dos projetos, identificação dos requisitos dos clientes e definição das estratégias de ação, que contenham objetivos econômicos e meio ambientais em todas as etapas do ciclo de vida dos projetos.

Cruz-machado e Rosa (2007) desenvolveram um modelo de planejamento e controle orientado para a redução de perdas e otimização dos processos produtivos, aplicando a filosofia de gestão *Lean Production* em uma obra de construção. Caracterizou-se a indústria de construção e suas especificidades, onde foram abordados os modelos de planejamento possíveis de serem aplicados em obras e que são direcionados para a redução de perdas e otimização dos processos produtivos e, a partir desse estudo, desenvolveu-se um modelo que permite uma melhoria na gestão e melhor cumprimentos dos prazos nas obras.

O modelo desenvolvido por Cruz-machado e Rosa (2007) foi aplicado em uma obra, o acompanhamento foi realizado através de indicadores de análises de sua evolução e, com isso, observaram uma evolução positiva da implementação do modelo. O envolvimento dos clientes é fundamental, para diminuição do número de alterações dos projetos e melhoria dos fluxos de informações entre os interessados no projeto. As reuniões previstas no modelo desenvolvido auxiliam a planejar e ter maior cumplicidade entre os envolvidos no projeto, incluindo os fornecedores, sendo a participação dos clientes durante todas as fases do projeto de grande importância, para melhor resultado dos projetos, na medida em que facilita entendimento das dificuldades, objetivos, confiança e inovação de todo o processo produtivo (CRUZ-MACHADO e ROSA, 2007).

Método

O método utilizado teve uma abordagem qualitativa de pesquisa. O objetivo foi a obtenção de conhecimento disponível na literatura científica existente, que permita estabelecer correlações entre *Lean Construction* e *Green Building*. Uma estratégia geral para realizar pesquisa é fazer uso dos dados disponíveis. Em contraste com estratégias de pesquisa que se baseiam em dados coletados em primeira mão (experimentais, *surveys*, estudos de campo), o pesquisador de dados disponíveis minera informações de segunda mão (SINGLETON JR; STRAITS, 2010).

Com base no acima exposto, adotou-se uma abordagem qualitativa de pesquisa, utilizando dados disponíveis, cujo conteúdo foi analisado por meio do método Prisma (*Preferred Reporting Items for Systematic Reviews and Meta-Analyses*), um guia de recomendações para uma revisão sistemática de literatura, descrito por Moher *et al.* (2009), utilizando o fluxo de informações através de quatro etapas, descritas na Figura 3, a partir de dados pesquisados na base científica SciELO até 23/05/2017.

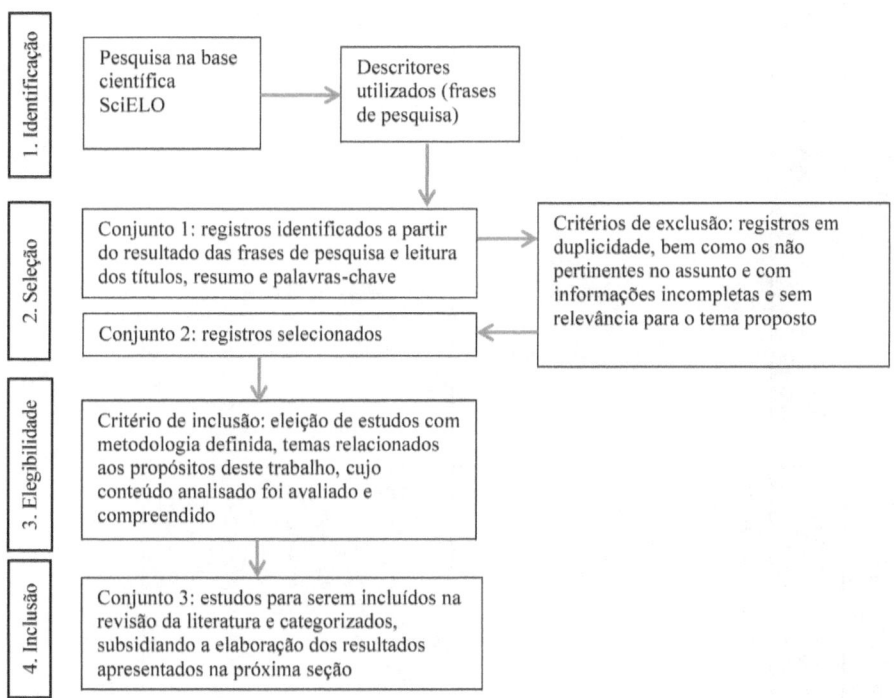

Figura 3 - Fluxo de informações através das quatro fases de uma revisão sistemática de literatura

Fonte: Adaptado de Moher et al. (2009)

A base científica SciELO foi escolhida especialmente para se obter estudos disponíveis de pesquisadores de países da América do Sul. A Tabela 2 apresenta o fluxo da pesquisa conduzida utilizando o método Prisma, ao longo das suas quatro etapas.

Tabela 2 - Fluxo de pesquisa para obtenção de estudos sobre "*Lean Construction*" e "*Green Building*"

Período de pesquisa	Base científica	Termos pesquisa	Número registros	Identificação	Seleção	Elegibilidade	Inclusão
Até 23/05/2017	SciELO	*lean construction* AND *green building*	1	131	38	15	7 estudos incluídos na revisão da literatura (2.1 Material)
		construção enxuta AND construção verde	0				
		lean construction	25				
	SciELO	*green building*	47				
		construção enxuta	8				
		construção verde	50				

Fonte: Os próprios autores (2017)

A Tabela 3 elenca os 7 estudos incluídos na revisão da literatura em 2.1 Material.

2 Resultados e Discussão

Analisando a Tabela 3, percebe-se que o primeiro estudo incluído na revisão sistemática da literatura, remonta ao ano de 2007 e o mais recente ao ano de 2016, portanto, os temas *Lean Construction* e *Green Building*, vêm merecendo interesse da comunidade acadêmica há mais de uma década.

A maior quantidade de publicações analisadas foi oriundas de revistas estrangeiras e 3 publicações em revistas brasileiras, que são "Gestão & Produção", "Ambiente e Sociedade" e "Ambiente Construído", o que reforça a importância da condução de pesquisas na área e divulgação dos temas *Lean Construction* e *Green Building* no Brasil.

Da mesma forma, no que tange as referências mais encontradas nesta pesquisa, González,V participou de 2 estudos e Alarcón de 2, comprovado o interesse de pesquisadores de universidades da América Latina nos temas.

A partir do estudo de Grünberg, Medeiros e Tavares (2014), constatou-se que o "Selo Casa Azul" pode ser aplicável e se adapta de forma eficiente em construções brasileiras, por isso, de forma a atender aos objetivos deste artigo optou-se por pesquisar correlações entre os requisitos para a obtenção da certificação do "Selo Casa Azul" com as ferramentas, conceitos e métodos de *Lean Construction*, identificados a partir da revisão sistemática da literatura.

O "Selo Casa Azul" foi criado em 2010, ocasião em que a Caixa Econômica Federal criou o Guia de Sustentabilidade Ambiental, que visa instruir profissionais, estudantes e empresas voltadas para área de construção civil a desenvolver projetos sustentáveis com o objetivo final de aquisição do "Selo Casa Azul". O "Selo Casa Azul", segundo John e Prado (2010), tem como objetivo reconhecer projetos de construção que objetivam a redução dos impactos ambientais. Os empreendimentos são avaliados em seis critérios, os quais são: qualidade urbana, projeto e conforto, eficiência energética, conservação de recursos materiais, gestão da água e práticas sociais. A partir da avaliação, os empreendimentos podem receber o nível bronze, prata e ouro, sendo obrigatório, pelo menos, o cumprimento de alguns critérios e melhoria na pontuação dependendo da quantidade de critérios opcionais que atenderem (JOHN E PRADO, 2010).

Tabela 3 - Documentos relacionados a "*Lean Construction*" e "*Green Building*"

Nº	Referências	Ano	Título	Fonte	Principais Abordagens	
1	Grünberg, Medeiros Tavares	2014	*Environmental Certification for Habitations: Comparison between Leed for Homes, Aqua Process and "Selo Casa Azul".*	Ambiente e Sociedade	Certificação Ambiental nas Construções	*Green Lean*
2	Alarcón, Diethelm, Rojo e Calderón	2008	*Assessing the impacts of implementing lean construction.*	Revista Ingeniería de Construcción	Sistema *Last Planner* como melhoria da confiabilidade e menor variabilidade dos projetos. Abordagem colaborativa, treinamentos, compartilhamento de experiências e informações entre as empresas.	*Lean Construction*
3	Pavez, González e Alárcon	2010	*Improving the Effectiveness of New Construction Management Philosophies using the Integral Theory*	Revista de La Construcción	Visão integral aliando abordagem técnica, questões humanas, organizacionais e culturais em projetos de construção.	*Lean Construction*
4	Martínez, González e Fonseca	2009	*Integración conceptual Green-Lean en el diseño, planificación y construcción de proyectos.*	Revista Ingeniería de Construcción	Vetores de integração *Green-Lean* para cada etapa do ciclo de vida do projeto de construção, através da ferramenta *Constructabilidad*, agregando a sustentabilidade durante todo o ciclo de vida.	*Green Lean*

Nº	Referências	Ano	Título	Fonte	Principais Abordagens	
5	Cruz-machado e Rosa	2007	Modelo de Planificación Basado en Construcción Ajustada para Obras de Corta Duración.	Información Tecnológica	*Lean Production* voltado para construção, direcionados para a redução de perdas e otimização dos processos produtivos. Envolvimento dos interessados no projeto para diminuição do número de alterações e melhoria dos fluxos de informações.	*Lean Production e Construction*
6	Filho, Campos e Assumpção	2016	Revisão sistemática da literatura com análise bibliométrica sobre estratégia e Manufatura Enxuta em segmentos da indústria.	Gestão & Produção	Análise da Manufatura Enxuta como uma estratégia viável às operações identificando uma estratégia de produção enxuta.	*Lean Production e Operations Strategy*
7	Piccoli, Kern, González e Hirota	2010	A certificação de desempenho ambiental de prédios: exigências usuais e novas atividades na gestão da construção.	Ambiente Construído	Identificação de atividades quando comparadas a gestão de construção de edifícios.	*Green Building*

Fonte: Os próprios autores (2017)

Na Tabela 4 apresenta-se a correlação entre as categorias e critérios do "Selo Casa Azul" e ferramentas, conceitos e métodos de *Lean Construction*.

Tabela 4 - Correlação entre o Selo Casa Azul e Ferramentas, Conceitos e Método de *Lean Construction*

Categorias/Critérios Selo Casa Azul	Ferramentas, Conceitos e Métodos de Lean Construction
1. Qualidade Urbana	
1.1 Qualidade do Entorno – Infraestrutura	Aplicação da visão integral, levando-se em consideração a qualidade técnica, humana, ambiental e cultural da região. Abordagem colaborativa entre as empresas locais e construtoras. Visualização de Problemas com Diagnóstico de possíveis ações sociais e ambientais para melhorar as áreas da região.
1.2 Qualidade do Entorno – Impactos	
1.3 Melhorias no Entorno	
1.4 Recuperação de Áreas Degradadas	
1.5 Reabilitação de Imóveis	
2. Projeto e Conforto	
2.1 Paisagismo	Integração da etapa de planejamento e desenho do projeto com a sustentabilidade, utilizando-se *Last Planner*.
2.2 Flexibilidade do Projeto	
2.3 Relação com a Vizinhança	Visão integral para uma análise técnica do desenho do projeto aplicada às questões humanas, ambientais e culturais da região, visando oferecer uma melhor adequação da construção as necessidades futuras da região.
2.4 Solução Alternativa de Transporte	
2.5 Local para Coleta Seletiva	
2.6 Equipamentos de Lazer, Sociais e Esportivos	
2.7 Desempenho Térmico – Vedações	
2.8 Desempenho Térmico – Orientação ao Sol e Ventos	Participação constante das partes interessadas no projeto para diminuir as alterações nos projetos e melhorar o fluxo de informações, com o intuito de favorecer a construção a minimizar seus custos financeiros e de material.
2.9 Iluminação Natural de Áreas Comuns	
2.10 Ventilação e Iluminação Natural dos Banheiros	
2.11 Adequação às Condições Físicas do Terreno	Abordagem colaborativa entre as empresas locais e construtoras.

Categorias/Critérios Selo Casa Azul	Ferramentas, Conceitos e Métodos de Lean Construction
3. Eficiência Energética	
3.1 Lâmpadas de Baixo Consumo	Diagnóstico dos problemas ligados aos desperdícios energéticos na edificação, para a redução do consumo, de forma a minimizar os impactos ambientais. Pensamento *Lean* ao longo de todo o ciclo de vida do projeto, inclusive o pós-construção. Utilização da visão integral, buscando integrar questões técnicas aplicadas ao meio ambiente.
3.2 Dispositivos Economizadores –Áreas Comuns	
3.3 Sistema de Aquecimento Solar	
3.4 Sistemas de Aquecimento à Gás	
3.5 Medição Individualizada – Gás	
3.6 Elevadores Eficientes	
3.7 Eletrodomésticos Eficientes	
3.8 Fontes Alternativas de Energia	
4. Conservação de Recursos Materiais	
4.1 Coordenação Modular	Abordagem colaborativa entre empresas, de forma a contribuir com o conhecimento da origem do material e seus fornecedores, além da maior confiabilidade dos materiais de construção. Essa colaboração estende-se ao descarte dos materiais, com parcerias de empresas, que realizam a compra e venda de materiais para reciclagem, de forma a focar na visão integral da construção, para minimizar os impactos sociais e ambientais. Redução de desperdícios da construção, com base nos conceitos de produção enxuta, que auxilia tanto na parte econômica da construção, quanto nas ambientais e sociais.
4.2 Qualidade de Materiais e Componentes	
4.3 Componentes Industrializados ou Pré-fabricados	
4.4 Formas e Escoras Reutilizáveis	
4.5 Gestão de Resíduos de Construção e Demolição (RCD)	
4.6 Concreto com Dosagem Otimizada	
4.7 Cimento de Alto-Forno (CPIII) e Pozolânico (CP IV)	
4.8 Pavimentação com RCD	
4.9 Facilidade de Manutenção da Fachada	
4.10 Madeira Plantada ou Certificada	

Categorias/Critérios Selo Casa Azul	Ferramentas, Conceitos e Métodos de Lean Construction
5. Gestão da Água	
5.1 Medição Individualizada-Água	Diagnóstico dos problemas ligados aos desperdícios de água na edificação, para a redução do consumo e otimização de recursos, de forma a minimizar os impactos ambientais.
5.2 Dispositivos Economizadores - Sistema de Descarga	
5.3 Dispositivos Economizadores – Arejadores	
5.4 Dispositivos Economizadores - Registro Regulador de Vazão	Pensamento *Lean* ao longo de todo o ciclo de vida do projeto, inclusive o pós-construção.
5.5 Aproveitamento de Águas Pluviais	
5.6 Retenção de Águas Pluviais	Utilização da visão integral, buscando integrar questões técnicas aplicadas ao meio ambiente.
5.7 Infiltração de Águas Pluviais	
5.8 Áreas Permeáveis	
6. Práticas Sociais	
6.1 Educação para a Gestão de RCD	Envolvimento de todas as partes interessadas no projeto durante todo o ciclo de vida do projeto.
6.2 Educação Ambiental dos Empregados	
6.3 Desenvolvimento Pessoal dos Empregados	
6.4 Capacitação Profissional dos Empregados	Aplicação de treinamento dos funcionários para uma mentalidade mais sustentável e aplicação de ferramentas que minimizem a variabilidade e inconformidades de projetos.
6.5 Inclusão de trabalhadores locais	
6.6 Participação da Comunidade na Elaboração do Projeto	
6.7 Orientação aos Moradores	
6.8 Educação Ambiental dos Moradores	
6.9 Capacitação para Gestão do Empreendimento	
6.10 Ações para Mitigação de Riscos Sociais	
6.11 Ações para a Geração de Emprego e Renda	

Fonte: Os próprios autores (2017)

Conclusões

Este trabalho demonstrou a importância da aplicação dos conceitos de *Lean Construction* e *Green Building* e a contribuição que o *Lean-Green* pode oferecer às empresas na melhoria de questões ligadas à gestão, meio ambiente e sociedade. Além disso, com o uso de algumas ferramentas, conceitos e métodos, é possível reduzir a variabilidade e inconformidades dos projetos, de forma a reduzir as perdas, desperdícios e consequentemente custos elevados com o projeto de construção.

Procurou-se responder ao problema de pesquisa, de como integrar os conceitos de *Lean Construction* e *Green Building* e otimizar as ferramentas de controle.

A questão foi respondida, atendendo-se assim ao objetivo geral do trabalho, que foi o desenvolvimento de uma proposta de integração, combinando ferramentas, conceitos e métodos de *Lean Construction*, com uma forma de controle que contribua para a viabilização de *Green Building*. Os objetivos específicos também foram alcançados, identificando-se os conceitos, ferramentas e técnicas de *Lean Construction e Green Building*, a partir de uma revisão sistemática da literatura, e desenvolvendo uma proposta de integração de fácil compreensão e incorporação pelas empresas do setor de construção civil, considerando as categorias e critérios da certificação "Selo Casa Azul", atuando como mecanismo de controle, e sua correlação com os conceitos, ferramentas e técnicas de *Lean Construction e Green Building*.

A discussão dos resultados mostrou que ainda existe relativamente pouca literatura científica sobre a integração entre *Lean Construction* e *Green Building* no Brasil, tanto do ponto de vista de publicações especializadas, como de pesquisadores de universidades do Brasil, envolvidos com o tema. Percebe-se que há uma preocupação maior nas áreas técnicas dos projetos de construção, visando a redução de suas variabilidades, inconformidades e, consequentemente, aumento dos custos, porém ainda precisa ocorrer uma maior integração com as análises de visão integral, com foco não só nos aspectos técnicos da construção civil, mas também nos focos sociais, culturais e ambientais com os quais as construções estão envolvidas.

O fato dos impactos sociais e ambientais ainda serem pouco explorados no setor da construção civil, representa uma oportunidade para o desenvolvimento de pesquisas envolvendo a aplicação do conceito *Lean Green*.

Apesar das contribuições trazidas por este estudo, existem limitações na pesquisa, basicamente relacionadas às palavras-chave utilizadas nas frases de pesquisa, na escolha das bases científicas pesquisadas, e nas correlações estabelecidas com base no conhecimento acadêmico e experiência profissional dos autores, que deu origem aos resultados encontrados. Mesmo com as limitações na pesquisa, entende-se que este estudo representa um diferencial, contribuindo para que pesquisadores possam explorar novas linhas de pesquisa a partir dos resultados encontrados, desenvolvendo novos trabalhos científicos. O estudo também contribui para que mais empresas possam adotar a filosofia *Lean Green*. Sugere-se para estudos futuros que a estrutura teórica aqui apresentada seja avaliada por meio de uma pesquisa empírica com entrevistas semi-estruturadas, junto a profissionais do setor de Construção Civil.

Referências

ALARCÓN, L. R; DIETHELM, S.; ROJO, O. & CALDERÓN, R. *Assessing the impacts of implementing lean construction*. Revista Ingeniería de Construcción, Pontificia Universidad Católica de Chile, Santiago, Chile, v. 23, n. 1, p.26-33, abr. 2008.

CRUZ-MACHADO, V & ROSA, P. *Modelo de Planificación Basado en Construcción Ajustada para Obras de Corta Duración*. Información Tecnológica, Caparica-portugal, v. 18, n. 1, p.107-118, 2007.

FILHO, M. G.; CAMPOS, F. C. & ASSUMPÇÃO, M. R. P. *Revisão sistemática da literatura com análise bibliométrica sobre estratégia e Manufatura Enxuta em segmentos da industria*. Universidade Metodista de Piracicaba – UNIMEP. São Carlos, v.23, n.2, p.408-418, 2016.

GRÜNBERG, P.; MEDEIROS, M. H. F. de & TAVARES, S. F. *Environmental Certification for Habitations: Comparison between Leed for Homes, Aqua Process and "Selo Casa Azul"*. **Ambiente e Sociedade,** São Paulo, v.XVII, n. 2, p.209-226, abr.-jun. 2014.

JOHN, V. M & PRADO, R. T. A. *Selo Casa Azul - Boas práticas para habitação mais sustentável*. São Paulo: Páginas & Letras - Editora e Gráfica, 2010. Realização CAIXA ECONÔMICA FEDERAL.

JUNIOR, A. & FILHO, J. R. de F. *O conceito Lean Green de construção: proposta de integração dos modelos Lean Construction e Green Building, aplicado à indústria da construção civil, subsetor edificações - ABEPRO*. Florianópolis, SC, 2004.

MARTÍNEZ, P.; GONZÁLEZ, V. & FONSECA, E. da. *Integración conceptual Green-Lean en el diseño, planificación y construcción de proyectos*. Revista Ingeniería de Construcción, Universidad de Valparaíso, Valparaíso. Chile, v. 24, n. 1, p.05-32, abr. 2009.

MOHER, D.; LIBERATI, A.; TETZLAFF, J.; ALTMAN, D. G. & The PRISMA Group. *Preferred Reporting Items for Systematic Reviews and Meta-Analyses: The*

PRISMA Statement. PLoS Med., 2009. Disponível em: http://www.ncbi.nlm.nih.gov/pmc/articles/PMC2707599/ (Acesso em 22/12/2015).

PAVEZ, I.; GONZÁLEZ, V. & ALARCÓN, L. F. *Improving the Effectiveness of New Construction Management Philosophies using the Integral Theory.* **Revista de La Construcción,** v. 9, n. 1, p.26-38, 2010.

PICOLLI, R.; KERN, A.; GONZÁLEZ, M. & HIROTA, E. *A certificação de desempenho ambiental de predios: exigencias usuais e novas atividades na gestão da construção.* Universidade Vale do Rio dos Sinos. Porto Alegre, v.10, n. 3 p.69-79, jul./set.2010.

SINGLETON JR., R. A. & STRAITS, B. C. *Approaches Social Research.* 5th Ed., Oxford University Press, Inc., chapter 12, p. 393-430, 2010.

A SINERGIA ENTRE O LEAN THINKING E O DESENVOLVIMENTO SUSTENTÁVEL NO AMBIENTE EMPREENDEDOR

Rodrigo Goyannes Gusmão Caiado
Daniel Luiz de Mattos Nascimento
Giuliano Cunha Coutinho
Lessandro Teixeira Rodrigues

Em consequência a globalização, cada vez mais empresas estão buscando alcançar o desenvolvimento sustentável. O *Lean Thinking* é um modelo de gestão envolvente que propicia redução de custos operacionais e vantagem competitiva no mercado, constituindo-se como mais exigente e ambientalmente consciente que outros modelos. Este trabalho visa promover a sinergia entre o desenvolvimento sustentável e os modelos de gestão *Lean Thinking*. Para tanto, fez-se uma revisão da literatura com método de análise qualitativo, realizado por meio da análise de síntese de conteúdo em estudos selecionados. O resultado obtido foi um framework inovador, voltado para o ambiente empreendedor e com sinergia entre as duas temáticas. Esta pesquisa contribui para o conhecimento acadêmico por destacar assuntos críticos e importantes para pesquisas futuras, sendo igualmente relevante para o mercado, por servir de orientação para os futuros empreendedores.

Introdução

Ao longo das últimas décadas, a preocupação com as questões da sustentabilidade vem ganhando importância junto às práticas de negócios e esferas acadêmicas. A natureza multifacetada e transdisciplinar dos desafios sustentáveis pressupõe o alcance e o envolvimento de estudiosos e profissionais de outras disciplinas, constituindo o empreendedorismo uma plataforma útil para perseguir objetivos múltiplos (MARKMAN et al, 2016). Em um mercado cada vez mais volátil, globalizado e exigente, o pensamento enxuto (do inglês *lean thinking*) é o fator diferencial que poderia aumentar a competitividade e eficiência das empresas (MARTINS et al, 2015). Embora essa metodologia tenha apenas alguns anos, seus conceitos já se enraizaram rapidamente no mundo *startup*, onde escolas de negócios, já adaptam seus currículos para ensiná-los (BLANK et al, 2013). Atualmente, há poucos estudos rigorosos que exploram a relação entre o desenvolvimento sustentável e o empreendedorismo, havendo lacunas no conhecimento sobre como o empreendedorismo vai funcionar diante de uma transição para o sustentável (HALL et al, 2010).

Objetivo

O capitulo propõe um *framework* inovador para a promoção da sinergia entre a sustentabilidade e o *Lean Thinking* no ambiente empreendedor. Para isso, busca-se:

Realizar uma revisão bibliográfica a fim de localizar estudos relevantes existentes e validar as seguintes hipóteses: (i) as novas abordagens do desenvolvimento sustentável e do *Lean Thinking* possuem compatibilidades e (ii) são catalizadoras e promovedoras de novas formas de empreendedorismo, ao propor inovações nos negócios e na gestão.

Sinergismos entre o *Lean Thinking* e o desenvolvimento sustentável no ambiente empreendedor

Muito tem sido escrito sobre os princípios do desenvolvimento sustentável e a necessidade das organizações seguirem práticas sustentáveis que alterem a maneira como fazem negócios (LINNENLUECKE & GRIFFITHS 2013). Neste contexto, o empreendedorismo está cada vez mais sendo citado como um importante canal para promover a transformação de produtos e processos sustentáveis (HALL et al, 2010). Entretanto, as teorias atuais sobre a degradação ambiental não abordam adequadamente o papel do empreendedor, em tratar dos problemas ambientais – sobretudo na criação de inovações para resolvê-los. No entanto, o empreendedor pode representar uma nova oportunidade para criação de valor pela perspectiva da sustentabilidade (YORK & VENKATARAMAN, 2010). O empreendedorismo sustentável é definido como: "o processo de descobrir, avaliar e explorar as oportunidades econômicas, que estão presentes em falhas de mercado que prejudicam a sustentabilidade, incluindo aquelas que são ambientalmente relevantes" (DEAN & MCMULLEN, 2007). O empreendedorismo sustentável consiste em uma combinação de criação de valor econômico, social e ambiental, representando um meio pelo qual as falhas de mercado, tais como, perturbações ambientais e sociais, podem ser melhoradas, sendo uma fonte de "destruição criativa" (HOCKERTS & WÜSTENHAGEN, 2010). Além do empreendedorismo sustentável, há também o empreendedorismo social. O empreendedorismo social, embora seja uma forma complementar de empreender, difere do empreendedorismo engajado por iniciativas de desenvolvimento sustentável por não estar inserido em iniciativas sustentáveis (HALL et al, 2010). Independente de qual seja a motivação, sabe-se que a eficácia da atividade empreendedora depende de incentivos de mercado (PACHECO et al, 2010). Percebe-se da mesma forma que há situações de mercado, em que a atividade empresarial é incapaz de alocar eficazmente os recursos nas esferas, ambientais e sociais (PIGOU, 1932). Além disso, existe também a falta de conhecimento e informação dos *stakeholders* sobre a percepção do empreendedorismo sustentável, indicando que os resultados sociais positivos deste negócio ainda não são suficientemente visíveis (SILAJDZIC et al, 2015). Por outro lado, a aplicação consciente dos preceitos do Pensamento Sistêmico (interdependência, holismo, multifinalidade, equifinalidade, diferenciação, regulação, abstração e influência), pode ajudar os empreendedores a enfrentarem os desafios globais, criando valor tangível e sustentável para seus clientes e para si mesmo (DZOMBAK et al, 2014). Ademais, há oportunidade de se concentrar nos startups a ideia de fonte de sustentabilidade e modelo de inovação, ou seja, o conceito de negócios sustentáveis (BOCKEN, 2015). Estes novos negócios funcionam como incubadoras ideais para eco inovação (EU, 2012). Os startups sustentáveis diferem dos startups convencionais pela abordagem baseada em valor e pela intenção em iniciar uma mudança social e ambiental na sociedade (HOCKERTS & WÜSTENHAGEN 2010). Os startups sustentáveis podem encontrar oportunidades em modelos de inovação de negócios equilibrados pelo tripé, econômico, social, e ambiental (oriundo do inglês *Triple Bottom Line*, ou simplesmente TBL, ou 3BL), baseando-se em novas tecnologias e em plataformas de financiamento (BOCKEN, 2015). A representação gráfica do 3BL pode ser observada na figura 1.

Figura 1 – tripé: econômico, social e ambiental (TBL)

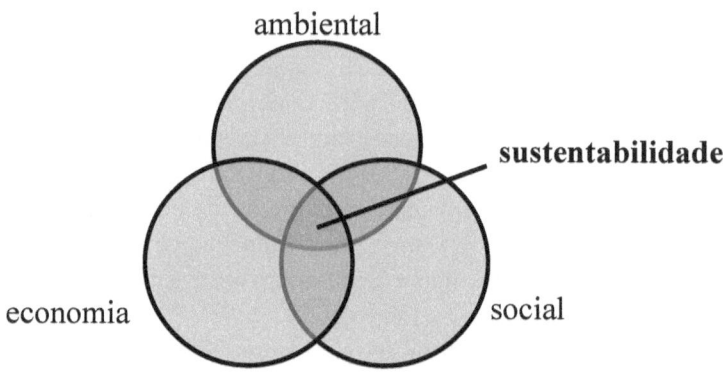

Fonte: Adaptado de Elkington (1998)

Recentemente, surgiu o movimento do *Lean Startup* (RIES, 2011), que congrega um conjunto de ferramentas e técnicas que podem ser empregadas na construção de empreendimentos mais rapidamente e com menor custo (HARMS, 2015), divergindo substancialmente do empreendedorismo convencional. O *Lean Startup* difere do empreendedorismo devido ao seu foco na visão dos clientes sobre o desenvolvimento dos processos do negócio (USLU et al, 2015). Assim, o método *Lean* possui três preceitos-chave: esboçar hipóteses, ouvir os clientes e desenvolvimento rápido (BLANK et al, 2013).

Figura 2 – *Lean* e os três preceitos-chave

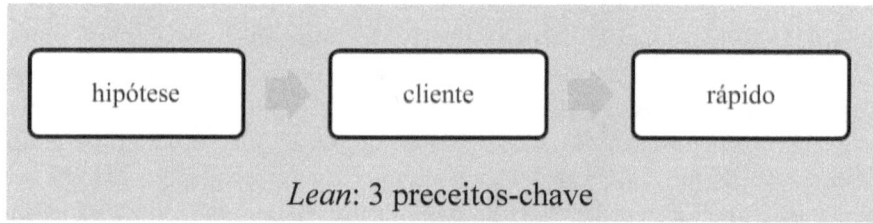

Fonte: Adaptado de Blank et al. (2013)

O método *Lean* oferece uma maneira de eliminar o desperdício através de processos mais eficientes que geram as competências essenciais que o cliente valoriza (COMM & MATHAISEL, 2006) e pode ser realizado por meio de prospecção e exploração da inovação, como uma nova abordagem estratégica da aprendizagem organizacional (SALEHI & YAGHTIN, 2015). A capacidade de inovação *Lean* permite às empresas gerirem recursos limitados, reconfigurando e realocando recursos existentes e, ajudando assim, a capacitar a inovação de recursos limitados (BICEN & JOHNSON 2015). Além disso, as melhorias *Lean*, como por exemplo: usar menos recursos, melhorar a qualidade, reduzir os custos de retrabalho, reduzir o refugo, reduzir o consumo de energia/água e poluição, fornecem uma base natural para o progresso da sustentabilidade e de práticas sustentáveis (PIERCY & RICHONE, 2014). No século 21, a abordagem *Lean startup* vai ajudar pessoas, em todo tipo de organização, sejam elas *startups*, pequenos negócios, corporações ou governos – a enfrentar as forças de ruptura que se já se apresentam. Estas forças pressionam por rápidas adaptações, por inovações mais céleres e por transformações de modelos de negócios (BLANK et al, 2013). Com isso, percebe-se que o *Lean Startup*, assim como muitas ferramentas de inovação e empreendedorismo, proporciona uma melhoria para os empreendimentos em áreas, como, encontrar um novo mercado, desenvolver um novo produto ou elaborar um processo de inovação. Para que a sinergia entre o *Lean* e a sustentabilidade amadureçam e mostrem resultados benéficos, estas duas linhas de pensamento devem ser reunidas em três níveis: desenvolvimento, implementação e educacional (DHINGRA et al, 2014).

Figura 3 – três níveis: desenvolvimento, implementação e educacional

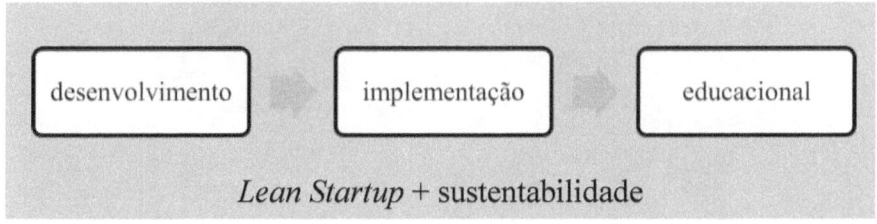

Fonte: Adaptado de Dhingra et al (2014).

As iniciativas *Lean* requerem menos armazenamento e espaço para as operações, o que aliado a uma produção com menos defeitos, diminui as necessidades energéticas e de recursos – promovendo assim, substanciais vantagens ambientais (WONG & WONG, 2014). Autores afirmam que para conseguir uma operação sustentável no ambiente *Lean*, o maior desafio são as pessoas. Ou seja, encapsular a ecoesfera do *Lean* pela transformação de práticas e teorias de gestão, contribui para operações sustentáveis. Mas, requer que alguém enfrente este desafio, que é gerir pessoas. Um programa *Lean* "tradicional" gera grandes benefícios para a gestão ambiental e também de segurança do trabalho, por exemplo. Mas existem alguns pontos cegos, como o uso de material desnecessário. O desperdício pode ser gerenciado pelo uso de sistemas de gestão baseados em ISO, principalmente, quando combinados com ferramentas *Lean*, tais como, o Mapeamento Fluxo de Valor (KURDVE et al, 2014). O *Lean* pode precisar de adaptação para certos desafios ambientais, assim como de ferramentas ambientais específicas. Especialistas, ou pessoal operacional, podem precisar de um período de adaptação para utilizar algumas destas ferramentas. (KURDVE et al, 2014). Percebe-se que alguns critérios úteis para a "ecologização" de ferramentas *Lean* são de que estas devem ser simples de usar, serem visuais e aderir a outros princípios, como estar presente na resolução de problemas para vê-los *in loco* (KURDVE et al, 2012). O notório circulo que sintetiza os cinco princípios do *Lean* (WOMACK & JONES, 1996) está abaixo representado na figura 4. São eles, Identificar Valor ao Cliente, Mapear Cadeia de Valor, Estabelecer Fluxo Contínuo, Demanda Puxada, Buscar a Perfeição. Eventualmente, autores reduzem sua nomenclatura ainda mais, mas o seu significado permanece inalterado. Pode ser representado simplesmente como: Valor, Cadeia, Fluxo, Demanda e Perfeição, respectivamente.

Figura 4 – Princípios do *Lean*

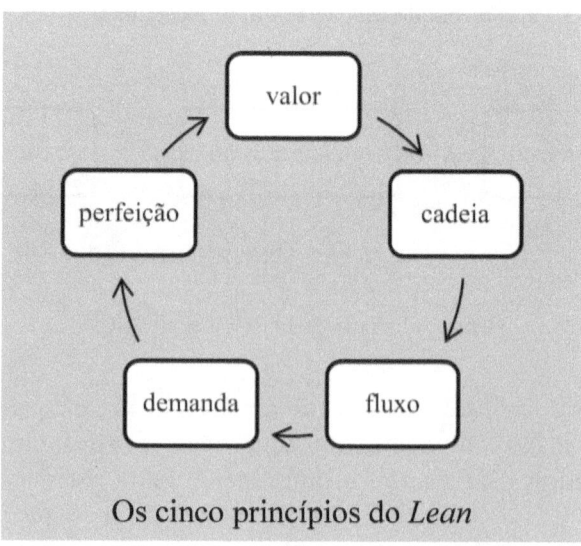

Fonte: Adaptado de Womack e Jones (1996)

Os sentidos destes princípios podem ser descritos, genericamente, como:

- **Valor:** Identificar que é valor pelo ponto de vista do cliente, todo o resto é desperdício. Realizar operações com baixo uso de recursos;

- **Cadeia:** Mapear a cadeia de valor para que seja possível eliminar desperdícios. Enxergar o estado atual permitirá definir o estado futuro;

- **Fluxo:** Se o processo está em fluxo contínuo significa que as operações acontecem quando o cliente precisar. Reduzindo estoques e custos;

- **Demanda:** O cliente pode "puxar" a produção conforme a sua demanda. Isso significa atender o cliente quando e na quantidade que ele deseja;

- **Perfeição:** Busca da perfeição através do contínuo aperfeiçoamento e revisão de todas as etapas de produção.

Metodologia

A pesquisa consiste em uma revisão bibliográfica do estado da arte de pesquisas que abordam em conjunto os seguintes temas: *Lean*, empreendedorismo e sustentabilidade, no banco de dados da Elsevier, a Scopus, considerada a maior base de resumos e citações da literatura revisada por pares. O método de investigação foi dividido em quatro etapas: (i) verificar a relação entre a sustentabilidade e o empreendedorismo; (ii) verificar a relação entre o *Lean Thinking* e o empreendedorismo; (iii) investigar os sinergismos entre a sustentabilidade e *Lean* no ambiente empreendedor. O método de análise é qualitativo, por fazer uma investigação da síntese do conteúdo dos estudos selecionados pela revisão da literatura. Busca ir além das concepções iniciais e visa a geração, ou revisão de estruturas teóricas (MILES & HUBEMAN, 1994). Procura descrever a complexidade de um determinado problema, analisando a interação de certas variáveis (RICHARDSON, 1999). A síntese temática é um método muito eficaz na identificação de temas recorrentes importantes e para o uso de formas estruturadas de tratamento de dados dentro de cada tema (BARNETT-PAGE & THOMAS, 2009), sendo considerado um dos métodos mais apropriados para a fusão dos resultados obtidos a partir da revisão da literatura.

Proposição de framework Lean sustentável para promoção do empreendedorismo

O confrontamento de conceitos acadêmicos válidos permitiu o alinhamento de conteúdo entre a sustentabilidade e o *Lean Startup*. Por analogia, o resultado pode ser comprovado, devido ao conceito elaborado por Dhingra et al (2014) que juntou o *Lean Startup* e a Sustentabilidade. A síntese destes conceitos está organizada no quadro a seguir e demonstra a analogia realizada. São eles: a sustentabilidade, que utiliza as dimensões, social, econômica e ambiental, como descrito no *Triple Botton Line* (BOCKEN, 2015); o *Lean Startup*, com seus três preceitos elementares, que preconizam: esboçar hipóteses, ouvir os clientes e desenvolvimento rápido (BLANK et al, 2013); ao fim apresenta-se, a igualdade obtida por meio da conjunção entre o *Lean Startup* e a Sustentabilidade, com seus três níveis: desenvolvimento, implementação e educacional (DHINGRA et al, 2014). A seguir o quadro 1, contendo o *framework*, com os respectivos conceitos.

Quadro 1 – *Framework* de conceitos do *Lean* e da Sustentabilidade

Sustentabilidade Triple Botton Line (TBL) Elkington (1998) Bocken, (2015)		*Lean Startup* Os três preceitos-chave Blank et al, (2013)		Resultado Lean Start-up + Sustentabilidade Dhingra et al, (2014)
Social	+	Hipótese	=	Educacional
Economia	+	Cliente	=	Implementação
Ambiental	+	Rápido	=	Desenvolvimento

Fonte: Elaborado pelo autor

O presente *framework* pode ser compreendido por meio de uma simples leitura. Os resultados podem ser interpretados de maneira indutiva. Por exemplo, uma leitura que pode ser dada ao termo "educacional" seria: O resultado educacional é fruto de um ambiente social virtuoso, com pessoas capazes de levantar hipóteses pertinentes aos problemas. Observe que o item educacional é o resultado da capacidade cultural de uma sociedade, aqui representado por: Social +

Hipótese = Educacional. Diversas montagens podem ser feitas de modo empírico. De mesmo modo, no nível seguinte, a interpretação em relação à "implementação" poderia ser: a implementação de processos adequados depende das demandas do cliente e do ambiente econômico local. Note que "implementação" é o resultado do investimento de um dado empreendedor que se dispõe a realizar algo. Novamente, opções variadas de ideias neste sentido poderiam ser construídas. Esta realidade é descrita pela sentença: Economia + Cliente = Implementação, conforme demonstra o Quadro 1. Já no próximo e último nível, a compreensão a respeito do "desenvolvimento" pode, por exemplo, ser: o desenvolvimento possui o ritmo na velocidade em que o ambiente de negócios exige. Ou seja, o ambiente influencia na rapidez com que o progresso do negócio avança. Esta afirmação também se encontra representada no Quadro 1, pela linha: Ambiental + Rápido = Desenvolvimento. Portanto, percebe-se que há fundamento válido para que ocorra uma sinergia entre os temas *Lean Startup* + Sustentabilidade. A demonstração gráfica através da figura 5, facilitará a compreensão desta sinergia, comprovando a sua relação e sentido.

Figura 5 – Sinergia entre *Lean* e Sustentabilidade

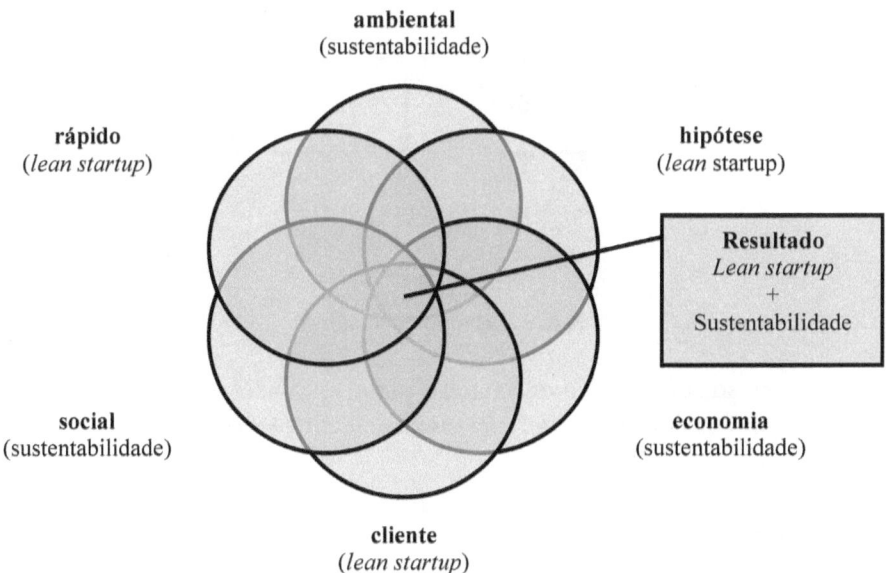

Fonte: Elaborado pelo autor

A área comum a todas as esferas é o ponto onde há uma total sinergia entre os dois temas. O centro da figura é a sinergia procurada. Mas isso não é tudo. Para que o uso de ambos os conceitos, *Lean Startup* e Sustentabilidade, sejam efetivos em um ambiente empreendedor é preciso considerar a implantação integral dos cinco princípios *Lean* à sinergia encontrada. Graficamente pode ser representada esta integração como na figura 6.

Figura 6 – Integração entre a sinergia (*Lean Startup* e Sustentabilidade) com os cinco princípios *Lean*

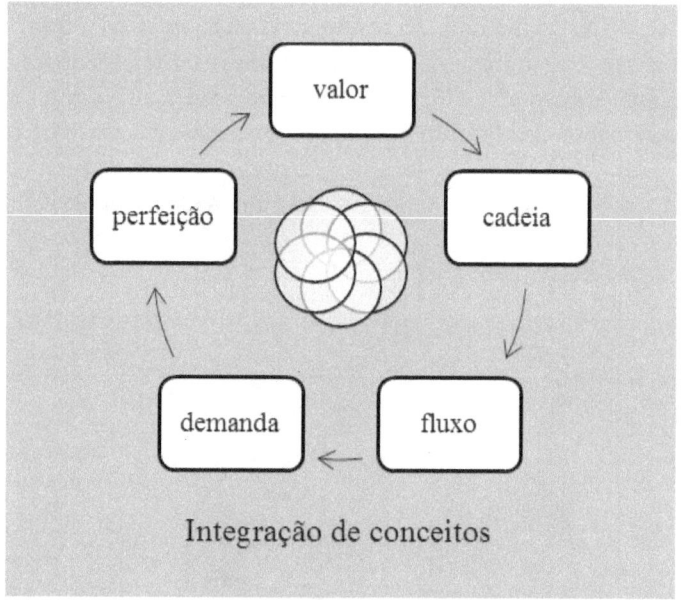

Fonte: Elaborado pelo autor

Esta é a estrutura final que congrega todos os conceitos necessários e que pode ser utilizada em ambientes voltados ao ambiente empreendedor.

Conclusões

O objetivo deste estudo foi alcançado, pela proposição de um *framework* que propõe a sinergia entre as duas temáticas abordadas (*lean* e desenvolvimento sustentável), a fim de alcançar a inovação, a diminuição dos desperdícios e a sustentabilidade econômica, social e ambiental dos negócios. A primeira hipótese de que essas novas abordagens possuem compatibilidades é verdadeira, pois o *Lean Thinking* é uma prática que ajuda as empresas a identificar e eliminar desperdícios por meio da melhoria contínua e pelo controle das ferramentas *lean*. Assim, sete tipos de desperdícios podem ser identificados pela abordagem da sustentabilidade: uso excessivo de água, de energia, de recursos, a poluição, o refugo, o efeito estufa, e a eutrofização. A segunda hipótese de que essas novas abordagens funcionam como catalizadoras e promovedoras da inovação, ao propor novas formas de empreendedorismo nos negócios e na gestão, também foi confirmada. As empresas empreendedoras modernas estão na vanguarda da sexta onda da inovação, que coloca uma ênfase especial na sustentabilidade. O *Lean Thinking* funciona como um sistema transformacional que operacionaliza o aprendizado organizacional, impulsionando a inovação. Ao longo das últimas duas décadas, o interesse no tema Empreendedorismo, e particularmente no surgimento de novos empreendimentos e empresas (*startups*), tem crescido entre os governos e pesquisadores. Portanto, prevê-se que esta pesquisa será de interesse para profissionais e acadêmicos. A convergência desses conceitos e análises pode ser útil como *benchmarking* de organizações e empreendedores, de diversos setores. Do ponto de vista acadêmico, esse estudo ampliou as teorias do *lean* e da sustentabilidade para a área do empreendedorismo e inovação, tema pouco explorado anteriormente. Isso adiciona conhecimento para a literatura de empreendedorismo e espera-se que outros pesquisadores se beneficiem das ideias aqui contidas. Do ponto de vista prático, espera-se que profissionais de mercado usem esses preceitos em seus empreendimentos para desenvolver novos negócios, afim de orientar suas operações com mais eficiência e menos desperdícios, conforme descrito no tripé da sustentabilidade (3BL). Como sugestão para trabalhos futuros, propõe-se o aprofundamento nos textos resultantes da busca, seja por análise de conteúdo, ou de diferentes métodos de síntese: como o narrativo, interpretativo, ou construtivista. Recomenda-se também que seja feita uma revisão da literatura com um protocolo de pesquisa aderente à questão e uma busca abrangente em mais bases científicas ligadas ao assunto.

Referências

BARNETT-PAGE, E., THOMAS, J. Methods for the synthesis of qualitative research: a critical review. BMC Med. Res. Methodol. 9 (59), 1e11. 2009.

BICEN, P., JOHNSON, W.H.A. Radical Innovation with Limited Resources in High-Turbulent Markets: The Role of Lean Innovation Capability. Creativity and Innovation Management. Vol. 24 No. 2. 278-299. 2015.

BLANK, S. Why the Lean Start-Up Changes Everything. Harvard Business Review. 91, 64-68. May, 2013.

BOCKEN, N.M.P., Sustainable venture capital e catalyst for sustainable start-up success? Journal of Cleaner Production, 108 647-658, 2015.

BYERS, T. H., DORF, R. C., NELSON, A. J. Technology Ventures: From Idea to Enterprise, 4/e. Part I Venture Opportunity and Strategy. Chapter 1 - The Role and Promise of Entrepreneurship. 2015.

COMM C.L., MATHAISEL D.F.X. A case study in applying lean sustainability concepts to universities. Int J Sustain High Educ.;6(2):134–46. 2006.

DEAN, T. J., MCMULLEN, J. S. Toward a theory of sustainable entrepreneurship: Reducing environmental degradation through entrepreneurial action. Journal of Business Venturing, 22(1): 50-76. 2007.

DHINGRA, R., KRESS, R., UPRETI, G. Does lean mean green? Journal of Cleaner Production 85 1-7, 2014.

DU, H., WEI, L., BROWN, M. A., WANG, Y., SHI, Z. A bibliometric analysis of recent energy efficiency literatures: an expanding and shifting focus. Energy Efficiency 6:177–190. DOI 10.1007/s12053-012-9171-9. 2013.

DYLLICK, T., HOCKERTS, K. Beyond the business case for corporate sustainability. Business Strategy and the Environment11,130–141. 2002.

DZOMBAK, R., MEHTA, C., MEHTA, K., BILÉN, S. G. The Relevance of Systems Thinking in the Quest for Multifinal Social Enterprises. Systemic Practice and Action Research., Volume 27, Issue 6, pp 593–606, December 2014.

ELKINGTON, J. Cannibals with Forks – The Triple Bottom Line of 21st Century Business, Grabiola Island: New Society Publishers, 1998.

ETZION, D. Research on organization sand the natural environment, 1992 – present: a review. Journal of Management 33(4),637–664, 2007.

EU., 2012. Small Companies, Big Ideas. Available at: http://ec.europa.eu/environment/ecoap/about-eco-innovation/policies-matters/eu/20121029-small-companies-big-ideas_en.htm

GIL, A. C. Métodos e Técnicas de Pesquisa Social. São Paulo: Atlas, 1999.

GOVINDAN, K., KHODAVERDI, R., JAFARIAN, A. A fuzzy multi criteria approach for measuring sustainability performance of a supplier based on triple bottom line approach Journal of Cleaner Production 47 345-354, 2013.

HALL, J. K., DANEKE, G.A., LENOX, M. J. Sustainable development and entrepreneurship: Past contributions and future directions. Journal of Business Venturing 25 439–448, 2010.

HARMS, R. Self-regulated learning, team learning and project performance in entrepreneurship education: Learning in a lean startup environment. Technological Forecasting & Social Change 100 21–28. 2015.

HART, S., CHRISTENSEN, C. The Great Leap: driving innovation from the base of the pyramid. MIT Sloan Management Review 44 (1), 51–56. 2002.

HOCKERTS, K., WÜSTENHAGEN, R. Greening Goliaths versus emerging Davids — Theorizing about the role of incumbents and new entrants in sustainable entrepreneurship. Journal of Business Venturing 25 (5), 481–492, 2010.

HUTCHINS, M.J., SUTHERLAND, J.W. An exploration of measures of social sustainability and their application to supply chain decisions. Journal of Cleaner Production 16, 1688e1698. 2008.

KINNEY, A. L. National scientific facilities and their science impact on nonbiomedical research. Proceedings of the National Academy of Sciences, 104(46), 17943–17947. 2007.

KOSKELA, L., Application of the New Production Philosophy to Construction, Technical Report No. 72, CIFE, Stanford University, CA, 1992.

KURDVE, M., WENDIN, M., BENGTSSON, C., WIKTORSSON, M. Waste flow mapping: improve sustainability and realize waste management values. In: Baas, L. (Ed.), Electronic Proceedings of Greening of Industry Network Conference, 22e24 October 2012, Linköping, Sweden. http://www.aeki.se/GIN2012

KURDVE, M., ZACKRISSON, M., WIKTORSSON, M., HARLIN, U. Lean and green integration into production system models e experiences from Swedish industry. Journal of Cleaner Production, 85 180e190. 2014.

LABUSCHAGNE, C., BRENT, A.C., VAN ERCK, R.P.G. Assessing the sustainability performances of industries 13(4), 373–385, 2005.

LINNENLUECKE, M. K., GRIFFITHS, A. Firms and sustainability: Mapping the intellectual origins and structure of the corporate sustainability field. Global Environmental Change 23 382–391, 2013.

MARKMAN, G., RUSSO, M., LUMPKIN, G. T., MAIR, J. Entrepreneurship as a Platform for Pursuing Multiple Goals: A Special Issue on Sustainability, Ethics, and Entrepreneurship: Sustainability, Ethics, and Entrepreneurship. Journal of Management Studies 53(5):673-694 June 2016. DOI: 10.1111/joms.12214

MARTINS, A. F., AFFONSO, R. C., TAMAYO, S., LAMOURI, S., NGAYO, C. B. Relationships between national culture and Lean Management: a literature Review. 6th IESM Conference, , Seville, Spain, October 2015.

MILES, M.; HUBERMAN, M. Qualitative data analysis. London: Sage Publications, 1994.

PACHECO, D. F., DEAN, T. J., PAYNE, D. S. Escaping the green prison: Entrepreneurship and the creation of opportunities for sustainable development. Journal of Business Venturing 25 464–480, 2010.

PATEL, S., MEHTA, K. Life's Principles as a Framework for Designing Successful Social Enterprises. Journal of Social Entrepreneurship. Volume 2, pp. 218-230, 2011.

PIERCY, N., RICH, N. The relationship between lean operations and sustainable operations. Int. J. Oper. Prod. Manag. 35, 282–315. 2015

PIGOU, A.C. The Economics of Welfare, 4th ed. MacMillan and Co., London. 1932.

RIES, E. The Lean Startup: How Today's Entrepreneurs Use Continuous Innovation to Create Radically Successful Businesses. 2011.

RICHARDSON, R. J. et. al. Pesquisa Social: Métodos e Técnicas. São Paulo: Atlas, 1999.

RIVERA-CAMINO, J. Re-evaluating green marketing strategy: a stakeholder perspective. European Journal of Marketing 41 (11–12),1328–1358, 2007.

SALEHI, F., YAGHTIN, A. Action Research Innovation Cycle: Lean Thinking as a Transformational System. 3rd International Conference on Leadership, Technology and Innovation Management. Procedia - Social and Behavioral Sciences 181 293 – 302. 2015.

SILAJDZIC, I., KURTAGIC, S. M., VUCIJAK, B. Green entrepreneurship in transition economies: a case study of Bosnia and Herzegovina. Journal of Cleaner Production 88 376-384. 2015.

USLUA, T., ERYIĞIT, N., ÇUBUK, D. Individual and organizational effects of the corporate practices with the mediating role of lean intrapreneurship: differences between public and private sector in Turkey. 4th International Conference on Leadership, Technology, Innovation and Business Management. Procedia - Social and Behavioral Sciences 210 301 – 309. 2015.

VERRIER, B., ROSE B., CAILLAUD, E., REMITA, H., Combining organizational performance with sustainable development issues: the Lean and Green project benchmarking repository. Journal of Cleaner Production 85 83-93. 2014.

WONG, W. P., WONG, K. Y. Synergizing an ecosphere of lean for sustainable operations. Journal of Cleaner Production 85 51-66, 2014.

WOMACK, J. P.; JONES, D. T. Lean thinking: Banish waste and create wealth in your corporation. New York: Simon & Schuster, 1996.

YORK, J.G., VENKATARAMAN, S. The entrepreneur–environment nexus: Uncertainty, innovation, and allocation. Journal of Business Venturing 25 (5), 449–463. 2010.

PARCERIA ENTRE INSTITUIÇÃO DE ENSINO SUPERIOR E EMPRESA NO ENSINO DE GESTÃO ENXUTA (*LEAN MANAGEMENT*): UM ESTUDO DE CASO

Alberto Eduardo Besser Freitag
Osvaldo Luiz Gonçalves Quelhas
Maria Candida Sotelino Torres
Maria Pia Bartholo

Introdução

A produtividade do Brasil ainda é baixa, se comparada com Estados Unidos e países da Europa (BLOOM e REENEN, 2010), e uma das explicações está em grande parte nas variações de práticas de gestão, como a adoção da manufatura enxuta (do inglês *lean manufacturing*). Os autores afirmam que a educação está fortemente correlacionada com altas pontuações em gestão, se for considerado o nível de escolaridade tanto dos gerentes como dos trabalhadores. Não é possível inferir uma relação causal desta associação, mas é plausível que gerentes com um MBA ou graduação são mais propensos a estar a par dos benefícios das práticas de gestão moderna como manufatura enxuta.

Mais surpreendente, talvez, é que a educação no nível de trabalhadores é positivamente associada com pontuações de gestão, sugerindo que a implementação de muitas das práticas pode ser mais fácil quando a força de trabalho é mais bem informada. Para Bloom e Reenen (2010), muitas das melhores práticas de gestão dependem significativamente da iniciativa dos trabalhadores, tais como as técnicas de manufatura enxuta de inspiração japonesa.

Já existem diversas iniciativas para difundir o ensino de *lean*, uma delas foi a Conferência de educadores de *lean*, a primeira na Europa, realizada pela universidade de Ansbach na Alemanha, em cooperação com o *Lean Global Network*. A forma como *lean* é ensinado tem um impacto direto em como ele vai ser praticado. Se os alunos forem jovens sem experiência de indústria, será difícil para eles entender como funciona uma fábrica e, portanto, como o *lean* se encaixa. May (2014) entende que se o educador quiser fixar os princípios enxutos, o ensino deve envolver muitas aplicações práticas, simulações e jogos. Além disso, de preferência deve ocorrer em pequenos grupos (12 a 15 alunos), como é na "fábrica de aprendizagem de *lean*" da universidade de Ansbach.

Depois de um jogo de *lean*, Hillberg (2015) sempre recomenda investir tempo em reflexão. O autor sugere uma reflexão de duas dimensões em duas etapas. A primeira dimensão é sobre o que foi aprendido durante o jogo. A segunda dimensão é sobre trazer a experiência para o trabalho real. Para os alunos, a segunda dimensão pode ser mais difícil. Nesse caso, explica Hillberg (2015), o educador pode usar uma visita de estudo de caso e/ou incentivar os alunos a refletirem sobre uma área comum como um restaurante, dando exemplos de desperdícios, variação e sobrecarga.

Inserir o pensamento enxuto (do inglês *lean thinking*) na maior parte dos programas e educação universitária é a única maneira de garantir que a metodologia realmente venha a permear as nossas sociedades. Mas como garantir que *lean* seja ensinado de uma maneira que faça sentido? Para Ward (2016), fora do contexto, *lean* **não tem muito sentido. É somente quando se aplica ao trabalho que adquire substância. Os educadores lutam para encontrar maneiras de torná-lo real para os alunos. O desafio para as universidades é encontrar maneiras inteligentes de trazer o** *gemba* (do japonês "local onde o trabalho acontece") para a sala de aula e levar os alunos da sala de aula ao *gemba*.

Ward (2016) acredita que uma das maneiras de tornar *lean* real para os alunos é envolvendo organizações. Quando se trata de ensinar *lean* nas universidades, o verdadeiro problema é a quantidade de tempo necessário para desenvolver um líder *lean* competente em uma empresa. Demora anos, e as universidades devem trabalhar duro para encontrar maneiras de encurtar o prazo de entrega para o mercado. Pode-se começar a trabalhar com o ensino de *lean* para alunos de graduação em universidades, mas é igualmente importante proporcionar educação para pessoas que já estão trabalhando, que naturalmente deve ser complementada com formação *on-the-job* (do inglês "no trabalho"). Para Ward (2016), uma maneira de facilitar a integração entre a universidade e a formação no trabalho é por meio da resolução de problemas. O ideal seria aprender *lean* ao longo da carreira do profissional.

É comum ouvir as pessoas se queixarem de que o currículo que estudam não se concentra nas habilidades que serão realmente úteis no futuro profissional. Para Caldeirinha (2016), essas habilidades são as competências enxutas, que são ensinadas em apenas um pequeno número de escolas pioneiras, apesar do fato de *lean* ter-se tornado uma filosofia de gestão altamente considerada e comumente implementada em organizações do mundo inteiro.

O contexto apresentado demonstra a importância da expansão do ensino de *lean* nas instituições de ensino superior (IES) do Brasil, para assim contribuir com o aumento da produtividade nas empresas e a competitividade do país, beneficiando assim toda a sociedade. Analisando a literatura científica existente, percebe-se uma oportunidade de se desenvolverem pesquisas visando facilitar o aprendizado dos alunos de IES nos conceitos, métodos, técnicas e ferramentas da filosofia de gestão enxuta.

Dessa forma, o estudo aqui proposto complementa os achados de trabalhos anteriores, almejando responder ao seguinte problema de pesquisa: "Como potencializar o aprendizado sobre gestão enxuta por alunos de instituições de ensino superior (IES)?"

Espera-se responder essa questão desenvolvendo uma estrutura teórica, estabelecendo correlações entre boas práticas de ensino de gestão enxuta (do inglês *lean management*) em instituições de ensino superior (IES) e um estudo de caso envolvendo parceria com empresa, que é o objetivo geral deste estudo. Os objetivos específicos são detalhar boas práticas sobre ensino de *lean* em IES a partir do estado-da-arte da literatura científica existente, e estabelecer correlações com uma disciplina envolvendo gestão enxuta, ministrada com aulas teóricas na IES e aulas práticas em empresa.

A justificativa para tal trabalho está no diferencial de disponibilizar conhecimento que contribua para que mais Instituições de Ensino Superior (IES) passem a oferecer disciplinas sobre a gestão enxuta nos seus programas e cursos, contribuindo com o aumento de produtividade das empresas e da competitividade do país, em benefício da sociedade brasileira. Os resultados deste trabalho também poderão subsidiar pesquisadores no desenvolvimento de novos trabalhos científicos. A delimitação pode ser caracterizada por pesquisa e análise de artigos e revisões de literatura, abordando o ensino de *lean* em IES, com base em documentos pesquisados nas bases científicas Scopus e SciELO, e estudo de caso envolvendo a disciplina "Gerenciamento do Desempenho de Processos", no âmbito do programa "Analista de Processos" da FGV-RJ Management IDE, realizada em parceria com o Hospital Icaraí, localizado na cidade de Niterói, Rio de Janeiro.

Esta primeira seção contém o contexto que levou ao desenvolvimento deste trabalho, a segunda apresenta o material coletado utilizando como método de pesquisa uma revisão sistemática da literatura e um estudo de caso, a terceira seção traz os resultados esperados e a discussão dos mesmos, seguida das conclusões.

Material e método

O material para a elaboração deste trabalho foi coletado em duas fases. Inicialmente por meio de uma revisão sistemática da literatura, em quatro etapas. Primeiro, foi identificado um conjunto de registros resultante das frases de pesquisa utilizadas nas bases científicas SciELO e Scopus. Em seguida, foi selecionado um segundo conjunto, constituído pelos documentos que restaram, após a eliminação dos registros em duplicidade, bem como os não aderentes e com informações incompletas de autores. Depois, procedeu-se com uma análise do conteúdo dos estudos para eleger aqueles a serem incluídos na revisão da literatura, que é a etapa final. Na segunda fase, descreveu-se o estudo de caso, envolvendo a parceria da IES com uma empresa.

Inicialmente será apresentado o material utilizado na elaboração deste trabalho. Em seguida será detalhado o método de pesquisa adotado.

Material

Revisão sistemática da literatura

Os engenheiros do futuro têm que conhecer e trabalhar as ferramentas e técnicas *lean* para que possam utilizá-las na sua atividade profissional da forma mais eficiente.

Para conseguir isso, além de contar com laboratórios formativos, é necessário empregar outros instrumentos docentes baseados nas novas tecnologias, dado seu caráter motivador e suas amplas e conhecidas vantagens. Neste sentido, a gameficação e, em particular, o uso de videojogos, constitui um enfoque inovador e atrativo. Partindo desta ideia, Lindo-Salado-Echeverría et al. (2015) descrevem um exemplo de aplicação do videojogo *Minecraft* para favorecer o aprendizado da metodologia 5S, que consideram uma ferramenta essencial no êxito do *lean manufacturing*.

O desenvolvimento de projetos no contexto industrial constitui uma oportunidade excepcional para que estudantes de engenharia adquiram competências esperadas pelo mercado de trabalho. A partir de uma revisão sistemática da literatura, no que tange a interação industrial (fabricação ou serviço) em abordagens de projeto, Lima et al. (2017) criaram a seguinte classificação:

- Simulação: problemas apresentados aos alunos são baseados em problemas reais, no que pode ser descrito como problemas realistas, apresentados na maioria das vezes como estudos de caso;
- Visitas: alguns dos cursos de projetos incluem visitas a empresas para clarificar problemas ou entender o contexto do mundo real;
- Indústria: alguns projetos descrevem iniciativas para resolver problemas reais, em interação com as empresas ou contratantes.

Lima et al. (2017) apresentam e analisam uma aprendizagem baseada em projeto, no qual equipes de estudantes de Engenharia e Gestão da Universidade do Minho em Portugal, integraram diferentes áreas do conhecimento, ao mesmo tempo em que resolveram problemas reais de cinco empresas. Os principais resultados do estudo revelaram que a maioria das soluções técnicas se encontram em áreas de aplicações *lean* e melhoria ergonômica dos locais de trabalho. As soluções apresentadas nas áreas de manufatura enxuta incluíram: Monitoramento e implementação de OEE, Melhoria de OEE, Redução de setup através de SMED, Layout da célula de trabalho, Melhoria do balanceamento e fluxo, e Melhorias de sistemas de logística interna.

Rave (2011) apresenta uma ferramenta denominada "O avião da muda", projetado para complementar as aulas de manufatura enxuta na Universidade de Antioquia na Colômbia, com elementos práticos que permitam incorporar princípios construtivistas, de aprendizagem colaborativa, lúdica e baseada em problemas, nos processos de ensino-aprendizagem de 7 *mudas* (desperdícios), 5'S e Gestão visual. A ferramenta, que inclui os conceitos de Tempos de ciclo e *Takt time*, também pode ser utilizada nos temas *Kanban*, Balanceamento de linha, *Just-in-time*, Distribuição na planta e Controle de qualidade.

As dificuldades de balanceamento entre teoria e prática na formação em gestão de operações sugerem a busca por iniciativas capazes de proporcionar um ambiente de aprendizagem que integre teoria e prática, como é o caso do laboratório de gestão, apoiado no tripé conceitual: simulador, jogo de empresas e pesquisa aplicada. Ribeiro et al. (2015) verificaram a utilidade do laboratório de gestão para a prática de conceitos de gestão de operações, indicando uma convergência de estudos nos temas *lean production – Just in time (JIT)*, Gestão da qualidade e Projeto e medida do trabalho, que são prioridades para a academia, para a prática empresarial e para o laboratório de gestão.

O estudo de Medina-López, Alfalla-Luque & Arenas-Márquez (2011), teve como objetivo desenvolver e avaliar uma ferramenta de ensino complexa e verdadeiramente interativa baseada em Tecnologias de Informação e Comunicação para instrução em Organização e Métodos. Uma aplicação multimídia para *Just-in-Time* (JIT)/*lean production* foi concebida, projetada e avaliada.

Olsen, Kraker & Wilkie (2014) relatam um estudo de caso de um Evento *Kaizen*, ou de melhoria contínua, que é usado para demonstrar que permitir respostas "estendidas" para as respectivas seções do formato A3 de solução de problemas, pode aumentar a compreensão do aluno, professor e pesquisador na resolução de problemas.

A aprendizagem experiencial sozinha não garante que alunos conceituem o conteúdo com precisão, ou alcancem os resultados do curso em etapas subsequentes de experimentação ativa (MILLER & MAELLARO, 2016). Em um esforço a mais para atingir efetivamente os objetivos de aprendizagem, o ciclo de aprendizagem experiencial foi modificado com uma combinação única da ferramenta 5 porquês (5 *Why's*) para identificação da Causa Raiz na resolução de problemas e uma etapa de Reflexão coletiva.

O estudo de Langstrand, Cronemyr & Poksinska (2015) abrange três cursos universitários na área de gestão da qualidade; um curso introdutório em gestão da qualidade e cursos de Seis Sigma e *lean production*, respectivamente. O curso de *lean production* foi criado em 2011, com base em um imenso interesse dos alunos. O foco no projeto do curso foi apoiar a aprendizagem ativa dos alunos, criando uma relevância prática e a aplicação da teoria na prática. Além de estudos de caso, utilizaram-se vários métodos para apoiar a aprendizagem, como exercícios práticos para permitir a aprendizagem fazendo.

O curso é estruturado para refletir uma possível jornada *lean* em uma empresa de fabricação. Os alunos assumem o papel de coordenadores *lean* recém contratados, que são solicitados a liderar a mudança organizacional em direção a uma empresa enxuta. A aprendizagem e o ensino referem-se a atividades típicas, com as quais as empresas se comprometem ao implementar *lean*: Educar funcionários, Jogar jogos *lean*, Analisar o estado atual usando o VSM, utilizar diferentes ferramentas *lean* para resolver os problemas identificados, mudar a Cultura e enfrentar os desafios da Mudança organizacional (LANGSTRAND, CRONEMYR & POKSINSKA, 2015).

É importante que as universidades proporcionem experiências de aprendizagem apropriadas no currículo para preparar os alunos antes deles entrarem no ambiente de manufatura enxuta. Palestras sobre o assunto não transmitem adequadamente os conceitos e não permitem que os alunos entendam completamente como funciona essa prática de gestão. Stier (2003) apresenta uma abordagem ao ensino de princípios de manufatura enxuta através de atividades de laboratório e simulação que reforçam conceitos, tais como, Produzir bom produto, Retrabalho, Sucata, Trabalho em andamento (WIP), Sistema puxado, Tamanho de lote unitário, Tempo *takt*.

Waits et al. (2014) desenvolveram e testaram um piloto de um novo programa de melhoria da qualidade (MQ) intitulado Projetos de Ação em Equipe na Cirurgia (PAEC), na Universidade de Michigan. Esta abordagem baseada em equipe multi-nível integra cursos didáticos em metodologia de MQ com experiência prática através de projetos de MQ significativos baseados em problemas clínicos observados ou lacunas na qualidade. Outros benefícios tangíveis incluem treinamento didático e prático para professores mentores, o desenvolvimento de habilidades de liderança para os residentes e uma oportunidade para os alunos ganharem experiência clínica e de pesquisa em cirurgia. O programa foca a aprendizagem baseada em problemas: o componente didático baseou-se em "gerenciando a aprender" os princípios *lean* enquanto o componente prático incluiu residentes iniciados para conduzir projetos de melhoria, envolvendo ferramentas, tais como, A3, Caminhada no *gemba*, VSM, Protocolos, Teste randomizado controlado, Gráficos, Sistemas de notificação, Estudo observacional prospectivo.

O estudo Aij et al. (2013) foi conduzido no VU University Medical Center (VUmc), um hospital universitário de 733 leitos, localizado em Amsterdã, na Holanda. Durante a primeira onda de implementação *lean*, após cuidadoso debate e compromisso da liderança do hospital, foram selecionados quatro departamentos como pilotos. Cada um dos 35 líderes de equipe destes departamentos, que foram apontados como pessoas chave, participou de um Programa de Treinamento *lean* de 4 meio-dias. Os pontos de ação executados e relatados por Aij et al. (2013) incluíram expansão de conhecimento *lean*, usando ferramentas *lean* (por exemplo, 5S, *Stand-ups*, mapeamento do fluxo de valor (VSM)), Medição de indicadores chave de desempenho (KPI), Ajustar a própria estrutura de trabalho, aprendendo a reconhecer o desperdício, perguntando 'Por quê' cinco vezes (5 *Whys*), melhorar os processos de cuidados com os pacientes/Eliminação de desperdícios, dando tempo aos colegas de trabalho para a melhoria contínua, envolvendo a Alta administração, melhorando a Cultura e Educando os colegas sobre *lean*.

A educação de melhoria de qualidade e trabalho em equipe interdisciplinar é uma prioridade na saúde. Hina-Syeda et al. (2013) projetaram e implementaram um currículo estruturado no qual equipes interdisciplinares adquiriram conhecimento sobre melhoria da qualidade e trabalho em equipe, enquanto se concentraram em um projeto clínico específico: melhorar as taxas de imunização global. Usaram as ferramentas de processo de *Lean Six Sigma* para quantificar a capacidade do processo inicial para imunizar contra pneumococo e influenza. O Crittenton Hospital Medical Center (CHMC) é um hospital de 290 leitos localizado na área do Metro Detroit que oferece diversos programas clínicos. CHMC e seu parceiro educacional, Wayne State University Graduate Medical Education, alinharam suas iniciativas educacionais e clínicas. O objetivo educacional foi envolver os residentes no programa de residência de medicina de família para trabalhar em equipes inter-profissionais, utilizando conceitos e ferramentas, tais como: DMAIC, VSM, Defeitos/milhão de oportunidades (DPMO), Escore Z, % de rendimento, Mapa SIPOC, Diagrama espinha de peixe, Gráfico de Pareto, FMEA (análise de falhas).

Ben-Tovim et al. (2007) documentaram a introdução e desenvolvimento do "Redesenho de Cuidados", um programa baseado no pensamento enxuto para redesenhar processos de cuidados em um hospital geral de ensino, o centro médico Flinders com 500 leitos, localizado nos subúrbios ao sul de Adelaide, Austrália. Decidiu-se mapear as etapas envolvidas na jornada do paciente através do departamento de emergência. A equipe recebeu orientação breve sobre "fluxo contínuo", no momento em que os novos processos vieram a ser descritos, o que foi iniciado no final de novembro de 2003. Utilizaram-se ferramentas, tais como: Redução de desperdícios, Melhoria no fluxo, Células de produção, Fluxos de valor, Mapeamento de fluxo de processo, PDSA, Programa de mudança, Comunicação, Certo da primeira vez, Acompanhamento da jornada do paciente.

Carter et al. (2012) procuraram: 1) descrever como a metodologia *lean* pode ser aplicada para melhorar operações clínicas para internações hospitalares no

Komfo Anokye Hospital Universitário (KATH), em Gana, África, e 2) identificar as principais lições aprendidas da aplicação destas ferramentas de gestão operacional no cenário global de saúde para auxiliar futuras instituições acadêmicas envolvidas em programas globais semelhantes de educação em saúde médica e desenvolvimento de sistemas. O projeto incluiu ferramentas, tais como: evento *Kaizen*, *Lead time* (tempo de espera), SIPOC, Fluxo físico, Fluxo de informação, Caminhadas de desperdícios no *Gemba*, VSM, Análise de causa raiz, Five *whys* (5 porquês), Diagrama Ishikawa (espinha de peixe), *Brainstorming* (sessões de debate de ideias), Sistema de fluxo único, Eliminação de etapas de desperdício, A3, Identificação de gargalos do sistema e Processos de trabalho padrão. A inclusão de residentes da emergência médica, cirurgia e medicina interna na equipe forneceu educação básica sobre princípios de melhoria da qualidade e desenvolvimento de processos que ajudarão o seu desenvolvimento de carreira (CARTER et al., 2012).

O Beth Israel Deaconess Medical Center, em Boston, Massachusetts, um grande hospital de ensino no nordeste dos Estados Unidos tinha um processo ineficiente, baseado em papel, para o agendamento de cirurgia ortopédica que causava atrasos e contribuía para discrepâncias de local/lado. Simon & Canacari (2014) descrevem como os líderes do hospital formaram uma equipe com o objetivo de desenvolvimento de um processo de agendamento ortopédico seguro, eficaz, centrado no paciente, oportuno, eficiente e preciso; suavizando o cronograma para que o tempo de bloqueio fosse alocado mais uniformemente; e garantindo o local/lado correto. Sob o processo resultante, informações em tempo real do paciente são inseridos em um banco de dados durante a visita pré-operatória do paciente no escritório do cirurgião. O processo de *lean* fornece um conjunto de princípios de gestão que define uma maneira de gerenciar projetos, incluindo ferramentas e conceitos, tais como: Termo abertura de projeto (TAP), Mapeamento de processos (diagramas *Swim lane*), Diagrama de causa e efeito, Causas-raiz, Diagrama de espinha de peixe, Diagrama de afinidade (para organizar os problemas em agrupamentos lógicos), Gráfico de análise de impacto (impacto x dificuldade), *Scorecard* (para definir e comunicar todas as tarefas) e Gráfico do plano de implementação. Projetos de melhoria não devem ser conduzidos por somente poucos campeões selecionados em uma organização; projetos de melhoria *lean* bem sucedidos incluem aqueles que fazem o trabalho (SIMON & CANACARI, 2014).

O artigo de Campbell, Gantt & Congdon (2009), apresenta a concepção e o desenvolvimento de uma simulação de vídeo para o ensino de pensamento enxuto e análise do fluxo de trabalho para estudantes de serviços de saúde e de gerenciamento de informações de saúde matriculados em um curso sobre gerenciamento de informações de saúde. Antes da instrução sobre análise de fluxo de trabalho, os alunos receberam vários itens para complementar a experiência de simulação de vídeo. O primeiro item foi uma pasta de trabalho preparada pelo instrutor, contendo explicações e exemplos dos principais conceitos relacionados ao pensamento enxuto, incluindo discussões sobre o Valor, o Fluxo de valor, Fluxo, Puxar e Perfeição. A pasta de trabalho também continha um guia passo a passo para o mapeamento do fluxo de valor (VSM), técnica usada pelos estudantes para realizar a Análise de Fluxo de Trabalho para reformular o processo de transferência infantil retratado na simulação do vídeo. Finalmente, a pasta de trabalho apresentou uma discussão sobre desperdícios e exemplos dos tipos de desperdícios que podem ser encontrados em processos e serviços no âmbito de uma organização de saúde.

Bassuk & Washington (2013) ilustram a aplicação do relatório A3 de solução de problemas do Sistema Toyota de Produção a um viveiro de pesquisa. O formato do relatório é descrito dentro da perspectiva de um método científico de 10 etapas projetado para realizar melhorias mensuráveis de questões identificadas pelo autor do relatório, patrocinador e facilitador. Um curso multi-sessão no pensamento e resolução de problemas A3 foi originalmente desenvolvido pelo Hospital de crianças de Seattle com orientação consultiva externa, que foi posteriormente revisto para uso no instituto de pesquisa por consultores de Pesquisa de Melhoria Contínua de Desempenho (PMCD). O curso foi implementado através de quatro sessões de 1-2 horas de sala de aula, ao longo de 2-3 meses. Cada aluno/autor foi atribuído a um facilitador, um consultor PMCD ou colega que tenha concluído com êxito o curso anterior. O facilitador forneceu expertise no escopo, orientação durante o processo de caminhadas e coleta de dados, e assistência na compreensão do pensamento e ferramentas A3. Cada aluno/autor começou o processo de relatório A3 selecionando um patrocinador, cujo papel foi (i) aprovar o início do projeto e implementação, (ii) apoiar o autor removendo barreiras, (iii) assegurar a conclusão do projeto, e (iv) assegurar-se de que a seção de acompanhamento/auditoria poderia ser concluída.

2.1.2 Estudo de caso

O programa "Analista de Processos FGV" é constituído por 10 disciplinas que aliam conhecimento teórico e prático sobre gestão de processos. A disciplina "Gerenciamento do Desempenho de Processos" com 20 horas-aula, foi realizada nos dias 18 de março e 1 de abril de 2017, com aulas teóricas ministradas na Capital Humano – Niterói, escola de negócios conveniada à FGV-RJ, e aulas práticas no Hospital Icaraí, organização privada localizada na cidade de Niterói, Rio de Janeiro. A disciplina incorpora conteúdo e ferramentas sobre gestão enxuta (do inglês *lean management*), em alinhamento com as boas práticas de ensino de *lean* supracitadas e com as quatro vertentes seguidas por organizações que adotaram *lean* com sucesso (Jacquemont, 2014):

- Conectar estratégia, objetivos e propósito significativo;
- Permitir que pessoas liderem e contribuam para o seu pleno potencial;
- Entregar valor eficientemente para o cliente;
- Descobrir melhores formas de trabalhar.

O Quadro 1 apresenta as atividades desenvolvidas na aula de 18/03/2017.

Quadro 1 - Atividades desenvolvidas na aula de 18/03/2017

Aula	Local	Atividades
Teórica	FGV-Capital Humano	Sistemas de Gestão Enxutos (*Lean*) para melhoria do desempenho de processos
Prática	Hospital Icaraí	Visita ao Hospital Icaraí para aplicação prática
Teórica e Prática	FGV-Capital Humano	Estruturação da Estratégia e Indicadores
		Desenvolvimento da Estruturação da Estratégia e Indicadores, com base na visita ao Hospital Icaraí

O Quadro 2 apresenta as atividades desenvolvidas na aula de 1/04/2017.

Quadro 2 - Atividades desenvolvidas na aula de 1/04/2017

Aula	Local	Atividades
Teórica	FGV-Capital Humano	Mapeamento do Fluxo de Valor e Gestão Visual para Monitoramento de Resultados
Prática	Hospital Icaraí	Visita ao Hospital Icaraí para aplicação prática
Teórica e Prática	FGV-Capital Humano	Mapeamento do Fluxo de Valor atual e futuro, com base na visita ao Hospital Icaraí
		Kaizen e Solução de Problemas com Relatório A3

O professor da disciplina optou pela parceria com o Hospital Icaraí, em função da sua boa infra-estrutura com centro de estudos, e acesso facilitado dos alunos por meio de caminhada de 5 minutos, a partir do local das aulas na FGV Niterói. Duas semanas antes das aulas, o professor informou por meio de e-mail aos alunos sobre a visita de estudos que seria realizada ao Hospital Icaraí, e solicitou aos alunos que pesquisassem a instituição. Os alunos ficaram entusiasmados com a possibilidade da visita, pelo alinhamento com o diferencial da proposta prática do programa Analista de Processos FGV.

As gestoras do centro de estudos e da área comercial do Hospital Icaraí elaboraram apresentações para as duas aulas, alinhadas à matéria da disciplina, complementando assim a teoria que estava sendo aprendida pelos alunos, com a prática de uma organização. Na segunda aula, o Hospital Icaraí disponibilizou colaboradores para participarem dos trabalhos de grupo junto com os alunos da FGV. O professor solicitou aos alunos que lhe encaminhassem anotações oriundas da visita ao Hospital Icaraí e interação com seus gestores e equipe, que foram categorizadas em "Informações gerais", "O que está bom na situação atual" e "Pontos de atenção e oportunidades de melhoria".

Com base no conhecimento adquirido durante as aulas ministradas no Capital Humano/FGV – Niterói e no Hospital Icaraí, os alunos trabalharam em propostas para melhoria do fluxo de valor de processos, previamente definidos pelo Hospital Icaraí, em alinhamento à estratégia da organização. Para tal, os alunos conduziram reuniões *Kaizen* de melhoria contínua, e utilizaram o relatório A3 para solução de problemas, que inclui o diagrama de *Ishikawa* (espinha de peixe), com a técnica dos 5 porquês.

O trabalho final dos alunos foi um relatório, elaborado a partir das suas anotações, propostas de melhoria desenvolvidas em aula e artigos científicos tratando de aplicações de *lean* no setor hospitalar, que foi disponibilizado ao Hospital Icaraí, em troca da generosidade e gentileza por terem recebido os alunos da FGV.

2.2 Método

Definiu-se para este trabalho um desenho de pesquisa flexível, com abordagem qualitativa, englobando uma revisão sistemática da literatura com análise de conteúdo, e estratégia de pesquisa utilizando um estudo de caso. Para Robson (2011), uma revisão sistemática da literatura é uma forma específica de identificar e sintetizar as evidências de uma pesquisa, com ênfase em:

- Fornecer cobertura abrangente da literatura disponível no campo de interesse;
- Qualidade das evidências revisadas;
- Seguir uma abordagem detalhada e explícita para a síntese dos dados;
- Utilização de processos transparentes e rigorosos ao longo da pesquisa.

Uma estratégia geral para realizar pesquisa é fazer uso dos dados disponíveis. Em contraste com estratégias de pesquisa que se baseiam em dados coletados em primeira mão (experimentais, *surveys*, estudos de campo), o pesquisador de dados disponíveis minera informações de segunda mão. A fonte de tais informações inclui arquivos de dados gerados a partir de *surveys* e etnografias (SINGLETON JR & STRAITS, 2010).

A base científica SciELO foi escolhida especialmente para se obter estudos disponíveis de pesquisadores de países da América do Sul. A base científica Scopus é considerada por Treinta et al. (2014) como sendo atualmente a maior base de dados, tendo em vista a ampla cobertura de resumos e citações de literatura que oferece, de modo que foi acessada com o objetivo de se obter o estado-da-arte em conhecimento a respeito do ensino de *lean* em instituições de ensino superior.

Para a revisão sistemática da literatura, utilizaram-se dados disponíveis coletados até 12/04/2017 nas bases científicas SciELO e Scopus, cujo conteúdo foi analisado por meio do método Prisma (*Preferred Reporting Items for Systematic*

Reviews and Meta-Analyses), um guia de recomendações para uma revisão sistemática de literatura, descrito por Moher et al. (2009), utilizando o fluxo de informações através de quatro etapas: identificação, seleção, elegibilidade e inclusão.

Cabe ressaltar que, na base Scopus, dos 21 registros selecionados, 12 registros (57%) tratavam da temática *lean* relacionada a hospitais de ensino, vinculados a instituições acadêmicas, dos quais oito registros abordavam especificamente boas práticas no ensino de *lean*. Esses registros foram incluídos na revisão da literatura, especialmente em função da empresa parceira do estudo de caso ser do setor hospitalar e possuir um centro de estudos. Dos quatro registros selecionados na base SciELO, um constava em duplicidade com a base Scopus, sendo eliminado, restando 17 registros para inclusão na seção 2.1.1 Revisão sistemática da literatura. A Tabela 1 apresenta o fluxo da pesquisa conduzido utilizando o método Prisma, ao longo das suas quatro etapas.

Tabela 1 - Fluxo de pesquisa para obtenção de estudos sobre "Boas práticas de ensino *lean*"

Período de pesquisa	Base científica	Termos pesquisa	Número registros	Identificação	Seleção	Elegibilidade	Inclusão
Até 12/04/2017	Scopus (articles or reviews)	*lean management* AND *teaching*	69	69	21	14	17 estudos incluídos na revisão da literatura 2.1 - Material
	SciELO	lean AND *teaching*	7	65	7	4	
		lean AND *education*	35				
		lean AND ensino	7				
		lean AND educação	16				

As principais características de um estudo de caso são (ROBSON, 2011):

- Seleção de um único caso de uma situação, pessoa ou grupo de interesse ou preocupação;
- Estudo do caso neste contexto;

- Coleta de informação através de uma variedade de técnicas de coleta de dados incluindo observação, entrevista e análise documental.

O estudo de caso, relatado em 2.1.2, tratou da disciplina "Gerenciamento do Desempenho de Processos" do programa "Analista de Processos" da FGV Management IDE, que contou com a parceria do Hospital Icaraí, que disponibilizou o espaço do seu centro de estudos para aulas práticas dos alunos, complementando as aulas teóricas ministradas na Capital Humano – Niterói, escola de negócios conveniada à FGV-RJ.

Resultados e Discussão

A partir dos 17 documentos incluídos na seção 2.1.1 Revisão sistemática da literatura, elaborou-se o Quadro 3, estabelecendo correlações entre os conceitos, métodos, técnicas e ferramentas relatados nas boas práticas no ensino de *lean*, e a classificação de Lima et al. (2017) na interação Instituição de Ensino Superior e Empresa em abordagens de projeto, a saber: simulação, visita e projeto na empresa.

Analisando o Quadro 3, percebe-se que dos 17 registros, o primeiro remonta ao ano de 2003 e o mais recente é de 2017. No período de 2003 a 2009, identificou-se apenas um estudo por ano, sendo que a partir de 2011 esse número aumentou, mantendo-se desde então entre dois e três trabalhos de pesquisa por ano. Uma hipótese para esse incremento de documentos, é o aumento do interesse de instituições de ensino superior em disponibilizarem disciplinas para ensino de *lean*, tanto na graduação como na pós-graduação, em função de demandas das organizações por aumento de produtividade, para fazer frente à acirrada competição global. Impressiona a quantidade de estudos envolvendo o ensino de *lean* em hospitais, vinculados a instituições acadêmicas, o que é um incentivo para os currículos de cursos na área de saúde (medicina, odontologia, veterinária etc.).

Ao analisar-se a classificação proposta por Lima et al. (2017) na interação Instituição de Ensino Superior e Empresa em abordagens de projeto, percebe-se que há um equilíbrio de pesquisas abordando simulação (9) e projeto na empresa (8), não tendo sido identificada nenhuma descrevendo um projeto envolvendo a visita a uma empresa, com elaboração de relatório, para efeitos de aprendizado de *lean*.

Quadro 3 – Boas práticas de ensino de conceitos, métodos, técnicas e ferramentas *lean*

Ano	Referências	Título	Fonte	Conceitos, métodos, técnicas e ferramentas *lean*	Projeto IES e empresa		
					Simulação	Visita	Projeto na empresa
2015	Lindo-Salado-Echeverría et al.	Aprendizaje del Lean Manufacturing mediante Minecraft: aplicación a la herramienta 5S.	Revista Ibérica de Sistemas y Tecnologías de Información	5S.	X		
2017	Lima et al.	Development of competences while solving real industrial interdisciplinary problems: a successful cooperation with industry.	Production	Monitoramento e implementação de OEE, Melhoria de OEE, Redução de setup através de SMED, Layout da célula de trabalho, Melhoria do balanceamento e fluxo, Melhorias de sistemas de logística interna.			X
2011	Rave	El avión de la muda: herramienta de apoyo a la enseñanza-aprendizaje práctico de la manufactura esbelta.	Rev. Fac. Ing. Univ. Antioquia	7 mudas (desperdícios), 5S, Gestão visual, Tempos de ciclo, *Takt time*, Balanceamento de linha, Kanban, JIT, Distribuição na planta, Controle de qualidade.	X		
2015	Ribeiro et al.	Praticando gestão de operações em um laboratório de gestão.	RAM - Rev. Adm. Mackenzie	Just in time (JIT), Gestão da qualidade, Projeto e medida do trabalho.	X		

Ano	Referências	Título	Fonte	Conceitos, métodos, técnicas e ferramentas *lean*	Simulação	Visita	Projeto na empresa
2011	Medina-López et al.	Active learning in Operations Management: interactive multimedia software for teaching JIT/Lean Production.	Journal of Industrial Engineering and Management	Just-in-Time (JIT)	X		
2014	Olsen, Kraker & Wilkie	Extending the A3: A Study of Kaizen and Problem Solving.	The Journal of Technology, Management, and Applied Engineering	Evento Kaizen, A3 estendido	X		
2016	Miller & Maellaro	Getting to the Root of the Problem in Experiential Learning: Using Problem Solving and Collective Reflection to Improve Learning Outcomes.	Journal of Management Education	5 porquês (5 Why's), Causa Raiz, Reflexão coletiva	X		
2015	Langstrand, Cronemyr & Poksinska	Practise what you preach: Quality of education in education on quality.	Total Quality Management and Business Excellence	Educar funcionários, Jogos Lean, Analisar o estado atual usando o VSM, Mudar a cultura, Desafios da Mudança organizacional	X		
2003	Stier	Teaching Lean Manufacturing Concepts through Project-Based Learning and Simulation.	Journal of Industrial Technology	Produzir bom produto, Retrabalho, Sucata, Trabalho em andamento (WIP), Sistema puxado, Tamanho de lote unitário, Tempo takt.	X		

Ano	Referências	Título	Fonte	Conceitos, métodos, técnicas e ferramentas *lean*	Simulação	Visita	Projeto na empresa
2014	Waits et al.	Development of Team Action Projects in Surgery (TAPS): a Multi-level Team-Based Approach to Teaching Quality Improvement.	J Surg Educ	A3, Caminhada no gemba, VSM, Protocolos, Teste randomizado controlado, Gráficos, Sistemas de notificação, Estudo observacional prospectivo.			X
2013	Aij et al.	Experiences of leaders in the implementation of Lean in a teaching hospital - barriers and facilitators in clinical practices: a qualitative study.	BMJ Open	5S, Stand-ups, VSM, Medição de indicadores chave de desempenho (KPI), Ajustar estrutura de trabalho, reconhecer o desperdício, perguntar 'Por quê' cinco vezes (5 Why's), melhorar os processos de cuidados com os pacientes/Eliminação de desperdícios, Envolvendo alta administração, Melhorar cultura, Educar os colegas sobre Lean.			X
2013	Hina-Syeda et al.	Improving Immunization Rates Using Lean Six Sigma Processes: Alliance of Independent Academic Medical Centers National Initiative III Project.	The Ochsner Journal	Lean Six Sigma, DMAIC, VSM, Defeitos/milhão de oportunidades (DPMO), Escore Z, % de rendimento, Mapa SIPOC, Diagrama espinha de peixe (Ishikawa), Gráfico de Pareto, FMEA (análise de falhas).			X

Ano	Referências	Título	Fonte	Conceitos, métodos, técnicas e ferramentas *lean*	Projeto IES e empresa		
					Simulação	Visita	Projeto na empresa
2007	Ben-Tovim et al.	Lean thinking across a hospital: redesigning care at the Flinders Medical Centre.	Aust Health Rev	Redução de desperdícios, Melhoria no fluxo, Células de produção, Fluxos de valor, Mapeamento de fluxo de processo, PDSA, Programa de mudança, Comunicação, Certo da primeira vez, Acompanhamento da jornada do paciente, Fluxo contínuo.			X
2012	Carter et al.	Optimizing Clinical Operations as Part of a Global Emergency Medicine Initiative in Kumasi, Ghana: Application of Lean Manufacturing Principals to Low-resource Health Systems.	Academic Emergency Medicine	Evento Kaizen, Lead time (tempo de espera), SIPOC, Fluxo físico, Fluxo de informação, Caminhadas de desperdícios no Gemba, VSM, Análise de causa raiz, Five Why's (5 porquês), Diagrama Ishikawa (espinha de peixe), Brainstorming (sessões de debate de ideias), Sistema de fluxo único, Eliminação de etapas de desperdício, A3, Identificação de gargalos do sistema, Processos de trabalho padrão.			X

Ano	Referências	Título	Fonte	Conceitos, métodos, técnicas e ferramentas *lean*	Simulação	Visita	Projeto na empresa
2014	Simon & Canacari	Surgical Scheduling: A Lean Approach to Process Improvement.	AORN J	Termo abertura de projeto (TAP), Mapeamento de processos (diagramas Swim lane), Diagrama de causa e efeito, Causas-raiz, Diagrama de espinha de peixe, Diagrama de afinidade (para organizar os problemas em agrupamentos lógicos), Gráfico de análise de impacto (impacto x dificuldade), Scorecard (para definir e comunicar todas as tarefas), Gráfico do plano de implementação.			X
2009	Campbell, Gantt & Congdon	Teaching Workflow Analysis and Lean Thinking via Simulation: A Formative Evaluation.	Perspectives in health information management / AHIMA, American Health Information Management Association	Valor, Fluxo de valor, Fluxo, Puxar, Perfeição, VSM, Análise de Fluxo de Trabalho, Desperdícios (informação, processo, ambiente, pessoas).	X		
2013	Bassuk & Washington	The A3 Problem Solving Report: A 10-Step Scientific Method to Execute Performance Improvements in an Academic Research Vivarium.	PLoS ONE	A3			X
				Total	9	0	8

A partir dos termos contidos na coluna "Boas práticas de ensino de conceitos, métodos, técnicas e ferramentas *lean*" do Quadro 3, gerou-se a nuvem de palavras representada na Figura 1.

Figura 1 – Nuvem de palavras gerada com software gratuito Word Cloud Generator

Analisando a Figura 1, percebe-se alguns agrupamentos de boas práticas mais utilizadas, tais como (SIPOC, 5S, 5*Whys*), (Fluxo trabalho, Gestão, Projeto, *Ishikawa*), (VSM), (A3, Gráfico), (Análise, JIT) e (Desperdícios). A disciplina "Gerenciamento do Desempenho de Processos" do programa "Analista de Processos FGV" incorpora a aplicação de 5*Whys* (5 Porquês), para análise e identificação da causa raiz de um problema, Fluxo de trabalho utilizando a ferramenta VSM (do inglês *Value Stream Mapping*), conhecido por Mapeamento do Fluxo de Valor, relatório A3 da Toyota para registrar o ciclo PDSA (do inglês *Plan-Do-Study-Act*) na solução de um problema, Gráficos, Projeto, Ánalise, bem como conceitos de JIT (do inglês *Just-in-time*) e desperdícios, no âmbito do Sistema Toyota de Produção.

No que tange as 3 categorias da classificação de Lima et al. (2017) na interação Instituição de Ensino Superior e Empresa em abordagens de projeto, pode-se enquadrar a disciplina de "Gerenciamento do Desempenho de Processos" em "Visita", porque realizaram-se visitas planejadas, organizadas e estruturadas, com aulas de gestores do Hospital Icaraí, empresa parceira visitada, e relatório contendo anotações dos alunos.

Também pode-se enquadrar a disciplina na categoria "Simulação", porque foi possível aos alunos proporem sugestões para a melhoria dos fluxos de valor analisados, a partir do conhecimento teórico aprendido em aula, complementado com a "Visita". É importante notar que no Quadro 3 não se identificou nenhum trabalho acadêmico enquadrado em mais de uma categoria e, em especial, na categoria "Visita".

Com base no acima exposto, acredita-se que o formato adotado para a disciplina de "Gerenciamento do Desempenho de Processos" de 20 horas-aula, do curso "Analista de Processos FGV", é adequado para o aprendizado de gestão enxuta (*lean*), o que pode ser verificado, em função dos resultados descritos a seguir:

- O professor foi avaliado pelos alunos com média geral 10, de acordo com informação extraída da "Sala Virtual de Professores" da FGV Management;
- Houve declarações da coordenação acadêmica da FGV Management IDE, do Capital Humano-Niterói e dos gestores do Hospital Icaraí, transmitidas ao professor via WhatsApp e e-mail, elogiando e parabenizando a iniciativa;
- Uma das declarações questionava se as propostas dos alunos da FGV foram aplicadas pelo Hospital Icaraí e se ajudaram sua operação. Haverá uma oportunidade de uma apresentação dos alunos à diretoria do Hospital, a ser agendada no 2º semestre de 2017, ocasião em que tal tema sera abordado.

Cabe frisar que houve alunos vinculados a instituições de saúde, o que certamente impactou positivamente os trabalhos desenvolvidos nas aulas.

Conclusões

Este trabalho demonstrou a importância de parcerias entre instituições de ensino superior (IES) e empresas, no ensino de gestão enxuta (do inglês *lean management*), para potencializar o aprendizado dos alunos, combinando aulas teóricas com práticas.

Partindo dessa constatação, procurou-se responder ao problema de pesquisa de como potencializar o aprendizado sobre gestão enxuta por alunos de IES. A questão foi respondida, atendendo-se assim ao objetivo geral do trabalho, que foi o desenvolvimento de uma estrutura teórica, estabelecendo correlações entre boas práticas de ensino de gestão enxuta em IES e um estudo de caso envolvendo parceria com empresa. Os objetivos específicos também foram alcançados, identificando-se boas práticas sobre ensino de *lean* em IES, a partir do estado-da-arte da literatura científica existente, e estabelecendo-se correlações com uma disciplina envolvendo gestão enxuta, ministrada com aulas teóricas em sala de aula e aulas práticas em empresa.

Constatou-se um aumento no número de trabalhos acadêmicos sobre práticas de ensino *lean* em instituições de ensino superior (IES) a partir de 2011, o que pode ter sido provocado por demandas de mercado em busca do aumento de produtividade nas organizações, cabendo destaque à quantidade de estudos no setor hospitalar. No que tange a classificação na interação IES e Empresa em abordagens de projeto, percebe-se que há um equilíbrio de pesquisas abordando "simulação" e "projeto na empresa", mas nenhuma enquadrada em "visita". Nesse sentido, a disciplina "Gerenciamento do Desempenho de Processos" do programa "Analista de Processos FGV" preenche uma lacuna, enquadrando-se na categoria "visita" e "simulação" em sala de aula.

A disciplina incluiu várias das principais boas práticas de ensino de conceitos, métodos, técnicas e ferramentas *lean*, identificadas a partir da revisão sistemática da literatura, tais como 5 Porquês, Fluxo de trabalho, Mapeamento do Fluxo de Valor, relatório A3, Gráficos, Projeto, Ánalise, bem como conceitos de *Just-in-time* e desperdícios, no âmbito do Sistema Toyota de Produção. A avaliação da disciplina pelos alunos, assim como pela coordenação acadêmica da FGV e gestores do Hospital Icaraí foi positiva, corroborando o acertado formato de aulas teóricas e práticas.

Apesar das contribuições trazidas por este estudo, existem limitações na pesquisa, basicamente relacionadas aos termos utilizados nas frases de pesquisa, escolha das bases científicas pesquisadas e correlações estabelecidas entre as boas práticas de ensino *lean* em IES e a disciplina de gestão enxuta, a partir do estudo de caso. Mesmo com as limitações na pesquisa, entende-se que este estudo representa um diferencial, disponibilizando conhecimento para que mais IES ofereçam disciplinas de gestão enxuta nos seus programas curriculares, contribuindo com o aumento de produtividade das empresas e a competitividade do Brasil. Por fim, não se encontrou até o momento uma revisão sistemática da literatura sobre boas práticas de ensino *lean* em IES.

Referências

AIJ, K. H.; SIMONS, F. E.; WIDDERSHOVEN, G. A. M. & VISSE, M. *Experiences of leaders in the implementation of Lean in a teaching hospital - barriers and facilitators in clinical practices: a qualitative study*. BMJ Open 2013;3:e003605.

BASSUK, J.A. & WASHINGTON, I. M. *The A3 Problem Solving Report: A 10-Step Scientific Method to Execute Performance Improvements in an Academic Research Vivarium*. 2013, PLoS ONE 8(10): e76833. doi:10.1371/journal.pone.0076833

BEN-TOVIM, D. I., BASSHAM, J. E.; BOLCH, D.; MARTIN, M. A., DOUGHERTY, M. & SZWARCBORD, M. *Lean thinking across a hospital: redesigning care at the Flinders Medical Centre*. Aust Health Rev 2007: 31(1): 10–15.

BLOOM, N. & REENEN, J. V. *Why do management practices differ across firms and countries?* Journal of Economic Perspectives. Vol. 24. N. 1, 2010. p. 203-224. Disponível: http://worldmanagementsurvey.org/wp-content/images/2010/07/Why-Do-Management-Practices-Differ-Across-Firms-and-Countries-Bloom-and-Van-Reenen.pdf. (Acesso 03/2015).

CALDEIRINHA, S. *We need to teach lean in Universities*. Planet Lean. June 10, 2016. Disponível em: http://planet-lean.com/our-universities-are-not-teaching-lean-and-that-s-a-problem. (Acesso em 13 de abril de 2017).

CAMPBELL, R. J.; GANTT, L. & CONGDON, T. *Teaching Workflow Analysis and Lean Thinking via Simulation: A Formative Evaluation*. Perspectives in health information management / American Health Inform. Management Assoc., 6, p. 3, 2009.

CARTER, P. M.; DESMOND, J. S., AKANBOBNAAB, C.; OTENG, R. A.; ROMINSKI, S. D.; BARSAN, W. G. & CUNNINGHAM, R. M. *Optimizing Clinical Operations as Part of a Global Emergency Medicine Initiative in Kumasi, Ghana: Application of Lean Manufacturing Principals to Low-resource Health Systems*. Academic Emergency Medicine 2012; 19:338–347.

HILLBERG, J. *How to lead lean games*. Planet Lean. August 31, 2015. Disponível: http://planet-lean.com/what-it-takes-to-effectively-run-a-lean-game. (Ac.: 13/4/17).

HINA-SYEDA, H.; KIMBROUGH, C.; MURDOCH, W. & MARKOVA, T. *Improving Immunization Rates Using Lean Six Sigma Processes: Alliance of Independent Academic Medical Centers National Initiative III Project.* The Ochsner Journal 13:310-318, 2013, Academic Division of Ochsner Clinic Foundation.

JACQUEMONT, D. *The organization that renews itself: Lasting value from lean management.* The Lean Management Enterprise - A system for daily progress, meaningful purpose, and lasting value. McKinsey & Company, 2014. Disponível em: http://www.mckinsey.com/business-functions/operations/our-insights/the-lean-management-enterprise. Acesso em 15 de abril de 2017.

LANGSTRAND, J.; CRONEMYR, P. & POKSINSKA, B. *Practise what you preach: Quality of education in education on quality.* Total Quality Management and Business Excellence, 26 (11-12), 2015, pp. 1202-1212, DOI: 10.1080/14783363.2014.925290.

LIMA, R. M., DINIS-CARVALHO, J., SOUSA, R. M., AREZES, P., & MESQUITA, D. *Development of competences while solving real industrial interdisciplinary problems: a successful cooperation with industry.* Production, 27(spe), 2017, e20162300. http://dx.doi.org/10.1590/0103-6513.230016.

LINDO-SALADO-ECHEVERRÍA, C.; SANZ-ANGULO, P.; DE-BENITO-MARTÍN, J. J. & GALINDO-MELERO, J. *Aprendizaje del Lean Manufacturing mediante Minecraft: aplicación a la herramienta 5S.* Revista Ibérica de Sistemas y Tecnologías de Información, 2015. DOI: 10.17013/risti.16.60-75.

MAY, C. *A lean education.* Planet Lean. October 9, 2014. Disponível em: http://planet-lean.com/education-how-lean-is-taught. (Acesso em 13/4/2017).

MEDINA-LÓPEZ, C.; ALFALLA-LUQUE, R. & ARENAS-MÁRQUEZ, F. *Active learning in Operations Management: interactive multimedia software for teaching JIT/Lean Production.* Journal of Industrial Engineering and Management, 2011 – 4(1): 31-80 – Online, ISSN: 2013-0953, Print ISSN: 2013-8423.

MILLER, R. J. & MAELLARO, R. *Getting to the Root of the Problem in Experiential Learning: Using Problem Solving and Collective Reflection to Improve Learning Outcomes.* Journal of Management Education 2016, Vol. 40(2) 170–193.

MOHER D.; LIBERATI A.; TETZLAFF J.; ALTMAN D. G. & THE PRISMA GROUP. *Preferred Reporting Items for Systematic Reviews and Meta-Analyses: The PRISMA Statement.* PLoS Med., 2009. Disponível em: http://www.ncbi.nlm.nih.gov/pmc/articles/PMC2707599/ (Acesso em 22/12/2015).

OLSEN, E. O.; KRAKER, D. & WILKIE, J. *Extending the A3: A Study of Kaizen and Problem Solving*. The Journal of Technology, Management, and Applied Engineering, Volume 30, Number 2, July – September, 2014.

RAVE, J. I. P. *El avión de la muda: herramienta de apoyo a la enseñanza-aprendizaje práctico de la manufactura esbelta*. Rev. Fac. Ing. Univ. Antioquia, N.º 58, pp. 173-182. Marzo, 2011.

RIBEIRO, R. P.; SAUAIA, A. C. A.; DE MELLO, A. M. & JÚNIOR, A. S. T. *Praticando gestão de operações em um laboratório de gestão*. RAM - Rev. Adm. Mackenzie, 43-76, São Paulo, SP, Jul./Ago. 2015, ISSN 1678-6971 (*on-line*).

ROBSON, C. *Real World Research: a resource for users of social research methods in applied settings*. 3rd Ed. West Sussex: John Wiley & Sons, Ltd., 2011.

SIMON, R. W. & CANACARI, E. G. *Surgical Scheduling: A Lean Approach to Process Improvement*. AORN J 99 (January 2014) 147-159. AORN, Inc, 2014.

SINGLETON JR., R. A. & STRAITS, B. C. *Approaches Social Research*. 5th Ed., Oxford University Press, Inc., chapter 12, p. 393-430, 2010.

STIER, K. W. *Teaching Lean Manufacturing Concepts through Project-Based Learning and Simulation*. Journal of Industrial Technology, Vol. 19, N. 4, 2003.

TREINTA, F. T.; FARIAS FILHO, J. R.; SANT'ANNA, A. P. & RABELO, L. M. *Metodologia de pesquisa bibliográfica com a utilização de método multicritério de apoio à decisão*. Production, vol. 24, no. 3, 2014.

WAITS, S. A.; REAMES, B. N.; KRELL, R. W.; BRYNER, B.; SHIH, T.; OBI, A. T.; HENKE, P. K.; MINTER, R. M.; ENGLESBE, M. J. & WONG, S. L. *Development of Team Action Projects in Surgery (TAPS): a Multi-level Team-Based Approach to Teaching Quality Improvement*. J Surg Educ. 2014 ; 71(2): 166–168.

WARD, P. *Teaching Lean in Universities*. Planet Lean, Aug. 19, 2016. Disponível: http://planet-lean.com/teaching-lean-management-current-and-future-state. (Acesso: 13/4/17).

INTUIÇÃO E FALTA DE CONEXÕES EM GERENCIAMENTO DE PROJETO: UM ESTUDO DE CASO APLICANDO O MODELO PROPOSTO POR ELBANNA (2015)

Fernando Araujo
José Rodrigues Faria Filho,
Alexandre Nascimento
Otavio S. S. Thomé

A Intuição tem se tornado um tema comum em gerenciamento de projetos (ELBANNA, 2015). Essa constatação está levando alguns pesquisadores a examinar como o ambiente influencia a intuição e se a reflexividade é um fator através do qual pode-se relacionar a intuição com os resultados do projeto. Desta forma, o objetivo desta pesquisa é aplicar a metodologia proposta por Elbanna (2015) em uma empresa brasileira a fim de contribuir para a validação do modelo e fazer uma revisão de literatura, referindo-se a intuição na gestão de projetos. Os resultados contribuem para o diálogo científico sobre intuição e reflexividade no processo de decisão.

Introdução

O tema intuição se tornou comum em gerenciamento de projetos. Estudos em gerenciamento de projetos que tratam da intuição mostram como ela pode influenciar nas decisões tomadas em diferentes tipos de projetos, organizações, equipes e objetivos. Crossan *et al* (1999) definem intuição como um processo individual único que acontece apenas dentro de um contexto de grupo ou organização, e que o reconhecimento de um padrão é uma competência do indivíduo. Para esses autores, organizações não possuem este atributo unicamente humano.

Elbanna (2015) examina como o ambiente influencia a intuição e se é através da reflexividade que a intuição se relaciona com os resultados do projeto. Em sua sugestão de trabalho futuro, o autor afirma que seria valioso se mais pesquisas explorassem empiricamente o impacto de outros fatores mediadores na ligação entre a intuição e o desempenho do projeto. Elbanna (2015) defende essa ideia não apenas porque iria prover uma maior validação para a presente análise, mas também porque, de um lado, ratificaria a importância da integração de pesquisa sobre intuição e estilos cognitivos de decisão e, de outro lado, fortaleceria as pesquisas sobre os processos oriundos dos projetos.

Assim, o objetivo final deste trabalho é aplicar a metodologia proposta por Elbanna (2015) em uma empresa brasileira com o intuito de contribuir para a validação do modelo e para revisão de literatura sobre intuição e reflexividade no processo de gerenciamento de projetos.

Portanto, a sessão 2 a seguir refere-se à revisão de literatura e abordará o tema intuição sobre vários ângulos, tais como: conceitos e o desenvolvimento de conhecimento, gerenciamento de projeto e ciência da decisão. A sessão 3 descreve a metodologia proposta por Elbanna (2015) aplicada neste caso. Já a sessão 4 demonstra os resultados alcançados e apresenta um comparativo com outros trabalhos, principalmente o estudo conduzido por Elbanna (2015). Finalmente, a sessão 5 apresenta as conclusões e as sugestões de trabalhos futuros.

Revisão de Literatura

Intuição e desconexões: conceitos e conhecimento

De acordo com Leybourne e Smith (2006), intuição é uma conclusão cognitiva baseada nas experiências prévias dos tomadores de decisão e também em questões emocionais. Os autores afirmam que o improviso e a intuição representam dois importantes aspectos relacionados à prática do gerenciamento de forma geral, mas em particular ao gerenciamento de projetos.

Para Nielsen e Pedersen (2014), tomar decisões baseadas na intuição é visto cada vez mais como uma abordagem viável. Os autores afirmam que ao usar a intuição, os tomadores de decisões são capazes de decidir rapidamente, sem pensamento consciente, mas ainda assim se baseando nas experiências passadas. Na visão de Crossan *et al* (1999), há dois tipos de intuição na tomada de decisão em gerenciamento de projetos, a intuição baseada nas experiências fornece *insights* sobre o importante processo de reconhecimento de padrões, e a intuição baseada no contexto organizacional está relacionada com os processos de inovação e mudança. De acordo com Crossan *et al* (1999), a intuição sobre as experiências possibilita a explotação, que significa utilizar com eficiência os recursos existentes, enquanto a intuição a partir do contexto organizacional apoia a exploração, que significa inovar e buscar novas formar de gerenciar os projetos.

Intuição na tomada de decisória

Antoniou *et al* (2013) afirmam que, ao fazer essa escolha, os tomadores de decisão usam seu próprio conhecimento, experiência e intuição de acordo com os critérios de seleção específicos que eles têm em mente. Os autores estudam sobre a frequência da utilização de cada critério a fim de decompor os padrões de seleção complexos relacionados às escolhas dos tomadores de decisão. Para esses autores, a escolha do tipo de critério mais apropriado no que se refere ao método de compensação é essencial. A tomada de decisão pode desafiar os valores básicos do indivíduo, assumindo novos valores ou mudando a ação. Por outro lado, poderiam reafirmar suas crenças e valores condenando a ação atual (Motta; Vasconcelos, 2010). Assim, a ação humana seria influenciada por elementos novos e incertos que vão além dos princípios e crenças como: novas culturas, normas de comportamento e de aprendizagem, nas quais os indivíduos baseiam suas ações.

Por outro lado, Minku e Yao (2013), estudam métodos para melhorar a estimativa de esforço via software, utilizando uma estrutura experimental baseada em princípios para a análise e fornecendo *insights* que não se baseiam apenas na intuição ou especulação.

Kaufmann *et al* (2014) afirmam que as decisões intuitivas são tomadas rapidamente e sem consciência de como as conclusões são alcançadas. Esta abordagem pode permitir uma perspectiva mais holística e pode ter em conta critérios específicos. Os autores investigam como a aplicação de procedimentos racionais e a intuição baseada na experiência afetam os resultados das decisões de seleção de fornecedores tomadas por equipes de terceirização multifuncionais. Por outro lado, Hanlon (2011) acredita que o modelo heurístico permite que os indivíduos tomem decisões rapidamente com informações mínimas baseadas na regra do polegar (*Rule of thumb*). Permitem a simplificação das informações com base na experiência anterior ou no conhecimento de uma área. As heurísticas foram particularmente identificadas com a tomada de decisão intuitiva. As heurísticas são atalhos mentais que os indivíduos usam para reduzir as complexas tarefas de avaliar probabilidades e prever valores para simplificar as operações de julgamento (HANLON, 2011).

Para reforçar o contexto da literatura intuitiva, o Nobel Daniel Kahneman mostrou como a mente trabalha a partir de avanços na psicologia cognitiva e social, tentando compreender as falhas do pensamento intuitivo. Segundo este autor, o pensamento intuitivo é responsável por operações automáticas que são complexas, muitas vezes inconscientes, mas explicam vários julgamentos. Este tipo de pensamento ocorre por impulso e é mais influente do que a experiência (KAHNEMAN, 2012). O autor argumenta que os indivíduos muitas vezes recebem respostas automáticas aos problemas e, na maioria dos casos, essas respostas vêm da habilidade e experiência em lidar com certas situações. No entanto, o pensamento intuitivo falha quando as respostas imediatas são emocionais porque não têm a capacidade de lidar com a situação. O autor adverte que, subjetivamente, as pessoas não distinguem quando intuição e pensamento rápido estão certos e quando estão errados. Por outro lado, pensar racionalmente sobre tudo é simplesmente impossível.

Intuição em gerenciamento de projetos

Cho (2006) propõe uma estrutura para atualizar a estimativa da duração do projeto em redes de projetos em que a primeira etapa de construção de um sistema de especialistas em projeto é extrair o coeficiente de correlação de durações de atividade do conhecimento do especialista e a intuição. Portanto, o conhecimento individual é tanto um reflexo dos interesses e histórias pessoais do indivíduo quanto um reflexo de sua identidade social e do impacto regulador da cultura profissional que incorporam (ANTONACOUPOLOU, 2006).

Hartman (2008) apresenta os antecedentes de um curso piloto que explorou um modelo de aprendizagem integrativa para desenvolver habilidades de gerenciamento de projetos e de pensamento executivo. Neste trabalho, o autor afirma que nossa avaliação é intuitiva. Sage *et al* (2010) examinam como as compreensões da reflexividade podem auxiliar o próprio gerenciamento de projetos e ajudar a lançar luz sobre alguns pressupostos importantes que os pensadores críticos de projeto precisarão abordar enquanto usam o pensamento dialético.

Leybourne e Smith (2006) propõem um modelo das relações entre racionalidade e intuição, improvisação e resultados do projeto e algumas pesquisas associadas, como mostrado na figura 1.

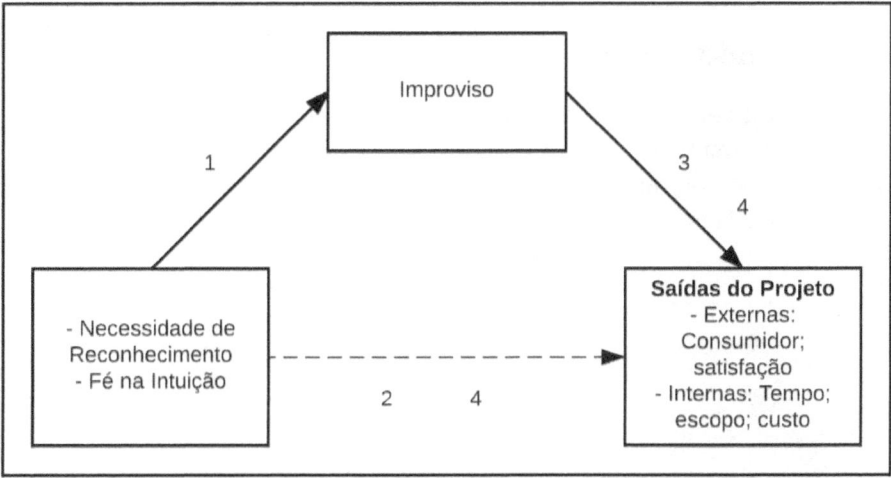

Figura 1: Modelo de relacionamentos entre racionalidade e intuição, improviso e resultados de projeto (Leybourne and Smith, 2006)

Dayan e Benedetto (2011) recordam que pesquisas anteriores relataram os benefícios da intuição na tomada de decisões de novos produtos e, em sua pesquisa, constroem um modelo conceitual de intuição da equipe de desenvolvimento de novos produtos e seu efeito na capacidade da equipe de gerar novos produtos criativos.

No entanto, os pesquisadores têm reconhecido as metáforas como um elo crítico na evolução do *insight* intuitiva do indivíduo para interpretação compartilhada (CROSSAN et al, 1999). Os indivíduos usam metáforas para ajudar a explicar sua intuição a si mesmos e a compartilhar com os outros, uma vez que as metáforas envolvem a transferência de informações de um domínio relativamente familiar.

Rodríguez *et al.* (2012) analisam os relacionamentos entre produtividade, tamanho da equipe e outras variáveis de projeto usando o Repositório do Grupo de Padrões Internacionais de Benchmarking de Software. Os resultados mostraram que há correlações estatísticas entre tamanho da equipe, esforço, produtividade e duração de projeto, mas essas correlações não são sempre o que alguém deveria esperar da literatura ou intuição.

Metodologia

Descrevendo o modelo Elbanna

Em seu modelo, Elbanna (2015) investiga o relacionamento entre características ambientais (medido como incerteza da concorrência, incerteza macroeconómica e complexidade ambiental) e intuição e testes para o efeito mediador da reflexividade nas relações intuição-resultados. A Figura 2 descreve essa ideia.

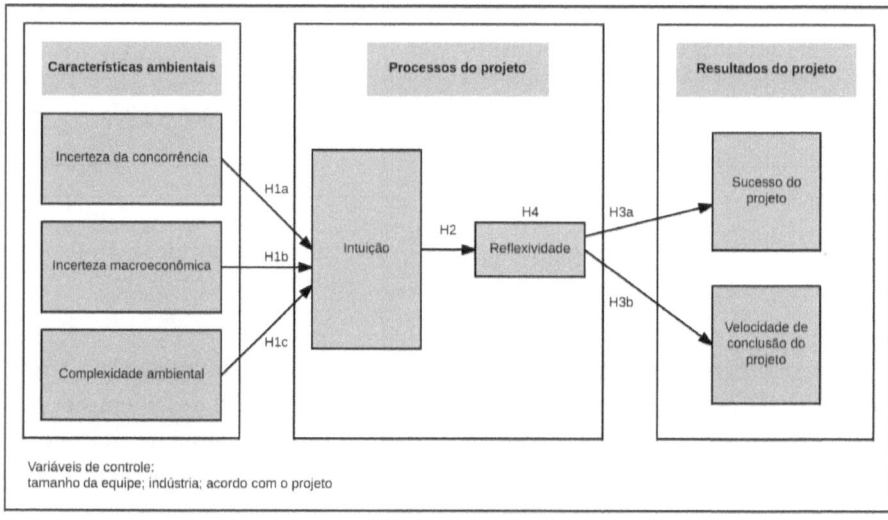

Figura 2: Modelo de Pesquisa Elbanna (2015)

Para esta avaliação, Elbanna (2015) construiu um questionário e o aplicou com 450 gestores que representam 410 projetos de empresas localizadas nos Emirados Árabes Unidos. A partir das respostas obtidas, Elbanna (2015) realizou uma análise estatística que possibilita discutir a importância da intuição e reflexividade na gestão de projetos, mesmo como a identificação de laços perdidos.

Aplicando o modelo Elbanna

Como proposto por Elbanna (2015), o presente estudo aplicou o questionário visando elaborar uma pesquisa mais aprofundada sobre a intuição no gerenciamento de projetos para fornecer subsídios de validação ao modelo original, abrindo firmemente a porta para a integração da pesquisa sobre a intuição e estilos cognitivos de decisão e pesquisa sobre processos de gerenciamento de projeto.

Resultados e Discussão

Como descrito na sessão três, a aplicação do modelo Elbanna (2015) significa que o questionário construído por Said Elbanna foi respondido por profissionais de diferentes áreas e, consequentemente, teve diferentes tipos de decisões em suas tarefas, trabalhos e outras responsabilidades durante os processos diários dos projetos.

Quando o questionário foi aplicado na empresa brasileira, três diretores foram entrevistados e as perguntas, respostas e respectivos comentários foram compilados e estão apresentados nos próximos textos e tabelas. Depois disso, uma comparação das respostas, resultados e conclusões é feita entre Elbanna (2015) e a empresa brasileira, com o objetivo de promover um diálogo científico sobre intuição e reflexividade no processo de decisão e falta de conexões que pudessem ser identificadas.

Intuição

Por favor, indique se você concorda ou discorda com cada frase, considerando O QUE aconteceu no processo de planejamento de projeto que você escolheu acima					
	Discordo fortemente		Indeciso		Concordo fortemente
1. No planejamento deste projeto, os participantes dependiam de seus instintos.	1	2	3	X	5
2. No planejamento deste projeto, os participantes tenderam a confiar em sua intuição.	1	2	3	X	5
3. No planejamento deste projeto, os participantes geralmente tomaram as decisões que lhes pareciam corretas.	1	2	3	X	5
4. No planejamento deste projeto, era mais importante para os participantes sentirem que suas decisões eram corretas do que ter uma razão racional para elas.	1	2	3	X	5
5. No planejamento deste projeto, os participantes confiaram em seus sentimentos e reações internas.	1	2	X	4	5

Comentários:

Q.1 – "É isso que esperamos de "as pessoas fazem a diferença". Mesmo que possamos fornecer às pessoas todas as informações disponíveis, e mesmo que todas as informações disponíveis estejam corretas, no final esperamos que as pessoas usem sua experiência e assumam a responsabilidade por suas decisões"

Q.2 – "Não temos muitos projetos como este e, ao mesmo tempo, fazer algo no Nordeste do Brasil é sempre um Desafio. Quando tínhamos tudo pronto para iniciar o projeto, descobrimos que não tínhamos água suficiente ao lado do campo onde a fábrica deveria ser construída. Este é o tipo de problema que eu não vejo uma solução de computador"

Q.3 – "Basicamente, sim, mas às vezes os proprietários tinham de colocar algumas prioridades em ordem. Os funcionários nem sempre entendem o momento da execução. Um monte de planejamento e nenhuma execução nunca tira um projeto do papel."

Q.4 – "Isso é cultural em nossa empresa. Nós lhes damos ferramentas para tomar decisões, mas uma vez que eles decidem, nós os responsabilizamos por isso".

Reflexividade

Por favor, marque o número apropriado, de acordo com o que aconteceu durante este projeto.

	Nenhum		Até certo ponto		Um ótimo negócio
1. A equipe investigou e observou o contexto e o progresso do projeto (por exemplo, estratégias de desempenho de tarefas, metas, requisitos do projeto, contexto organizacional, etc.).	1	X	3	4	5
2. A equipe ajustou suas estratégias de desempenho de tarefas em resposta a mudanças no contexto e progresso do projeto.	1	X	3	4	5
3. A equipe gastou um tempo adequado considerando as prováveis conseqüências de suas atividades da tarefa (por exemplo, considerações sobre a utilidade do projeto, compatibilidade com outros projetos, custo, etc.)	1	X	3	4	5
4. As estratégias e abordagens de trabalho escolhidas foram posteriormente verificadas quanto à sua adequação pela equipe do projeto.	1	2	X	4	5

Comentários:

Q.1 – "Nós nunca estamos satisfeitos com o número de compromissos que temos que fazer em um projeto. O cenário perfeito deve ser ter a equipe fazendo tudo funcionar, mas somos constantemente solicitados em opiniões ou mesmo tendo alguma execução sob a nossa responsabilidade. Honestamente, eu não sei se eles estão cometendo erro em sua gestão e execução como uma equipe ou se é consequência dos anos que a nossa gestão como os proprietários de uma pequena empresa que cresceu com base em um monte de esforço e suor do meu parceiro e eu. Isso é algo que constantemente vigiamos."

Q.2 – "Nada a complementar depois do que foi dito na pergunta 1."

Q.3 – "Ponto chave. Novamente, isso pode ser consequência de nossa maneira de executar, o que durante muitos anos foi feito sem qualquer planejamento. Quando digo sem planejamento, quero dizer, nenhum planejamento, não apenas um planejamento formal, mas também uma execução baseada na experiência. Investir dinheiro e tempo para discutir algo que não esperamos e não queremos que esteja acontecendo ainda é difícil para nós. Quando temos poucas pessoas controlando o processo inteiro, parece ser mais fácil culpar esta pessoa, em vez de ter uma equipe com muitos processos e papéis para preencher, apenas para ser capaz de assumir a responsabilidade de quem não cometeu o erro."

Q.4 – "Nada a complementar depois do que foi dito na pergunta 3."

Sucesso do Projeto

Com relação aos resultados reais deste projeto, por favor, responda às seguintes perguntas.				
1. Nossa empresa teve sucesso em atingir os objetivos originais deste projeto.				
Discordo fortemente		Indeciso		Concordo fortemente
1	2	3	X	5
2. O (s) problema (s) que tornaram este projecto necessário foi (foram) resolvido (s) pela sua implementação.				
Discordo fortemente		Indeciso		Concordo fortemente
1	2	3	4	X
3. Stakeholders estavam satisfeitos com os resultados deste projeto.				
Discordo fortemente		Indeciso		Concordo fortemente
1	2	3	4	X
4. Stakeholders estavam satisfeitos com os resultados deste projeto.				
Discordo fortemente		Indeciso		Concordo fortemente
1	2	X	4	5
5. Como você descreveria o impacto deste projeto na performance da sua empresa?				
Impacto negativo		Sem impacto		Impacto positivo
1	2	3	X	6
6. Em geral, como você avalia esse projeto agora?				
Completamente mal sucedido		Indeciso		Completamente bem sucedido
1	2	3	X	5

Comentários:

Q.1 – "Considerando 5 não apenas como sendo bem-sucedido, mas também fazendo isso de uma maneira fácil, 4 deve ser a melhor resposta. No Brasil, temos que considerar fatores externos como a mudança de regras ou a descoberta de novas regras no meio do processo. Aconteceu, por isso tivemos atrasos, etc. ""

Q.2 – "Sim! Mesmo correndo alguns riscos de as coisas não acontecerem como planejado, os problemas serão sempre resolvidos de uma forma que vai deixar o projeto funcionar."

Q.3 – "Sim! Há sempre alguma coisa para aprender para a próxima implementação, mas uma satisfação geral".

Q.4 – "Fomos líderes de mercado por muitos anos, mas a tecnologia e a logística estão facilitando a operação de empresas menores em nosso mercado e de alguma forma em qualquer mercado. É um grande problema que nós temos, como as empresas menores geralmente baseiam a estratégia sobre o preço, o que mais tarde eles vão ver que não tem viabilidade. Desta forma, o que podemos fazer como uma empresa maior é investir. Estar mais perto das minas, distribuir nossa produção, torna-nos mais competitivos. Ao mesmo tempo, administrar uma empresa mais complexa também traz novos desafios."

Q.5 – "Como dito antes, ter fábricas mais próximas às minas nos sustentam em alguma situação logística. Quando a fábrica está longe da Mina, o processamento de alguns produtos comuns não faz sentido. Quando somos capazes de cortar o *freight* e outros custos, podemos processar esses produtos e vendê-los. Esta é uma das principais razões para fazer muitas fábricas. "

Q.6 – "Um projeto é sempre uma oportunidade para aprender e desenvolver pessoas. Dar às pessoas a oportunidade de enfrentar situação real e aprender é o melhor que uma empresa pode fazer. A única possibilidade de melhoria em uma empresa é ter as melhores pessoas e as pessoas mais capacitadas. Necessidades sempre vão acontecer, mas o sucesso só acontece quando você tem as pessoas certas cuidando das tarefas certas. Dito isso, temos hoje uma fábrica em execução, você pode dizer que o projeto foi concluído, mas uma fábrica é um projeto que nunca termina, todo dia é um novo dia, então o verdadeiro sucesso vem da certeza de que temos as melhores pessoas para executá-lo. Mesmo assim, nós, como os maiores responsáveis, estamos sempre juntos, cuidando de tudo do lado de dentro."

Velocidade de conclusão

Q.13. Com relação ao tempo que você levou para implementar esse projeto, por favor, responda às seguintes perguntas.

	Discordo fortemente		Indeciso		Concordo fortemente
1. Este projecto foi concluído em menos tempo do que o considerado normal e habitual para a nossa empresa.	1	2	X	4	5
2. Este projeto foi concluído dentro ou depois do cronograma original desenvolvido no início do projeto.	1	2	X	4	5
3. A alta gerência ficou satisfeita com o tempo que levamos para implementar este projeto.	1	X	3	4	5

Q.1 e Q.2 – "O projeto foi concluído não como o planejado, mas em um tempo aceitável. Sempre há algum espaço no primeiro planejamento, então eu posso dizer que nós concluímos dentro do prazo"

Q.3 – "Nós nunca estaremos completamente satisfeitos, mas temos que entender os desafios que a equipe e o projeto estão enfrentando. Temos de compreender as ferramentas e o nível de investimento que estamos oferecendo ao mesmo tempo. Nosso orçamento é sempre mínimo, nossas expectativas são sempre grandes, e a equipe deve tirar o projeto do papel desta forma. Isso cria um ambiente de desconforto, às vezes as pessoas pensam que é injusto, mas no final precisamos ser rentáveis para sobreviver. Em termos de gestão, mesmo entendendo que o Brasil é um país terrível, com regras mudando o tempo todo, esperamos que o projeto não tenha surpresas. Este projeto específico teve um erro no último minuto antes da execução que nos fez mudar muito do planejamento original. Sorte que foi antes da execução, mas foi um erro que não pode acontecer"

Competição

Indique se cada uma das variáveis abaixo foi fácil ou difícil de prever durante este projeto					
	Fácil de prever		Indeciso		Difícil de prever
1. Alterações nos preços dos concorrentes	1	2	3	X	5
2. Alterações nas estratégias dos concorrentes	1	2	3	4	X
3. Entrada de novos competidores	1	X	3	4	5
4. Incertezas macroeconômicas e mudanças no mercado	1	2	X	4	5
5. Taxa de inflação	1	2	X	4	5
6. Taxa de câmbio com moedas estrangeiras	1	2	3	X	5
7. Taxa de juros	1	X	3	4	5
8. Estabilidade econômica	1	2	3	4	X

Comentários:

Q.1 – "Novas empresas aparecem no nosso mercado todos os dias com diferentes estratégias. Os clientes aprendem como operamos no Brasil cada vez mais e pressionam os preços. Isso significa que não é fácil prever os preços".

Q.2 – "A tecnologia realmente torna cada vez mais fácil estar no nosso mercado e o cenário atual do mundo pressiona todos a serem criativos. Isso cria possibilidades que diferentes empresas usam de maneiras diferentes, o que torna impossível saber a notícia do dia seguinte."

Q.3 – "Novamente, nós realmente vemos um movimento de novas empresas."

Q.4 – Eu vejo dois movimentos aqui: de dentro para fora e de fora para dentro. O primeiro são as novas empresas no mercado e as diferentes estratégias que elas trazem. O segundo é o cenário mundial, a taxa de juros e dólar que é cada vez mais compreendida pelos mercados estrangeiros, o que também nos pressiona".

Q.5 – "Temos que considerar isso no Brasil, mas tentamos ser conservadores".

Q.6 – "Hoje, esta é uma questão importante. Mesmo trabalhando com títulos e outras proteções, a flutuação dos últimos meses pode nos fazer mudar os preços. Alternativamente, representam a diferença entre fazer e perder dinheiro."

Q.7 – "Os comentários sobre as taxas de juros são semelhantes à taxa de câmbio. Em termos de juros, tentamos, tanto quanto possível, não usar o mercado financeiro."

Q.8 – "A razão pela qual responder às duas perguntas anteriores não foi fácil é exatamente por causa de nossa estabilidade econômica, ou a perda dela. Trabalhar em um cenário como o que temos hoje é muito delicado, pois não podemos ter alguma margem como proteção em nossos preços e, ao mesmo tempo, os riscos são muito maiores".

Acordo com o projeto				
1. Em que medida você concordou ou discordou deste projecto durante o seu planejamento?				
Concordo completamente		Indeciso		Discordo completamente
1	2	3	X	5

Comentário:

Q.1 – "Se não concordarmos, não avançaremos. Neste caso, a decisão de mover ou não é nossa, não da equipe. Mesmo com quase 1.000 funcionários, os proprietários participam de todas as decisões importantes."

Em seu trabalho, Elbanna (2015) discute como a intuição é aplicada no processo decisório, citando trabalhos onde se afirma que a incerteza competitiva e a complexidade ambiental são importantes impulsos da intuição. Pela primeira bateria de perguntas, é possível confirmar esses trabalhos, não por causa da incerteza macroeconômica, mas por causa de características ambientais. O alto nível de trabalho intuitivo, expresso em respostas e comentários que se seguem, sugere que a empresa entrevistada está implementando um projeto em um ambiente de incerteza, o que parece ser o maior impulso do aspecto intuitivo no processo decisório.

Pela questão da reflexividade, considerando os três elementos centrais de reflexividade descritos por West (2002) conforme apresentado na figura 3 a seguir, a empresa entrevistada está mais próxima do termo de adaptação do que reflexão ou planejamento. Como pode ser concluído pelas respostas e resultados sobre o sucesso do projeto, neste caso, a reflexividade não está positivamente relacionada com o sucesso do projeto, o que não está de acordo com os estudos citados por Elbanna (2015) em suas conclusões.

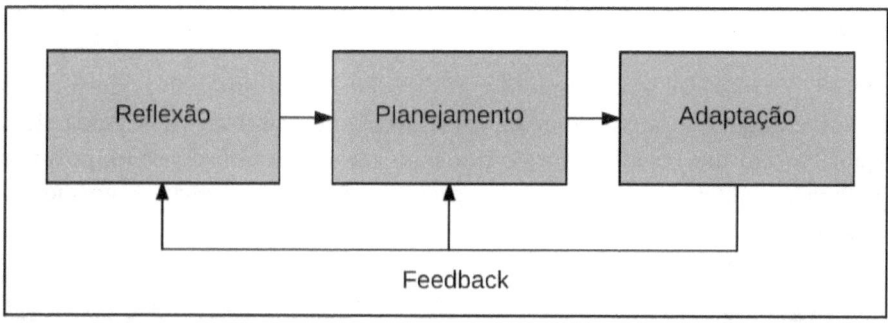

Figure 3: Elementos centrais da reflexividade (WEST, 2002)

Esta falta de reflexividade na empresa entrevistada é confirmada na bateria de perguntas sobre a velocidade de conclusão, em que os profissionais desconheciam o prazo de cumprimento e projeto. Segundo o estudo de Kahneman

(2012), poderia ser explicado que existe uma tendência para que as pessoas atribuam maior importância às informações mais recentes e mais facilmente acessíveis na memória, desconsiderando o conhecimento anterior. Para o autor, a disponibilidade de informação e a frequência com que ela é liberada, pode afetar a percepção do indivíduo de um determinado evento, levando a argumentos e decisões precipitadas, uma vez que as pessoas tendem a ser mais fortemente influenciadas por informações que parecem confirmar estereótipos ou convicções anteriores.

O questionário de previsibilidade macroeconômica mostra que a empresa atua em um ambiente de alta incerteza macroeconômica, principalmente por causa da instabilidade do país. Respostas sobre concorrentes não são diferentes. Deste modo, estes resultados podem fornecer outra informação provando a relação entre uma incerteza macroeconômica e característica do ambiente, com a intuição.

Conclusão

Através deste trabalho, foi possível a aplicação do modelo proposto por Elbanna (2015) em uma empresa brasileira. Conclui-se que o objetivo final desta pesquisa foi alcançado, contribuindo para o desenvolvimento de estudos sobre intuição e reflexividade em um processo decisório em diferentes tipos de empresas. Nesse ponto, lembramos que a principal motivação deste trabalho veio da sugestão de Elbanna (2015), que recomenda a aplicação de seu modelo em outras empresas para validar e proporcionar mais discussão sobre a intuição e reflexividade na indústria. A partir deste entendimento, é possível afirmar que esta proposição foi alcançada e esperamos que este artigo possa motivar outros pesquisadores a fazerem o mesmo.

Conforme exposto na última seção, os resultados sugerem que a intuição influencia significativamente no processo decisório da empresa entrevistada. Portanto, recomenda-se que outras pesquisas poderiam melhorar essa discussão pela aplicação em outras empresas.

Referências

Antonacoupolou, E. (2006). The relationship between individual and Organizational Learning: New evidence from managerial learning practices. *Management Learning Journal*, v. 37, n.4, p. 455-473.

Antonioua, F., Aretoulis, N., Konstantinidisc, D., Kalfakakoub, G. P. (2013). Complexity in the Evaluation of Contract Types Employed for the Construction of Highway Projects. Procedia - Social and Behavioral Sciences, 74, 448 – 458.

Cho, S. (2006). An exploratory project expert system for eliciting correlation coefficient and sequential updating of duration estimation. *Expert Systems with Applications*, 30, 553–560.

Crossan, M. M.; Lane, H.; White, R. E. (1999). An Organizational Learning Framework: From intuition to Institution. *Academy of Management Review*, v. 24, n. 3, p. 522-537.

Dayan, M., Benedetto, C. A. D. (2011). Team intuition as a continuum construct and new product creativity: The role of environmental turbulence, team experience, and stress. *Research Policy*, 40, 276-286.

Elbanna, S. (2015). Intuition in project management and missing links: Analyzing the predicating effects of environment and the mediating role of reflexivity. *International Journal of Project Management*, 33, 1236–1248.

Hanlon, P. (2011). The Role of Intuition in Strategic Decision Making: How Managers' Rationalize Intuition. Making a World of Difference: Nation Building and the Role of Management Education: 14th Annual Conference of the Irish Academy of Management, National College of Ireland, Dublin, 31 August - 2 September.

Hartman, F. (2008). Preparing the mind for dynamic management. *International Journal of Project Management*, 26, 258–267.

KAHNEMAN, D. Rápido e devagar: duas formas de pensar. Rio de Janeiro: Objetiva, 2012.

Kauffmann, L., Meschnig, G., Reimann, F. (2014). Rational and intuitive decision-making in sourcing teams: Effects on decision outcomes. *Journal of Purchasing & Supply Management*, 20, 104–112.

Leybourne, S., Sadler-Smith, E. (2006). The role of intuition and improvisation in project management. *International Journal of Project Management*, 24, 483–492.

Li, T. H. Y., Ng, S. T., Skitmore, M. (2013). Evaluating stakeholder satisfaction during public participation in major infrastructure and construction projects: A fuzzy approach. *Automation in Construction*, 29, 123–135.

Minku, L. L., Yao, X. (2013). Ensembles and locality: Insight on improving software effort estimation. *Information and Software Technology*, 55, 1512–1528.

MOTTA, F. C.P.; VASCONCELOS, I. F.G. Teoria Geral da Administração. 3ª ed. Rev. São Paulo: Cengage Learning, 2010.

Nielsen, J. A., Pedersen, K. (2014). IT portfolio decision-making in local governments: Rationality, politics, intuition and coincidences. *Government Information Quarterly*, 31, 411–420.

Rodríguez, D., Sicilia, M. A., García, E., Harrison, R. (2012). Empirical findings on team size and productivity in software development. *The Journal of Systems and Software*, 85, 562– 570.

Sage, D., Dainty, A., Brookes, N. (2010). A consideration of reflexive practice within the critical projects movement. *International Journal of Project Management*, 28, 539–546.

West, M.A. (2002). Sparkling fountains or stagnant ponds: an integrative model of creativity and innovation implementation in work groups. *Appl. Psychol.* 51, 355–387.

GOVERNANÇA CORPORATIVA SUSTENTÁVEL

Gustavo Guimarães Marchisotti
José Rodrigues de Farias Filhos
Karolina Muniz Freire Maggessi

As questões relacionadas à governança corporativa e sua efetiva implementação nas empresas privadas, públicas e do terceiro setor deixaram de ser periféricas e se tornaram relevantes para o atendimento às necessidades das partes interessadas. A governança corporativa precisa ocorrer de forma ética e transparente, sem perder de vista a eficiência econômica e os interesses ambientais e sociais.

A sustentabilidade, fortemente difundida como a interseção de interesses e iniciativas sociais, econômicas e ecológicas, surgiu como uma crítica às práticas de tomada de decisão. Tais práticas falharam consistentemente e, até catastroficamente, por desconsiderarem o caráter complexo e essencialmente integrador de sistemas humanos e ecológicos (Gibson, 2006).

O foco na sustentabilidade leva a um processo de governança com participação de múltiplos atores, cobrindo uma gama de organizações e de indivíduos, com suas diversas capacidades e inclinações, que se caracterizam por inter-relações complexas e dinâmicas (Gibson, 2006; IFC & UNGC, 2017). A eficácia da abordagem sustentável está fortemente relacionada à atenção integrada dos três pilares da sustentabilidade – econômico, social e ambiental -, assegurando maior atenção às inter-relações entre estes domínios e buscando ganhos que se reforcem mutuamente (Gibson, 2006).

O estudo da sustentabilidade no contexto da governança é de fundamental importância, pois há um desconhecimento, por parte das organizações, sobre o real benefício da associação de ambas ou mesmo se há benefícios na inter-relação entre sustentabilidade e governança corporativa (Aras & Crowther, 2008).

Esse capítulo busca contextualizar a questão da governança corporativa sustentável no Brasil e no mundo, abordando as principais características da governança privada, pública e do terceiro setor que, apesar de estarem a cada dia mais próximas umas das outras, em termos de modelos e regras a serem seguidas, ainda mantêm suas especificidades e singularidades, em virtude do ambiente em que estão inseridas.

Sendo assim, o capítulo apresenta uma revisão bibliográfica da governança corporativa, com foco na sustentabilidade, à luz de organizações como a OCDE (Organização para Cooperação e Desenvolvimento Econômico ou Organization for Economic Co-operation and Development); Grupo do Banco Mundial (WBG) e ONU (Organização das Nações Unidas) e de artigos relevantes, que discutem e abordam o tema governança corporativa nas esferas privada, pública e do terceiro setor.

Introdução

O cenário econômico atual é de desaceleração do crescimento e da produtividade global, gerando uma limitação de recursos disponíveis para o auxílio aos mais pobres e vulneráveis; um aumento das exigências de serviços, infraestrutura e instituições; e sobrecarga dos orçamentos públicos e de assistência para o desenvolvimento (WBG, 2017).

Nesse contexto, torna-se vital o uso mais eficaz possível dos recursos, por meio do aproveitamento das finanças e aptidões das organizações, do trabalho em colaboração mais estreita com a sociedade civil e do empenho de maiores esforços no combate à corrupção, que consiste em um dos maiores obstáculos para um desenvolvimento eficaz e duradouro (WBG, 2017).

Para Casagrande e Lavarda (2015) os preceitos da boa governança são importantes e podem ser aplicados nas diferentes esferas, desde sua forma mais ampla – sociedade em geral -, passando pelo ambiente político e pelas organizações.

Em nível de sociedade, segundo o Relatório de Desenvolvimento Mundial do WBG (2017), a comunidade global precisa se perguntar "o que faz as políticas funcionarem para produzirem rendas capazes de melhorar a vida? ", ao invés de tentar descobrir a política correta. A resposta fornecida para essa questão é: melhor governança, ou seja, melhor aprimoramento da forma como os governos, cidadãos e comunidades atuam na formulação e aplicação das políticas.

A preocupação da sociedade com relação à gestão pública não está mais apenas focada no desempenho, mas também considera as dimensões sociais e políticas. Grande parte dos problemas associados às questões de governança então relacionados aos sistemas implementados entre a sociedade, a política e a administração (Gomides & Silva, 2015).

É nesse cenário que os temas sustentabilidade e governança corporativa se encontram, no nível organizacional. As empresas hão que se preocuparem com os danos causados ao meio ambiente, seja por iniciativa própria devido à compreensão do valor de se preservar a natureza e seus recursos naturais; seja por pressões da sociedade como um todo, que já percebe a necessidade prática de se aplicar a sustentabilidade como questão de sobrevivência. A governança corporativa pode ser o elo de ligação entre todas as partes interessadas, em prol de um caminho de crescimento organizacional baseado na sustentabilidade (Casagrande & Lavarda, 2015).

Apesar de amplamente debatido entre os formuladores de políticas e estudiosos, não há um consenso em torno da definição de governança. Kaufmann *et al.* (2010), por exemplo, a definem como o conjunto de tradições e instituições pelas quais a autoridade é exercida em um país, incluindo o processo de seleção, monitoramento e substituição dos governos; a capacidade governamental de formular e implementar efetivamente políticas sólidas; e o respeito dos cidadãos e estados para com as instituições que governam as interações sociais e econômicas entre os mesmos.

Segundo Gomides e Silva (2015) o termo *governance*, em inglês, que deu origem à palavra governança, em português, surgiu devido aos estudos do Banco Mundial a respeito de como o estado poderia ser mais eficiente. Percebe-se que a governança surgiu como um pilar mais amplo, envolvendo a relação entre o governo e a sociedade, ou seja, arranjo e forma pelos quais os governos exercem o poder, bem como os seus mecanismos utilizados para garantir a *accountability* pública, a transparência na relação entre governo e sociedade, o respeito à leis e legislações e participação da população.

Para Ribeiro (2014) a Governança Corporativa são regras e práticas estipuladas pelos donos das organizações, a fim de garantir que os administradores criem valor e atuem de acordo com os interesses dos acionistas, principalmente, bem como de todas as demais partes interessadas. Para tanto, precisa lidar com o conflito de agência, por meio da adoção de princípios norteadores e seus mecanismos de controle, os quais se destacam a transparência com o trato das informações; o cuidado com a prestação de contas; equidade; ética; e responsabilidade corporativa, que inclui a preocupação com a sustentabilidade.

As formas e mecanismos de governança pelos quais os setores e as esferas institucionais e organizacionais da sociedade são governados têm sofrido mudanças nas últimas décadas. O mesmo ocorre com a posição da governança, ou seja, o local em que o comando, administração, gestão e controle das instituições e esferas da sociedade são conduzidos (Kersbergen & Waarden, 2004).

A seguir, apresenta-se uma revisão bibliográfica das abordagens mais atuais; no contexto global e nacional; da governança corporativa nos setores privado, público e no terceiro setor, bem como uma abordagem sobre a governança corporativa sustentável.

Governança Corporativa

Apesar de recente, o tema governança corporativa passou a ter relevância, a partir do final dos anos oitenta, com uma busca incansável pelo alinhamento entre os interesses dos gestores e dos financiadores das organizações (Silveira, 2002). Segundo Casagrande e Lavarda (2015), a governança corporativa propicia o reconhecimento das partes interessadas, sejam elas quais forem; reforça a necessidade de se ter procedimentos contábeis transparentes; e diminuir a assimetria da informação.

Segundo o Instituto Brasileiro de Governança Corporativa (IBGC, 2015), governança corporativa busca criar um mecanismo de monitoramento e de incentivos aos atores envolvidos na gestão da empresa, a fim de que esses administradores estejam alinhados aos interesses dos donos da empresa, ao invés de priorizar sua agenda pessoal. Trata-se, então, de um sistema que envolve uma série de atores, dos quais destacam-se: acionistas, conselheiros administrativos e fiscais, diretores, presidente, auditores internas e externas.

Há organismos multinacionais, como a OCDE, o Banco Mundial e o Fundo Monetário Internacional (FMI), que promovem as melhores práticas de governança corporativa, vinculando ajuda financeira ao atendimento, por parte dos países e suas organizações, ao cumprimento de exigências que buscam manter a saúde econômica das nações que auxiliam (Grün, 2005).

Governança Corporativa Privada

De acordo com a OCDE e o G20 (OECD, 2015), para que os objetivos políticos fundamentais das nações sejam alcançados, é necessário um esforço simultâneo das políticas macroeconômicas e estruturais. Sendo apenas uma parte desse contexto, a efetividade da governança corporativa em uma única organização, quando estendida à economia como um todo, contribui para o fortalecimento da confiança necessária ao bom funcionamento da economia de mercado. Acaba promovendo o crescimento através da redução do custo de capital e fomento da utilização dos recursos corporativos, com maior eficiência (OECD, 2015).

Ainda, segundo a OECD (2015), uma vez que está inserida em um todo maior, a governança corporativa depende diretamente dos ambientes legal, regulamentar e institucional, além das questões relacionadas à ética e conscientização dos interesses ambiental e social das comunidades em que operam. Assim, a governança corporativa afeta a reputação da organização, tanto quanto seu sucesso a longo prazo.

Tirole (2001) apresenta uma definição de governança corporativa privada, adotada entre economistas e juristas estudiosos, como a defesa dos interesses dos acionistas, uma vez que existe a consciência de que os gestores podem tomar ações que prejudiquem os mesmos; sendo uma boa estrutura de governança, então, aquela que seleciona os gestores mais capazes e os torna responsáveis perante os investidores.

Na mesma linha, Shleifer e Vishny (1997) definiram governança corporativa privada como o meio pelo qual os investidores garantem a si próprios o retorno sobre seus investimentos e acrescentam que o debate é mais sobre como agregar valor para os acionistas, do que acerca de sua legitimidade.

As questões mais relevantes associadas à governança e ao processo de tomada de decisão nas organizações, para que sejam bem-sucedidas no longo prazo, estão relacionadas aos problemas de: separação de propriedade e controle - entre acionistas e gestores; acionistas controladores e acionistas minoritários; e acionistas e funcionários -; ordem ambiental; e anticorrupção ou ética (OECD, 2015).

Segundo o Global Corporate Governance Forum (IFC & UNGC, 2017), entretanto, a governança corporativa privada refere-se à forma como o conselho administrativo supervisiona a administração realizada pelos gestores, sendo responsável perante os *shareholders* e a organização; gerando implicações no comportamento organizacional, não só para os *shareholders*, mas também para os demais *stakeholders*, demonstrando um viés claramente voltado para a sustentabilidade.

Desta forma, a governança corporativa privada desponta como um dos principais elementos de melhoria da eficiência, crescimento econômico e aumento da confiança dos investidores, e estabelece um conjunto de relações entre os administradores, conselho administrativo, *shareholders* e demais *stakeholders* da organização. A governança corporativa estabelece ainda a estrutura de definição dos objetivos estratégicos e monitoramento do desempenho. Entretanto, para que seja eficaz, deve fornecer os incentivos adequados para que o conselho administrativo e os gestores alcancem esses objetivos e viabilizem um monitoramento efetivo (OECD, 2015).

A relação entre os *stakeholders* da organização e seus papéis variam muito de nação para nação e estão sujeitas à lei, à regulamentação, à adaptação e às forças de mercado. Os acionistas controladores influenciam significativamente o comportamento da organização e podem ser, por exemplo, indivíduos, grupos familiares, blocos de alianças, empresas que atuam através de uma *holding* ou participações cruzadas. Em alguns mercados, os investidores institucionais exigem, como proprietários de capital, serem cada vez mais ouvidos na governança corporativa. Os acionistas individuais normalmente buscam tratamento justo por parte dos acionistas controladores e dos gestores. Os credores, cujo papel é importante em diversos sistemas de governança, podem monitorar externamente o desempenho corporativo. Os funcionários podem contribuir para o sucesso e desempenho a longo prazo; já os governos, por sua vez, estabelecem os quadros institucionais e jurídicos gerais para a governança corporativa (OECD, 2015).

Um exemplo interessante sobre a importância da governança corporativa é o caso da empresa GSK. Trata-se de um laboratório mundialmente reconhecido - sexto grupo farmacêutico do mundo -, cujo corpo técnico é respeitado, além de possuir instalações laboratoriais e fabris de ponta. Apesar de possuir todos os requisitos para se destacar positivamente no setor, em 2012, a empresa foi multada em 3 bilhões de dólares por fraudes de diversos tipos envolvendo seus medicamentos – antidepressivo como pílula de emagrecimento; não divulgação do potencialmente aumento de riscos cardíacos de determinadas produtos; venda de placebos para tratamento de jovens com tendência ao suicídio -, que ocorreram durante anos e em diferentes gestões (Dowbor, 2016).

Ainda segundo Dowbor (2016), após ser processada e depois de uma série de manifestações de pacientes que foram enganados, bem como intenso ataque da imprensa; ao contrário do que seria esperado; as ações da empresa se valorizaram. Isso se deu em virtude de ter sido comprovado, por meio da análise financeira, que os lucros obtidos com as fraudes superaram amplamente os custos associados às multas pagas pela GSK, além do fato de os termos de negociação acordados com a justiça liberaram a empresa de reconhecer a culpa no caso.

Veja que no exemplo citado, a falta de uma governança corporativa efetiva causou um impacto na sociedade como um todo, uma vez que o público alvo dos produtos da empresa é a população mundial. Além disso, percebe-se que a questão da governança corporativa privada é transversal, isto é, está associada à governança da sociedade como um todo, que deveria ter banido a GSK do mercado e tê-la incentivado a focar nas questões relacionadas à sustentabilidade.

Governança Corporativa Pública

O caminho da adoção da governança corporativa no setor públicos brasileiro não é uma tarefa fácil. Como, inicialmente, a governança corporativa surgiu na iniciativa privada, nada mais natural do que alguns fundamentos e princípio da governança do setor privado fossem adaptados e/ou ajustados para a realidade da iniciativa pública.

Alguns estudos como os de Matias-Pereira (2010) já alertavam para a dificuldade em se conceber e aplicar a governança corporativa na iniciativa pública, dado que na grande maioria dos casos, trata-se de um setor dominado por empresas morosas e pouco flexíveis na tomada de decisão. Como consequência, essa lentidão é percebida pela população, no que diz respeito à prestação do serviço público, que é tido como de má qualidade, na maioria dos casos. O que de fato o autor conclui é que, não há uma governança corporativa efetivamente implementada no setor público, sendo necessário, então, uma maior aproximação com os setores privados e o terceiro setor, a fim de que se institucionalize a governança corporativa na iniciativa pública.

Ainda segundo Matias-Pereira (2010), no ambiente público, o planejamento estratégico introduz uma forma de pensar e agir estrategicamente, via uma série de análises internas e externas, bem como dos atores envolvidos. O advento e uso de técnicas utilizadas na iniciativa privada na iniciativa pública, como objetivos, metas e indicadores, por exemplo, caracterizou o New Public Management (NPM), mais próximo do mercado privado. Por sua vez o NPM fez surgir um novo modelo de governança pública chamado de New Public Governance (NPG), ou seja, um fortalecimento das estruturas das redes internas e externas, como foco nas relações de confiança e de contratos relacionais (Matias-Pereira, 2010).

No Brasil, a preocupação com a governança corporativa no setor público está em evidência, em virtude da promulgação da Lei Federal 13.303/2016 que determina uma série de normas e preocupações com a governança corporativa e o *compliance* das empresas do setor público, tendo em vista a necessidade de transparência e melhor gestão pública. Essa lei nova lei contribuirá sobremaneira no combate à corrupção preservando a integridade das instituições públicas brasileiras, destacando-se a definição de que a transparência será a ferramenta adotada para o controle dos poderes públicos, incluindo atividades e procedimentos internos das estatais. Propõe, ainda, uma atenção especial na gestão dos riscos e no cumprimento das obrigações legais, por meio da criação de uma área de *compliance* (Fortini & Vieira, 2016).

Como discutido anteriormente, as questões relacionadas à governança pública, de fato, não são de simples aplicação, especialmente em um país bastante instável político e economicamente, como o Brasil. A distância entre os conceitos do NPG e a sua real aplicação prática, ainda é um desafio a ser superado pelas empresas do setor público. Conforme abordado por Carvalho De Benedicto *et al.* (2013) as práticas associadas à governança corporativa no setor público estão sendo introduzidas nas empresas do setor público brasileiro, repercutindo na gestão das mesmas. No entanto, as lacunas entre o praticado e o ideal de um de um Estado justo e transparente, ainda são grandes, uma vez que ainda há uma série de condutas discutíveis que precisam ser revistas sob o olhar dos princípios da governança pública.

Iniciativas interessantes de proposições de uma governança do setor público de saúde, como a relatada por Dos Santos e Giovanella (2014), demonstram que mesmo ideias interessantes e de grande potencial de trazer benefícios para os cidadãos, acabam não dando certo devido a problemas que são comuns nos diferentes setores públicos, a saber: a grande rotatividade de secretários, gestores com autonomia limitada, falta de conhecimento e capacitação dos gestores e influência político-partidária que impactam na correta prestação de serviços à comunidade civil.

Um dos grandes, senão o maior desafio para uma governança corporativa eficiente nas empresas estatais; e que diferem da governança corporativa no setor privado, que apesar de estarem alicerçadas na mesma base, em termos de fundamentos da administração; é que a governança corporativa pública possui uma complexa relação entre os agentes e o principal, com uma grande influência política sobre ambos, ou seja, um grande conflito de agência (Fernandes, 2016).

Para que as instituições públicas de fato implementem uma governança corporativa efetiva, faz-se necessário seguir e respeitar seis características primordiais, divididas em dois grupos: 1) Qualidades pessoais dos administradores das empresas públicas - liderança, integridade, compromisso; e 2) Produto das estratégias, políticas e processos internos das instituições públicas - responsabilidade, integração e transparência (Carvalho De Benedicto, de Souza Guimarães Júnior, Pereira & Nogueira de Andrade, 2013).

Alguns estudos como os de Alves (2016) apontam que há algumas iniciativas a serem realizadas, com o objetivo de aprimorar as competências dos servidores públicos, com relação à governança no setor público, tanto no início da formação do servidor como na sua formação continuada. Uma iniciativa apontada pelo autor é justamente a importância das escolas do governo – Instituto Rio Branco (IRBr), Escola Nacional de Administração Pública (ENAP) e a Escola de Administração Fazendária (ESAF) – na formação dos servidores públicos e nas suas competências como gestores governamentais, o que inclui, notadamente, os saberes relacionados às práticas da governança no setor público, seja ele em qualquer nível (Alves, 2016).

Gaetani (2014) traz à tona a existência de vetores importantes para o ensino da administração pública e que impactam diretamente na estrutura dos modelos de governança pública, que são a revolução tecnológica – introdução constante de novas e inovadoras tecnologias na produção e prestação de serviços públicos - e a internacionalização da administração pública – crescente necessidade de regulação governamental supranacional, com a criação do MERCOSUL, NAFTA, União Europeia, bem como de organismos internacionais como OCDE e FMI, dentre outros.

Governança Corporativa do Terceiro Setor

O terceiro setor é definido como sendo uma (Ávila & Bertero, 2016) "imponente rede de associações privadas autônomas, não voltadas à distribuição de lucros para acionistas ou diretores, atendendo propósitos públicos, embora localizada à margem do aparelho formal do Estado" (Salamon, 1998, p. 5). Dessa forma, as empresas do terceiro setor são formalmente constituídas, são autônomas, não distribuem lucro (sem fins lucrativos), não são públicas (apesar de produzir bens/serviços públicos) e dedicam-se ao voluntariado. Assim, possuem importância para a democracia, do bem-estar comum, da garantia da cidadania, sendo responsável, inclusive, por uma considerável parte do Produto Interno Bruto (PIB) de um pais. (Ávila & Bertero, 2016).

Para Rodrigues, Vieira, dos Santos, Cabral e Pessoa (2016), o Terceiro Setor surgiu para cobrir os *gaps* existentes no atendimento das necessidades da sociedade por parte do estado ou mesmo pelo setor privado, que vão desde a falta de assistência social adequada, passando pelas necessidades educacionais, até às culturais. Essa assistência à sociedade se dá por meio de grupos empresariais e entidades sem fins lucrativos, porém, o terceiro setor vai além dessas associações e entidades, sendo composta em sua essência por todas as iniciativas organizadas pela sociedade civil que busca o desenvolvimento da sociedade. Dessa forma, o terceiro setor situa-se entre o primeiro setor – setor público – e o segundo setor – setor privado.

Segundo Vinten (1997), as empresas do terceiro setor - organizações sem fins lucrativos - precisam ser bastante transparentes com os doadores de recursos, de forma que fique claro todas as iniciativas associadas ao efetivo cumprimento das suas responsabilidades, especialmente no que diz respeito ao uso eficaz e eficiente dos recursos financeiros. As empresas do terceiro setor podem ser compostas de diversas forma, seja via associações, fundações, entidades, bem como diversos outro tipo de instituições de interesse público organizado pela sociedade civil.

Dentro das formas apresentadas, ainda são encontradas subdivisões sobre o seu caráter, que pode ser voltado para o voluntariado, para o desenvolvimento, para o ambientalismo, para a garantia da cidadania, dentre outros (Ávila & Bertero, 2016). Segundo Mota et al. (2007), dentre as empresas do terceiro setor, um grupo se destaca, que é são as Organizações Não Governamentais (ONG´s), que defendem os direitos humanos, o meio ambiente, grupos sociais e outros, movimentando um grande volume de recursos financeiros.

A governança corporativa no terceiro setor possui um caráter social muito forte, com foco no controle e monitoramento dos interesses grupos variados em prol do melhor desempenho possível da instituição (Ávila & Bertero, 2016). O tema governança corporativa vem tendo destaque nas empresas privadas que visam ao lucro, e, recentemente, as empresas do setor público também passaram a se preocupar com o tema, apesar de ainda ser incipiente. No entanto, segundo

Mota *et al.* (2007), a adoção da governança corporativa no terceiro setor é pertinente, em virtude do problema de agência - quando os gestores das instituições tomam decisões que maximizem seus ganhos pessoais, em detrimento à geração de valor para os acionistas ou doadores - envolvidos no processo de financiamento das organizações não governamentais. Para a redução da assimetria de informação dos Santos, Ohayon e Marvila Pimenta (2017) afirmam que o *disclosure* por meio da internet, ou seja, a divulgação das informações financeiras e não financeiras de uma empresa do terceiro setor via website, seria uma boa solução. Garantiria uma melhor comunicação com os atores interessados sobre o desempenho da instituição, passaria credibilidade e ajudaria na obtenção de novos recursos financeiros.

Um exemplo interessante, apresentado por Mota *et al.* (2007), é o trabalho da ONG Redenção, que vem trabalhando com variados modelos de governança corporativa, no auxílio da gestão da organização. Identificou-se que o objetivo da implementação da governança na ONG foi a busca pela melhoria da gestão organizacional, propiciando àqueles que a financiam, maior segurança com relação ao efetivo uso dos recursos nas ações sociais promovidas pela ONG, as quais são sua razão de ser e existir. Algumas ações de destaque foram: a gestão das atividades da ONG, por parte do conselho de administração, através de relatório gerenciais; maior interação e comunicação com os doadores, pelos correios e pela internet; e contratação de auditorias independentes para supervisionarem o trabalho da ONG, dentre outras iniciativas que buscam demonstrar o correto uso dos recursos acumulados pela organização.

Importante ressaltar, ainda, que no exemplo da ONG Redenção, as características organizacionais acabaram influenciando a forma como a governança foi efetivamente implementada, extrapolando o que previa a teoria e os marcos regulatórios. Por exemplo, a valorização do gênero feminino e dos membros da localidade local onde a ONG atua, como parte do conselho administrativo, foram aspectos ideológicos incorporados nas suas práticas de governança. Tal atitude é tanto positiva quanto negativa, uma vez que foca apenas na participação de membros externos em detrimento de uma mescla com membros internos, que possuem conhecimento do dia a dia da ONG. Outra customização interessante da governança adotada trata da forma como o capital da empresa é gerenciado, desde a sua captação, passando pela cooperação com outras instituições, até a não adoção do mecanismo do mercado de capitais, o que vai de encontro aos valores da ONG e do seu contexto social (Mota *et al.*, 2007).

Sustentabilidade e Governança Corporativa

Desde a década de 80, os termos governança e sustentabilidade corporativa passaram a ter evidência e relevância. A população mundial criou uma enorme expectativa com relação à efetiva adoção de práticas sustentáveis por parte das organizações em todo o mundo, após a publicação do relatório *Brundtland*, em 1987, que trouxe à tona as bases conceituais do que hoje é conhecido com desenvolvimento sustentável (Benites *&* Polo, 2013; Gibson, 2006; Singh *et al.*, 2007).

A adoção do atendimento das necessidades sociais, ambientais e econômicas, como pilares do desenvolvimento sustentável, foi defendida em 1992, na Declaração do Rio sobre meio ambiente e desenvolvimento. Já em 1994, o tripé social, econômico e ambiental foi chamado de Triple Bottom Line, com o objetivo de trazer os conceitos acadêmicos para mais próximo do mundo dos negócios (Benites *&* Polo, 2013). A base dos estudos sobre a sustentabilidade foi desenvolvida por Elkington (2012, 1999), que afirmava que qualquer negócio precisa considerar medidas de sucesso que considere os impactos econômicos, ambientais e sociais

De acordo com Casagrande e Lavarda (2015), a governança corporativa pode potencializar as ações sustentáveis, já que se preocupam tanto com a transparências das transações econômicas, como também valorizam a dimensão ambiental, ambas declaradas em seus relatórios (KOLK, 2008).

Gibson (2006), entretanto, ressalta a importância de uma abordagem integrada dos três pilares do Triple Bottom Line, uma vez que a governança orientada à sustentabilidade não pode ser reduzida à luz de uma escolha, baseada em um só ponto de tomada de decisão relevante (econômico, social ou ambiental). Faz-se necessário e sensato integrar o conjunto completo de considerações de sustentabilidade, por meio de todo um processo de deliberação, decisão e implementação. Isso é importante, pois reduz o risco dos tomadores de decisão fazerem afirmações sobre sustentabilidade e integração, quando, na verdade, utilizam apenas um novo chapéu para os preconceitos de longa data, que favorecem seus interesses limitados e de curto prazo, normalmente de ordem econômica.

Buss *et al.* (2012) chama atenção para a questão do desenvolvimento sustentável e da governança como agenda política do alto escalão dos organismos nacionais e globais, como por exemplo a ONU e a Rio+20. As governanças locais, regionais e globais para o desenvolvimento sustentável devem garantir políticas concretas e a promoção de ações práticas que vão desde incentivos às práticas sustentáveis nos mais diversos setores da sociedade até o acesso irrestrito a serviços básicos como água, luz e esgoto.

A gestão sustentável e sua governança passam a ser não só uma questão de imagem, mas sim uma nova forma de desenvolvimento, com o mínimo uso dos recursos disponíveis gerando lucro para as empresas e valor compartilhado com a sociedade. Não se trata de um lucro na forma tradicional, apenas financeira, mas um lucro com propósito social, um lucro sustentável (Porter & Kramer, 2011). Segundo Leal (2009), uma organização sustentável deve incluir em seus objetivos estratégicos: 1) cuidado com o meio ambiente, 2) cuidado com o bem-estar dos *stakeholders,* 3) constante melhoria da sua imagem como instituição e 4) qualidade dos produtos e serviços ofertados.

Interessante notar que, apesar da relevância do tema sustentabilidade dentro do contexto da gestão e governança corporativa ter aumentado ao longo do tempo, como forma de se criar valor para a organização a longo prazo, sua adoção prática por parte das empresas como um todo ainda é um dilema (Buss *et al.*, 2012; Ellenbecker, 2001). Por exemplo, um estudo sobre os relatórios de sustentabilidade de 2012 de sete empresas do setor de materiais básicos listadas na BM&FBovespa, com base nos indicadores propostos pela *Global Reporting Initiative*, demonstrou que as mesmas ainda não despertaram interesse para o tema sustentabilidade, no que diz respeito ao cumprimento das responsabilidades ambientais responsáveis (Buss *et al.*, 2012).

Atualmente, a crise financeira global aumentou a necessidade de direção estratégica bem informada e supervisão engajada, por parte do conselho administrativo, que transcenda o desempenho financeiro de curto prazo, proporcionando uma abordagem mais abrangente dos riscos, antecipando impactos negativos potenciais sobre as pessoas e o meio ambiente, assim como viabilizando uma melhor gestão dos riscos tangíveis e de reputação (IFC & UNGC, 2017). Essa postura também pode gerar riqueza e, consequentemente, criar valor para os acionistas, através do aumento das oportunidades de negócio e maior acesso aos mercados (IFC & UNGC, 2017).

O conceito de cidadania corporativa consiste no compromisso da organização com um comportamento ético na estratégia de negócios, operações e cultura. Esse compromisso ocupava uma posição periférica na governança corporativa (IFC & UNGC, 2017). Entretanto, devido aos níveis atuais de globalização e interconexão entre as nações, os investidores, credores e demais *stakeholders* passaram a reconhecer as responsabilidades ambiental, social e de governança como parte integrante do desempenho e sustentabilidade organizacional no longo prazo. A preocupação com essas responsabilidades passou a influenciar na definição dos lucros, levando o conselho administrativo a incorporar suas dimensões nos principais processos de tomada de decisão, a fim de garantir o sucesso organizacional e obtenção de crescimento sustentável (IFC e UNGC, 2017; Sebhatu, 2009).

A ampliação do conjunto de valores que fundamentam a supervisão, o relacionamento com a administração e a responsabilidade perante os *shareholders* do conselho administrativo, com a inclusão dos direitos humanos, proteção ao meio ambiente e medidas anticorrupção, configura a ascensão de uma nova visão de negócios (IFC & UNGC, 2017). Para Thierry Buchs, chefe da Divisão de Desenvolvimento do Setor Privado do Secretariado Estadual da Suíça para Assuntos Econômicos (SECO), "a boa governança corporativa é a cola que mantém as práticas empresariais responsáveis, o que assegura o gerenciamento positivo do local de trabalho, a responsabilidade do mercado, a gestão ambiental, o engajamento da comunidade e o desempenho financeiro sustentado. Isto é ainda mais verdadeiro agora, enquanto trabalhamos em todo o mundo para restaurar a confiança e promover o crescimento econômico" (IFC & UNGC, 2017).

A contribuição coletiva do conselho administrativo e individual de cada diretor é fundamental para que os objetivos de negócio sejam alcançados com a governança corporativa, que sustenta o equilíbrio entre os objetivos econômicos, sociais e ambientais, assim como entre os individuais e comunitários (IFC & UNGC, 2017). Essa visão das responsabilidades do conselho administrativo tornou-se evidente em uma série de iniciativas globais e industriais que vêm crescendo, dentre as quais pode-se destacar os Princípios de Governança Corporativa da OCDE e o Pacto Global da ONU. A cidadania corporativa está relacionada às três funções fundamentais do conselho administrativo e deveres dos seus diretores: proteger os direitos e interesses dos *stakeholders*; gerenciar riscos; e criar valor comercial a longo prazo.

Em 2015, a OCDE e seus governos membros (G20) publicaram a segunda revisão dos seis princípios de governança corporativa elaborados em 1999. Esses princípios têm o propósito de ajudar "os formuladores de políticas a avaliar e melhorar o quadro jurídico, regulamentar e institucional para a governança corporativa, com o objetivo de apoiar a eficiência econômica, o crescimento sustentável e a estabilidade financeira" (OECD, 2015).

Além de exigirem que a organização reconheça e salvaguarde os direitos dos *stakeholders*, incluindo, mas não se limitando, aos interesses legítimos e necessidades de informação, os princípios da OCDE/G20 exigem ainda que o conselho administrativo seja realmente responsável perante os *sharehoders*, assumindo toda a responsabilidade final pelo comprometimento da organização com um alto padrão de comportamento corporativo e ética (OECD, 2015).

Ainda segundo OECD, (2015), para que a governança corporativa seja efetiva, é necessário que possua o apoio e compromisso da vasta rede de *stakeholders* do negócio, dentre os quais pode-se destacar os funcionários, clientes, comunidades e *shareholders*. Cabe ressaltar aqui a forte interligação entre os *shareholders* e demais *stakeholders*, uma vez que um resultado negativo para os *stakeholders*, devido às atividades da organização, pode prejudicar o valor de suas ações e relações com investidores institucionais.

A sustentabilidade demanda uma mudança na mentalidade e compromisso da liderança e do desempenho organizacional, a fim de que contemple os principais *stakeholders* (Sebhatu, 2009). Da mesma forma, os dez princípios do Pacto Global das Nações Unidas convocam, os conselhos administrativos a abordarem as dimensões críticas de interesse para os *stakeholders*. Segundo o IFC e UNGC (2017), "os conselhos que reconhecem o valor de uma abordagem holística do envolvimento dos *stakeholders*, particularmente nos domínios ambiental, social e de governança, descobrem que os *shareholders* estão igualmente comprometidos com essas questões". Nessa mesma linha, Sebhatu (2009) e Gibson (2006) enfatizam essa visão ao afirmarem que a gestão sustentável holística é complexa e desafiadora, e exige um modelo de gestão que integre os desempenhos ambiental, social e econômico.

O envolvimento dos *stakeholders* ocorre tanto do ponto de vista da comunicação contínua com os mesmos, a respeito de preocupações materiais, quanto da divulgação regular sobre o desempenho organizacional, preferencialmente através de relatórios financeiros periódicos. Adicionalmente, um elevado padrão de integridade, transparência e divulgação pode influenciar diretamente no restabelecimento da confiança pública e dos investidores no setor privado, permitir um diálogo contínuo e construtivo com os *stakeholders*, e determinar o desempenho de uma organização (IFC & UNGC, 2017).

Há um esforço crescente das organizações em ampliar o rigor e qualidade de seus controles internos, contemplando questões relacionadas à ética e integridade, a fim de evidenciar boas práticas de negócio e gestão para gerentes de investimentos. "Iniciativas como os Princípios do Equador liderados pela IFC - um *benchmark* da indústria financeira utilizado por mais de 60 instituições financeiras em todo o mundo para determinar, avaliar e gerenciar o risco social e ambiental no financiamento de projetos - e os Índices de Sustentabilidade Dow Jones e FTSE4Good tornaram cada vez mais evidente que as práticas socialmente responsáveis podem melhorar o acesso aos mercados financeiros e reduzir os custos de capital" (IFC & UNGC, 2017). Cabe ressaltar que, em uma produção sustentável responsável, os riscos não devem ser transferidos entre seus diferentes aspectos, como entre a proteção ambiental e de saúde e segurança no trabalho, por exemplo (Ellenbecker, 2001).

Ainda segundo IFC e UNGC (2017), a gestão de riscos também gera vantagem competitiva com a adoção de iniciativas anticorrupção ao garantir o atendimento às expectativas dos *stakeholders*, proteger a reputação organizacional e atender às demandas de fundos de investimentos e pensões éticos, dentre outros investidores.

No contexto da função de criar valor comercial a longo prazo, cabe destacar o papel principal de todo conselho administrativo: orientar a estratégia corporativa gerando riqueza para os acionistas (IFC & UNGC, 2017). As questões relacionadas à cidadania corporativa estão gerando inúmeras oportunidades de negócio, cujos benefícios imediatos incluem melhor reputação, maiores taxas de retenção dos colaboradores, maior produtividade e menor custo devido às melhorias operacionais e desenvolvimento de inovações em produtos e serviços.

Para que as estratégias de cidadania e sustentabilidade sejam de fato efetivas, precisam estar alinhadas às prioridades comerciais da organização, serem lideradas pelo topo e contemplar vasta gama de visões das partes interessadas, alocando os recursos de forma mais eficiente e estratégica e gerando novas oportunidades de negócio (IFC & UNGC, 2017). Um programa ambiental, por exemplo, pode gerar benefícios financeiros associados à redução dos custos operacionais e levar a novos mercados e tecnologias.

Não obstante a importância do tema sustentabilidade no contexto da governança corporativa, pouco se vê, na prática, organizações que possuam uma governança orientada à sustentabilidade. Apenas recentemente tem aumentado o número de organizações que passaram a utilizar indicadores voltados para medição do desempenho ambiental, de saúde e segurança (EHS), assim como social, além dos tradicionais indicadores financeiros, para determinar o sucesso organizacional, como, por exemplo, a 3M, Shell, Amoco e Interface (Ellenbecker, 2001). Há casos de sucesso, como o da empresa Masisa, que implementou o conceito do Triple Bottom Line em sua governança corporativa, ou seja, a empresa decidiu dar atenção e prestar contas do seu desempenho nas áreas econômica, ambiental e social, demonstrando que o cuidado com as áreas ambiental e social potencializa os ganhos econômicos. Importante ressaltar, ainda, que a empresa atua em dois países - Brasil e Chile - e em ambos os casos os resultados dessa estratégia de colocar a sustentabilidade como cerne da governança, foi positivo (Benites & Polo, 2013).

Ainda, segundo Benites e Polo (2013), a inclusão da sustentabilidade como base dos negócios da Masisa dá-se não pelo modismo em seguir uma tendência de mercado, mas sim por se tratar de uma estratégia empresarial que visa retorno financeiro, com geração de valor também para os pilares social e ambiental, que fazem com que o pilar econômico seja potencializado no longo prazo.

Importante ressaltar que a Masisa reconhece que no curto prazo há a necessidade de investimento, pois a atualização de máquinas, processos, treinamento, dentre outros, acaba consumindo recursos. No entanto, no médio e longo prazos esses custos se transformam em ganhos tangíveis com a valorização de aspectos intangíveis, como a melhora da imagem da organização e a valorização da sua marca e reputação no mercado em que ela atua. Os ganhos sentidos pela organização geram, desta forma, um círculo virtuoso, que estimula a manutenção da estratégia voltada para a sustentabilidade, ressaltando que o esforço efetivo da organização é mais sentido onde há uma regulação mais forte do país de atuação (Benites & Polo, 2013).

Conclusão

Apesar de distintas, as formas e mecanismos da governança corporativa nos segmentos privado, público e do terceiro setor possuem, em sua maioria, algumas características em comum, muito possivelmente devido ao fato de todas terem sua origem na governança corporativa do setor privado. Também, por esse motivo, a governança corporativa no setor privado está mais estabelecida.

Outros fatores que contribuem para uma maior implantação nas organizações privadas da governança corporativa é o reconhecimento da relevância das responsabilidades ambiental, social e de governança no contexto organizacional. Tal reconhecimento ainda não é amplamente notado ou divulgado nas empresas públicas ou do terceiro setor, o que é um paradoxo, já que tais empresas não visam ao lucro econômico como seu foco principal.

Apesar da falta de profundidade nas discussões da sustentabilidade no âmbito da governança corporativa nos segmentos públicos e do terceiro setor, a governança corporativa *per si* tem ganhado força e tido sua relevância reconhecida em todas as esferas, estando associada diretamente a um desempenho mais eficaz.

Falta, no entanto, uma adoção sistêmica e proativa, de forma que as velhas práticas burocráticas sejam substituídas pelas novas formas de se gerenciar uma empresa. Nesse contexto, as organizações internacionais como ONU, OCDE, Banco Mundial e outras, possuem papel importante na promoção das práticas de governança, de preferência, sustentáveis. Além disso, a educação da governança possui um papel de destaque na conscientização dos novos gestores, a respeito da sua importância, seja ela sustentável ou não.

O gerenciamento responsável das questões econômicas, ambientais e sociais, dentro do contexto da governança, criam uma disposição e um ambiente de negócios que fortalece a integridade das organizações na sociedade. Traz, consigo, uma maior competitividade, economia e confiança dos *stakeholders,* gerando maior retorno de longo para a sociedade, o meio ambiente e a economia.

O desenvolvimento sustentável e a governança sustentável andam de mãos dadas, uma vez que a primeira é uma necessidade à luz do novo contexto mundial de escassez de recursos. Já a segunda passa a ser um instrumento eficaz para que o desenvolvimento sustentável entre de fato na agenda de curto prazo das empresas, no seu dia a dia.

Referências

Alves, A. C. (2016), "As Escolas de Governo na Profissionalização da Burocracia Brasileira", *Revista de Direito da Administração Pública*, v. 1, n. 2.

Aras, G. & Crowther, D. (2008), "Governance and sustainability: An investigation into the relationship between corporate governance and corporate sustainability", *Management Decision*, v. 46, n. 3, p. 433-448.

Ávila, L. A. C. D., & Bertero, C. O. (2016). Third sector governance: a case study in a university support foundation. *Revista brasileira de gestão de negócios*, 18(59), 125-144.

Benites, L. L. L. & Polo, E. F. (2013), "A sustentabilidade como ferramenta estratégica empresarial: governança corporativa e aplicação do Triple Bottom Line na Masisa", *Revista de Administração da UFSM*, v. 6, p. 195-210.

Buss, P. M. *et al.* (2012), "Governança em saúde e ambiente para o desenvolvimento sustentável", *ABRASCO - Associação Brasileira de Saúde Coletiva*.

Carvalho De Benedicto, S., de Souza Guimarães Júnior, E., Pereira, J. R., & Nogueira de Andrade, G. H. (2013). Governança corporativa: uma análise da aplicabilidade dos seus conceitos na administração pública. *Organizações Rurais & Agroindustriais*, 15(2).

Casagrande, R. M., & Lavarda, E. E. F. (2015). Convergências Teóricas entre a Governança Corporativa e a Sustentabilidade sob a Perspectiva da Legitimidade. *Revista de Gestão Social e Ambiental*, 9(2), 88.

dos Santos, C. M. V., Ohayon, P., & Marvila Pimenta, M. (2017). Disclosure via Website e as Características das Empresas do Terceiro Setor: Um Estudo Empírico das Entidades Cariocas. *Advances in Scientific & Applied Accounting*, 10(1).

Dos Santos, A. M. & Giovanella, L. (2014), "Governança regional: estratégias e disputas para gestão em saúde", *Revista de Saúde Pública*, v. 48, n. 4, p. 622-631.

Dowbor, L. (2016). Governança corporativa: o caótico poder dos gigantes financeiros. *Pesquisa & Debate. Revista do Programa de Estudos Pós-Graduados em Economia Política. ISSN 1806-9029*, 27(2 (50)).

Elkington, J. (1999) Triple Bottom-Line Reporting: looking for balance. Australian: CPA.

Elkington, J. (2012) Sustentabilidade: canibais com garfo e faca. São Paulo: M. Books do Brasil.

Fernandes, A. L. A. (2016). Governança corporativa e auditoria: a influência da teoria da agência na execução destas funções na empresa estatal.

Fortini, C., & Vieira, A. S. M. (2016). Governança Corporativa e Medidas Preventivas contra a corrupção na Administração Pública: um enfoque à luz da Lei nº 13.303/2016-Corporate Governance and Preventive Measures against corruption in Public Administration: a focus on Law nº 13.303/2016. *Revista de Direito da Administração Pública Law Journal of Public Administration*, 1(2).

Gaetani, F. (2014), "O ensino de administração pública no Brasil em um momento de inflexão", *Revista do Serviço Público*, v. 50, n. 4, p. 92-119.

Gibson, R. B. (2006), "Beyond the pillars: sustainability assessment as a framework for effective integration of social, economic and ecological considerations in significant decision-making", *Journal of Environmental Assessment Policy and Management*, v. 8, n. 03, p. 259-280.

Gomides, J. E. & Silva, A. C. (2015), "O surgimento da expressão "governance", governança e governança ambiental: um resgate teórico", *Revista de Ciências Gerenciais*, v. 13, n. 18, p. 177-194.

Grün, R. (2005), "Convergência das elites e inovações financeiras: a governança corporativa no Brasil", *Revista Brasileira de Ciências Sociais*, v. 20, n. 58, p. 67-90.

IBGC – Instituto Brasileiro de Governança Corporativa. (2015) Origem da boa governança. Recuperado em 02 nov. 2015: < http://www.ibgc.org.br/inter.php?id=18166>

IFC & UNGC (2017), "Corporate Governance: The Foundation for Corporate Citizenship and Sustainable Businesses", Washington, DC, disponível em: https://openknowledge.worldbank.org/handle/10986/25851 (Acesso em 15 de junho de 2017)

Kaufmann, D., Kraay, A. & Mastruzzi, M. (2010), "The Worldwide Governance Indicators: Methodology and Analytical Issues", *Policy Research*, working paper, n. WPS 5430. World Bank.

Kersbergen, K. V. & Waarden, F. V. (2004), ""Governance" as a bridge between disciplines: Cross-disciplinary inspiration regarding shifts in governance and problems of governability, accountability and legitimacy". *European Journal of Political Research*, pp. 143–171.

Kolk, A. (2008) Sustainability, accountability and corporate governance: Exploring multinationals reporting practices. Business Strategy and the Environment, 17 (1), 1-15.

LEAL, C. E. (2009). A era das organizações sustentáveis. *Revista Eletrônica Novo Enfoque da Universidade Castelo Branco*, 8(8), 1-12.

Matias-Pereira, J. (2010), "A governança corporativa aplicada no setor público brasileiro", *Administração Pública e Gestão Social*, [S.l.], v. 2, n. 1, p. 109-134.

Mota, N. R., Ckagnazaroff, I. B. & Amaral, H. F. (2007), "Governança Corporativa: estudo de caso de uma Organização Não Governamental", *Cadernos Gestão Social*, v. 1, n. 1, p. 139-154.

OECD (2015), "G20/OECD Principles of Corporate Governance", *OECD Publishing*, Paris, disponível em: http://www.oecd.org/corporate/principles-corporate-governance.htm (Acesso em 15 de junho de 2017).

Porter, M. E.& Kramer, M. R. (2011). Criação de valor compartilhado. *Harvard Business Review*, v. 89, n. 1/2, p. 62-77.

Ribeiro, H. C. M. (2014). Produção Acadêmica dos Temas Governança Corporativa e Sustentabilidade: Uma Análise dos últimos 14 anos nos Periódicos Internacionais. DOI–10.5752/P. 1984-6606.2014 v14n35p5. *Economia & Gestão*, 14(35), 5-34.

Rodrigues, R. C., Vieira, A. P. R., dos Santos, S. M., Cabral, A. C. A., & Pessoa, M. N. M. (2016). CONTABILIDADE NO TERCEIRO SETOR: ESTUDO BIBLIOMÉTRICO NO PERÍODO DE 2004 A 2014. *ConTexto*, 16(34).

Sebhatu, S. P. (2011), "Sustainability Performance Measurement for sustainable organizations: beyond compliance and reporting", disponível em: http://www.ep.liu.se/ecp/033/005/ecp0803305.pdf (Acesso em 06 de junho de 2016).

Shleifer, A. & Vishny, R. (1997), "A Survey of Corporate Governance", *Journal of Finance*, pp. 737-783.

Silveira, A. D. M. (2002), "Governança corporativa, desempenho e valor da empresa no Brasil". *Dissertação (Mestrado em Administração) – Programa de Pós-Graduação em Administração, Faculdade de Economia, Administração e Contabilidade, Universidade de São Paulo*, São Paulo, 165p.

Singh, R. K., Murty, H. R., Gupta, S. K. & Dikshit, A. K. (2007), "Development of composite sustainability performance index for steel industry", *Ecological Indicators*, pp. 565–588.

Tirole, J. (2001), "Corporate Governance", *Econometrica*, v. 69, No. 1, pp. 1-35.

Veleva, V. & Ellenbecker, M. (2001), "Indicators of sustainable production: framework and methodology", *Journal of Cleaner Production*, v. 9, pp. 519-549.

Vinten, G. (1997), "Corporate Governance in a Charity", *Corporate Governance*, Oxford, v.5, n.1, p. 25-28.

WBG (2017), "World Development Report 2017: Governance and the Law", *World Bank*, Washington, DC, disponível em: https://openknowledge.worldbank.org/handle/10986/25880 (Acesso em 15 de junho de 2017).

CARACTERÍSTICAS DE INOVAÇÃO E SUSTENTABILIDADE NAS UNIVERSIDADES: ESTUDO DE CASO EM UMA UNIVERSIDADE PARTICULAR

Jéssica Galdino de Freitas
Marta Duarte de Barros
Mara Regina dos Santos Barcelos
Helder Gomes Costa

O propósito desse trabalho é identificar as características de inovação e sustentabilidade inerentes às instituições de ensino superior (IES) e avaliá-las através de uma análise classificatória qualitativa. Este estudo mostra-se necessário tendo em vista as diversas exigências impostas pelo mercado e pela sociedade às organizações, obrigando-as a evoluir constantemente, mas com os resultados sociais, ambientais e economicamente sustentáveis. As universidades também se enquadram nesse ambiente de exigências, e neste contexto, é necessário que suas ações sejam inovadoras e sustentáveis. Para realização desse estudo, foi feita uma pesquisa em uma universidade particular localizada no interior do estado do Rio de Janeiro. Os dados foram obtidos através de pesquisa documental e *Survey*, e os resultados, através da análise de dados, contribuíram para a identificação de ações inovadoras e sustentáveis que as universidades podem desenvolver a fim de melhorar o seu desempenho nestes dois pilares.

Introdução

Problema da Pesquisa

Frente ao agravamento dos problemas ambientais, que marcou o final do século XX, observa-se a introdução do tema da sustentabilidade às agendas políticas dos gestores públicos e privados (VIEGAS; CABRAL, 2015) faz-se necessária. O cenário competitivo vivenciado pelas organizações vem fazendo com que as mesmas se preocupem cada vez mais com o aumento da sua eficiência e com a redução de custos, fatores que deixaram de ser uma vantagem competitiva perante o mercado para se tornar fator essencial na manutenção da lucratividade e sobrevivência de uma organização a longo prazo. Drohomeretski *et al.* (2014), afirma que:

> Melhoria contínua é simples, fácil de entender e requer baixo investimento, sendo considerada atualmente como o mais eficiente caminho para aumento da competitividade de uma organização. Porém, é possível perceber dificuldades na implantação de seus conceitos nas organizações. As dificuldades apresentadas vêm estimulando o interesse pela busca de novos modelos e estratégias.

A competividade entre as organizações vem impulsionando ainda mais as empresas a buscarem por ações inovadoras e sustentáveis, principalmente a fim de preencher os requisitos básicos demandados pelas partes interessadas em seu negócio (FREITAS; COSTA, 2017). Neste cenário, as organizações passaram a desenvolver ações de responsabilidade social e ambiental, provocando mudanças nos modelos de gestão e na cultura organizacional.

Nos dias de hoje, é possível observar mudanças nas formas de produção e aplicação de novas tecnologias, nas formas de utilização de materiais, no tratamento de resíduos e gerenciamento de água e energia, dentre outras, mudanças estas chamadas de Sustentabilidade Organizacional (VIEGAS; CABRAL, 2015). A sustentabilidade organizacional representa um modelo de gestão de negócios, advinda do movimento a favor do Desenvolvimento Sustentável, visto que é baseada não somente no aspecto financeiro, mas essencialmente no social e no ambiental, o *triple bottom line* (NASCIMENTO, 2008).

Nesse cenário de novas demandas, os desafios de inovação e sustentabilidade também se apresentam às instituições de ensino superior. Essa realidade pode ser observada tanto através da crescente quantidade de ações de inovação e sustentabilidade realizadas por essas instituições, como pela criação de polos tecnológicos, incubadores, ações sociais e coleta seletiva de lixo, e ainda devido ao crescente volume de trabalhos científicos voltados para o estudo da inovação (MARQUES *et al.*, 2016; SOUKALOVÁ, 2016) e da sustentabilidade (ALHARBI; PATTINSON, 2016; BIKSE, 2016; QUEIROZ MACHADO, 2016) nestas instituições. Apesar de terem sido identificados estudos que relacionam os temas de inovação e sustentabilidade na literatura científica (ZAMBANINI *et al.*, 2013), estudos deste tipo realizado em IES ainda são incipientes.

Questão da Pesquisa

Neste contexto, surge a seguinte questão: Quais características de inovação e sustentabilidade podem ser desenvolvidas por uma universidade particular?

Objetivos

O projeto ora proposto apresenta os seguintes objetivos:

- Realizar uma pesquisa sobre a sustentabilidade e inovação nas universidades;
- Identificar as características de inovação e sustentabilidade de uma universidade particular; e
- Analisar as características de inovação e sustentabilidade de uma universidade particular.

Revisão da Literatura

Inovação nas Universidades

Para Masetto (2003), inovação pode ser entendida "como o conjunto de alterações que afetam pontos-chave e eixos constitutivos da organização do ensino universitário provocadas por mudanças na sociedade ou por reflexões sobre concepções intrínsecas à missão da Educação Superior". Segundo Borges (2011) é preciso respeitar a:

"[...]autonomia e liberdade acadêmica para a universidade, necessária, principalmente, na realização da pesquisa e na criação do saber. Trata-se de atributos indispensáveis ao exercício das atividades universitárias. Nesse sentido, a pesquisa desenvolvida na universidade não deve estar atrelada às demandas imediatas do setor produtivo, mas contribuir no desenvolvimento de longo prazo da sociedade".

Senhoras (2012) realiza um estudo focado na inovação em um ambiente universitário, no qual o autor baseia-se na teoria neoschumpteriana da inovação como força propulsora do desenvolvimento de redes de informações e conhecimentos que fornecem ganho ao incrementar competências institucionais funcionais aos clientes internos ao âmbito universitário e aos clientes externos da organização. O estudo conclui que ao focar em organizações universitárias, obter e manter a vantagem competitiva é uma questão que está ligada, principalmente à capacidade estratégica de desenvolver novos processos organizacionais e técnicos de produção e distribuição de conhecimentos ou de transferência tecnológica.

Castro e Souza (2012) procuraram analisar a formação e o recente desenvolvimento dos Núcleos de Inovação Tecnológica nas universidades brasileiras, com base nos casos da USP, Unicamp, UFRGS e UFRJ - maiores depositantes de patentes entre as IFES do país. Os autores apresentaram ainda que a partir da promulgação da Lei da Inovação (10.973/2004), a criação desses núcleos vai além do que cumprimento das exigências legais, visto que nas universidades pesquisadas os Núcleos de Inovação Tecnológica (NITs) vêm desempenhando um papel fundamental no que diz respeito à gestão da produção de inovações das universidades.

Borges e Tauchen (2012) afirmam em seu estudo que a inovação está atrelada ao desenvolvimento de novas formas de trabalho pedagógico que são promovidas pelas políticas educacionais e articuladas pelos projetos na universidade. Segundo o autor, a tecnologia atua em todos os eixos, constituindo-se como o principal elemento de inovação do ensino no campo das Ciências Exatas e da Terra, das Ciências Biológicas e das Engenharias.

Silva Souza, Iglesias e Pazin-Filho (2014) apresentam que há novos desafios nos cenários atuais da educação e nos currículos universitários altamente complexos, por conseguinte, a fim de atender às demandas sociais, transformações na educação de profissionais de saúde e novas formas de trabalhar com o conhecimento foram exigidas do aparelho formador. Os autores discutem em artigo: o avanço em diferentes âmbitos, as características e obstáculos para a ruptura com a estrutura tradicional e a implantação de metodologias de ensino-aprendizagem inovadoras, sob a perspectiva institucional, do docente e do aluno.

Em seu estudo, Oliveira (2016) identificou uma série de ações de inovação necessárias nas IES com base em uma pesquisa bibliográfica exploratória e estudo de caso, o resultado demonstrou que o processo de inovação nessas instituições ainda precisa percorrer um longo caminho a fim de atender às necessidades da sociedade e de desenvolvimento do país. O autor ainda afirma que as universidades precisam tornar-se inovadoras e transformadoras, abrangendo não somente incentivos econômicos, mas também outros que garantam a sua sustentabilidade.

Em seu estudo, Soares (2016) identificou um crescente aumento no número de pedidos de patentes depositados pelas universidades brasileiras, representando aproximadamente 15% do total de patentes depositadas. Apesar da parcela de patentes depositadas pelas IES ainda ser pequena em relação a outros países, este indicador representa uma tendência de crescimento para os próximos anos. O autor ainda ressalta que se faz necessária a criação de novas formas de transferências de conhecimento para essas tecnologias a fim de que a mesmas possam ser implantadas, gerando benefícios sociais e econômicos para o país.

Outro ponto de inovação das universidades, que vem crescentemente ganhando força na literatura científica, é o desenvolvimento de modelos voltados para o ensino à distância, que requer um aporte tecnológico forte e garante o acesso a um ensino sem barreiras geográficas, mais democrático e acessível. Segundo Marques *et al.* (2016) a sociedade vem exigindo das universidades a oferta de modelos de ensino inovadores, voltados para os meios tecnológicos, e com base em informações e comunicação. Os autores enfatizam que "é inegável que a educação a distância, vem se tornando cada vez mais uma opção para as demandas da nova sociedade, pois a EAD é uma alternativa viável e capaz de proporcionar incontáveis possibilidades de expansão das ofertas educacionais em processo continuado".

Arruda et al. (2017) apresenta a questão da inovação nas universidades através de uma ótica voltada para o ensino e geração de conhecimento, com isso, as universidades precisam estar abertas ao novo, refletir e desenvolver ciclos de mudança para que possam evoluir. As universidades precisam focar no desenvolvimento de um modelo de formação profissional que faça sentido para alunos e professores, tendo como base uma conexão com a história, cultura, subjetividade e experiências.

Sustentabilidade nas Universidades

A sustentabilidade tem se tornado um tema de grande interesse das organizações, independentemente de seu ramo de atuação, inclusive Universidades. A Lei 9394 estabelece no parágrafo III do artigo nº43, que uma das finalidades da educação superior é incentivar a pesquisa científica, para desenvolver a ciência e a tecnologia, e assim, desenvolver o entendimento do homem e do meio em que vive (BRASIL, 1996).

Segundo Averdung e Wagenfuehrer (2011) é uma preocupação a ausência da participação de indivíduos em iniciativas sustentáveis, visto que ao incluir mais participantes há um aumento no sucesso das culturas que sustentam a vida, o que aponta a pesquisa realizada por Conway *et al.* (2008). As universidades potencialmente servem como veículos importantes para informar e educar os indivíduos sobre questões ambientais (FIGUEREDO; TSARENKO, 2013).

A Norma ISO 14000 (ABNT, 2004) estabelece as diretrizes sobre a gestão ambiental, fornecendo uma estrutura organizada para que as empresas consigam promover ações internas para obter a certificação. Por estar intrinsicamente relacionada com a teoria dos *stakeholders*, as práticas de gestão ambiental buscaram ser observadas sob a dimensão interna e externa (VICENTE et al.,, 2011; KOSKELA, 2014).

A incorporação da responsabilidade social nas universidades ainda é incipiente (MACIEL *et al.,* 2009), porém a preocupação com o desenvolvimento sustentável e ações de gestão ambiental vem ganhando um espaço crescente nas IES (TAUCHEN; BRANDLI, 2006).

Cortese (2003) enfatiza o importante papel das universidades para construir um futuro sustentável, dividindo o sistema universitário em quatro áreas: educação, pesquisa, operações universitárias e comunidade externa.

As IES precisam incorporar os princípios e práticas da sustentabilidade, envolvendo professores, funcionários e alunos (CARETO; VENDEIRINHO, 2003), visto que a responsabilidade deve ser compartilhada entre o Estado e as instituições, tanto nas dimensões externas quanto internas (INEP, 2004).

> As IES incluem geralmente atividades de ensino, pesquisa e extensão. Além disso, um campus precisa de infraestrutura básica, redes de abastecimento de água e energia, redes de saneamento e coleta de águas pluviais e vias de acesso, o que acarreta na geração de resíduos sólidos e efluentes líquidos (TAUCHEN; BRANDLI, 2006).

Para que as ações de sustentabilidade gerem resultados concretos nas universidades, é imprescindível que todos os atores (gestores, docentes, discentes, funcionários e comunidade) estejam envolvidos (MARCOMIN; SILVA, 2009).

É preciso gerenciar a sustentabilidade, neste contexto, Alghamdi *et al.* (2017) realizaram uma pesquisa sobre ferramentas para avaliação da sustentabilidade. Foram analisadas doze ferramentas que apresentaram características semelhantes, mas, cinco indicadores se destacaram como essenciais: gestão; academia; meio ambiente; engajamento e inovação.

Mesmo se tratando de um assunto de interesse geral, nem sempre é fácil implementar a sustentabilidade nas organizações, sempre existem barreiras. Lozano (2006) divide essas barreiras em dois aspectos: procrastinação (as pessoas acreditam nos benefícios, mas, acham difícil demais, e adiam) e poder (a busca pelo poder pode fazer com que as pessoas consumam sua energia de forma errada).

Rogers (2010) considera a sustentabilidade como inovação nas universidades, e propõe um processo com cinco estágios: consciência (exposição de ideias); interesse (motivação pela ideia); avaliação (julgamento de potencial da ideia); teste (implementação da ideia); adoção (quando há satisfação com os resultados da implementação).

Metodologia

Para o alcance dos objetivos foram efetuadas as seguintes etapas:

- **Etapa 1:** Revisão da literatura sobre inovação e sustentabilidade nas universidades;
- **Etapa 2:** Levantamento de ações realizadas por uma universidade particular localizada no interior do Rio de Janeiro através de análise documental;
- **Etapa 3:** Identificação das características de inovação e sustentabilidade com base nas ações desenvolvidas pela universidade;
- **Etapa 4:** Validação do resultado parcial com membros da universidade;
- **Etapa 5:** Aplicação da pesquisa *survey* junto aos funcionários da universidade para avaliação das características e ações levantadas;
- **Etapa 6:** Análise dos resultados alcançados através de estatística descritiva com proposta de ações.

Estudo de Caso

A Universidade

Para a situação problema apresentada, os autores optaram por se deter em um campus universitário particular. A Organização escolhida é representativa no âmbito regional, no Estado do Rio de Janeiro, e possui um projeto de desenvolvimento sustentável em desenvolvimento.

A Universidade é uma instituição privada, instituída pelo poder público nos termos da Portaria do MEC, na década de 90, com autonomia didático-científica, administrativa, disciplinar e de gestão financeira. Sua missão é gerar progresso científico e tecnológico no país e servir diretamente à comunidade, valendo-se dos recursos e meios de que dispõe, através de um modelo administrativo ágil e flexível, capaz de captar e traduzir as expectativas da sociedade.

A Universidade é composta pelas áreas de: Ciências Biológicas e da Saúde, Ciências Exatas e Tecnológicas, Ciências Jurídicas e Sociais Aplicadas e a área de Educação e Letras. Atualmente, possui cerca de 8000 alunos matriculados e

200 docentes. Além disso, é integrada a outras instituições de ensino e pesquisa brasileiras, privadas e públicas.

A Universidade possui uma moderna estrutura administrativa, onde a Reitoria é assistida por três Pró-reitoras, a saber: Pró-reitora Acadêmica, Pró-reitora de Pós-Graduação e Pesquisa e Pró-reitora Administrativa. Constitui-se, ainda dos departamentos: recursos humanos, contabilidade, coordenações de curso, núcleo de registro acadêmico, caixa/tesouraria, biblioteca, sala dos professores, secretaria acadêmica, cantina, restaurante e laboratórios para as atividades práticas.

Ações de Inovação e Sustentabilidade na Universidade

Na instituição escolhida, os seguintes conteúdos da gestão universitária são apresentados:

Administrativo: Levantamento da demanda dos recursos naturais que entram na universidade (água, energia, materiais e alimentos), dos resíduos e da situação estrutural do edifício (instalações elétricas e hidráulicas).

Comunidade: Envolvimento na questão ambiental, com construção de novas práticas e valores e a realização de interferências na paisagem.

Aprendizagem: Desenvolvimento de habilidades que contemplem a preocupação ambiental nos âmbitos de energia, água, resíduos e biodiversidade.

Além disso, é possível identificar uma série de ações voltadas para a inovação e sustentabilidade promovidas pela universidade nos últimos anos:

- Criação de página na internet voltada para divulgação das atividades sustentáveis da instituição;
- Realização de ações para redução do consumo de água, descarte adequado do lixo para reciclagem, redução do consumo de copos plásticos, descarte adequado de óleo de cozinha, entre outros;
- Elaboração e divulgação de materiais explicativos para ações de cunho ambiental como: captação de água da chuva, elaboração caseira de sabão ecológico biodegradável, criação de minhocários na universidade e criação de composteiras na universidade.

- Desenvolvimento de programa de extensão voltado para questões ambientais através de seminários e workshops promovidos pelos cursos;
- Criação de curso Lato Sensu voltado para Gestão Integrada (QSMSRS) e sustentabilidade;
- Publicação de revista indexada na área de tecnológica, incentivando os alunos e professores a unirem a teoria com a prática;
- Desenvolvimento de sistemas de inovação para as demandas da universidade através do seu Núcleo de Informática;
- Clínica Odontológica possui equipamentos de última geração e atendimento à comunidade carente, além de possuir o Projeto Assistência Integral ao Trabalhador da Universidade, que via identificar e prover assistência de caráter preventivo, interceptivo, curativo e reabilitador, através de exames clínicos da cavidade bucal dos funcionários;
- Criação do Núcleo de Tecnologia Educacional voltado para renovação dos modelos de ensino como foco no desenvolvimento integral dos alunos.
- O curso de Direito, por meio de seu Núcleo de Prática Jurídica – ESAJUR, coordena as atividades acadêmicas de prática jurídica, e as atividades extensionistas de assistência jurídica são prestadas aos funcionários e à comunidade no Escritório de Assistência Jurídica – ESAJUR.
- A clínica de Fisioterapia é uma estrutura moderna e bem equipada que atende gratuitamente os funcionários e a sociedade. Outros serviços são oferecidos de maneira sazonal por outros cursos (Medicina, Farmácia, Enfermagem, Estética e Cosmética, Veterinária etc.) e também pela Extensão universitária.
- Oferece avançados recursos ao tratamento do câncer com o compromisso de disponibilizar as melhores alternativas terapêuticas e desenvolver um atendimento humano e personalizado através da Clínica Oncológica um órgão ligado à Faculdade de Ciências Biológicas e da Saúde – FaCBS.
- Proporciona aos alunos e profissionais condições técnico-científico e administrativas no preparo de medicamentos alopáticos e produtos de higiene corporal, visando maior integração com a Sociedade através da Farmácia Universitária, um órgão ligado à Faculdade de Ciências Biológicas e da Saúde – FaCBS.

A IES afirma que o desenvolvimento sustentável é buscar oportunidades de crescimento, respeitando os limites físicos do planeta, por isso a empresa e a sociedade devem trabalhar em conjunto, compartilhando valor.

Entrevista com os Membros da Universidade

Entre os dias 27 de abril e 05 de maio de 2017, após o levantamento das ações de sustentabilidade e inovação realizada na IES escolhida para o atual estudo, uma validação foi realizada junto a membros da Universidade.

As ações levantadas foram apresentadas no tópico anterior e confirmadas pelos entrevistados, alguns relatos que foram considerados importantes ao apresentar as ações ligadas à sustentabilidade e inovação:

Os entrevistados afirmaram que é imprescindível que haja um pacto institucional pela qualidade. Obviamente, tal desejo envolve o compromisso irrestrito de toda comunidade acadêmica no cumprimento de sua responsabilidade, o que significa também a necessidade de uma nova postura por parte dos gestores e das coordenações de curso. Com isso, a participação de todas as coordenações da Universidade e da responsabilização dos diretamente envolvidos na sensibilização, participação e análise de seus respectivos resultados.

Em 2016, todas as 25 coordenações participaram de modo exemplar, seja ao planejarem e executarem as ações de sensibilização dos docentes, discentes e funcionários para este processo, seja pela participação de sua comunidade acadêmica e pela elaboração dos Planos de Ação.

A instituição apoia de forma irrestrita às coordenações. Dentre estes, destaca-se:

- ✓ O curso propicia experiências de aprendizagem inovadoras; são oferecidas oportunidades para os estudantes superarem problemas e dificuldades relacionados ao seu processo de formação;
- ✓ A coordenação do curso tem disponibilidade de carga horária para orientação acadêmica dos estudantes;
- ✓ Há oferta contínua de programas, projetos ou atividades de extensão universitária para os estudantes;
- ✓ São oferecidas regularmente oportunidades para os estudantes participarem de projetos de iniciação científica e de atividades que estimulam

a investigação acadêmica, assim como participarem de eventos internos e/ou externos à instituição;

✓ São oferecidas oportunidades para os estudantes realizarem intercâmbios e/ou estágios no país; os resultados dos relatórios da Comissão Própria de Avaliação (CPA) e de avaliação externa são utilizados para a melhoria das condições de oferta do curso;

✓ Os professores do curso participam regularmente de atividades acadêmicas/eventos em nível nacional e internacional; a coordenação conta com o necessário apoio institucional para o desenvolvimento de suas atribuições.

Aplicação da Pesquisa Survey

Com a finalidade de possibilitar a aplicação da pesquisa *survey* junto à funcionários da universidade estudada, um questionário com perguntas abertas e fechadas foi elaborado. O questionário foi estruturado com o objetivo de coletar a percepção dos pesquisados quanto às ações de sustentabilidade e inovação desenvolvidas pela universidade. A primeira questão do questionário foi estruturada com o intuito de identificar o grau de conhecimento dos pesquisado em relação às ações avaliadas e o quanto às mesmas são efetivas em sua avaliação. A segunda questão foi estruturada afim de avaliar a percepção dos pesquisados quanto à relação das ações avaliadas com os constructos de Inovação e Sustentabilidade, através dos três pilares do Triple Bottom Line (TBL): Ambiental, Econômica e Social. Para finalizar o questionário, foi incluída uma questão aberta para que os respondentes pudessem inserir observações relevantes para pesquisa (Anexo A).

O questionário desenvolvido para pesquisa *survey* foi aplicado através de entrevistas estruturadas junto a cinco funcionários da unidade da universidade estudada, no período entre 11/05/2017 e 21/05/2017. A amostra de pesquisados foi selecionada em função dos conhecimentos necessários para o preenchimento do questionário, tendo em vista os temas abordados e a abrangência das ações avaliadas. Após o encerramento do período de aplicação da pesquisa, foi possível coletar um total de quatro respostas válidas, representando uma taxa de retorno de 80,00%.

Respondente #1: atua na Universidade desde 2010, possui o título de Mestre em Engenharia de Produção, professor nos cursos de Administração,

Engenharia de Produção e Engenharia de Petróleo, além de assessorar o curso Administração.

Respondente #2: atua na Universidade desde 2009, mestrando em Engenharia de Produção, cursou Administração e Direito, atua como secretário administrativo e na elaboração das estratégias da instituição.

Respondente #3: atua na Universidade desde 2008, cursou Farmácia, Especialização em andamento em Docência e Gestão do Ensino Superior e Programa Saúde da Família, atua como secretária e faz parte do núcleo estratégico da instituição.

Respondente #4: atua desde 1997 na Universidade, possui graduação em Licenciatura em Letras, graduação em Bacharel em Direito, especialização em Língua portuguesa e mestrado em Letras, atua na Coordenação de Regulação de Ensino, Comissão Própria de Avaliação, Coordenação Pedagógica dos cursos da instituição.

Resultados

Após a realização da coleta de dados, as avaliações das ações foram analisadas afim de identificar:

- As ações de inovação e sustentabilidade mais conhecidas e efetivas no caso estudado;
- As ações de inovação e sustentabilidade que mais se relacionam com os constructos de inovação de sustentabilidade no caso estudado;
- Identificar a relação existente entre o grau de conhecimento e a efetividade das ações no caso estudado;
- Identificar a relação existente entre a geração de inovação e a geração de sustentabilidade das ações no caso estudado.

Com o intuito de facilitar a exposição dos resultados, foram atribuídos códigos e abreviações para as 13 ações selecionadas para avaliação. Essas informações foram expostas na Tabela 1:

Tabela 1 – Relação de Ação, Código e Abreviação

Ação	Código	Abreviação
Criação de página na internet voltada para divulgação das atividades sustentáveis da instituição	Ação-01	Site da Instituição Sustentável
Desenvolvimento de programa de extensão voltado para questões ambientais através de seminários e workshops promovidos pelos cursos	Ação-02	Programa de extensão sustentável
Realização de ações para redução do consumo de água, descarte adequado do lixo para reciclagem, redução do consumo de copos plásticos, descarte adequado de óleo de cozinha, entre outros	Ação-03	Ações sustentáveis na universidade
Elaboração e divulgação de materiais explicativos para ações de cunho ambiental como: captação de água da chuva, elaboração caseira de sabão ecológico biodegradável, criação de minhocários na universidade e criação de composteiras na universidade	Ação-04	Materiais explicativos sustentáveis
Criação de curso Lato Sensu voltado para Gestão Integrada (QSMSRS) e sustentabilidade	Ação-05	Curso Lato Sensu QSMSRS e Sustentabilidade
Publicação de revista indexada na área de tecnológica, incentivando os alunos e professores a unirem a teoria com a prática	Ação-06	Revista tecnológica
Desenvolvimento de sistemas de inovação para as demandas da universidade através do seu Núcleo de Informática	Ação-07	Núcleo de informática
Clínica Odontológica possui equipamentos de última geração e atendimento à comunidade carente, além de possuir o Projeto Assistência Integral ao Trabalhador da Universidade, que via identificar e prover assistência de caráter preventivo, interceptivo, curativo e reabilitador, através de exames clínicos da cavidade bucal dos funcionários	Ação-08	Clínica odontológica social
Criação do Núcleo de Tecnologia Educacional voltado para renovação dos modelos de ensino como foco no desenvolvimento integral dos alunos	Ação-09	Núcleo de Tecnologia Educacional
O curso de Direito, por meio de seu Núcleo de Prática Jurídica – ESAJUR, coordena as atividades acadêmicas de prática jurídica, e as atividades extensionistas de assistência jurídica são prestadas aos funcionários e à comunidade no Escritório de Assistência Jurídica – ESAJUR.	Ação-10	Núcleo social de Prática Jurídica
A clínica de Fisioterapia é uma estrutura moderna e bem equipada que atende gratuitamente os funcionários e a sociedade. Outros serviços são oferecidos de maneira sazonal por outros cursos (Medicina, Farmácia, Enfermagem, Estética e Cosmética, Veterinária etc.) e também pela Extensão universitária.	Ação-11	Clínica de fisioterapia social
Oferece avançados recursos ao tratamento do câncer com o compromisso de disponibilizar as melhores alternativas terapêuticas e desenvolver um atendimento humano e personalizado através da Clínica Oncológica um órgão ligado à Faculdade de Ciências Biológicas e da Saúde – FaCBS.	Ação-12	Clínica oncológica social
Proporciona aos alunos e profissionais condições técnico-cientifico e administrativas no preparo de medicamentos alopáticos e produtos de higiene corporal, visando maior integração com a Sociedade através da Farmácia Universitária, um órgão ligado à Faculdade de Ciências Biológicas e da Saúde – FaCBS.	Ação-13	Farmácia universitária social

Inicialmente, a média das avaliações recebidas por cada uma das ações avaliadas foram utilizadas para a ordenação das mesmas e identificação das mais relevantes em cada um dos pontos avaliados pelo questionário, gerando três tabelas de classificação (Tabela 2, Tabela 3 e Tabela 4):

Tabela 2 – *Ranking* de Conhecimento e Efetividade

		Ranking	
		Conhecimento	Efetividade
Ação-01	Site da Instituição Sustentável	5	10
Ação-02	Programa de extensão sustentável	10	8
Ação-03	Ações sustentáveis na universidade	7	11
Ação-04	Materiais explicativos sustentáveis	12	12
Ação-05	Curso Lato Sensu QSMSRS e Sustentabilidade	8	6
Ação-06	Revista tecnológica	1	5
Ação-07	Núcleo de informática	10	8
Ação-08	Clínica odontológica social	6	3
Ação-09	Núcleo de Tecnologia Educacional	8	7
Ação-10	Núcleo social de Prática Jurídica	1	1
Ação-11	Clínica de fisioterapia social	1	1
Ação-12	Clínica oncológica social	13	13
Ação-13	Farmácia universitária social	1	3

Através da análise do ranking de conhecimento, foi possível identificar as cinco ações de sustentabilidade e inovação mais conhecidas pelos respondentes na universidade pesquisada, sendo essas: (i) a edição de revista voltada para publicação de estudos científicos relacionados à tecnologia, (ii) o núcleo para realização de práticas jurídicas de caráter social, (iii) a clínica social de serviços de fisioterapia, (iv) a farmácia social da universidade e (v) site da Instituição sustentável. No que tange a efetividade dessas ações, foi possível identificar que, das ações mais conhecidas, somente uma não foi considerada dentre as cinco mais efetiva pelos respondentes, sendo essa a (i) Revista tecnológica, que alcançou o sexto lugar no *ranking* de efetividade junto com a ação do (ii) Núcleo de informática. No lugar a Revista Tecnológica, a ação de (iii) Clínica odontológica foi inserida às cinco ações mais efetivas, apesar de pouco conhecida pelos respondentes, alcançando a terceira posição.

Tabela 3 – *Ranking* de Inovação e Sustentabilidade

		Ranking	
		Inovação	Sustentabilidade
Ação-01	Site da Instituição Sustentável	10	1
Ação-02	Programa de extensão sustentável	7	7
Ação-03	Ações sustentáveis na universidade	9	1
Ação-04	Materiais explicativos sustentáveis	11	5
Ação-05	Curso Lato Sensu QSMSRS e Sustentabilidade	7	4
Ação-06	Revista tecnológica	2	9
Ação-07	Núcleo de informática	1	9
Ação-08	Clínica odontológica social	2	9
Ação-09	Núcleo de Tecnologia Educacional	12	8
Ação-10	Núcleo social de Prática Jurídica	2	5
Ação-11	Clínica de fisioterapia social	2	9
Ação-12	Clínica oncológica social	13	9
Ação-13	Farmácia universitária social	2	1

Os *rankings* de Inovação e Sustentabilidade foram desenvolvidos com o intuito de identificar as ações que mais se relacionam com esses constructos segundo a avaliação dos pesquisados. No *ranking* de Inovação, foi possível identificar as cinco ações, que segundo a avaliação dos pesquisados, apresentam relação elevada com seu desenvolvimento, sendo essas (i) Núcleo de informática, (ii) Revista tecnológica, (iii) Clínica odontológica social, (iv) Núcleo social de Prática Jurídica, (v) Clínica de fisioterapia social e (vi) Farmácia universitária social.

O *ranking* de Sustentabilidade apresenta três ações que se destacam como mais influentes sobre os três pilares do TBL o (i) site da Instituição sustentável, (ii) realização de ações para conscientização em relação à sustentabilidade, (iii) farmácia universitária social, (iv) materiais explicativos sustentáveis, (v) a realização de cursos Latu Sensu em QSMSRS e Sustentabilidade e (vi) o núcleo para realização de práticas jurídicas de caráter social. As demais ações apresentaram avaliações de valor muito abaixo para o constructo de Sustentabilidade, mostrando-se pouco relevante para o mesmo.

Tabela 4 – Ranking de Pilares do *Triple Bottom Line*

		Ranking		
		Ambiental	Econômico	Social
Ação-01	Site da Instituição Sustentável	9	10	7
Ação-02	Programa de extensão sustentável	8	11	10
Ação-03	Ações sustentáveis na universidade	1	9	2
Ação-04	Materiais explicativos sustentáveis	4	8	6
Ação-05	Curso Lato Sensu QSMSRS e Sustentabilidade	3	3	3
Ação-06	Revista tecnológica	9	4	10
Ação-07	Núcleo de informática	4	4	7
Ação-08	Clínica odontológica social	4	4	7
Ação-09	Núcleo de Tecnologia Educacional	12	12	12
Ação-10	Núcleo social de Prática Jurídica	2	1	1
Ação-11	Clínica de fisioterapia social	4	1	5
Ação-12	Clínica oncológica social	13	13	13
Ação-13	Farmácia universitária social	9	4	4

Através da avaliação da influência das ações sobre o pilar Ambiental do Triple Bottom Line, foi possível identificar que nenhuma das ações foram consideradas como relevantes para os respondentes, pois alcançaram média de avaliação para esse constructo inferiores ou iguais a 50 pontos, em um total de 100 possíveis, tendo sido desconsideradas. A ausência de ações desenvolvidas que se relacionam como o pilar ambiental do TBL mostra-se relevante, pois mesmos as ações voltadas para geração de impactos ambientais como a divulgação de materiais de conscientização ambiental no site da Instituição sustentável ou o curso Lato Sensu voltado para esse tema, não foram consideradas como tendo impacto esperado sobre o meio ambiente segundo os respondentes.

O pilar da sustentabilidade mais impactado pelas ações de inovação e sustentabilidade desenvolvidas pela universidade, segundo os pesquisados, foi o pilar Econômico, sendo influenciado de forma elevada por sete ações: (i) o núcleo para realização de práticas jurídicas de caráter social, (ii) clínica de fisioterapia social, (iii) cursos Latu Sensu em QSMSRS e Sustentabilidade, (iv) revista tecnológica, (v) o núcleo de informática da universidade, (vi) clínica odontológica social e (vii) farmácia universitária social. Cinco ações da universidade se mostraram relevantes para o pilar Social do TBL, segundo a percepções dos pesquisados, sendo esses o (i) núcleo para realização de práticas jurídicas de caráter social, (ii) ações sustentáveis na universidade, (iii) cursos Latu Sensu em QSMSRS e Sustentabilidade, (iv) farmácia universitária social e (v) clínica de fisioterapia social. É importante destacar também que quatro dessas ações são altamente relacionadas com pilar econômico e três dessas ações se mostraram como as mais efetivas na universidade, segundo a percepções dos especialistas.

Afim de identificar as ações desenvolvidas pela universidade que apresentam maior relação com a geração de Inovação e Sustentabilidade segundo funcionários do caso estudado, foram utilizados gráficos de dispersão com quadrantes afim de agrupar as ações em categorias conforme seu desempenho.

Figura 1 – Gráfico de Dispersão Conhecimento x Efetividade

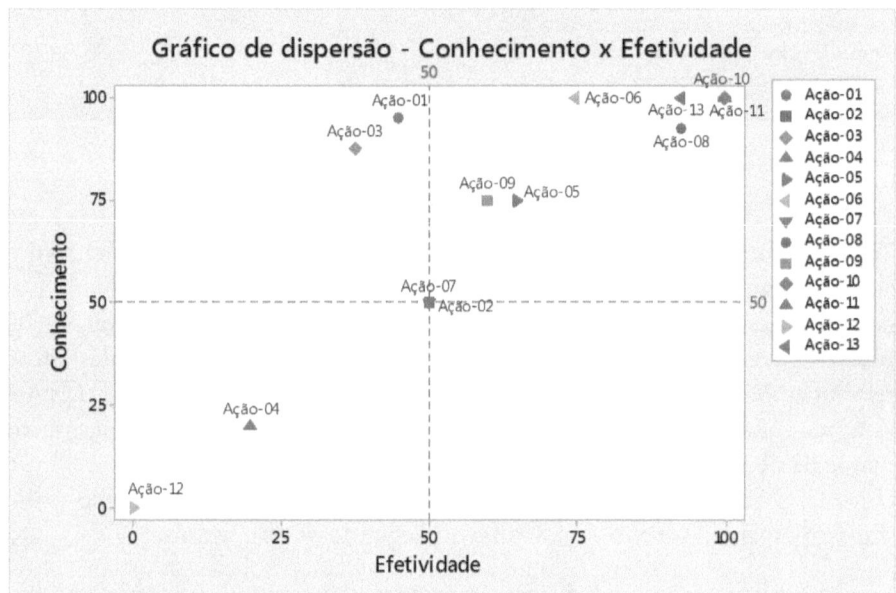

Através da análise da relação entre as ações conforme o grau de conhecimento dos respondentes em relação à cada ação e a sua efetividade segundo a sua percepção, foi possível identificar um elevado número de ações que são ao mesmo tempo conhecidas e efetivas, sendo essas: (i) Curso Lato Sensu QSMSRS e Sustentabilidade (Ação-05), (ii) Revista tecnológica (Ação-06), (iii) Clínica odontológica social (Ação-08), (iv) Núcleo de Tecnologia Educacional (Ação-09), (v) Núcleo social de Prática Jurídica (Ação-10), (vi) Clínica de fisioterapia social (Ação-11) e (vii) Farmácia universitária social (Ação-13). É importante salientar que as ações que agregam a prática do aprendizado de sala de aula com o atendimento social à comunidade se destacam como as mais conhecidas e efetivas, demonstrando sua importância para o alcance de resultados reais.

No que tange a grau de conhecimento dos respondentes das ações pesquisadas, nota-se que uma grande proporção das ações é minimamente conhecida pelos respondentes, com exceção das ações de (i) Materiais explicativos sustentáveis (Ação-04) e (ii) Clínica oncológica social (Ação-12) que se mostraram também pouco efetivas na percepção dos pesquisados, fenômeno que pode ser explicado devido ao baixo conhecimento das mesmas, porém dentre as mais conhecidas alguma se destacam por se mostrarem pouco efetivas: (i) Site da Instituição Sustentável (Ação-01) e (ii) Ações sustentáveis na universidade (Ação-03), mostrando a necessidade de mudar a forma como essas ações estão sendo executadas dentro da universidade ou a necessidade de criação de novas ações para promoção da estudos tecnológicos e divulgação de práticas sustentáveis.

Figura 2 – Gráfico de Dispersão Inovação x Pilar Ambiental

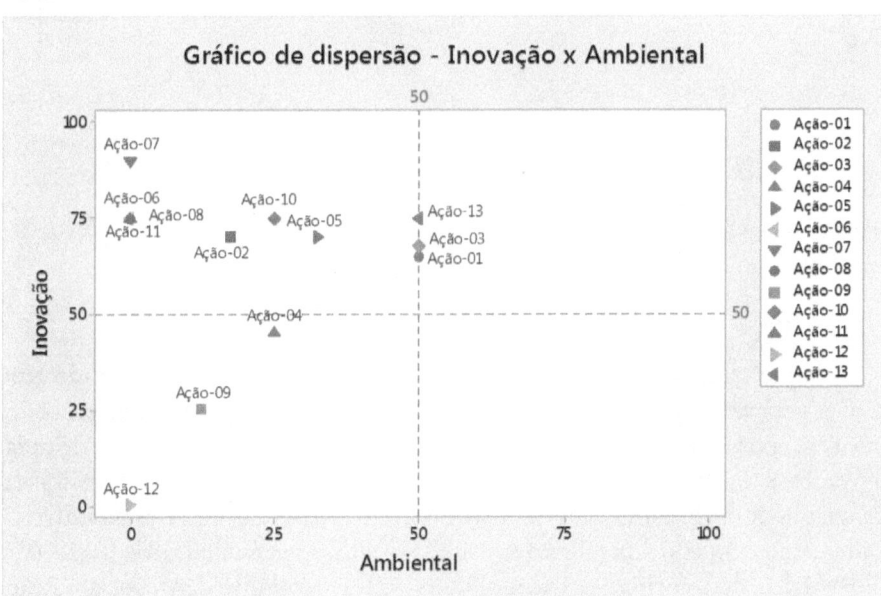

No que tange a percepção dos pesquisados quanto a relação de cada ação com a geração de inovação e a sua relação com a geração de impacto ambiental, foi possível identificar que nenhuma das ações são relevantes para os dois constructos ao mesmo tempo, devido à ausência de ações relevantes para o pilar ambiental na universidade estudada segundo os respondentes.

Foi observado ainda algumas ações que, apesar de apresentarem baixa relação com o pilar ambiental, se mostraram relevante na geração de inovação na universidade, localizadas no quadrante superior esquerdo.

Figura 3 – Gráfico de Dispersão Inovação x Pilar Econômico

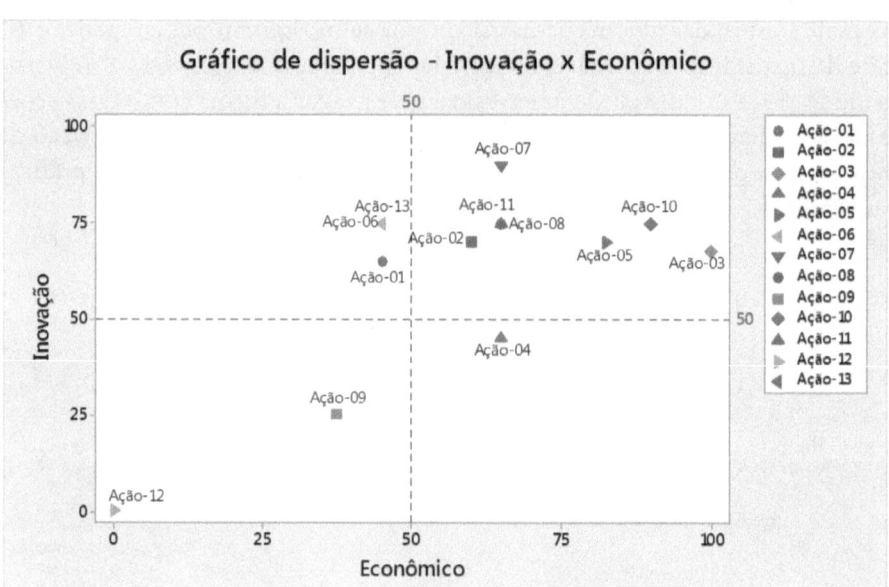

No que tange a percepção dos pesquisados quanto a relação de cada ação com a geração de inovação e a sua relação com a geração de impacto econômico, foi possível identificar algumas ações realmente que são capazes de gerar inovação e valor econômico para a universidade pesquisada, sendo essas: (i) Programa de extensão sustentável (Ação-02), (ii) Ações sustentáveis na universidade (Ação-03), (iii) Curso Lato Sensu QSMSRS e Sustentabilidade (Ação-05), (iv) Núcleo de informática (Ação-07), (v) Clínica odontológica social (Ação-08), (vi) Núcleo social de Prática Jurídica (Ação-10) e (vii) Clínica de fisioterapia social (Ação-11). É importante destacar ainda uma ação que, apesar de apresentarem baixa relação com o constructo de inovação, se mostraram relevante na geração de impacto econômico para a universidade, sendo essa: (i) Materiais explicativos sustentáveis (Ação-04).

Figura 4 – Gráfico de Dispersão Inovação x Pilar Social

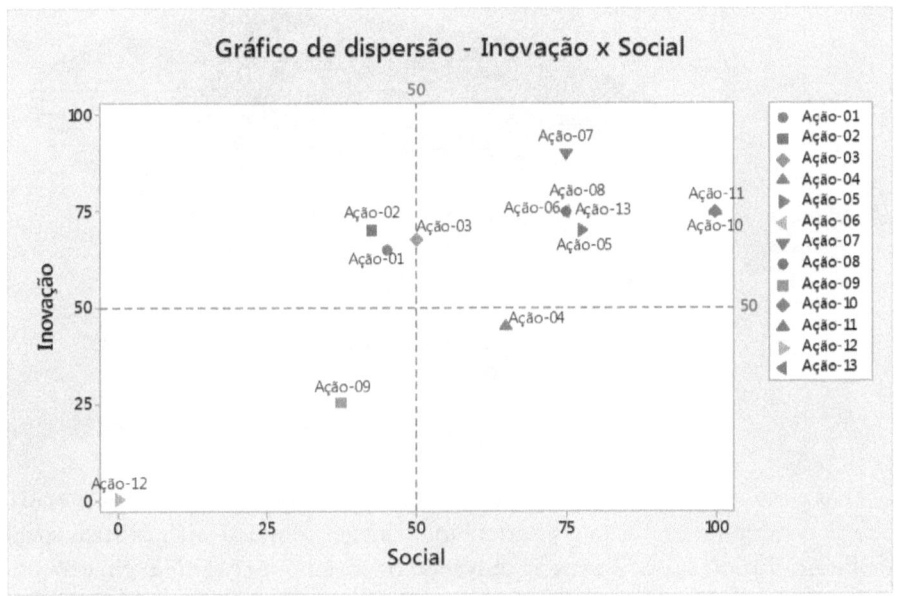

Através da análise de dispersão entre a geração de inovação e a geração de impacto social das ações avaliadas, foi identificadas ações altamente inovadoras e que também geram impacto social elevado, como a ação de (i) Curso Lato Sensu QSMSRS e Sustentabilidade (Ação-05), (ii) Revista tecnológica (Ação-06), (iii) Núcleo de informática (Ação-07), (iv) Clínica odontológica social (Ação-08), (v) Núcleo social de Prática Jurídica (Ação-10), (vi) Clínica de fisioterapia social (Ação-11) e Farmácia universitária social (Ação-13). A ação de (i) Materiais explicativos sustentáveis (Ação-04) apresentou impacto social elevado, apesar de não ter sido percebida como inovadora para os pesquisados.

Afim de identificar a relação entre a geração de inovação e sustentabilidade através das ações desenvolvidas pela universidade estudada e resumir os resultados alcançados, um diagrama de Venn (1880) foi desenvolvido (Figura 6) para os constructos de Inovação e Sustentabilidade com base nas cinco ações mais relacionadas com cada um desses constructos.

Figura 6 – Diagrama de Venn da geração de Inovação e Sustentabilidade

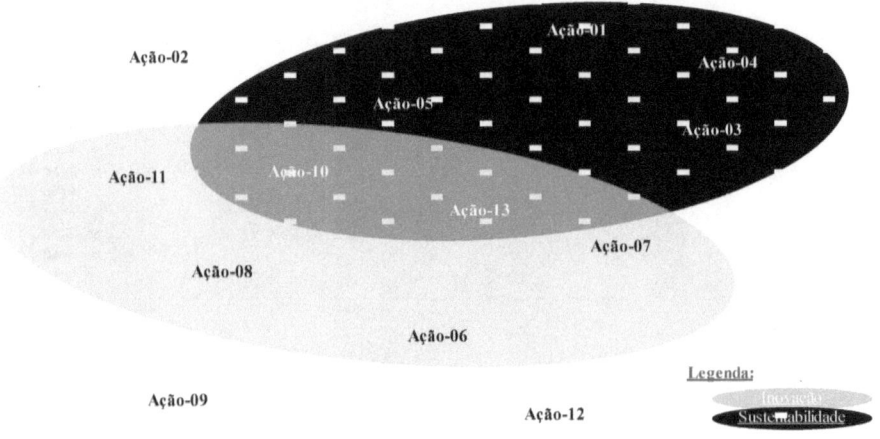

Foi possível identificar que somente duas ações são altamente relacionadas com a geração de inovação e a sustentabilidade, sendo essas o (i) Núcleo social de Prática Jurídica e (ii) Farmácia universitária social que consistem em ações da universidade que utilizam tecnologias avançadas e os conhecimentos técnicos dos professores e alunos para auxiliar a própria universidade e a comunidade local. Foi possível observar também ações de elevada influência sobre a sustentabilidade da universidade, porém consideradas menos inovadoras, como: (i) Site da Instituição Sustentável (Ação-01), (ii) Ações sustentáveis na universidade (Ação-03), (iii) Materiais explicativos sustentáveis (Ação-04) e (iv) Curso Lato Sensu QSMSRS e Sustentabilidade (Ação-05). Outras ações foram consideradas altamente inovadores, porém com baixa impacto sobre a sustentabilidade: (i) Revista tecnológica (Ação-06), (ii) Núcleo de informática (Ação-07), (iii) Clínica odontológica social (Ação-08) e (iv) Clínica de fisioterapia social (Ação-11).

Conclusões

Uma instituição de ensino superior, nos dias atuais, é considerada um dos principais provedores que possuem condições de gerar o desenvolvimento científico, o avanço econômico, a justiça social, a sustentabilidade e a inovação. Diante disso, observa-se que uma universidade pode construir ambientes que favoreçam o desenvolvimento da cultura da criação e inovação. Quais características de inovação e sustentabilidade podem ser desenvolvidas por uma universidade particular?

O propósito desse trabalho é identificar as características de inovação e sustentabilidade inerentes a uma IES e avaliá-las através de uma análise de estatística descritiva. Os objetivos definidos neste trabalho foram alcançados. A (i) revisão bibliográfica quanto à inovação e sustentabilidade nas IES foi apresentada dando apoio teórico ao trabalho realizado; (ii) o levantamento de ações desenvolvidas pela instituição foi realizada apresentando uma lista destas ações que são desenvolvidas pela instituição: Site da Instituição Sustentável (Ação-01); Programa de extensão sustentável Ação-02; Ações sustentáveis na universidade (Ação-03); Materiais explicativos sustentáveis (Ação-04); Curso Lato Sensu QSMSRS e Sustentabilidade (Ação-05); Revista tecnológica (Ação-06); Núcleo de informática (Ação-07); Clínica odontológica social (Ação-08); Núcleo de Tecnologia Educacional (Ação-09); Núcleo social de Prática Jurídica (Ação-10); Clínica de fisioterapia social (Ação-11); Clínica oncológica social (Ação-12); Farmácia universitária social (Ação-13); (iii) a identificação de características de inovação e sustentabilidade; foi possível identificar que somente duas ações são altamente relacionadas com a geração de inovação e a sustentabilidade, sendo essas o (i) Núcleo social de Prática Jurídica e (ii) Farmácia universitária social que consistem em ações da universidade que utilizam tecnologias avançadas e os conhecimentos técnicos dos professores e alunos para auxiliar a própria universidade e a comunidade local e (iv) as avaliações das ações e características levantadas e sua relação com os construtos de inovação e sustentabilidade, se apresentam como os principais resultados deste estudo e proporcionam base bibliográfica diferenciada para futuros estudos nesta área. Foi possível observar através das análises três ações realizadas pela universidade, porém que não geram impactos para geração de inovação e/ou sustentabilidade, representando uma baixa qualidade de execução da ação ou um possível desperdício de recursos sem retorno para a universidade e para sociedade, sendo essas: (i) Programa de extensão sustentável, (ii) Núcleo de Tecnologia Educacional e (iii) Clínica oncológica social.

Uma recomendação que se pode fazer à instituição é a realização de uma melhor gestão das ações que possuem elevado potencial de geração de inovação e sustentabilidade na universidade, mas que são pouco conhecidas ou efetivas, reduzindo o impacto das mesmas. Além disso, é preciso disponibilizar recursos financeiros para a sensibilização tanto da sociedade em relação às inovações e à sustentabilidade quanto à capacitação dos docentes e discentes para potencializar e disseminar os princípios sustentáveis. Ainda é preciso reavaliar a continuidade das ações que não representam ganhos de inovação e sustentabilidade para a universidade.

Referências

ABNT, NBR ISO. 14000: 2004. **Sistema de gestão ambiental–requisitos com orientações para uso**, p. 1-24, 2004.

ALGHAMDI, N.; HEIJER, A.; JONGE, H. *et al.* "Assessment tools' indicators for sustainability in universities: an analytical overview", **International Journal of Sustainability in Higher Education**, Vol. 18 Issue: 1, pp.84-115, 2017.

ALHARBI, L. M.; PATTINSON, C. Effective Green IT Strategy in a UK Higher Education Institute. In: **Dependable, Autonomic and Secure Computing, 14th Intl Conf on Pervasive Intelligence and Computing, 2nd Intl Conf on Big Data Intelligence and Computing and Cyber Science and Technology Congress**, 2016, p. 251-256.

ARRUDA, M. P., *et al.* O conhecimento pertinente à educação: reflexões de um grupo de estudos e pesquisa sobre a possibilidade de inovação do processo de construção do conhecimento. **Espacios (Caracas)**, v. 38, p. 18-23, 2017.

AVERDUNG, A., WAGENFUEHRER, D. Consumers acceptance, adoption and behavioural intentions regarding environmentally sustainable innovations. **Journal of Business Management and Economics**, *2(*3), 98-106, 2011.

BIKSE, V. *et al.* The Transformation of Traditional Universities into Entrepreneurial Universities to Ensure Sustainable Higher Education. **Journal of Teacher Education for Sustainability**, v. 18, n. 2, p. 75-88, 2016.

BORGES, M. C. A. Unesco e o direito à educação superior. In: **Congresso Iberoamericano De Política E Administração Da Educação**. 2011. p.1-15.

BORGES, D. S.; TAUCHEN, G. Inovação no ensino universitário: propostas e cenário. In: **ANPED SUL**, 2012.

BRASIL. Lei nº 9.394, de 20 de dezembro de 1996. Disponível em < http://www.planalto.gov.br/ccivil_03/leis/L9394.htm >. Acesso em 05 de maio de 2017.

CARETO, H.; VENDEIRINHO, R. **Sistemas de Gestão Ambiental em Universidades:** Caso do Instituto Superior Técnico de Portugal. Relatório Final de Curso, 2003.

CASTRO, B. S.; SOUZA, G. C. O papel dos Núcleos de Inovação Tecnológica (NITs) nas universidades brasileiras/The role of Technological Innovation Centers in Brazilian universities. **Liinc em Revista**, v. 8, n. 1, 2012.

CONWAY, T. M., DALTON, C., LOO, J., BENAKOUN, L. Developing ecological footprint scenarios on university campuses: a case study of the University of Toronto at Mississauga. **International Journal of Sustainability in Higher Education**, 9(1), 4-20, 2008.

CORTESE, A. D. The critical role of higher education in creating a sustainable future. **Planning for higher education**, v. 31, n. 3, p. 15-22, 2003.

DROHOMERETSKI, E. *et al*. Lean, Six Sigma and Lean Six Sigma: an analysis based on operations strategy. **International Journal of Production Research**, v. 52, n. 3, p. 804-824, 2014.

FREITAS, J. G.; COSTA, H. G. Impacts of Lean Six Sigma over organizational sustainability: a systematic literature review on Scopus base. **International Journal of Lean Six Sigma**, v. 8, n. 1, 2017.

FIGUEREDO, F. R.; TSARENKO, Y. Is "being green" a determinant of participation in university sustainability initiatives?. **International Journal of Sustainability in Higher Education**, *14*(3), 242-253, 2013.

INEP. SINAES – **Sistema Nacional de Avaliação da Educação Superior**: da concepção à regulamentação. 2ª ed., ampliada. Brasília: INEP, 2004.

KOSKELA, M. Occupational health and safety in corporate social responsibility reports. **Safety Science**, v. 68, p. 294-308, 2014.

LOZANO, R. Incorporation and institutionalization of SD into universities: breaking through barriers to change. **Journal of cleaner production**, v. 14, n. 9, p. 787-796, 2006.

MARCOMIN, F. E.; SILVA, A. D. A Sustentabilidade No Ensino Superior Brasileiro: alguns elementos a partir da prática de educação ambiental na Universidade. **Revista Contrapontos**, v. 9, n. 2, p. 104-117, 2009.

MARQUES, J. C. *et al*. Inovação: A Experiência do Ensino Superior a Distância no Estado do Mato Grosso-Brasil. **Revista ESPACIOS**| Vol. 37 (Nº 09), 2016.

MASETTO, M. Innovation in higher education. Interface–**Comunicação, Saúde, Educação**, v. 8, n. 14, p. 2004, 2003.

MACIEL *et. al*. A Responsabilidade Social nas Universidades do Rio Grande do Sul: um Estudo de suas Concepções e Práticas. **Revista ADM.MADE**, ano 9, v.13, n.2, p.48-61, maio/agosto, 2009.

NASCIMENTO, L. F. O insustentável sustentável. **Encontro Da Associação Nacional De Pós graduação e Pesquisa em Administração**, v. 32, 2008.

OLIVEIRA, A. R. M. Ensino superior tecnológico: ações inovadoras no ambiente acadêmico. **Revista da FAE**, v. 19, n. 2, p. 176-193, 2016.

QUEIROZ MACHADO, D. *et al.* Quadro de Análise da Sustentabilidade para Instituições de Ensino Superior: Aplicação em um Estudo de Caso. **Education Policy Analysis Archives**, v. 24, 2016.

ROGERS, E. M. **Diffusion of innovations**. Simon and Schuster, 2010.

SENHORAS, Elói Martins. Estruturas de gestão estratégica da inovação em universidades brasileiras. **Boa Vista**: Editora da UFRR, 2012.

SILVA SOUZA, C.; IGLESIAS, A. G.; PAZIN-FILHO, A. Estratégias inovadoras para métodos de ensino tradicionais–aspectos gerais. **Medicina (Ribeirao Preto. Online)**, v. 47, n. 3, p. 284-292, 2014.

SOARES, T. J. O sistema de inovação brasileiro: Uma análise crítica e reflexões. **Interciencia**, v. 41, n. 10, p. 713-721, 2016.

SOUKALOVÁ, R. The role of Universities in the transfer of innovations in the creative industry in the Czech Republic. In: Proceedings of the 27th International Business Information Management Association Conference-Innovation Management and Education Excellence Vision 2020: From Regional Development Sustainability to Global Economic Growth, IBIMA 2016. **International Business Information Management Association**, IBIMA, 2016.

TAUCHEN, J.; BRANDLI, L. L. A Gestão Ambiental em Instituições de Ensino Superior: modelo para implantação em Campus universitário. **Revista Gestão e Produção**, vol. 13, nº. 3, pp. 503-515, setembro – dezembro, 2006.

TRIOLA, M.F. *et al.* **Introdução à estatística**. Rio de Janeiro: LTC, 2005.

VENN, J. On the diagrammatic and mechanical representation of propositions and reasonings. **The London, Edinburgh, and Dublin Philosophical Magazine and Journal of Science**, 10(59), 1-18, 1880.

VICENTE, A.L.F.M.S., REBELO, T.M.M.S.D, AGOSTINHO, C.F. *et al.* Relação das práticas de responsabilidade social interna nas organizações com a satisfação no trabalho e as intenções de saída: O papel mediador do ajustamento pessoa-organização. **Psychologica**, v.55, 2011.

VIEGAS, S F S; CABRAL, E R. Práticas de sustentabilidade em instituições de ensino superior: evidências de mudanças na gestão organizacional. **Revista Gestão Universitária na América Latina-GUAL**, v. 8, n. 1, p. 236-259, 2015.

ZAMBANINI, M. E. *et al.* Sustentabilidade e Inovação: Um Estudo Sobre o Plástico Verde. **Revista em Agronegócio e Meio Ambiente**, v. 7, n. 2, 2013.

ANEXO A – Questionário de pesquisa estruturado

Questionário – Avaliação das ações de sustentabilidade e inovação no âmbito da universidade

1.1 O quanto você conhece essas ações realizadas pela universidade e o quanto elas são efetivas na sua opinião?

Escala para avaliação: 0 - 100

Ações	Conhecimento	Efetividade
Criação de página na internet voltada para divulgação das atividades sustentáveis da instituição		
Desenvolvimento de programa de extensão voltado para questões ambientais através de seminários e workshops promovidos pelos cursos		
Realização de ações para redução do consumo de água, descarte adequado do lixo para reciclagem, redução do consumo de copos plásticos, descarte adequado de óleo de cozinha, entre outros		
Elaboração e divulgação de materiais explicativos para ações de cunho ambiental como: captação de água da chuva, elaboração caseira de sabão ecológico biodegradável, criação de minhocários na universidade e criação de composteiras na universidade		
Criação de curso Lato Sensu voltado para Gestão Integrada (QSMSRS) e sustentabilidade		
Publicação de revista indexada na área de tecnológica, incentivando os alunos e professores a unirem a teoria com a prática		
Desenvolvimento de sistemas de inovação para as demandas da universidade através do seu Núcleo de Informática		
Clínica Odontológica possui equipamentos de última geração e atendimento à comunidade carente, além de possuir o Projeto Assistência Integral ao Trabalhador da Universidade, que vai identificar e prover assistência de caráter preventivo, interceptivo, curativo e reabilitador, através de exames clínicos da cavidade bucal dos funcionários		
Criação do Núcleo de Tecnologia Educacional voltado para renovação dos modelos de ensino como foco no desenvolvimento integral dos alunos		
O curso de Direito, por meio de seu Núcleo de Prática Jurídica – ESAJUR, coordena as atividades acadêmicas de prática jurídica, e as atividades extensionistas de assistência jurídica são prestadas aos funcionários e a comunidade no Escritório de Assistência Jurídica – ESAJUR.		
A clínica de Fisioterapia é uma estrutura moderna e bem equipada que atende gratuitamente os funcionários e a sociedade. Outros serviços são oferecidos de maneira sazonal por outros cursos (Medicina, Farmácia, Enfermagem, Estética e Cosmética, Veterinária etc.) e também pela Extensão universitária.		
Oferece avançados recursos ao tratamento do câncer com o compromisso de disponibilizar as melhores alternativas terapêuticas e desenvolver um atendimento humano e personalizado através da Clínica Oncológica um órgão ligado à Faculdade de Ciências Biológicas e da Saúde – FaCBS.		
Proporciona aos alunos e profissionais condições técnico-científico e administrativas no preparo de medicamentos alopáticos e produtos de higiene corporal, visando maior integração com a Sociedade através da Farmácia Universitária, um órgão ligado à Faculdade de Ciências Biológicas e da Saúde – FaCBS.		

Questionário – Avaliação das ações de sustentabilidade e inovação no âmbito da universidade

1.2 Na sua opinião, o quanto as ações abaixo executadas pela universidade se relacionam com os constructos de Inovação e Sustentabilidade?

Escala para avaliação: 0 - 100

Ações	Inovação	Sustentabilidade		
		Ambiental	Econômica	Social
Criação de página na internet voltada para divulgação das atividades sustentáveis da instituição				
Desenvolvimento de programa de extensão voltado para questões ambientais através de seminários e workshops promovidos pelos cursos				
Realização de ações para redução do consumo de água, descarte adequado do lixo para reciclagem, redução do consumo de copos plásticos, descarte adequado de óleo de cozinha, entre outros				
Elaboração e divulgação de materiais explicativos para ações de cunho ambiental como: captação de água da chuva, elaboração caseira de sabão ecológico biodegradável, criação de minhocários na universidade e criação de composteiras na universidade				
Criação de curso Lato Sensu voltado para Gestão Integrada (QSMSRS) e sustentabilidade				
Publicação de revista indexada na área de tecnológica, incentivando os alunos e professores a unirem a teoria com a prática				
Desenvolvimento de sistemas de inovação para as demandas da universidade através do seu Núcleo de Informática				
Clínica Odontológica possui equipamentos de última geração e atendimento à comunidade carente, além de possuir o Projeto Assistência Integral ao Trabalhador da Universidade, que vai identificar e prover assistência de caráter preventivo, interceptivo, curativo e reabilitador, através de exames clínicos da cavidade bucal dos funcionários				
Criação do Núcleo de Tecnologia Educacional voltado para renovação dos modelos de ensino como foco no desenvolvimento integral dos alunos				
O curso de Direito, por meio de seu Núcleo de Prática Jurídica – ESAJUR, coordena as atividades acadêmicas de prática jurídica, e as atividades extensionistas de assistência jurídica são prestadas aos funcionários e a comunidade no Escritório de Assistência Jurídica – ESAJUR.				
A clínica de Fisioterapia da é uma estrutura moderna e bem equipada que atende gratuitamente os funcionários e a sociedade. Outros serviços são oferecidos de maneira sazonal por outros cursos (Medicina, Farmácia, Enfermagem, Estética e Cosmética, Veterinária etc.) e também pela Extensão universitária.				
Oferece avançados recursos ao tratamento do câncer com o compromisso de disponibilizar as melhores alternativas terapêuticas e desenvolver um atendimento humano e personalizado através da Clínica Oncológica um órgão ligado à Faculdade de Ciências Biológicas e da Saúde – FaCBS.				
Proporciona aos alunos e profissionais condições técnico-científico e administrativas no preparo de medicamentos alopáticos e produtos de higiene corporal, visando maior integração com a Sociedade através da Farmácia Universitária, um órgão ligado à Faculdade de Ciências Biológicas e da Saúde – FaCBS.				

2.1 Use este espaço caso queira fazer alguma observação que considere relevante para a pesquisa.

INOVAÇÃO ORGANIZACIONAL, EMPREENDEDORISMO E ASCENSÃO PROFISSIONAL: O RELATO DE EX-PRESIDENTES DE EMPRESA JUNIOR DE UMA UNIVERSIDADE PÚBLICA

Marlene Jesus Soares Bezerra
Maria Cecilia Bezerra Tavares

O presente capitulo versa sobre como a contribuição que da inovação organizacional ocorrida em uma Universidade pública, com a criação de sua Empresa Junior (EJ), resultou em práticas empreendedoras e ascensão profissional dos alunos de um curso de engenharia. Os fatos aqui revelados advêm da produção de conhecimento empírico, aqui apresentado sendo fruto de uma investigação de abordagem qualitativa, de natureza aplicada, de objetivo exploratório descritivo, que usou fez uso de pesquisa bibliográfica na contextualização teórica dos modelos atuais de gestão das Universidades públicas brasileiras e da formação do movimento de Empresas Juniores no Brasil. Para identificar os fatores que contribuíram para inovação organizacional, práticas empreendedoras e ascensão profissional, foi utilizada pesquisa de campo com coleta de dados através de entrevista semiestruturada aplicando questionário com questões abertas a três ex-presidentes de Empresa Junior pertencente a uma Universidade pública do Estado do Rio de Janeiro. A análise de conteúdo das entrevistas revelou a relevante contribuição da experiência na EJ para a formação pessoal e profissional dos discentes e na projeção de suas carreiras, resultado de práticas inovadoras de inserção da cultura empreendedora, apoiada pela Instituição Pública de Ensino Superior e homologada através de docentes do curso de Engenharia de Produção.

Introdução

A condução do esforço das organizações produtivas brasileiras, voltada para o aumento dos índices de qualidade e produtividade no país, estabeleceu a corrente de modernização pelo uso intensivo de tecnologia orientando novos modelos de gestão. Esta situação impactou diferentes segmentos profissionais a exemplo dos engenheiros na indústria de transformação.

Inovação e crescimento nas empresas nacionais são indicativos de desenvolvimento não podendo estar dissociados de ações de alinhamento de interesses entre Instituições de Ensino Superior, Indústria e governo. Os efeitos positivos desta relação promovem investimentos na criação de incubadoras de empresas e parques científicos nas universidades brasileiras. Os papéis destes atores são claros: a universidade promove a sociedade do conhecimento, a indústria representa o principal ator do processo de produção e o governo a origem das relações contratuais destas partes (ETZKOWITZ, 2009).

As alterações nos ambientes corporativos brasileiros no início do terceiro milênio demandavam por profissionais devidamente habilitados para conduzir o processo de mudanças nos negócios e sua continuidade. Às Instituições de Ensino Superior (IES) coube a tarefa de formar pessoas com competências profissionais adequadas aos novos processos de gestão apoiados em modernas tecnologias. A iniciativa que ficou conhecida como Empresa Junior, ou simplesmente EJ, surgiu de ações organizacionais inovadoras nas Instituições de Ensino Superior do país crescendo e se desenvolvendo a partir da contribuição direta de IES's públicas e privadas. Nos dias atuais ela se encontra organizada dentro de um movimento nacional de significativa relevância em modelos de gestão inovador.

Uma Empresa Junior representa "um campo de experiência e desenvolvimento acadêmico voltado à potencialização da formação do aluno" (Luna *et all.*, p. 442, 2014) propiciando o exercício de práticas empresariais durante a graduação sob supervisão institucional de uma IES. A primeira EJ do Brasil surgiu na Fundação Getúlio Vargas no Rio de Janeiro nos anos 1980, hoje elas estão espalhadas pelo país e organizadas em uma associação nacional chamada Movimento Empresa Junior (MEJ) (SANTOS E MORAES, 2015).

A contribuição da IES na criação de uma EJ é fundamental já que, sem o apoio e incentivo da primeira a segunda não se concretizaria. A Empresa Junior é criada com a finalidade de fomentar ações de aprimoramento acadêmico discente,. Ela pode estar atrelada a um ou mais cursos de graduação oferecidos por uma Instituição de Ensino Superior.

A base do relacionamento entre IES e EJ se consolida através de alguns fatores tais como: orientação de professores, estrutura física e reconhecimento da EJ pela IES, entre outros aspectos. Através de programas de empreendedorismo, as Instituições privadas de ensino costumam incentivar a criação de suas EJ's. Apesar das dificuldades encontradas no Brasil, o maior número de Empresas Juniores reside em Instituições públicas de ensino. (BRASIL JUNIORES, 2017).

A Lei 13.267/2016 (Brasil, 2017) disciplinou a criação, a organização de empresas juniores e a sua relação com a IES a que pertence. A regulamentação estabeleceu os direitos e deveres das partes criando limites em suas atuações, tais como: (a) uma EJ só poderá ser gerida por estudantes matriculados em cursos de graduação de Instituições de Ensino Superior; (b) a EJ só poderá ser criada se estiver vinculada a uma IES e a um curso de graduação; (c) A EJ somente poderá desenvolver ações relacionadas aos conteúdos programáticos do curso de graduação ou dos cursos de graduação a que se vinculem desde que orientadas e supervisionadas por professores de sua IES e profissionais especializados; (d) a EJ possui gestão autônoma; (e) A cobrança pelos serviços prestados da EJ poderá ser realizada desde que a atividade seja acompanhada pelos professores orientadores; (e) Compete a EJ a difusão do empreendedorismo no meio discente e o estreitamento das relações entre IES e meio empresarial; (f) A IES autoriza a existência da EJ desde que de acordo com suas normas internas e aprovada o Plano Acadêmico da Empresa Junior por seu órgão colegiado.

A atuação da Empresa Junior, e a maneira como elabora sua relação com uma IES, provoca mudanças na Instituição de Ensino orientando novas práticas em gestão. O surgimento de um processo inovador na organização é considerado uma fonte de vantagem competitiva devendo estar atrelada a um critério confiável de mensuração permanentemente alinhado com o desempenho da empresa. (BRITO et. All., 2009)

A centralidade da existência de uma EJ dentro de uma Instituição de Ensino Superior é defendida pelo fato da primeira, apesar de considerável nível de autonomia em sua gestão, representar uma experiência acadêmica com o propósito de aprimorar a formação discente.

A melhor compreensão relação IES-EJ parte da identificação dos compromissos e elementos de sustentação das instituições que realizam a Educação Superior no Brasil. Uma breve análise do tema no texto da Lei de Diretrizes e Bases da Educação Nacional (LDB), considerada relevante para este estudo, deixa claro que cabe a Instituição de Ensino Superior promover e divulgar o conhecimento no Brasil e reafirmam sua competência na formação de profissionais comprometidos para o desenvolvimento do país. Na LDB não há referências sobre inovação organizacional, empreendedorismo ou Empresa Junior, porém é pertinente destacar o compromisso das Instituições da Educação Superior com as futuras gerações no Brasil. (MEC, 1996, Artigos 43 e 53)

É preciso compreender como a relação EJ-IES com a legislação brasileira possibilita a configuração de modelos inovadores de gestão. Tal fato precisa partir de estudos investigativos de base científica que desvendem questionamentos neste tema e compete ao pesquisador definir os caminhos sobre os quais seu trabalho se desenvolverá assim como o modo de aplicar o ferramental de investigação.

O presente estudo teve como ponto de partida a seguinte questão: pode a Empresa Junior ser considerada uma inovação organizacional para a IES que a acolhe contribuindo através do exercício de práticas de gestão inovadoras na ascensão profissional de seus egressos?

Desde a primeira Empresa Junior nos anos 1980, muitas outras foram criadas em Universidades, Centros Tecnológicos, Centros Universitários, em diferentes tipos de Instituições de Ensino, públicas ou privadas. O MEJ publica que é significativo o número de egressos formados a partir de seus quadros que tem influenciado e inovado práticas de produção e gestão nas empresas dentro e fora do Brasil.

O Portal Brasil Juniores disponibiliza pela Internet informações, recursos, atendimento e orientação para novas e antigas EJ's de todo o país. Seu conteúdo revela a dimensão do movimento federado através da divulgação dos encontros, cursos de formação e registros de novos membros. A Lei 13.267/2016, a Lei das Empresas Juniores, representou a legitimação do MEJ no Brasil formalizando sua contribuição para a educação empreendedora no ensino superior do país (BRASIL JUNIORES, 2017).

São inegáveis os avanços do MEJ dentro das IES's pelo país, o que revela a necessidade de estudos relevantes sobre seu crescimento e contribuição para discentes de graduação. A relação institucional criada pela EJ com a IES pode ser considerada uma prática inovadora de gestão, dado o valor experimental de suas iniciativas, a duração temporária na ocupação de seus cargos, a relação de dependência com os professores orientadores e a proximidade com o mercado de trabalho e a sociedade.

A origem do conhecimento aqui apresentado é resultado de uma investigação de abordagem qualitativa, de natureza aplicada, que fez uso de pesquisa bibliográfica na contextualização teórica dos modelos atuais de gestão das Universidades públicas brasileiras e da formação do movimento de Empresas Juniores no Brasil.

A metodologia, os resultados alcançados e as conclusões se encontram dispostos nas próximas seções deste Capítulo.

Metodologia

A realização da investigação partiu de pressuposto empírico de abordagens qualitativa (Denzin *et all.*, 2006) para identificar os fatores que contribuíram para inovação organizacional, práticas empreendedoras e ascensão profissional de três ex-presidentes de uma EJ.

Sendo ela de natureza aplicada de objetivo exploratório descritivo, fez-se uso de procedimentos bibliográficos e de pesquisa de campo com coleta de dados através de entrevista semiestruturada aplicada a três ex-presidentes de Empresa Junior, alunos do curso de Engenharia de Produção, instalada em uma Universidade do Estado do Rio de Janeiro, (GERHARDT e SILVEIRA, 2009).

O presente estudo direcionou sua investigação para descobrir se a Empresa Junior pode ser considerada uma inovação organizacional para a IES que a acolhe e se os entrevistados perceberam que o exercício do empreendedorismo na EJ contribuiu para sua ascensão profissional. (GIL, 2008).

As técnicas de pesquisa exploratória, pesquisa bibliográfica, pesquisa de campo, realização de entrevista foram aplicadas com objetivo de elucidar a questão supracitada. Segue uma breve descrição da contribuição que cada uma das técnicas investigativas trouxe para o estudo aqui apresentada (VERGARA, 2005):

- **Pesquisa exploratória:** a busca de respostas para as questões aqui descritas exigiu uma investigação interna aos muros institucionais, dentro de um espaço geográfico delimitado identificado como Empresa Junior instalado em uma Universidade pública do Estado do Rio de Janeiro;

- **Pesquisa bibliográfica:** foram consultadas publicações sobre os temas "inovação organizacional", "empreendedorismo", "Empresa Junior" disponíveis na Plataforma *Scielo* que constam nas referências bibliográficas no final do presente capítulo. Sobre o MEJ foi consultado o Portal Brasil Juniores na Internet;

- **Pesquisa de campo:** foi realizada visitação às instalações da EJ e consultado os registros para obter os contatos dos três ex-presidentes entrevistados. Todos os contatos posteriores foram feitos via telefone e e-mail;

- **Entrevista:** a entrevista foi estruturada dentro de um questionário composto por treze perguntas abertas. A categorização (Bardin, 2011) das questões obedeceu ao seguinte ordenamento.

    o Grupo 1 = Perguntas 1 a 3 – criadas para identificar existência de conhecimento anterior sobre as atividades da EJ pelo entrevistado;

1	Quais motivações o incentivaram a querer fazer parte de uma Empresa Junior (EJ)?
2	Quais expectativas eram alimentadas por você em relação ao trabalho que desenvolveria na EJ?
3	Quais expectativas eram alimentadas por você em relação ao tempo que desenvolveria na EJ e para o curso?

    o Grupo 2 = Perguntas de 4 a 6 – questões criadas para identificar formação e treinamento realizados na EJ pelo entrevistado;

4	A experiência adquirida como presidente de uma EJ fez alguma diferença na sua vida profissional após sua saída da mesma? Poderia registrar este (s) momento (s)?
5	Além da presidência da EJ existiu alguma outra função que gostaria de ter exercido? Explique o motivo.
6	Que tipos de aprendizados você recebeu para o exercício de seu cargo e quais as experiências você considerou mais relevantes?

- Grupo 3 = Perguntas de 7 a 10 – questão criada para identificar aprendizagem organizacional assimilada pelo entrevistado durante seu período na EJ;

7	O que foi desenvolvido em sua gestão para o desenvolvimento dos membros de sua equipe?
8	Nos projetos desenvolvidos durante a sua gestão, quais foram os de maior significação para você?
9	Quais as situações vivenciadas em um Projeto tiveram mais significação para você e contribuíram para a consolidação de sua formação?
10	A experiência na EJ o levou a buscar especialização em alguma área do conhecimento?

- Grupo 4 = Perguntas de 11 a 12 - questões elaboradas para identificar práticas inovadoras de gestão criadas quando o entrevistado foi presidente da EJ;

11	Qual você entende ter sido sua contribuição para propiciar melhorias dentro e fora da EJ?
12	Qual legado você entende que deixou para a equipe que o substituiu na EJ?

- Grupo 5 = Pergunta 13 – esta questão foi criada para identificar no ex-presidente da EJ o desejo de permanência da EJ em sua IES.

13	Recomendaria/incentivaria a participação de outros alunos na EJ?

A análise do conteúdo das respostas obtidas com a aplicação do questionário foi realizada dentro do seguinte ordenamento:

a) Foi montado um quadro composto de quatro colunas e treze linhas onde os títulos das colunas receberam a identificação "QUESTÃO" na primeira coluna à esquerda do quadro, "ENTREVISTADO1" na coluna à direita, "ENTREVISTADO2" na coluna à direita "ENTREVISTADO3" na coluna à direita do quadro. O modelo final do quadro se encontra descrito a seguir;

b) Em cada intervalo da relação QUESTÃO x ENTREVISTADO foi colocada a resposta dada pelo entrevistado para aquela questão de maneira que cada linha apresentasse todas as respostas da referida questão;

Quadro 1 – modelo de referência para análise de conteúdo das respostas obtidas com a entrevista realizada com egressos da EJ

Nº	Questão	Entrevistado1	Entrevistado2	Entrevistado3
1	Quais motivações ...	Resposta 1	Resposta 2	Resposta 3
2	Quais expectativas ...	Resposta 1	Resposta 2	Resposta 3
3	Quais expectativas ...	Resposta 1	Resposta 2	Resposta 3
4	A experiência adquirida ...	Resposta 1	Resposta 2	Resposta 3
5	Além da presidência ...	Resposta 1	Resposta 2	Resposta 3
6	Que tipos de aprendizados ...	Resposta 1	Resposta 2	Resposta 3
7	O que foi desenvolvido em sua...	Resposta 1	Resposta 2	Resposta 3
8	Nos projetos desenvolvidos...	Resposta 1	Resposta 2	Resposta 3
9	Quais as situações vivenciadas...	Resposta 1	Resposta 2	Resposta 3
10	A experiência na EJ ...	Resposta 1	Resposta 2	Resposta 3
11	Qual você entende ...	Resposta 1	Resposta 2	Resposta 3
12	Qual legado você ...	Resposta 1	Resposta 2	Resposta 3
13	Recomendaria ...	Resposta 1	Resposta 2	Resposta 3

Os resultados obtidos pela análise das respostas de cada um dos grupos do questionário foram organizados e se encontram apresentados na próxima seção.

Resultados

As análises do conteúdo das três entrevistas revelaram aspectos relevantes para a questão inicial deste estudo. Na metodologia apresentada na seção anterior, a categorização das questões em cinco grupos conseguiu identificar fatores de inovação organizacional, empreendedorismo e ascensão profissional nas respostas dadas pelos ex-presidentes da Empresa Junior da Universidade que participaram da pesquisa. Seguem os resultados obtidos de acordo com os grupos categorizados:

Grupo 1 – Perguntas criadas para identificar existência de conhecimento anterior sobre as atividades da EJ pelo entrevistado;

Todos os entrevistados revelaram conhecimento anterior sobre Empresa Junior demonstrando entusiasmo de participar da EJ de sua Universidade por acharem que ela lhes proporcionaria experiência durante sua graduação. Dois dos entrevistados revelaram que a EJ lhes propiciaria conhecimento e aprendizagem, apenas um demonstrou estar em busca de amadurecimento profissional e desenvolver liderança.

Em relação às expectativas sobre o trabalho que pretendia realizar na EJ, as respostas foram diferentes: aplicar o conhecimento adquirido da graduação na EJ, aprender tudo sobre a EJ e realizar ações de melhoria para a EJ. Quanto ao tempo destinado à EJ, todos declararam ter dedicado mais tempo à Empresa Junior que ao seu curso de graduação, um declarou não se arrepender deste fato.

Grupo 2 - questões criadas para identificar formação e treinamento realizados na EJ pelo entrevistado;

Embora um dos entrevistados ainda não tivesse se formado no momento da entrevista, todos declararam que a experiência na EJ fez diferença na sua vida profissional. Todos também confirmaram terem desenvolvidos habilidades gerenciais em sua experiência como presidente de EJ.

Durante a experiência na EJ, apenas um revelou ter passado por todas as áreas de seu interesse, dos demais um revelou que gostaria de ter passado por todas as diretorias e o outro desejou apenas a diretoria de projetos.

Todos receberem treinamento no período em que estiveram na EJ, dois dos entrevistados declararam terem recebido formação em liderança. As experiências que consideraram relevantes foram: motivar e aconselhar pessoas, autoconhecimento em liderança e a participação em eventos

Grupo 3 – questão criada para identificar aprendizagem organizacional assimilada pelo entrevistado durante seu período na EJ

A permanência de cada um dos entrevistados na presidência da EJ possibilitou a realização de ações inovadoras que foram: elaboração do cronograma de treinamentos interno e incentivo a participação de treinamentos fornecidos pela RioJunior; Criação de uma rotina de RH, pensando na gestão de equipe e nas competências dos mesmos; fazer o mapeamento de competências da EJ iniciando prática de *coaching*.

Os projetos mais significativos foram: Minicurso pago (não definiu qual foi); Mapeamento de Risco do Laboratório da Universidade e o projeto realizado para o SEBRAE, onde foi feito o diagnóstico de 200 empresas utilizando o questionário de avaliação do Prêmio MPE Brasil.

Em relação às situações vivenciadas, todos consideraram negociação com o cliente relevante, um dos entrevistados achou que era a qualidade e sistema de gestão e outra gerência de projetos.

Todos manifestaram desejo de continuar seu aprimoramento profissional buscando conhecimento através de uma especialização. Um dos entrevistados revelou intenção de fazer Mestrado em Gestão de Negócios, outro respondente considerou Sistemas de Qualidade.

Grupo 4 - questões elaboradas para identificar práticas inovadoras de gestão criadas quando o entrevistado foi presidente da EJ

Todos consideraram que a formação de líder representou seu legado na EJ. Apenas um declarou ter sido a implantação do modelo de excelência em gestão.

O legado que todos declararam ter deixado foi: a cultura organizacional baseada em valores tais como a união, o comprometimento entre os membros da EJ e o trabalho em equipe. Um dos entrevistados acrescentou a regulamentação da Empresa Junior.

Grupo 5 – esta questão foi criada para identificar no ex-presidente da EJ o desejo de permanência da EJ em sua IES.

Todos manifestaram interesse de divulgar sua experiência para futuras equipes da EJ prolongando com isso a sua permanência na IES.

Conclusão

O conceito da EJ no Brasil agrega práticas de mercado, empreendedorismo e gestão social. É necessário compreender que, antes mesmo de representar uma contradição, a razão única de uma EJ é a formação discente e a sua completude cidadã. Ainda que suas ações convirjam à sustentabilidade, pela geração de receita própria, e ao desenvolvimento social, na oferta de serviços com valores acessíveis à população, ela cumpre o triplo papel por ser esta a sua vocação (BRASIL JUNIOR, 2017).

O paradoxo EJ agrega práticas capitalismo, por orientar sua sustentabilidade com foco no lucro direcionado à sua estrutura e formação de seus recursos humanos, em ações voltadas ao desenvolvimento social. Considera-se a contraditória EJ uma forma inovadora de gestão organizacional aos preceitos empresariais do Século XXI.

Casaqui (2015, p.53), descreve o alinhamento da "lógica empreendedora como paradigma do espírito do capitalismo, configurada como discurso social" em um recente movimento histórico. O autor considera o avanço do empreendedorismo social uma maneira de substituição do Estado do bem-estar social que cria modelos de organizações e formas de gestão empresarial inovadores.

A competência para inovação em um profissional consiste de um bem imaterial muito cogitado pelas empresas. O próprio processo de globalização econômica é muito dependente deste insumo, por isso incentiva, e financia, troca de *expertises* entre IES internacionais através de intercâmbio com Universidades pelo mundo com o intuito de aproximar pessoas, docentes e discentes, cujo trabalho resulte em inovações tecnológicas. Países como a Alemanha o fazem através do próprio Estado que mantém políticas públicas de mobilidade estudantil em programas de cooperação internacional colocando sua indústria e parceiros na direção de "possibilidades de ganhos generalizados". (RACY; SILVA, 2017, p. 583)

Leandro e Amato Neto (2015) realizaram estudos sobre Sistema Local de Produção e Inovação (SLPI) constatando que os mesmos contribuem para formar arranjos institucionais pela coordenação de ações dos empresários e demais agentes locais. O estudo revelou que o processo de implantação de um SLPI revela a fragilidade no alinhamento de interesses das empresas que o constituem, dentro de sua lógica empresarial, em função do baixo roteiro cognitivo identificado em alguns de seus integrantes já que compromete a comunicação institucional tornando-se forte ameaça para o insucesso de um SLPI. "Níveis inferiores de estruturas cognitivas foram evidenciados em empresários com pouca ênfase na proteção de ideias, tolerância à incerteza e limitações na manutenção do processo de busca" (Ibid. p.438) representando um baixo estímulo à atividade empreendedora e um entrave à inovação e ao desenvolvimento.

A pesquisa evidenciou o valor significativo que o modelo de negócios Empresa Júnior agrega na formação pessoal e profissional de seus participantes. As entrevistas revelaram que o comportamento empreendedor nos ex-presidentes indica que todos realizaram ações inovadoras para melhoria da organização. Observa-se que, embora não tenha sido comentado diretamente pelos participantes da pesquisa, a IES apoiadora da EJ se reorganizou e reestruturou em espaços, recursos humanos, dispositivos de monitoramento e controle, participação em projetos de pesquisa e fomento objetivando a implantação e permanência de sua Empresa Junior.

Referências

BARDIN, Laurence. **Análise de conteúdo**. São Paulo: Edições 70, 2011.

BRASIL JUNIOR. Livro II: **primeiros passos**. Portal da internet. Disponível em: https://www.brasiljunior.org.br/crie-sua-ej acesso em 08/04/2017.

BRASIL. Lei 13.267 de 6 de abril de 2016. **Disciplina a criação e a organização das associações denominadas empresas juniores, com funcionamento perante instituições de ensino superior**. Disponível em: http://www.planalto.gov.br/ccivil_03/_ato2015-2018/2016/lei/L13267.htm acesso em 08/04/2017.

BRITO, Eliane Pereira Zamith. BRITO, Luiz Artur Ledur. MORGANTI, Fábio **INOVAÇÃO E O DESEMPENHO EMPRESARIAL: LUCRO OU CRESCIMENTO?** © RAE-eletrônica, v. 8, n. 1, Art. 6, jan./jun. 2009. Disponível em: http://www.scielo.br/scielo.php?script=sci_arttext&pid=S1676-56482009000100007 acesso em 02/01/2017.

CASAQUI, V. **A construção do papel do empreendedor social: mundos possíveis, discurso e o espírito do capitalismo**. Galáxia (São Paulo, Online), n. 29, p. 44-56, jun. 2015. Disponível em: http://www.scielo.br/pdf/gal/n29/1982-2553-gal-29-0044.pdf. Acesso em 21/04/2017.

DENZIN, Norman K. LINCOLN, Yvonna S. **O Planejamento da pesquisa qualitativa: teorias e abordagens**. Porto Alegre: ARTMED, 2006.

ETZKOWITZ, Henry. **Hélice Tríplice: Universidade-Industria-Governo Inovação em Movimento**. EdiPUCRS, Porto Alegre, 2009.

GERHARDT, Tatiana Engel. SILVEIRA, Denise Tolfo. **Métodos de pesquisa**. [Organizado por]; coordenado pela Universidade Aberta do Brasil – UAB/UFRGS e pelo Curso de Graduação Tecnológica – Planejamento e Gestão para o Desenvolvimento Rural da SEAD/UFRGS. – Porto Alegre: Editora da UFRGS, 2009. Disponível em: http://www.ufrgs.br/cursopgdr/downloadsSerie/derad005.pdf acesso em 12/02/2017.

GIL, Antonio Carlos. **Métodos e Técnicas de Pesquisa Social** – 6ª. Ed – São Paulo: Atlas, 2008.

LEANDRO, Cláudio Roberto. AMATO NETO, João. **Uma abordagem cognitiva sobre o processo de institucionalização de sistemas locais de produção e inovação**. Production, v. 25, n. 2, p. 428-440, abr./jun. 2015. http://dx.doi.org/10.1590/0103-6513.079411 acesso em 17/06/2017.

LUNA, Iúri Novaes. BARDAGI, Marucia Patta. GAIKOSKI, Marina M. MELO, Fernanda de S. **Empresas juniores como espaço de desenvolvimento de carreira na graduação: reflexões a partir de uma experiência de estágio**. Rev. Psicol., Organ. Trab. vol.14 no.4 Florianópolis dez. 2014. *versão On-line* ISSN 1984-6657. Disponível em: http://pepsic.bvsalud.org/scielo.php?script=sci_arttext&pid=S1984-66572014000400010 acesso em 21/03/2017.

MEC, Ministério de Educação e Cultura. LEI Nº 9.394 de 20 de dezembro de 1996. **Estabelece as diretrizes e bases da educação nacional**. Disponível em: http://portal.mec.gov.br/seesp/arquivos/pdf/lei9394_ldbn1.pdf acesso em 12/12/2016.

RACY, Joaquim Carlos. SILVA, Everton de Almeida. **Indústria e universidade: a cooperação internacional e institucional e o protagonismo da mobilidade estudantil nos sistemas de inovação da Alemanha**. Educ. Pesqui., São Paulo, v. 43 , n. 2, p. 569-584, abr./jun. 2017. DOI: http://dx.doi.org/10.1590/S1517-9702201608146243. Acesso em 17/05/2017.

SANTOS, Elizeu José dos. MORAES, Nelson Russo de. **A FORMAÇÃO DO ADMINISTRADOR COMPETITIVO: análise da contribuição da empresa júnior**. Revista de Administração do Sul do Pará (REASP) - FESAR – v. 2, n. 2, Mai/Ago – 2015. Disponível em: http://www.reasp.fesar.com.br/index.php/REASP/article/view/42/33 Acesso em 12/12/2016.

VERGARA, Sylvia Constant. **Métodos de pesquisa em administração**. São Paulo: Atlas, 2005.

CONTRIBUIÇÕES DA GESTÃO DA QUALIDADE ALIADA À RESPONSABILIDADE SOCIAL CORPORATIVA PARA O DESEMPENHO ORGANIZACIONAL

Robson Amarante de Araújo
Marcelo Jasmim Meiriño
Lucy Moraes de Marazzo
Geisa Meirelles Drumond

Considerando que a gestão da qualidade e da responsabilidade social corporativa são fontes geradoras de vantagens competitivas para as organizações, buscou-se identificar as contribuições da gestão da qualidade com base na ISO 9001:2015 para gestão da responsabilidade social organizacional a partir da análise de organizações dos mais variados ramos de negócio. Realizou-se um estudo bibliométrico na base Scopus, que resultou na seleção de 13 artigos que foram analisados quanto à aderência ao objetivo proposto. Além desse estudo, apresentaram-se alguns resultados obtidos da pesquisa realizada por Araújo (2016), que versa sobre a temática abordada. A convergência entre a gestão da qualidade e a responsabilidade social corporativa, contribuindo para o desempenho organizacional, foi evidenciada em vários ramos de negócio, dentre eles: grandes empresas de manufatura, empresas do ramo farmacêutico, indústrias hoteleiras e indústria do petróleo.

Introdução

A preocupação com a responsabilidade social vem ganhando força nos últimos anos. As empresas passam a assumir um papel fundamental no crescimento e desenvolvimento da sociedade.

O debate acerca da responsabilidade social, por parte das organizações, vai muito além da criação de emprego e ou da preocupação com os lucros, visa também identificar e analisar os impactos causados por ela na sociedade, afetando assim diretamente nas decisões estratégicas das organizações (OLIVEIRA, 2008). A sobrevivência de uma empresa depende da sua contribuição para a satisfação das necessidades das pessoas, levando-se em conta quatro prioridades: clientes, colaboradores, acionistas e sociedade (CAMPOS, 2014).

Sob a perspectiva da responsabilidade social, a gestão implica um relacionamento duradouro com as principais partes interessadas, como empregados, clientes, fornecedores e comunidades (MUSGRAVE, 2011).

A promoção da responsabilidade social corporativa também ajuda as organizações a atingir vantagens sustentáveis. A responsabilidade social é, muitas vezes, responsável pela imagem e reputação das empresas (MEHRALIAN et al., 2016).

Tarí (2011) destaca o papel da responsabilidade social como um conjunto de práticas empresariais que atendem ou superam as expectativas econômicas, legais, éticas e filantrópicas da sociedade e enfatiza que a qualidade e a responsabilidade social perpassam diferentes áreas da organização. A gestão da qualidade total e a responsabilidade social corporativa se constituem em recursos potenciais para a obtenção de vantagens competitivas sustentáveis (BENAVIDES-VELASCO; QUINTANA-GARCÍA; MARCHANTE-LARA, 2014)

Objetivo

Tendo em vista que a gestão da qualidade e da responsabilidade social corporativa são fontes geradoras de vantagens competitivas para as organizações, buscou-se identificar as contribuições da gestão da qualidade com base na ISO 9001:2015 para gestão da responsabilidade social organizacional a partir da análise de organizações dos mais variados ramos de negócio.

Referencial Teórico

Os aspectos teóricos deste estudo englobam os conceitos pertinentes à gestão da qualidade e à gestão da responsabilidade social corporativa, e suas aplicações em vários ramos de negócio, a partir dos estudos desenvolvidos por diferentes autores, conforme veremos a seguir.

O tema do estudo de Chiarini (2016) foi o sistema japonês Hoshin Kanri, que é considerado um sistema de gestão operacional e foi concebido a partir da Gestão da Qualidade Total e da produção enxuta. O objetivo do estudo foi investigar a possibilidade de uso do sistema Hoshin Kanri no desenvolvimento de estratégias relacionadas à responsabilidade social corporativa (RSC), comparando Hoshin Kanri com o *Balanced Scorecard* (BSC), que é um sistema muito utilizado para gerenciar estratégicas relacionadas à RSC, embora tenha sido criado especialmente para gerenciar estratégias de mercado e financeiras. Realizaram-se múltiplos estudos de caso no setor privado, envolvendo 10 grandes empresas de manufatura que adotam o sistema Hoshin Kanri há pelo menos cinco anos. A metodologia utilizada incluiu a revisão documental e entrevistas não estruturadas com os gerentes seniores das 10 empresas. Os resultados indicaram que o sistema Hoshin Kanri é mais flexível que *Balanced Scorecard* e possibilita a gestão dos objetivos do RSC ao mesmo nível dos objetivos financeiros e de mercado, sendo uma alternativa viável para gerenciar e implantar estratégias de RSC.

Mehralian et al. (2016) investigaram a influência da responsabilidade social corporativa e da gestão da qualidade total sobre o desempenho organizacional medido pelo Balanced Scorecard. Para alcance desse objetivo, utilizou-se a modelagem de equações estruturais para a análise estatística dos 933 questionários preenchidos, que foram enviados a 30 empresas do ramo farmacêutico no Irã. O método proposto fornece estimativas de parâmetros das relações diretas e indiretas entre as variáveis observadas referentes à gestão da qualidade total, responsabilidade social corporativa e *balanced scorecard*. Evidenciou-se, com base nos resultados obtidos, que a responsabilidade social corporativa influencia diretamente a gestão da qualidade total que, por sua vez, tem um efeito direto sobre o *balanced scorecard*. A relação positiva entre a responsabilidade social corporativa e o *balanced scorecard* também foi encontrada, porém não se constatou uma relação direta entre os dois. Os resultados demonstraram que a responsabilidade social corporativa contribuiu para a gestão da qualidade total e, posteriormente, a implementação da gestão da qualidade total melhorou o desempenho organizacional.

O estudo desenvolvido por Jáčová e Horák (2015) aborda o desempenho da empresa através de modelos de gestão estratégica, selecionados através da melhoria da competitividade. A investigação centrou-se em empresas localizadas na República Tcheca que responderam a perguntas relacionadas com a forma como as empresas melhoraram e aumentaram o seu desempenho no mercado sob o ponto de vista do desenvolvimento sustentável. Os questionários foram respondidos por gerentes de 104 empresas, principalmente gerentes financeiros. As empresas concentraram-se na produção automobilística, de componentes de vidro e mobiliário. O principal objetivo da pesquisa foi monitorar a situação atual no que diz respeito ao uso prático de sistemas de medição de desempenho, principalmente com foco em abordagens inovadoras de gestão estratégica.

Na percepção dos autores, a Responsabilidade Social Empresarial (RSE) deve ser um componente da estratégia e da gestão estratégica. A implementação de ferramentas de RSE na prática empresarial é uma decisão voluntária da empresa. A introdução da RSE na prática empresarial deve ser sistemática por meio de um processo focado a longo prazo. Quanto ao conceito de desenvolvimento sustentável, 84% das empresas responderam que utilizam a análise financeira para avaliar seu desempenho e sua saúde financeira, enquanto 16% não utilizam. Como parte do gerenciamento de recursos, 80% das empresas responderam que incorporaram a RSE em seu ambiente corporativo, enquanto 20% ainda não abordaram a RSE. As empresas da indústria automobilística ocupam o topo entre os tipos de empresas que incluem a RSE em seu ambiente corporativo e, simultaneamente, relatam suas atividades individuais. Os resultados desse estudo mostraram que as empresas utilizam principalmente análise financeiras para medir o seu desempenho e para fins de gestão, sendo que inovações foram implementadas. Recentemente, devido a mudanças turbulentas no ambiente econômico, as empresas estão cada vez mais usando modelos complexos de gestão e medindo seu desempenho. Estes modelos incluem balanced scorecard, gestão da qualidade total e gestão por objetivos (JÁČOVÁ; HORÁK, 2015).

A avaliação da implementação dos sistemas de gestão da qualidade em empresas eslovacas foi o tema de estudo de Kapsdorferová, Kadle**čiková e Svitová (2015). Os dados para análise** foram obtidos por meio de um questionário aplicado às empresas eslovacas. Foram preenchidos 106 questionários, dos quais 59 (56%) eram representantes de empresas associadas, 43 (40%) representavam sociedades de responsabilidade limitada e apenas 4 respondentes (4%) eram de instituições públicas. A existência de correlações entre: 1) o tamanho de uma empresa e a mudança nas atitudes dos funcionários; 2) o tamanho de uma empresa e o tempo necessário para a introdução do sistema de gestão da qualidade; 3) a existência no mercado e o número de sistemas de gestão da qualidade introduzidos; 4) a existência no mercado e os problemas referentes às mudanças nas atitudes dos funcionários e 5) a área específica de negócios e os custos decorrentes da introdução do sistema de gestão da qualidade, referem-se às hipóteses desse estudo.

Os autores verificaram que o sistema de gestão de qualidade internacional mais comum aplicado nas empresas eslovacas segue a norma ISO 9001:2008. A média de duração da implementação de sistemas de gestão da qualidade naquelas empresas foi cerca de 6 meses, porém as grandes empresas levam um tempo maior na implementação do sistema de gestão da qualidade. Os benefícios obtidos com a implementação do sistema referiam-se à melhoria geral, transparência da gestão, inovações, processos de medição e economia. Os maiores problemas na introdução de sistemas de gestão da qualidade nas empresas foram causados pelo processamento da documentação e pela alteração das atitudes dos funcionários. Foi demonstrado que essas empresas têm como desafio a mudança de atitudes dos seus funcionários que estão mais tempo no mercado. Por outro lado, as novas e grandes empresas não têm problemas com as atitudes dos funcionários. Evidenciou-se também que as empresas que operam no mercado há muito tempo têm um maior número de sistemas de gestão da qualidade implementados (KAPSDORFEROVÁ; KADLE**Č**IKOVÁ**; SVITOVÁ, 2015).**

Frolova e Lapina (2015) analisaram a implementação de princípios e estratégias de responsabilidade social em um sistema de gestão da qualidade em uma organização não governamental para reduzir a taxa de rotatividade de pessoal e otimizar o desempenho organizacional. Os autores consideram que o sistema de gestão da qualidade fornece a base para a implementação de políticas, estratégias e práticas de responsabilidade social em todos os níveis da organização, conduzindo a um desenvolvimento sustentável. Com esse objetivo, foram utilizados vários procedimentos metodológicos, como revisão de literatura, análise comparativa, o diagrama de Ishikawa, a avaliação do desempenho organizacional por meio dos critérios de excelência de M. Baldrige, entrevista com gestores e *survey* como empregados.

Nesse estudo, Frolova e Lapina (2015) destacam que a satisfação das necessidades dos empregados ou dos *stakeholders* internos de uma organização afeta diretamente o desempenho organizacional, portanto, o problema da alta taxa de rotatividade de pessoal deve ser enfatizado, pois tem um impacto negativo na qualidade e sustentabilidade nas organizações. Os autores analisaram as causas da taxa de rotatividade dos empregados e as práticas de responsabilidade social, que podem reduzir o problema, e desenvolveram um modelo de sistema de gestão da qualidade integrado com as estratégias de responsabilidade social. Nesse modelo, além de elementos do Sistema de Gestão da Qualidade, foram incluídos os conceitos de *stakeholders* interno e externo. O estudo mostrou que a implementação de práticas de responsabilidade social pode reduzir a taxa de rotatividade de pessoal, aumentar a lealdade e compromisso dos empregados e melhorar o desempenho geral dos processos em uma Organização Não Governamental.

A investigação sobre a complementaridade entre os métodos de gestão da qualidade total e as práticas de responsabilidade social corporativa no contexto de indústrias hoteleiras foi o tema do estudo realizado por Benavides-Velasco, Quintana-García e Marchante-Lara (2014). Nesse estudo, os autores, aplicaram um questionário, contendo questões sobre gestão da qualidade total, responsabilidade social corporativa e o desempenho das empresas, obtendo respostas válidas de uma amostra de 141 hotéis da região da Andaluzia, Espanha. Foram propostas hipóteses que conduziram a investigação sobre a influência positiva: 1) do alto nível de gestão da qualidade total e de responsabilidade social corporativa sobre os resultados referentes aos empregados, clientes e à sociedade; 2) da implementação da gestão da qualidade total sobre a implementação de responsabilidade social corporativa e 3) do desempenho dos hotéis em relação aos resultados referentes aos empregados, clientes e à sociedade. A partir do método proposto, um conjunto de relações complexas entre variáveis pode ser analisado. Os resultados obtidos indicaram que tanto a gestão da qualidade quanto a responsabilidade social corporativa têm uma influência positiva sobre os principais *stakeholders*: empregados e clientes, mas não tem uma influência direta sobre a satisfação das necessidades da sociedade. Logo, concluiu-se que a adoção de ambas as abordagens melhora a capacidade dos hotéis para criar benefícios para seus *stakeholders*, sendo que o nível de satisfação da sociedade está mais relacionado à implementação das ações de responsabilidade social, infuenciando diretamente sobre a imagem e a reputação dos hotéis.

No estudo de Parast e Adams (2012), verificou-se o impacto da responsabilidade social corporativa e *benchmarking* nos resultados de qualidade interna (desempenho operacional) e externa (desempenho organizacional) na indústria de petróleo. Os autores evidenciaram uma tendência das indústrias para monitorar as melhores práticas a fim de melhorar o seu desempenho e de mantê-las competitivas, além de identificar o importante papel da alta gerência como suporte para as práticas de *benchmarking*, de responsabilidade social e de gestão da qualidade nas empresas, propondo, desse modo, duas hipóteses de pesquisa:

a responsabilidade social está significativamente relacionada com os resultados de qualidade interna na indústria do petróleo e a responsabilidade social está significativamente relacionada com os resultados de qualidade externa na indústria do petróleo.

No que se refere à abordagem metodológica, utilizou-se o questionário como instrumento de pesquisa baseado no instrumento de gestão da qualidade desenvolvido por Rao, Solis e Raghunathan (1999), para coletar informações dos participantes da pesquisa sobre suas percepções das práticas de gestão da qualidade, associado a uma escala Likert de 5 pontos. O instrumento de pesquisa também foi desenvolvido e validado com base no Malcolm Baldrige National Quality Award (MBNQA). Quanto à amostra da pesquisa, o Irã foi selecionado como o país representativo no Oriente Médio por causa do papel principal que desempenha na indústria do petróleo no mundo. O Irã é uma potência importante no mercado internacional de petróleo e gás. Além disso, a indústria do petróleo é uma das indústrias que são obrigadas a implementar e integrar práticas ambientalmente regulamentadas. Portanto, fornece um contexto adequado para examinar o efeito da responsabilidade social sobre o desempenho organizacional. Responderam efetivamente ao questionário 31 gerentes das empresas de petróleo que foram contactadas, indicando uma taxa de retorno de 52%. Foi proposto um modelo estrutural para testar as hipóteses (PARAST; ADAMS, 2012).

Os resultados da pesquisa sugerem que o apoio da alta gerência à qualidade é o principal fator para as práticas de responsabilidade social corporativa. Em termos de desempenho organizacional, a responsabilidade social tem um efeito positivo e significativo sobre os resultados de qualidade interna. Além disso, verificou-se que a melhoria do desempenho operacional (resultados de qualidade interna) levaria a um maior nível de desempenho (resultados de qualidade externa) (PARAST; ADAMS, 2012).

A compreensão dos aspectos da prática de avaliação racionalmente responsável, que considera as expectativas e demandas dos *stakeholders*, foi o tema de estudo desenvolvido por Visse, Abma e Widdershoven (2012) Nesse estudo, os autores discutem o papel responsivo dos avaliadores, que devem promover o diálogo permanente em meio aos desafios em relação à superação e subordinação com os *stakeholders*. Isso envolve o desenvolvimento de uma "sensibilidade" moral ou habilidade interpretativa para determinar quando uma resposta ou ação é requerida em uma situação particular e qual deve ser essa resposta. Baseado nos ensinamentos de Walker (2007), o artigo explora as responsabilidades morais dos avaliadores responsivos, analisando o processo moral de um avaliador responsivo considerando em sua estrutura as narrativas de relacionamento, identidade e de valor. Estas três narrativas podem ser os meios para melhorar a compreensão moral das práticas de avaliação, pois permitem entender a dinâmica entre compromissos, responsabilidades e individualidade de cada situação.

Nesse estudo, consideraram-se as narrativas para compreensão do papel do avaliador e os limites de suas responsabilidades, no contexto da avaliação de cuidados paliativos de pessoas com doenças terminais. A tarefa foi avaliar a implementação de uma equipe de consultoria de cuidados paliativos que foi incorporado em um hospital local. Os *stakeholders* envolvidos foram os profissionais de saúde, o pessoal hospitalar, os pacientes e suas famílias. A avaliação consistiu em mais de vinte entrevistas em profundidade com enfermeiros, médicos, gestores, clínicos gerais, pacientes e seus parceiros. As entrevistas foram gravadas, transcritas e analisadas e, posteriormente, validadas pelos entrevistados. Também foram organizados *workshops* de narração de histórias, que possibilitaram a troca de experiência entre os participantes. Os autores desse estudo mostram que a responsabilidade é uma prática relacional e contextual, que vai além do sistema de princípios, diretrizes e critérios, e destacam o seu aspecto colaborativo. Identificam como questão principal o modo como o avaliador se vê em relação aos outros, como os outros o vêem e quais são as expectativas morais. E concluem que é preciso tornar-se "sensível ao particular", a fim de melhorar a qualidade das avaliações (VISSE; ABMA; WIDDERSHOVEN, 2012).

Sampaio, Saraiva e Domingues (2012) estudaram sobre a integração de subsistemas de gestão, incluindo os sistemas ambientais, de saúde, segurança e responsabilidade social aos sistemas de gestão da qualidade e propuseram um modelo visando a integração de sistemas de gestão apoiados no conceito de desenvolvimento sustentável. O estudo desses autores abordou diferentes estratégias de integração entre os diferentes subsistemas, considerando a eficiência do processo de integração. Com esse objetivo foi utilizada a metodologia do estudo de caso múltiplo, envolvendo três empresas portuguesas que possuem um sistema integrado de gestão da qualidade, do ambiente e da segurança. Os resultados apontaram para a vantagem da abordagem integrada, destacam-se como conclusões desse estudo que: vários caminhos cronológicos e sequenciais podem ser seguidos para implementar um sistema integrado de gestão; a otimização de recursos, a definição de uma abordagem de gestão integrada e a redução de custos são as principais razões que levam as organizações a integrar seus subsistemas de gerenciamento; o sistema de gestão da qualidade poderia ser a base para a integração de outros sistemas de gestão e os Sistemas de Gestão da Segurança e Saúde Ocupacional e o Sistema de Gestão Ambiental são mais fáceis de se integrar do que o Sistema de Gestão da Qualidade.

A relação entre a gestão da qualidade e a responsabilidade social foi o tema do estudo de Tari (2011) com base na revisão de literatura, que se limitou a estudos teóricos e empíricos, utilizando três bases de dados para coleta dos artigos: ABI inform, Emerald e Science Direct. O autor observou que as pesquisas têm sido conduzidas nas duas áreas separadamente, existindo, ainda, poucas pesquisas que abordam a gestão da qualidade e a responsabilidade social ao mesmo tempo. Também evidenciou que existem vários estudos que consideram a responsabilidade social como uma prática na gestão da qualidade, demonstrando, desse modo, que os princípios da qualidade podem ajudar uma organização a desenvolver responsabilidade social. Algumas questões desse estudo referem-se ao paralelismo existente entre gestão da qualidade e a ética e temas sociais da responsabilidade social e ao modo como as práticas da gestão da qualidade facilitam o desenvolvimento do comportamento ético e socialmente responsável. Nesse estudo, discutiu-se que tanto a responsabilidade social quanto a gestão da qualidade são vistas como uma filosofia e um conjunto de práticas para a gestão responsável e da qualidade.

Na pesquisa preliminar foram encontrados 100 artigos nas bases de dados, sendo que 50 foram considerados relevantes para o tema da gestão da qualidade e responsabilidade social, além de 22 artigos, que foram identificados na lista de referências dos 50 artigos selecionados. A esses artigos somaram-se mais 11 artigos que foram publicados em seis revistas sobre gestão, selecionadas com base na sua influência e no seu fator de impacto, totalizando uma amostra de 83 artigos. Esses artigos foram analisados e os resultados demonstraram que a revista Journal of Business Ethics tem o maior número de artigos sobre o tema. Outras categorias de análise foram o ano, o país de publicação e a metodologia utilizada nos estudos. Os principais paralelismos encontrados entre a gestão da qualidade e responsabilidade social foram: existem princípios da qualidade que se aplicam à responsabilidade social, tais como inovação, fazer a coisa certa e melhoria contínua; a gestão da qualidade e a responsabilidade social focam na responsabilidade da organização voltada aos diferentes *stakeholders;* elementos de gestão da qualidade facilitam os elementos da responsabilidade social e diversas práticas da gestão da qualidade e responsabilidade social são similares e possuem uma base filosófica comum. Conclui-se, dessa forma, que as práticas da gestão da qualidade fornecem um quadro que incorpora os elementos de responsabilidade social e podem criar uma cultura organizacional que promove e encoraja comportamento ético e socialmente responsável (TARI, 2011).

No estudo desenvolvido por Musgrave (2011), abordaram-se os elementos de responsabilidade social corporativa e de desenvolvimento sustentável para a gestão de eventos sustentáveis. Segundo o autor, a compreensão dos impactos que os eventos podem causar deve orientar a gestão organizacional, considerando a implementação integrada e planejada de princípios sustentáveis dentro dos eventos, para reduzir os impactos e aumentar a eficiência. Argumenta que se os aspectos sustentáveis são claramente definidos pela liderança dentro de uma organização, as práticas de eventos sustentáveis podem tornar-se mais claras e serem orientadas para o consumidor e o cliente.

O estudo empírico realizado por Chih, Chih e Chen (2010) com 520 empresas financeiras em 34 países, entre os anos de 2003 e 2005, buscou averiguar se as corporações tendem a agir de maneira socialmente responsável, partindo dos seguintes pressupostos: empresas com maior tamanho são mais socialmente responsáveis; o desempenho financeiro e a responsabilidade social corporativa (RSC) não estão relacionados; as empresas atuariam de forma mais socialmente responsável para aumentar as suas vantagens competitivas quando a competitividade do mercado for mais intensa; as empresas financeiras em países com níveis mais fortes de execução legal tendem a envolver-se em mais atividades de responsabilidade social corporativa e a auto-regulação no setor financeiro tem um efeito significativamente positivo sobre a RSC, nos países que têm mais relações cooperativas entre empregadores e empregadores, escolas de gestão de qualidade superior e um melhor ambiente macroeconômico.

Na abordagem teórica, o estudo seguiu a teoria apresentada por Campbell (2007), que discute as condições sob as quais as corporações provavelmente se comportarão de maneira socialmente responsável. Utilizaram-se dados estatísticos para demonstrar até que ponto as características financeiras e variáveis institucionais têm um impacto sobre a probabilidade de as empresas se engajarem na RSC, obtendo-se os seguintes resultados e conclusões: as empresas financeiras com maior dimensão terão mais atitudes sobre a RSC e a ligação entre o desempenho financeiro das empresas e a RSC é insignificante; as empresas financeiras atuariam de forma mais socialmente responsável para aumentar suas vantagens competitivas quando a competitividade do mercado for mais intensa; as empresas financeiras em países com medidas mais fortes de aplicação da lei envolvem mais atividades de RSC, mas de forma interessante e bastante surpreendente, as empresas de países com direitos mais fortes dos investidores participam em menos atividades de RSC; a auto-regulação no sector financeiro tem um efeito significativamente positivo sobre a RSC e, por fim, as empresas financeiras em países com relações mais cooperativas entre empregador e empregado, escolas de gestão de qualidade superior e um ambiente macroeconômico serão mais orientadas para a RSC (CHIH; CHIN; CHEN, 2010).

Sebhatu (2010), em sua tese doutoral, aborda os seguintes tópicos: desenvolvimento sustentável, responsabilidade social corporativa, serviços e gestão da qualidade, tendo como objetivo compreender como a responsabilidade social e a criação de valor dos clientes influenciam a qualidade geral dos serviços no desenvolvimento de um negócio sustentável. O estudo empírico foi desenvolvido a partir dos casos de empresas multinacionais, pequenas e médias empresas, pequenos agricultores e organizações não-governamentais (ONGs). Como contribuição, o estudo evidenciou a incorporação da responsabilidade social corporativa em sistemas de gestão na criação do processo de mudança organizacional sustentável. Além disso, os casos de negócio demonstram que ética, prestação de contas e qualidade de serviço são componentes-chave da sustentabilidade e da vantagem competitiva sustentável, além de serem essenciais para criar e proteger o valor dos *stakeholders*. Isso depende da integração de diferentes pressões de mudança para a criação de valor, estando ela relacionada à integração de recursos econômicos e sociais.

Aspectos Metodológicos

A metodologia utilizada partiu de um estudo bibliométrico na base Scopus, realizado em outubro de 2016, a partir do uso da combinação das palavras-chave "Social responsibility" AND "Quality management", para a seleção de artigos, publicados no período de 2010 a 2016, cujas análises permitiram identificar estudos desenvolvidos que demonstram a convergência entre a gestão da qualidade e a gestão da responsabilidade social corporativa, estando, dessa forma, de acordo com o objetivo deste estudo.

A partir da estratégia de busca utilizada, encontraram-se 49 artigos, os quais foram submetidos a uma leitura preliminar do seu conteúdo, que resultou na seleção de 13 artigos, para compor a base teórica deste estudo, enfocando os conceitos pertinentes à gestão da qualidade e à gestão da responsabilidade social corporativa.

Apresentaram-se, também, alguns resultados da pesquisa realizada por Araújo (2016) sobre a temática abordada no estudo bibliométrico.

Resultados

A pesquisa proposta por Araujo (2016) trouxe fortes evidências que confirmam os achados encontrados nos estudos desenvolvidos por diversos autores, identificados por meio do estudo bibliométrico realizado.

Araújo (2016) utilizou em sua pesquisa um questionário online, contendo 10 questões fechadas, sendo que cada questão se desdobrou em um subitem para verificar, junto às empresas de vários ramos de negócio, como a gestão da qualidade pode contribuir para a gestão da responsabilidade social. O questionário foi construído utilizando a ferramenta Google formulários. As questões do questionário foram propostas com base na ISO 9001:2015 (ABNT, 2015).

Participaram efetivamente da pesquisa 64 profissionais, assim distribuídos: 12 diretores, 06 gerentes, 11 coordenadores e outros 35 colaboradores, que atuam, conforme o gráfico 1, nas seguintes áreas:

Gráfico 1 – Área de atuação

Fonte: Dados de pesquisa (2016).

Com base nos resultados da pesquisa, constatou-se que uma organização que adota um sistema de gestão da qualidade baseada na ISO 9001 possui mais atributos para a adoção de práticas da responsabilidade social. A maioria dos respondentes concorda que as empresas que procuram satisfazer seus clientes, conforme estabelece a norma ISO 9001, têm mais facilidade para atender as normas de responsabilidade social.

Sobre este aspecto, a norma ISO 26000:2010 (ABNT, 2010) destaca a importância do respeito ao consumidor:

> As responsabilidades incluem prover educação e informações precisas, usar informações de *marketing* leais e processos contratuais justos, transparentes e úteis, e promover o consumo sustentável e o *design* de produtos e serviços que ofereçam acesso a todos e cuidem, quando apropriado, dos mais vulneráveis e desprivilegiados (ISO 26000:2010, p. 54).

Do mesmo modo, com base na referida norma, observa-se a crescente conscientização da responsabilidade social das organizações com relação aos seus *stakeholders*.

> Consumidores, clientes, doadores, investidores e proprietários estão de várias formas, exercendo influência financeira sobre organizações em relação à responsabilidade social. As expectativas da sociedade sobre o desempenho das organizações continuam a crescer. Em muitos lugares, a legislação que defende o direito da comunidade de obter informações dá às pessoas acesso a informações detalhadas sobre as decisões e atividades de algumas organizações. Um número crescente de organizações está se comunicando com suas partes interessadas, inclusive produzindo relatórios de responsabilidade social para atender às necessidades das partes interessadas de informações sobre o desempenho da organização (ISO 26000:2010, p. 6).

Outro aspecto a ser considerado são as exigências dos clientes em relação aos seus fornecedores quanto à obtenção da certificação. Sendo assim, observa-se que a certificação ISO 9001 pode atuar fazendo grande interligação entre cliente e fornecedor, gerando o fortalecimento das suas alianças.

Com a crescente cobrança dos clientes, sobre origem da matéria prima, fabricação e do produto, fica mais evidente para as empresas a importância de ser ter uma boa relação, transparente e segura com seus fornecedores, e apesar da norma ISO 9001 não garantir a perfeição do processo ou produto, ela diminui os riscos.

Além disso, na norma ISO 9001 é clara a responsabilidade da empresa com produtos e serviços externos, pois o mesmo pode trazer diversos problemas para organização, o que foi confirmado pela maioria dos respondentes na pesquisa de Araújo (2016).

Deve-se salientar que no Brasil vive-se uma crise ética nas organizações publicas e privadas, que atinge diretamente ou indiretamente as partes interessadas. Diversas organizações sofreram por infligirem às leis vigentes, queda na arrecadação, demissão em massa, queda nos investimentos, e até falência.

Na visão da maioria dos respondentes, as organizações que respeitam os requisitos legais (leis vigentes) têm mais facilidade para aplicar a responsabilidade social (ARAÚJO, 2016). Destaca-se, também, a ênfase maior aos aspectos culturais pelas organizações, por meio de programas de incentivos e interação entre as culturas diferentes, buscando a satisfação e o bem-estar de seus funcionários, estimulando o crescimento pessoal e aumentando a autoestima dos mesmos, para almejar cargos superiores e salários maiores e, consequentemente, a organização só tem a ganhar.

Considerações Finais

Com base nos estudos analisados, confirmou-se a existência de alinhamento entre gestão da qualidade e gestão da responsabilidade social corporativa, contribuindo, desse modo, para o fortalecimento da cultura organizacional baseada em princípios éticos e socialmente responsáveis.

A convergência entre a gestão da qualidade e a responsabilidade social corporativa, contribuindo para o desempenho organizacional, foi evidenciada em vários ramos de negócio, dentre eles: grandes empresas de manufatura, empresas do ramo farmacêutico, indústrias hoteleiras e indústria do petróleo.

Isso reforça a necessidade de estudos que enfoque a gestão da qualidade e a gestão da responsabilidade social. Com esse intuito, sugere-se a realização de estudos de caso em organizações certificas pela ISO 9001 e que possuem uma gestão voltada para responsabilidade social. Outra proposta consiste em criar modelos para o alinhamento da gestão da qualidade e a gestão da responsabilidade social corporativa.

Sendo assim, buscou-se, por meio dessa análise, uma visão diferenciada das abordagens tradicionais da gestão da qualidade total, enfatizando que a mesma contribui para o futuro da sociedade, mais justa e responsável.

Referências

ARAÚJO, R. A. de. **Análise das contribuições da gestão da qualidade para a gestão da responsabilidade social nas organizações.** 2016. 88f. Dissertação (Mestrado em Sistemas de Gestão) – Escola de Engenharia, Universidade Federal Fluminense, 2016.

ASSOCIAÇÃO BRASILEIRA DE NORMAS TÉCNICAS. **Norma NBR ISO 9001: 2015.** Sistema de Gestão da Qualidade – Requisitos. 3. ed. 30/09/2015.

_____. **NBR ISO 26000:2010.** Diretrizes sobre responsabilidade social. Rio de Janeiro: 2010.

BENAVIDES-VELASCO, C. A.; QUINTANA-GARCIA, C.; MARCHANTE-LARA, M. Total quality management, corporate social responsibility and performance in the hotel industry. **International Journal of Hospitality Management**, v. 41, p. 77-87, 2014.

CAMPOS, V. F. **TQC Controle da qualidade total no estilo japonês**. 9. ed. São Paulo: Falconi, 2014.

CHIARINI, A. Corporate social responsibility strategies using the TQM: Hoshin Kanri as an alternative systems to the balanced scorecard. **TQM Journal**, v. 28, n. 3, p. 360-376, 2016.

CHIH, H.-L.; CHIH, H.-H; CHEN, T.-Y. On the determinants of corporate social responsibility: international evidence on the financial industry. **Journal of Business Ethics**, v. 93, n. 1, p. 115-135, 2010.

FROLOVA, I.; LAPINA, I. Integration of CSR principles in quality management. International **Journal of Quality and Service Sciences**, v. 7, n. 2-3, p. 260-273, 2015.

JÁČOVÁ, H.; HORÁK, J. The analysis of selected resource management tools used in the Czech Republic. **International Journal of Sustainable Development and Planning**, v. 10, n. 5, p. 666-684, 2015.

KAPSDORFEROVÁ, Z.; KADLEČIKOVÁ, M.; SVITOVÁ, E. **Utilization of quality managerial systems in business entities in the** Slovak Republic. **International Journal for Quality Research**, v. 9, n. 2, p. 197-208, 2015.

MEHRALIAN, G. et al. The effects of corporate social responsibility on organizational performance in the Iranian pharmaceutical industry: the mediating role of TQM. **Journal of Cleaner Production**, v. 135, p. 689-698, 2016.

MUSGRAVE, J. Moving towards responsible events management. **Worldwide Hospitability and Tourism Themes**, v. 3, n. 3, p., 258-274, 2011.

OLIVEIRA, J. A. P. A implementação do Pacto Global pelas empresas do Paraná. **Revista de Gestão Social Ambiental (RGSA)**, São Paulo, v2, n.3, p.92-110, 2008.

PARAST, M. M.; ADAMS, S. G. Corporate social responsibility, benchmarking and organizational performance in the petroleum industry: a quality management perspective. **International Journal of Production Economics**, v. 139, n. 2, p. 447-458, 2012.

SAMPAIO, P.; SARAIVA, P.; DOMINGUES, P. Management systems: integration or addition? **International Journal of Quality and Reliability Management,** v. 29, n. 4, p. 402-424, 2012.

SEBHATU, S. P. Corporate social responsibility for sustainable service dominant logic. **International Review on Public and Nonprofit Marketing**, v. 7, n. 2, p. 195-196, 2010.

TARI, J. J. Research into Quality Management and Social Responsibility. **Journal of Business Ethics**, v. 102, n. 4, p. 623-638, 2011.

VISSE, M.; ABMA, T. A.; WIDDERSHOVEN, G. A. M. Relational responsibilities in responsive evaluation. **Evaluation and Program Planning**, v. 35, n. 1, p. 97-104, 2012.

A PREMISSA DO SER SUSTENTÁVEL: INOVAÇÕES E CRITÉRIOS RELATIVOS AO UNIVERSO ORGANIZACIONAL HOTELEIRO

Rodrigo Amado dos Santos
Mirian Picinini Méxas
Marcelo J. Meiriño

Introdução

A partir do momento em que um objeto analítico for desvendado por um conjunto de acepções interdisciplinares é que a produção do conhecimento propiciará novos conceitos, posicionamentos e metodologias capazes de efetivamente compreenderem fenômenos contemporâneos de maior complexidade (CAPES, 2008). Não obstante, acredita-se aqui que esta ótica interdisciplinar deve ser assimilada/disseminada por toda e qualquer gestão/pesquisa que se debruce sobre: desmembramentos do desenvolvimento turístico sustentável na contemporaneidade; percepções dos impactos, positivos e/ou negativos, que uma cadeia produtiva turística pode gerar à sociedade, ao homem e ao meio ambiente (Santos, et al., 2017).

Perspectiva esta que se justifica pelo fato de esta análise propiciar um modelo analítico único, capaz de desvendar as mais distintas e intricadas relações humanas (Pacheco, et al., 2010) que culminam em impactos que não se limitam apenas ao seu marco inicial, mas que se propagam por outras temporalidades, territorialidades e grupos sociais. Nesta perspectiva, percebe-se que a interdisciplinaridade precisa ser vista enquanto um instrumento analítico imprescindível para que as práticas turísticas sustentáveis logrem sucesso, uma vez que suas acepções expõem intrincamentos (Gögüs, et al., 2013) que se constroem e/ou são influenciados por especificidades, multiplicidades e heterogeneidades organizacionais – em nível macro e micro ambiental – interdependentes e que são observadas e prospectadas em um "mundo real" (Robson, 2011).

Indubitavelmente, os gestores turísticos precisam estar cada vez mais familiarizados com estas prerrogativas (Ingelmo, 2013; Han e Yoon, 2015). Afinal de contas, existe o entendimento de uma interdependência fundamental entre o desenvolvimento turístico, a preservação das dimensões socioculturais, econômicas, políticas, espaciais e ambientais que suportam e distinguem suas operações (Pérez e Del Bosque, 2014; Sloan, et al., 2014, Santos e Matschuck, 2015) e a obrigatoriedade de salvaguardar as necessidades das gerações futuras (Santos, et al., 2017). Descrições estas que só serão garantidas, a priori, caso haja um consumo controlado dos recursos naturais e culturais (Lander, In: Arturo, 2005).

Neste contexto, pelo fato de o segmento hoteleiro ser a "engrenagem" fundamental ao surgimento, crescimento e propagação da atividade turística (Santos e Matschuck, 2015), tais empreendimentos devem assumir suas responsabilidades sobre os impactos ocasionados ao meio ambiente, à sociedade e aos demais *stakeholders* que suportam suas operacionalizações (Boley e Uysal, 2013; Ingelmo, 2013; Pérez e Del Bosque, 2014). Para tanto, devem promover uma gestão participativa (Sloan, et al., 2014) capaz de integrar e contemplar justa, ética e responsavelmente os anseios de suas comunidades, *trades* e turistas, sem esquecer dos limites aceitáveis de modificação de seu meio ambiente. Dito isso:

> (...) a *United Nations World Tourism Organization* define a sustentabilidade no contexto turístico enquanto um conjunto de princípios que se referem aos aspectos econômicos, ambientais e socioculturais relacionados ao desenvolvimento do turismo, e uma balança adequada [que] deve ser estabelecida entre essas três dimensões para se garantir a sustentabilidade a longo prazo. Inspirados nesse preceito, [define-se] sustentabilidade hoteleira enquanto um conjunto de estratégias mercadológicas que encontram as necessidades atuais dos hóspedes, dos stakeholders e dos operadores turísticos sem comprometer a habilidade de apreciação futura destes mesmos indivíduos em se beneficiar desses mesmos serviços, produtos,

recursos e experiência. Essa definição leva em consideração o caráter intergeracional, um dos primeiros princípios da sustentabilidade. (Sloan, et al., 2014, p.53)

Desta maneira, defende-se aqui a ideia de que os empreendimentos hoteleiros – independentemente de suas tipologias, portes e classificação – necessitam:

- estruturar suas planificações e operações conforme os preceitos das matrizes gerenciais – da eficiência, da escala, da equidade, da autossuficiência e da ética – enaltecidas no Relatório de *Brundtland* (Santos, et al., 2017);

- estabelecer paralelos pertinentes às dimensões da sustentabilidade – ambiental, social, cultural, econômico e política (Santos, et al., 2017), adequando-se a resolução "*Transforming our World: the 2030 Agenda for Sustainable Development*" (Baum, et al., 2016).

No entanto, o que se percebe na realidade é que ao se discutir a sustentabilidade hoteleira, boa parte de seus gestores propõem ações que intentam reduzir custos operacionais relacionados, por exemplo, ao uso consciente/responsável de energia e água. Exemplo que corrobora esta afirmativa é o Programa *Planet 21* da Accor Hotels – uma das maiores redes hoteleiras mundiais, presente em 95 países, através de seus 4.100 estabelecimentos (Accor Hotels, 2017) – alicerçado por sete pilastras que pregam, em sua maioria, ações de cunho ambiental: redução do uso de água, de energia e de CO_2; reciclagem; proteção à biodiversidade; utilização de produtos biodegradáveis; entre outros (Accor Hotels, 2016).

Ou então, tais empreendimentos apresentam propostas de marketing verde que objetivam captar uma demanda cada vez mais consciente da problemática ambiental (Geerts, 2014, Santos, et al., 2017). A partir destes exemplos, nota-se, portanto, que ultrapassar estes limites é essencial para o estabelecimento de um modelo de gestão que promova práticas sustentáveis além destas conotações (Geerts, 2014; Pérez e Del Bosque, 2014; Han e Yoon, 2015).

Assim, o intuito deste trabalho reside no fato de se apresentar critérios que permitam que as gestões hoteleiras contemporâneas assumam posicionamentos mais holísticos, integrados e participativos que as tornem capazes de contemplar especificidades ambientais, sociais, culturais, econômicas e políticas em suas estratégias organizacionais. Para tanto, este trabalho assumiu um caráter exploratório, de natureza qualitativa, que expõe critérios necessários à sustentabilidade hoteleira e que são respaldados pelos discursos propostos pela UNWTO, WTTC, UNEP, GRI, FEE e GSTC (Santos, et al., 2017).

Dito isso, de maneira geral, poder-se-ia dizer que há aqui um objetivo complementar de auxiliar os gestores hoteleiros contemporâneos no cumprimento de sua missão, visão, valores e metas organizacionais, sem "deixar de lado":

- alternativas que aprimorem seus resultados e que levem em consideração a dimensões enaltecidas pela proposta de desenvolvimento sustentável: ambiental, social, cultural, econômica e política (Santos, et al., 2017);
- estratégias que propiciem "bons negócios a partir do momento em que aprimoram potencialmente os lucros de uma empresa (...) [e sua] imagem pública" (Sloan, et al., 2012, p.17);
- a eficácia como princípio para a satisfação dos anseios da própria organização e a eficiência como preceito para a sanção das necessidades dos *stakeholders* que sustentam a cadeia produtiva deste sistema (Robalo, 1995).

Referencial Teórico

Gestões hoteleiras sustentáveis: para além do pragmatismo ambiental.

Nos últimos anos a atividade turística vem experimentando um crescimento contínuo de sua operacionalização (Stylos e Vassiliadis, 2015). Dos 25 milhões de deslocamentos internacionais efetuados em 1950 e que culminaram em uma receita de U$S 2 bilhões, um "salto" considerável fora notado em 2015: 1.186 milhão de deslocamentos internacionais que produziram U$S 1.260 trilhão (UNWTO, 2016), conforme aponta a figura 1.

Figura 1 – Turismo Internacional em 2015.

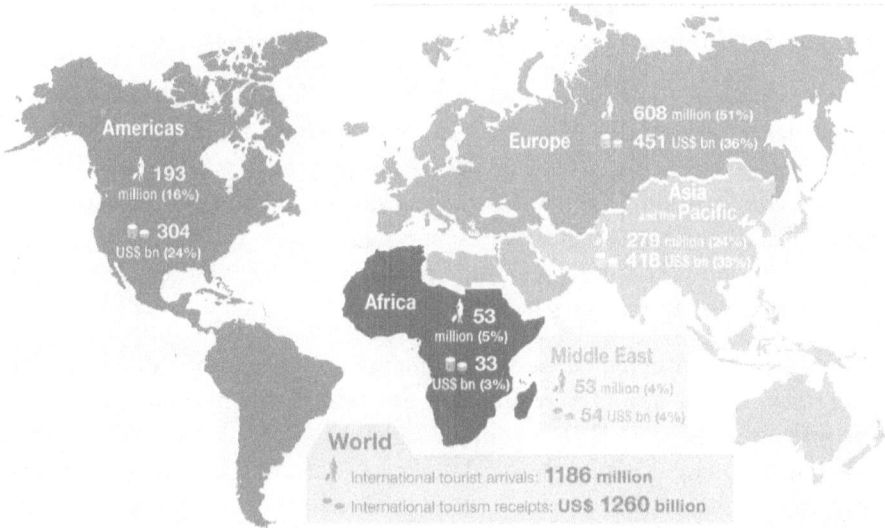

Fonte: UNWTO (2016)

Por perspectivas positivas e/ou negativas, este cenário remete a uma série de impactos que deturpam e/ou enaltecem as características dos recursos naturais, socioculturais e econômicos de sua destinação (Han e Yoon, 2015). Exatamente por isso, há a obrigatoriedade de se intensificar as discussões acadêmicas e mercadológicas sobre o seguinte eixo: como promover modelos de gestão capazes de assegurar a sustentabilidade integral destas organizações e/ou destinações (Tyrrel, et al., 2012; Boyle e Uysal, 2013).

Em específico ao segmento hoteleiro, é imperativo o rompimento do pragmatismo ambiental incutido em suas gestões (Prud'homme e Raymond, 2013; Geerts, 2014; Santos, et al., 2017). Afinal de contas, os meios de hospedagem, desde as redes hoteleiras internacionais até as empresas locais, possuem nexos socioculturais, econômicos e ambientais que se enraízam em níveis locais, regionais e globais (Susskind, 2014) que os deixam "em uma confortável situação para realizar uma contribuição significativa ao desenvolvimento sustentável" (Melissen, et al., 2016:228) de suas comunidades.

Apesar disso, percebe-se que as práticas sustentáveis que mais se destacam são os programas de reciclagem, de reuso de toalhas e lençóis ou a inserção de mecanismos de controle do uso da água (Geerts, 2014). Com outro exemplo pontual deste posicionamento, destaca-se o seguinte programa de sustentabilidade hoteleira: o *Make a Green Choice* da *Starwoods* que propõe "uma redução de 30% na energia e 20% no consumo de água por quarto de hotel construído até 2020" (*Starwoods Hotels and Resorts*, 2016, p.01).

Independentemente da importância destas medidas – e o objetivo aqui não é colocá-las em demérito – seus resultados não apresentam, de forma holística, participativa e integrada, ações que perpassam por todas as dimensões da sustentabilidade (Susskind, 2014). O que justamente ressalta a necessidade das práticas de sustentabilidade hoteleira serem mais amplas (Santos, et al., 2017). Há, portanto, que se difundir uma sutil, mas vital diferença entre práticas organizacionais responsáveis e sustentáveis.

Enquanto a primeira atua pontualmente sobre algumas dimensões da sustentabilidade, a última necessita que os gestores criem condutas interdependentes e indissociáveis (Longoni e Cagliano, 2015), a partir de critérios de responsabilidade ambiental, social, cultural, econômica e política em suas organizações. Não obstante, para que as gestões hoteleiras logrem êxito, seus idealizadores devem "capturar a amplitude de um conjunto de valores, questões e processos que as empresas devem enaltecer de forma a minimizar quaisquer prejuízos" (Elkington, 1997, p.372) socioambientais, econômicos e culturais a sua sociedade.

Assim, será possível promover um desenvolvimento socialmente justo, culturalmente compatível e ambientalmente amigável (Pérez e Del Bosque, 2014), onde os processos de planificação e operacionalização hoteleiros:

- estejam imbuídos da responsabilização organizacional, por uma ótica tempo e espaço – a curto, médio e longo prazo – sobre todo e qualquer impacto negativo perpetrado por sua cadeia produtiva (Galpin, Whittington e Bell, 2015);
- não só atendam aos seus próprios interesses, mas que também assumam um papel proativo perante as dimensões sociais, culturais, econômicas, políticas e ambientais da sustentabilidade (Aragon-Correa, et al., 2015; Santos, et al., 2017);
- alicercem uma gestão participativa que propicie um maior envolvimento das comunidades e demais *stakeholders*, contribuindo para um melhor desenvolvimento econômico, moral, ético e humano (Ingelmo, 2013; Aragon-Correa, et al., 2015; Galpin, et al., 2015);

- atentem-se aos interesses dos *stakeholders* que suportam sua operacionalização, atendendo suas necessidades de maneira ética, justa e equitativa (Pérez e Del Bosque, 2014);

- desenvolvam um ambiente organizacional harmônico, onde todo e qualquer colaborador esteja efetivamente comprometido com o ideal da sustentabilidade. Afinal de contas, a partir deste prisma torna-se possível aprimorar: a rentabilidade, produtividade, a eficácia e imagem organizacional (Tyrrel, et al., 2012; Boley e Uysal, 2013);

- estabeleçam um consenso e busquem a aceitação de sua clientela, uma vez que estas iniciativas poderão afetar a qualidade dos serviços a qual esses indivíduos estão acostumados (Prud'homme e Raymond, 2013).

Justamente por isso, um planejamento holístico, integrado e participativo – capaz de maximizar os efeitos positivos de seus impactos, bem como minimizar suas consequências negativas – torna-se imprescindível. Para tanto, estruturar uma gestão que consiga estabelecer um ponto de equilíbrio entre consumo e preservação é uma condição *sine qua non* ao sucesso da sustentabilidade turística. Desse modo, estabelecer critérios que fortaleçam e disseminem o preceito do desenvolvimento sustentável nas organizações hoteleiras (Pérez e Del Bosque, 2014) se evidencia enquanto tarefa demasiadamente oportuna. Afinal de contas,

> sem isso, a atividade torna-se vulnerável e suscetível aos problemas de degradação, massificação e fragmentação que, em última instância, significam a sua autodestruição. A gestão responsável deverá, também, reproduzir impactos positivos no que se refere ao Turismo interno, propiciando o desenvolvimento da atividade no mercado doméstico, com benefícios por duas vias: (i) pela produção, com a criação de novos postos de trabalho, e consequente ampliação da renda; (ii) e pelo consumo, com a inclusão de novas parcelas de consumidores no mercado turístico. (Brasil, 2010, p. 27).

Critérios Holísticos, Integrados E Participativos. A Gênese de uma Hotelaria Sustentável

Para que a indústria hoteleira desenvolva iniciativas sustentáveis que não só se preocupem com medidas ambientalmente responsáveis ou com os efeitos de seus impactos econômicos sobre comunidades e *trades*, seus gestores devem:

- estabelecer uma profícua gestão de relacionamento com seus *stakeholders*. Para tanto, é necessário identificá-los, reconhecer suas demandas e entender como estas interferem, positiva e/ou negativamente, em cada dimensão da sustentabilidade – social, cultural, econômica, política e ambiental (Galpin, et al., 2015; Pérez e Del Bosque, 2014; Santos, et al., 2017);
- reordenar processos e culturas organizacionais, de maneira que os empreendimentos hoteleiros promovam um desenvolvimento mais justo e ético, capaz de equacionar limites e interesses em seus sistemas de atuação (Tyrrell, et al., 2013).

Tais pontos são vitais para que esta atividade atinja patamares mais emblemáticos, prospectando resultados futuros que contemplem todas as dimensões da sustentabilidade (UNEP, 2013). No entanto, em específico aos meios de hospedagem – por causa de suas distintas e variadas tipologias e classificações – tais organizações se defrontarão com desafios que tornarão esta execução um pouco mais complexa, haja vista a intricada rede de valores, princípios, intangibilidades e atores que tornam únicos seus processos de tomada de decisão e operações (Melissen, et al., 2016).

Justamente por isso, julga-se primordial envolver os *stakeholders* desta cadeia produtiva. Deste modo, para se idealizar uma proposta gerencial que abarque os princípios até aqui apresentados, certas precauções se fazem necessárias para assegurar sua consistência e legibilidade. Dentre estas, reitera-se a importância de uma fundamentação interdisciplinar que seja capaz de lidar com um axioma conceitual múltiplo, heterogêneo e complexo que necessitará ser convergido em um modelo gerencial que apresente uma conexão de princípios, processos e métodos que sustentarão a complexa relação de consumo – entre homem, sociedade e meio ambiente – proposta pela cadeia produtiva hoteleira contemporânea.

Neste sentido, Santos, et al. (2017) apresentam 66 critérios que perpassam por estas prerrogativas. Através da tabela 1, ter-se-á a possibilidade de verifica-los, bem como perceber suas relevâncias para a implementação de uma gestão hoteleira sustentável, participativa, holística e integrada.

Tabela 01: Critérios para um Desenvolvimento Hoteleiro Sustentável

DIMENSÃO	PROPOSTA
AMBIENTAL	01. Cumprir os requisitos necessários para prover a qualidade da água, seja para consumo ou para o banho. 02. Não permitir que quaisquer tipos de resíduos ou lixos contaminem os recursos hídricos de qualquer espécie e/ou zonas costeiras e marinhas. 03. Estabelecer programas de educação ambiental - com pelo menos 05 ações anuais – com o objetivo de conscientizar sobre as limitações de seus recursos naturais. 04. Construir mecanismos informativos que permitam ao turista reconhecer as fragilidades relacionadas à fauna e flora locais. 05. Estabelecer e difundir amplamente um código de comportamento ambiental para toda organização, atingindo os *stakeholders* que a apoiam. 06. Constituir uma comissão de gestão ambiental formada por clientes internos, externos e especialistas. Essa terá a responsabilidade de avaliar o impacto/extensão das modificações que projetos futuros ocasionarão à biodiversidade local. 07. Estar em conformidade com a legislação ambiental vigente. 08. Optar por fornecedores conscientes das suas responsabilidades ambientais. 09. Reduzir, reciclar e/ou minimizar a produção de resíduos sólidos e efluentes líquidos. 10. Promover manutenções preventivas, não permitindo impactos aos ecossistemas. 11. Estabelecer uma política de capacidade de carga sobre o consumo de atrativos naturais. 12. Propor uma política organizacional que dissemine o uso de energias renováveis e a inserção de mecanismos de eco-eficientes que permitam uma melhor utilização da água e da energia elétrica. 13. Utilizar produtos biodegradáveis em processos de limpeza. 14. Efetivar uma gestão participativa para que os objetivos ambientais sejam cumpridos. 15. Arquitetura integrada à paisagem, compatível às especificidades climáticas e ao ambiente físico. 16. Reduzir a emissão de gases, de ruído, odores e outros gases. 17. Minimizar o uso de insumos com potenciais influências negativas ao meio ambiente. 18. Promover a proteção da flora e fauna local. 19. Definir ações de responsabilidade sobre as emergências ambientais. 20. Participar de fóruns e/ou grupos que possuam o objetivo de dialogar e compartilhar experiências que contribuam para a gestão ambiental e a conservação da biodiversidade.

DIMENSÃO	PROPOSTA
SOCIAL	**01.** Oferecer práticas baseadas na equidade social. **02.** Estruturar políticas de trabalho que favoreçam autóctones, propiciando uma estrutura organizacional igualitária, independentemente de crenças, gêneros, etnias e opções sexuais. **03.** Assegurar que infraestruturas, produtos e serviços possam ser usufruídos pelos autóctones. **04.** Atender plenamente as necessidades de indivíduos portadores de necessidades especiais. **05.** Auxiliar a melhoria da qualidade de vida e do bem-estar social, através de ações aprimorem infraestruturas e ofertas de serviços. **06.** Instigar a participação de colaboradores em programas de voluntariado. **07.** Desenvolver iniciativas fundamentadas na educação e qualificação da mão-de-obra local. **08.** Constituir um comitê de responsabilidade social formado por clientes internos, externos e especialistas. Esse deverá avaliar o impacto das operações turísticas acerca da qualidade de vida de seus *stakeholders*. **09.** Assegurar os direitos e a dignidade dos colaboradores e grupos sociais envolvidos no processo da gestão hoteleira. **10.** Estabelecer uma política de crescimento organizacional que propicie ascensão vertical e horizontal aos seus colaboradores. **11.** Encorajar perante seus funcionários o desenvolvimento e a criação de habilidades complementares aos cargos ocupados. **12.** Empoderar a comunidade local acerca dos processos de expansão e crescimento organizacional que afetam suas qualidades de vida. **13.** Dar prioridade às companhias locais, para que se tornem fornecedores e distribuidores de sua cadeia produtiva.

Fonte: Santos, et al. (2017, p.222)

Tabela 01: Critérios para um Desenvolvimento Hoteleiro Sustentável (Continuação).

DIMENSÃO	PROPOSTA
SOCIAL	14. Garantir benefícios aos colaboradores integrais, enaltecendo: seguro de vida, de saúde, necessidades especiais e subsídio de invalidez, maternidade / paternidade, fundos de pensão, plano de compra de ações, entre outros.
	15. Conceder períodos mínimos de aviso prévio sobre mudanças operacionais.
	16. Constituir comitês que disseminem a importância da saúde, segurança, direitos humanos e trabalhistas.
	17. Promover processos de qualificação, contínuos e ininterruptos, através da gestão da aprendizagem.
	18. Tornar eficazes os mecanismos de protestos e reclamações relacionadas às práticas de trabalho, dando continuidade efetiva a essas solicitações.
	19. Repudiar quaisquer práticas de trabalho infantil ou escravo, seja por uma perspectiva interna e/ou externa à organização hoteleira.
	20. Proporcionar salários que ao menos atendam ou excedam as regulações locais.
	21. Ofertar produtos e serviços que sigma a lógica do *fair trade*.
	22. Criar oportunidade para pequenos e médios empreendedores oferecerem seus produtos dentro da organização hoteleira.
	23. Implementar uma cultura organizacional que seja contra a exploração comercial e sexual, especialmente de crianças, adolescentes, mulheres e grupos minoritários.
CULTURAL	01. Valorizar, preservar e promover questões culturais que enalteçam a identidade de uma destinação turística.
	02. A arquitetura do meio de hospedagem deve ser compatível às identidades urbanas e rurais.
	03. Respeitar crenças e tradições, consultando a comunidade sempre que oferecer produtos e serviços baseados em sua cultura, observando a questão da autenticidade e da representatividade por detrás da experiência turística.
	04. Estabelecer códigos de conduta destinados aos visitantes, levando-se em consideração as especificidades culturais da destinação visitada.
	05. Não comercializar itens históricos e arqueológicos sem o consentimento da legislação internacional e local.
	06. Propiciar aos clientes informações sobre a cultura local e seu patrimônio, explicando adequadamente questões ligadas à representatividade, à simbologia e aos seus comportamentos e condutas.

DIMENSÃO	PROPOSTA
ECONÔMICA	**01.** Assegurar, em longo prazo, a viabilidade econômica e a competitividade organizacional, garantindo benefícios a todos os seus *stakeholders*.
	02. Maximizar a contribuição da empresa hoteleira para a prosperidade econômica local, através dos seguintes aspectos: (1) Evitar a evasão de capital; (2) Encorajar sistemas de parceria que beneficiam esse segmento; (3) Influenciar a quantidade de gastos feitos pelo turista.
	03. Propor ações que maximize a geração, distribuição e retenção dos valores econômicos.
	04. Auxiliar o desenvolvimento de projetos que garantam o investimento em infraestrutura e serviços oferecidos na comunidade.
	05. Orçamentos destinados à compra de insumos provenientes da comunidade local.
	06. Tentar não influenciar o ritmo da economia local.
	07. Planejar produtos e serviços considerando os princípios de excelência e satisfação se seus clientes.
	08. Assegurar a produtividade organizacional através de processos relacionados à identificação continua de perigos, avaliação de riscos e implementação de medidas de controle.
	09. As questões de financiamento devem ser realizadas em instituições signatárias dos *Princípios do Equador*.
	10. Estabelecer planos de contingência para mitigar os efeitos negativos oriundos das ameaças de seu mercado.

Fonte: Santos, et al. (2017, p.222-223)

Tabela 01: Tabela 01: Critérios para um Desenvolvimento Hoteleiro Sustentável (Continuação).

DIMENSÃO	PROPOSTA
POLÍTICA	**01.** Facilitar o engajamento e fortalecimento dos *stakeholders* nos processos de decisão.
	02. Fortalecer a gestão participativa.
	03. Incluir os valores da sustentabilidade na missão, visão e princípios organizacionais nas empresas hoteleiras.
	04. Monitorar continuamente os resultados operacionais, administrativos e financeiros.
	05. Promover uma política de transparência, baseada em princípios éticos e morais, com os *stakeholders* que apoiam esta cadeia de produção.
	06. Implementar uma cultura organizacional baseada na gestão em longo prazo, estando em conformidade com sua realidade mercadológica.
	07. Efetivar políticas de treinamento que enalteçam o papel cultural, social, econômico e ambiental dessa organização.

Fonte: Santos, et al. (2017, p.223)

Considerações Finais

Ao analisar os ritmos de consumo propostos pelo turismo, percebe-se uma dualidade construída pelo sistema capitalista vigente. De um lado, uma busca frenética pelo acúmulo de capital através da apropriação de recursos naturais e culturais que originarão produtos e serviços a serem comercializados. De outro, sérias preocupações sobre como este sistema atenderá às necessidades das gerações futuras, preservando elementos naturais e culturais que já se encontram em processo de deterioração e/ou extinção.

Esta última perspectiva demanda um ponto difícil de ser ignorado: a necessidade de desenvolver propostas que possam alavancar resultados operacionais, administrativos e financeiros de quaisquer empresas hoteleiras e que ao mesmo tempo sejam capazes de assegurar a equidade um desenvolvimento viável e autossustentável. Entretanto, percebe-se que tal tarefa não é tão simples assim, já que envolve um modelo de gestão pautado em resultados a longo prazo e que abarcará interesses, anseios e expectativas de múltiplos e distintos agentes que influenciarão ou serão influenciados pela operacionalização turística.

Frente ao desenvolvimento destes critérios, percebe-se ainda que há a necessidade de ordena-los – atribuindo-lhes graus de relevância – conforme as especificidades da relação "empreendimento hoteleiro, *trade*, comunidade e demais *stakeholders*". Prerrogativa essa que se vincula ao desmembramento futuro desta pesquisa. No entanto, de antemão já se torna possível afirmar que tais ordenações precisarão ser continuamente monitorada, em virtude das especificidades de cada territorialidade e dos padrões de produção e consumo que se apresentam em distintas variedades.

Por conseguinte, existem outros posicionamentos demasiadamente pertinentes à execução e ao sucesso desta proposta. Dentre estes, destaca-se a obrigatoriedade dos gestores hoteleiros:

- reconhecerem indivíduos e grupos sociais enquanto ícones tão expressivos quanto os ecossistemas locais. Afinal de contas, o sucesso deste modelo depende da criação de sistemas de parceria estabelecidos junto às esferas representativas da comunidade, do setor público e da iniciativa privada, para que seja possível captar e atender anseios, expectativas e especificidades em torno de sua operacionalização;

- compreenderem as complexidades e interdependências apresentadas pelas dimensões da sustentabilidade, percebendo suas inferências ao atendimento das necessidades de seus *stakeholders* atuais e futuros.

No entanto, indubitavelmente esta disposição já transparece um maior comprometimento com as exigências e necessidades do destino, da comunidade, de seus *stakeholders* e dos próprios turistas. Deste modo, aborda ações minuciosas que devem ser pontuadas para que a sustentabilidade hoteleira não "deixe de lado" as particularidades sociais, culturais, econômicas e políticas em seus modelos de gestão. Destarte, há agora a urgência de se pensar isoladamente cada critério, descrevendo os procedimentos necessários para suas execuções. Proposta essa, que se edifica enquanto ramificação futura desta pesquisa.

Referências

ACCOR HOTELS. 2016. **Sustainable Development – Reinvent Hotels.** Disponível em: <http://www.accorhotels-group.com/en/sustainable-development.html>. Acesso em: 11.nov.2016.

ACCOR HOTELS. 2017. **AccorHotels Overview**. Disponível em: <http://www.accorhotels.group/pt-BR/group/who-we-are/accorhotels-in-brief>. Acesso em: 15.mai.2017.

ARAGÓN-CORREA, J. A.; et al. Sustainability issues and hospitality and tourism firms' strategies. Analytical review and future directions. **International Journal of Contemporary Hospitality Management**, v.27, n°.3, p.498-522, 2015.

BAUM, T.; et al. Sustainability and the Tourism and Hospitality Workforce: A Thematic Analysis. Sustainability, v.8, p.1-21, 2016.

BOLEY, B. B.; UYSAL, M. Competitive synergy through practicing triple bottom line sustainability: Evidence from three hospitality case studies. **Tourism and Hospitality Research**, vol. 13, n° 04, pp-226-238, 2013.

BRASIL, Ministério do Turismo. **Documento Referencial Turismo no Brasil 2011/2014**. Brasília: Conselho Nacional do Turismo, 2010.

CAPES – Coordenação de Aperfeiçoamento de Pessoal de Nível Superior; CAInter – Comissão de Área Interdisciplinar. **Documento de Área Interdisciplinar Triênio 2007-2009**. Brasília, 2008.

ELKINGTON, J. **Cannibals with Forks, the Triple Bottom Line of 21st Century Business**. Oxford, UK: Capstone Publishing, 1997.

GALPIN, T.; et al. Is your sustainability strategy sustainable? Creating a culture of sustainability. **Corporate Governance**, v.15, n.01, p.1-17, 2015.

GEERTS, Wouter. Environmental certification schemes: Hotel managers' views and perceptions. **International Journal of Hospitality Management**, v.39, n° 01, pp. 87-96, 2014.

GÖGÜS, G., et al. Innovation and sustainable growth measurement in hotel industry: a hierarchical decision making model. **Procedia Social and Behavioral Sciences**, v.99, p. 752-761, 2013.

HAIR JR., J. F.; et al. **Análise Multivariada de Dados**. São Paulo: Bookman, 2009.

HAN, H.; YOON, H. J. Hotel customers' environmentally responsible behavioral intention: Impact of key constructs on decision in green consumerism. **International Journal of Hospitality Management,** v.45, n.01, p.22-33, 2015.

INGELMO, I. A. Design and development of a Sustainable Tourism Indicator based on human activities analysis in Inle Lake, Myanmar. **Procedia - Social and Behavioral Sciences,** v.130, n.01, p.262-272, 2013.

LANDER, E. A colonialidade do saber: eurocentrismo e ciências sociais. In: ARTURO, E. **O lugar da natureza e a natureza do lugar**: globalização ou pós-desenvolvimento. Buenos Aires, Argentina: CLASCO, 2005.

MELISSEN, F.; et al. Sustainability challenges and opportunities arising from the owner-operator split in hotels. **International Journal of Hospitality Management**, v.54, p.35-42, 2016.

PACHECO, R. C. S.; et al Interdisciplinaridade vista como um processo complexo de construção do conhecimento: uma análise do Programa de Pós-Graduação EGC/UFSC. **Revista Brasileira de Pós-Graduação**, v. 07, nº 12, pp. 136-159, julho de 2010.

PÉREZ, A.; DEL BOSQUE, I. R. Sustainable Development and Stakeholders: A Renew Proposal for the Implementation and Measurement of Sustainability in Hospitality Companies. **Knowledge and Process Management,** v.21, n.3, p.198-205, 2014.

PRUD'HOMME, B.; RAYMOND, L. Sustainable development practices in the hospitality industry: An empirical study of their impact on customer satisfaction and intentions. **International Journal of Hospitality Management**, v.34, n°.1, p.116-126, 2013.

ROBALO, A. Eficácia e eficiência organizacionais. **Revista Portuguesa de Gestão**, nº II-III, p.105-116, 1995.

ROBSON, C. **Real World Research Design**: a resource for users of social research methods in applied settings. 3rd. Ed. West Sussex: John Wiley & Sons, Ltd., 2011.

SANTOS, R. A.; MATSCHUCK. A Sustentabilidade e a Cadeia Produtiva Hoteleira: Um Estudo de Caso no JW Marriott, Rio de Janeiro. **Revista Turismo – Visão e Ação** 17 (02), 444-474, 2015.

SANTOS, R. A.; et al. Sustainability and hotel business: criteria for holistic, integrated and participative development. **Journal of Cleaner Production**, v.142, p.217-224, 2017.

SLOAN, P; et al. **Sustainability in the Hospitality Industry**: Principles of Sustainable Operations, 2nd ed. London: Routledge, 2012.

SLOAN, P.; et al. A survey of social entrepreneurial community-based hospitality and tourism initiatives in developing economies. A new business approach for industry. **Worldwide Hospitality and Tourism Themes**, v.06, n.1, p.51-61, 2014.

STARWOODS HOTELS AND RESORTS. 2016. **Global Citizenship - Sustainability.** Disponível de: <http://www.starwoodhotels.com/corporate/about/citizenship/sustainability/index.html?&language=en_US&localeCode=en_US>. Acesso em: 21.dez.2016.

STYLOS, N.; VASSILIADIS, C. Differences in Sustainable Management between Four- and Five-Star Hotels Regarding the Perceptions of Three-Pillar Sustainability. **Journal of Hospitality Marketing & Management**, v.00, pp.01–35, 2015.

SUSSKIND, A. M. Guests' Reactions to In-Room Sustainability Initiatives: An Experimental Look at Product Performance and Guest Satisfaction. **Cornell Hospitality Quarterly**, v.55, nº.3, p.228–238, 2014.

TYRRELL, T.; et al. A Quantified Triple Bottom Line for Tourism: Experimental Results. **Journal of Travel Research**, v. 52, p. 279-293, 2013.

UNWTO – World Tourism Organization. 2016. **Tourism Highlights – 2016.** Disponível em: <http://www.e-unwto.org/doi/pdf/10.18111/9789284418145>. Acesso em: 21.mai.2017.

EMPREENDEDORISMO E ESTRATÉGIA EM CONTEXTOS DINÂMICOS DE DESENVOLVIMEMTO ECONÔMICO

Cristina Fernandes
João J. Ferreira
Ronnie J-Figueiredo

As constantes transformações no entorno em que vive o homem moderno alteram frequentemente sua visão de mundo, sua forma de pensar, agir e principalmente de fazer negócios. Suas estratégias empresariais são pensadas de forma reversa a lógica cartesiana do planejamento, pois estão diante de um mundo de incertezas econômicas.

Surge o papel do empreendedor estratégico para compreender a capacidade das empresas e as oportunidades de mercado, buscando mais do que a diferenciação, e sim, a inovação e o desenvolvimento econômico sustentável das operações. O desafio no cenário de incertezas é fomentar o crescimento da organização e da geração de lucro, empregos e riqueza em contextos dinâmicos de interação.

Introdução

A estratégia sempre foi um tema central na gestão de negócios, desde a sua máxima de planejamento estratégico até a própria estratégia empresarial. O que vemos é uma evolução no entendimento e na aplicação da estratégia associada ao meio envolvente, onde a estrutura organizacional influencia diretamente na nova forma de tomar decisões nas empresas.

Percebemos que hoje a tomada de decisão por parte dos gestores, foge ao princípio básico da lógica de racionalidade e objetividade apresentada pela academia.

Os gestores precisam pensar agir de forma empreendedora, quebrando o paradigma das escolas de planejamento e causalidade, substituindo a lógica causal de metas e objetivos por um processo inverso, onde a premissa do meio envolvente é mutável, dinâmica e incerta.

Buscamos provocar a reflexão para que o "estrategista" possa propor um olhar diferente, sustentável e empreendedor para a organização em que atua como líder, a partir da interdependência, e da quebra da lógica cartesiana de pensar.

Objetivo

O capítulo denominado de "**Empreendedorismo e Estratégia em Contextos Dinâmicos de Desenvolvimento Econômico**", objetiva apresentar conceitos fundamentais para que o leitor compreenda a relação entre estratégia, empreendedorismo e desenvolvimento econômico, temas integrados ao cenário mundial.

Metodologia

A pesquisa realizada teve como suporte metodológico a abordagem qualitativa proposta por (Vergara, 1998) e (Gil, 2002), pois entende-se que a revisão da literatura explorou e descreveu de forma básica as relações dos temas empreendedorismo, estratégia e desenvolvimento econômico. Buscou-se encontrar informações científicas produzidas por outros pesquisadores para atender a proposta do estudo em questão. A partir do tema central, estratégia, derivamos os complementares, empreendedorismo e desenvolvimento econômico, apresentando suas relações.

Base Teórica

A literatura a seguir é comporta de três subcapítulos, sendo eles: o contexto estratégico do empreendedorismo, capacidades dinâmicas do empreendedorismo e empreendedorismo e desenvolvimento econômico. Todos os três buscam apresentar um pensamento integrado e evolutivo dos temas.

O Contexto Estratégico do Empreendedorismo

Os gestores respondem pela adaptação das mudanças do meio envolvente, o empreendedor responde de forma criativa (Schumpeter e Swedberg, 1991).

A abordagem Schumpeteriana sobre empreendedores reside no conceito de destruição criativa, onde Schumpeter faz referência simultaneamente à consequência destrutiva e construtiva da inovação e de que modo as inovações destroem as práticas tradicionais, e potenciam novos modelos de fazer negócios (Beckert, 1999).

O empreendedorismo está alinhado à capacidade de lidar com ambientes mais conturbados de negócio e à incerteza do meio envolvente (Milliken, 1987). A perspectiva de gestão empreendedora do meio envolvente pressupõe que as organizações tenham a capacidade de criar, modelar ou gerir os seus meios envolventes (Bourgeois, 1980). Por isso, a tomada de decisão estratégica é o cerne do processo de alinhamento entre a organização e o contexto do meio envolvente.

Russell e Russell (1992) desenvolvem uma medida do processo de gestão da inovação e examinam a sua relação com a estratégia empresarial, estrutura organizacional e meio envolvente. Percebem que normas de inovação, grau de descentralização na estrutura organizacional e incerteza do meio envolvente têm uma relação significativa sobre a variação na estratégia empresarial.

Entretanto, Durand e Coeurderoy (2001) mostram que o desempenho organizacional de empresas pioneiras é reforçado mediante uma estratégia de diferenciação inovadora e de marketing.

Por sua vez, as empresas lidam com uma situação de verdadeira incerteza sobre seus potenciais mercados e tecnologias, ou seja, as empresas podem criar produtos e explorar novos mercados, preservando a flexibilidade para se adaptar a um meio envolvente em mudança (Silberzahn e Midler, 2008; Sun et al., 2016).

De outra forma, Helm e Gritsch (2014) examinam os determinantes de uma estratégia internacional de marketing-mix dentro de um contexto específico de negócio e concluem que o empreendedorismo internacional tem um maior impacto na redução da incerteza do meio envolvente.

A incerteza do meio envolvente tem sido definida como a incapacidade perceptiva de um decisor de prever mudanças do meio envolvente devido à falta de informação ou à incapacidade de discernir a relevância dos dados (Buchko, 1994; Clark et al., 1994).

Entretanto, a incerteza é vista como um fator chave que pode explicar diferentes estruturas e estratégias de tomada de decisão (Buchko, 1994) e, para isso, pode ser empregue por múltiplos gestores que operam no mesmo ambiente objetivo (Bourgeois, 1980).

Devido ao aumento do dinamismo, da heterogeneidade e da incerteza no mercado, é provável que a incerteza esteja positivamente associada à adoção de uma orientação empreendedora e ao uso de comportamentos estratégicos mais agressivos e inovadores (Morris e Paul, 1987; Covin e Slevin, 1989; Davis e Morris, 1991).

Por exemplo, o uso da diversificação, a identificação e adoção de novos produtos e processos, variam diretamente com o nível de incerteza do meio envolvente. Estas estratégias podem diminuir o impacto de um meio envolvente dinâmico, porém incerto, que os empreendedores podem não entender completamente (Milliken, 1987).

Uma vez que os resultados para a inovação são, por definição, imprevisíveis, os compromissos do empreendedor e de outros stakeholders devem ser determinados não por meio do cálculo do potencial das oportunidades oferecidas pelo meio envolvente, mas por avaliações consistentes da perda acessível em busca de cursos de ação vagamente auspiciosos para criar novas oportunidades (Sarasvathy et al., 2008).

Estudos recentes sobre empreendedorismo revelam a quebra de um paradigma das escolas de planejamento e causalidade (Chandler et al., 2011; Dew et al., 2009; Steyaert, 2007). Sarasvasthy (2001) percebe que a lógica dos empreendedores, para abordagens dos problemas de gestão, a forma de tomar decisões e resolver situações quotidianas são diametralmente opostas à lógica de racionalidade e objetividade apresentada pela academia.

Os modelos tradicionais são baseados numa lógica causal em que o empreendedor realiza um planejamento detalhado com estabelecimentos de metas claras e objetivas, estudos de mercado extensivos com a finalidade de prever e controlar o futuro. As suas decisões são técnicas e racionais, em que o meio envolvente é controlado e organizado para o cumprimento de objetivos previamente definidos (Read et al., 2009; Sarasvathy, 2003).

São vários os investigadores a sugerirem, pelo contrário, um processo lógico muito diferente partindo da premissa de o meio envolvente ambiente é mutável, dinâmico e incerto. Não sendo possível controlá-lo e/ou quantificá-lo.

Essa visão holística alinha-se ao paradigma da complexidade (MORIN, 1996; PRIGOGINE, 1996; CAPRA, 2004) que propõe a interdependência dos fenômenos e desqualifica a análise cartesiana de causalidade linear, criando uma relação de complexidade ou reciprocidade nos negócios (GOYETTE; LESSARD-HEBERT, 1987).

A forma como pensamos afeta a nossa maneira de agir na sociedade, nos condiciona em comportamento e experiência que afeta a visão de mundo e o próprio mundo em que ajudamos a criar, Foucault (2001).

Percebe-se a necessidade imediata de construir uma visão sustentável onde as oportunidades mapeadas precisam ser consideradas nas análises ambientais, sociais e econômicas, assim como a cooperação mundial, Almeida (2002, 2008), Cattani (2003), Penteado (2003), Sachs (2008) e Senge et al. (2009).

As oportunidades podem variar em relação a sua origem, pois percebe-se que alguns fatores como mudanças tecnológicas (CHA; BAE, 2010), demanda não atendida no mercado (ANOKHIN, WINCENT; AUTIO, 2011), alterações políticas, consumos e órgãos de fomento, podem gerar informações estratégicas que contribuam com um pensar sobre o empreendimento (EKHARDT; SHANE, 2003).

Essa demanda geralmente é conhecida a partir da identificação de falhas no mercado, apontadas como uma fonte de oportunidades para negócios (COHEN, 2007), provocando a busca por soluções ambientais e sociais no ponto de vista do empreendedor.

Pensar de forma estratégica e sistêmica exige da liderança do empreendimento um processo complexo de compreensão do mundo dos negócios, antecipando-se a mudanças do ambiente externo para que sejam atendidas por meio de inovações de negócios sustentáveis (ALMEIDA, 2008).

Demanda também uma análise constante de um conjunto de informações disponíveis, em sua grande maioria, no mercado, que deve ser utilizada com agilidade na tomada de decisão do empreendimento vistas ao lucro empresarial, (SHANE; VENKATARAMAN, 2000; GRUBER; MACMILLAN; THOMPSON, 2013).

Porém para o lucro (econômico) ser gerado com os novos empreendimentos, ele precisa ser considerado nas dimensões social e ambiental, sendo sustentável como negócio.

Por esta razão, os empreendedores buscam criar novas alternativas, com possibilidades de experimentar e desenvolver novos cenários e diferentes possibilidades de desfecho. Nesta perspectiva, os empreendedores têm de "saber" lidar com diferentes recursos em meios incertos. O questionamento desta lógica causal revela que é preciso estudar o comportamento dos empreendedores, identificando o seu perfil nas decisões de criação de novos produtos e novos mercados, criando uma nova dinâmica nos negócios (Dew et al., 2009).

Capacidades Dinâmicas do Empreendedorismo

Segundo Roure e Keeley (1990), o sucesso em novos empreendimentos é explicável através de teorias desenvolvidas para outros propósitos, como o comportamento organizacional, a organização industrial e a gestão estratégica.

O sucesso empreendedor requer escolhas apropriadas de gestão, indústria e estratégia e a fraqueza de um nível pode ser compensada pela força de outro. Contudo Roper (1998) argumenta que a propensão das empresas para desenvolverem iniciativas de gestão e controle depende quase que exclusivamente das características do empreendedor. E a propensão das empresas para empreender iniciativas relacionadas a novos produtos, mercados ou sistemas de gestão depende, em parte, do histórico do empreendedor, mas também reflete os objetivos estratégicos da empresa, sua posição no mercado e o provável ambiente operacional.

Heavey et al. (2009) desenvolvem e testam um modelo que especifica a influência da abrangência na busca da empresa pelo empreendedorismo corporativo. Segundo estes autores, o principal argumento é o de que, embora a abrangência ajude aos decisores a obter o conhecimento necessário para escapar da ignorância e superar a dúvida associada a essa busca, essa influência benéfica está condicionada às preferências de gestão de incerteza, juntamente com o nível de dinamismo no ambiente externo.

Todavia, Miller (2012) procura dissociar as reivindicações das teorias de aprendizagem institucionais e organizacionais e esclarecer o impacto da incerteza de Knight nas oportunidades de descoberta. Este autor acrescenta que a educação e a experiência dos empresários ajudam-nos a identificar oportunidades de descoberta (exógenas) para rendas empresariais, enquanto altos níveis de incerteza (mas não teorizados) interferem na sua capacidade de explorar com êxito estas mesmas oportunidades.

Por sua vez, Zhang (2014) com base em perspectivas integradas de capacidades dinâmicas hierárquicas, empreendedorismo estratégico e dinâmico do meio envolvente, propõe um quadro teórico explícito para alcançar uma melhor compreensão das formas através das quais as capacidades dinâmicas hierárquicas promovem o empreendedorismo estratégico. Além disso, o autor explora como, através das capacidades dinâmicas, se pode melhorar o empreendedorismo estratégico em relação à incerteza das condições de mercado.

Em suma, é possível agrupar o empreendedorismo e a estratégia em contextos dinâmicos e incertos em cinco grandes categorias: i) estratégias de mercado; ii) modelos sobre estratégias; iii) flexibilidade estratégica; iv) proatividade estratégica; e v) capacidades dinâmicas e empreendedorismo.

Em relação às estratégias de mercado, a literatura assume que as empresas bem-sucedidas tendem a seguir um modo estratégico adequado às condições do meio envolvente. Uma série de propriedades estratégias importantes, tais como a tomada de risco, desempenho do decisor, grau de inovação e planejamento estratégico determinam o sucesso empresarial. Assim, quanto mais forte for a incerteza do meio envolvente empresarial, maior será o impacto que as estratégias orientadas para o mercado terão sobre o desempenho das empresas (Sun et al., 2016).

No que diz respeito aos modelos sobre estratégias, a literatura evidencia vários modelos para explicar como as empresas de adaptam à mudança e ao processo de mercado realçando o papel da agência estratégica como facilitador no contexto das sociedades de mercado. Por outro lado, o grau de especificidade, estabilidade, previsibilidade e exigibilidade, dos direitos de propriedade e das instituições contratantes impulsionam o risco e a incerteza percebidos da empresa (Ngo et al., 2016).

A flexibilidade permite que a empresa mude as características dos produtos ao longo de seus ciclos de vida e também introduza novos produtos muito rapidamente. Contudo, as empresas têm níveis mais elevados de flexibilidade estratégica quando maiores forem as redes sociais dos seus empreendedores (Fernández-Pérez et al., 2014).

A proatividade refere-se ao modo como as empresas se relacionam com as oportunidades de mercado ao tomar iniciativas no mercado. Assim, em ambientes dinâmicos, as empresas proativas tendem a apresentar níveis de desempenho mais elevados.

No âmbito das capacidades dinâmicas, a literatura sugere que os recursos e capacidades são verdadeiros facilitadores de vantagens competitivas de uma empresa e potenciadores de um melhor desempenho organizacional.

Capacidade para responder à crescente complexidade e diversidade do contexto empreendedor e o uso de estratégias em diferentes meios envolventes para o desenvolvimento de novas perspectivas de empreendedorismo são reflexões que devem estar nas agendas atuais e futuras dos acadêmicos, empresários, políticos e tomadores de decisões no fomento do desenvolvimento econômico.

Empreendedorismo e Desenvolvimento Econômico

O interesse recente pelo papel do empreendedorismo no desenvolvimento econômico foi influenciado, em larga medida, pela revolução do crescimento endógeno, a nível mundial, de meados dos anos 80. Esta revolução deu origem a uma nova vaga de investigações, que colocaram a "capacidade individual de enfrentar o risco" no centro das análises econômicas (Groot et al., 2004). No entanto, o interesse pelo empresário e pela sua atividade é anterior ao período referido.

Schumpeter (1934, 1939, 1942) defendeu que o empreendedor era a primeira força a impulsionar o desenvolvimento econômico. Pois é capaz de criar inovações que lhe permitem obter lucros assumindo os riscos inerentes a essas "criações".

Para este autor, o desenvolvimento significava a introdução de novas combinações no fluxo circular da vida econômica, ou seja, o empreendedor é capaz de introduzir ações inovadoras de tal forma que podem provocar descontinuidades cíclicas na economia.

Combinações estas introduzidas por estes novos agentes, os empresários. Estes desenvolvem novas formas produção, novos produtos, novas tecnologias, novas formas de organizar, novos mercados e novos recursos para as suas produções, definindo assim o desenvolvimento econômico e o futuro do capitalismo.

Outra abordagem ao papel do empreendedor é a de Kirzner (1973). Este autor defende que o empreendedor é um agente dinamizador do equilíbrio dos mercados além de que a sua atividade é essencial para a competitividade. Logo a competitividade é inerente ao processo de empreendedorismo.

Apesar da existência destas duas importantes abordagens, McClelland (1961), debruça a sua investigação sobre a personalidade do empreendedor, ou seja quais as características que o indivíduo tem que o levam a produzir negócios inovadores. Para este autor o empreendedorismo está relacionado com a vontade de realização pessoal, que acaba por transpô-la para os negócios, onde pode assumir riscos de diversas naturezas, onde pode alcançar o sucesso económico devido à sua competência e não à sua sorte.

No entanto, o interesse pela questão do empreendedorismo, tem sido demonstrado também pelos governos. Pois, o empreendedorismo enquanto mecanismo de desenvolvimento econômico qualificado, capaz de garantir uma oferta de bens e serviços à comunidade, ao mesmo tempo em que gera emprego e a consequente riqueza, faz com que os governos concebam políticas que apoiem este fenômeno (Audretsch e Fritsch, 2002).

De acordo com Dinis (2004), a iniciativa de criação de uma empresa (atividade empreendedora), está relacionada com a existência de um meio envolvente com características favoráveis, ou seja: o território e as empresas relacionam-se mutuamente uma vez que estas contribuem para o desenvolvimento territorial ao mesmo tempo que o território lhes proporciona um ambiente favorável à sua existência.

Segundo o Global Entrepreneurship Monitor (GEM, 2007), o fenômeno do empreendedorismo é complexo levando a variedade de conceitos sobre tipos de empreendedores, como: um indivíduo deseja simplesmente aventurar-se num negócio e tenta concretizá-lo num mercado competitivo apesar de não ter aspirações de um grande crescimento; ou, pode ser um indivíduo que tem um dado negócio, por um determinado período de anos e neste período vai procedendo à inovação do mesmo. Este indivíduo é um empreendedor. O GEM (2007) apresenta também algumas características inerentes ao empreendedor: motivações, inovações e desejo de alcançar um elevado crescimento.

Quanto à contribuição do empreendedorismo para o desenvolvimento económico, refere que em países com rendimentos per capita mais baixos, a economia nacional é caracterizada por empresas de pequena dimensão.

Por outro lado em países onde há um incremento do rendimento per capita, a industrialização e as economias de escala estão bem patentes, possuindo desta forma um importante papel no desenvolvimento económico desses países.

Podemos então referir que, o empreendedorismo e a inovação são aspectos centrais para o processo criativo da economia, bem como para promover o conhecimento, aumentar a produtividade e criar empregos.

Assim, a competitividade de uma região assenta num processo dinâmico, com os patamares de desenvolvimento moldados pela interação entre as situações correntes de mercado e o retorno dos investimentos em inovação.

Os investimentos em I&D (Investigação e Desenvolvimento) ajudam a alterar as linhas de crescimento das empresas, pelo fato de que novos produtos, novos processos ou novos métodos organizacionais podem alterar a composição dos mercados (Raposo et al., 2004).

Considerações Finais

O referido estudo aponta acerca da relevância da estratégia e do empreendedorismo no âmbito do desenvolvimento econômico e da sustentabilidade.

A forma de tomar decisão no papel de gestor muda diante de um cenário econômico dinâmico, instável e imprevisível. Assim, os gestores precisam operar suas organizações considerando uma "lógica reversa", fugindo de planejamento, metas e objetivos para um mundo de incertezas, onde o empreendedorismo influencia diretamente na estratégia e no desempenho do negócio.

Estratégia, empreendedorismo, inovação, competitividade e desenvolvimento econômico são temas que ganham relevância em função da sua integração e contribuição a ciência e ao mercado empresarial.

Eles promovem um mercado por meio de processos criativos da economia aumentando a produtividade e geração de empregos.

Despertam a competitividade de uma região por meio da interação entre atividades correntes de mercado e retorno em inovações fomentadas por I&D.

Seja qual for a forma de desenvolvimento econômico, lembre-se que o seu impacto também precisa ser sustentável.

Referências

Banerjee, S., & Srivastava, D. K. (2012). Power distance: a deterrent or a facilitator for innovation. *International Journal of Business Excellence*, 5(6), 677.

Beckert, J. (1999). Agency, Entrepreneurs, and Institutional Change. The Role of Strategic Choice and Institutionalized Practices in Organizatios. *Organization Studies*, 20(5), 777–799.

Ben Romdhane Ladib, N., & Lakhal, L. (2015). Alignment between business model and business strategy and contribution to the performance: Empirical evidence from ICT Tunisian venture. *Journal of High Technology Management Research*, 26(2), 168–176.

Bourgeois, L. J. (1980). Strategy and Environment: A Conceptual Integration. *Academy of Management Review*, 5(1), 25–39.

Buchko, A. A. (1994). Conceptualization and Measurement of Environmental Uncertainty: an Assessment of the Miles and Snow Perceived Environmental Uncertainty Scale. *Academy of Management Journal*, 37(2), 410–425.

Chandler, G. N., DeTienne, D. R., McKelvie, A., & Mumford, T. V. (2011). Causation and effectuation processes: A validation study. *Journal of Business Venturing*, 26(3), 375–390.

Clark, T., Varadarajan, P. R., & Pride, W. M. (1994). Environmental management:The construct and research propositions. *Journal of Business Research*, 29(1), 23–38.

Covin, J. G., & Slevin, D. P. (1989). Strategic management of small firms in hostile and benign enviroments. *Strategic Management Journal*, 10(1), 75–87.

Davis, D., & Morris, M. (1991). Perceived Environmental Turbulence and Its Effect on. *Journal of the Academy of Marketing Science*, 19(1), 43–51.

Dew, N., Read, S., Sarasvathy, S. D., & Wiltbank, R. (2009). Effectual versus predictive logics in entrepreneurial decision-making: Differences between experts and novices. *Journal of Business Venturing*, 24(4), 287–309.

Durand, R., & Coeurderoy, R. (2001). Age, order of entry, strategic orientation, and organizational performance. *Journal of Business Venturing*, 16(5), 471–494.

Fernández-Pérez, V., Llorens Montes, F. J., & García-Morales, V. J. (2014). Towards strategic flexibility : social networks, climate and uncertainty. *Industrial Management & Data Systems*, *114*(6), 858–871.

Heavey, C., Simsek, Z., Roche, F., & Kelly, A. (2009). Decision comprehensiveness and corporate entrepreneurship: The moderating role of managerial uncertainty preferences and environmental dynamism. *Journal of Management Studies*, *46*(8), 1289–1314.

Helm, R., & Gritsch, S. (2014). Examining the influence of uncertainty on marketing mix strategy elements in emerging business to business export-markets. *International Business Review*, *23*(2), 418–428.

Hmieleski, K. M., Carr, J. C., & Baron, R. A. (2007). Integrating Discovery and Creation Perspectives of Entrepreneurial Action: The Relative Roles of Founding CEO Human Capital, Social Capital, and Psychological Capital in Contests of Risk Versus Uncertainty. *Strategic Entrepreneurship Journal*, *1*(1), 27–47.

Kelley, D. (2011). Sustainable corporate entrepreneurship: Evolving and connecting with the organization. *Business Horizons*, *54*(1), 73–83.

Kuechle, G., Reshef, B. B., & Carr, S. D. (2016). Prediction-and control-based strategies in entrepreneurship: The role of information. *Strategic Entrepreneurship Journal*, *10*(1), 43–64.

Li, Y., Su, Z., Liu, Y., & Li, M. (2011). Fast Adaptation, Strategic Flexibility and Entrepreneurial Roles. *Chinese Management Studies*, *5*(3), 256–271.

Lumpkin, G. T., & Dess, G. G. (2001). Linking two dimensions of entrepreneurial orientation to firm performance: The moderating role of environment and industry life cycle. *Journal of Business Venturing*, *16*(5), 429–451.

Miller, J. I. (2012). The Mortality Problem of Learning and Mimetic Pratice in Emerging Industries: Dying to be Legitimate. *Strategic Entrepreneurship Journal*, *6*(1), 59–88.

Milliken, F. J. (1987). Three Types of Perceived Uncertainty About the Environment: State, Effect, and Response Uncertainty. *Academy of Management Review*, *12*(1), 133–143.

Morris, M. H., & Paul, G. W. (1987). The relationship between entrepreneurship and marketing in established firms. *Journal of Business Venturing*, *2*(3), 247–259.

Ngo, V. D., Janssen, F., & Falize, M. (2016). An incentive-based model of international entrepreneurship in emerging and transition economies. *Journal of International Entrepreneurship*, *14*(1), 52–74.

Plummer, L. A., Haynie, J. M., & Godesiabois, J. (2007). An essay on the origins of entrepreneurial opportunity. *Small Business Economics*, *28*(4), 363–379.

Read, S., Dew, N., Sarasvathy, S. D., Song, M., & Wiltbank, R. (2009). Marketing Under Uncertainty: The Logic of an Effectual Approach. *Journal of Marketing*, *73*(3), 1–18.

Roper, S. (1998). Entrepreneurial Characteristics, Strategic Choice and Small Business Performance. *Small Business Economics*, *11*, 11–24.

Roure, J., & Keeley, R. (1990). Predictors of Success in New Technology Based Ventures. *Journal of Business Venturing*, *5*(4), 201–220.

Russell, R. D., & Russell, C. J. (1992). An Examination of the Effects of Organizational Norms, Organizational Structure, and Environmental Uncertainty on Entrepreneurial Strategy. *Journal of Management*, *18*(4), 639–656.

Sager, B., & Dowling, M. (2009). Strategic marketing planning for opportunity exploitation in young entrepreneurial companies. *International Journal of Entrepreneurial Venturing*, *1*(1), 88–107.

Sarasvathy, S. D. (2001). Causation and Effectuation: Toward a Theoretical Shift from Economic Inevitability to The Academy of Management Review. *Source: The Academy of Management Review Academy of Management Review*, *26*(2), 243–263.

Sarasvathy, S. D. (2003). Entrepreneurship as a science of the artificial. *Journal of Economic Psychology*, *24*(2), 203–220.

Sarasvathy, S. D., Dew, N., Read, S., & Wiltbank, R. (2008). Designing Organizations that Design Environments: Lessons from Entrepreneurial Expertise. *Organization Studies*, *29*(3), 331–350.

Schumpeter, J. A., & Swedberg, R. (1991). *The economics and sociology of capitalism*. Princeton University Press.

Silberzahn, P., & Midler, C. (2008). Creating products in the absence of markets: a robust design approach. *Journal of Manufacturing Technology Management*, *19*(3), 407–420.

Stewart, W. H., & May, R. C. (2008). Environmental Perceptions and Scanning in the United States and India : Convergence in Entrepreneurial Information Seeking ? *Scanning*, 83–106.

Steyaert, C. (2007). "Entrepreneuring" as a conceptual attractor? A review of process theories in 20 years of entrepreneurship studies. *Entrepreneurship & Regional Development, 19*(6), 453–477.

Sun, J., Yao, M., Zhang, W., Chen, Y., & Liu, Y. (2016). Entrepreneurial environment, market-oriented strategy, and entrepreneurial performance A study of Chinese automobile firms. *Internet Research, 26*(2), 546–562.

Verreynne, M. L., Meyer, D., & Liesch, P. (2016). Beyond the Formal-Informal Dichotomy of Small Firm Strategy-Making in Stable and Dynamic Environments. *Journal of Small Business Management, 54*(2), 420–444.

Yasmeen, K., & Viswanathan, K. (2016). Entry Mode of Firms in an Emerging Economy : Evidence from Malaysia, *6*(2), 666–670.

Zahra, S. A. (2014). Public and Corporate Governance and Young Global Entrepreneurial Firms. *Corporate Governance (Oxford), 22*(2), 77–83.

Zhang, Z. (2014). Hierarchical dynamic capabilities and strategic entrepreneurship in changing industrial environments. *Frontiers of Business Research in China, 8*(3), 388–410.

Audretsch, D.B. e Fritsch, M. (2002): "Growth regimes over time and space". *Regional Studies*, 36 (2), 113-124.

Cooke, P. (2002): *Knowledge Economies – Clusters, learning and cooperative advantage*. Routledge Studies in Interantional Business and the World Economy, Londres e Nova Iorque

Dinis, A. (2004): " Empresarialidade em meios rurais e periféricos – um modelo multi-dimensional de análise". Tese de doutoramento, Universidade da Beira Interior.

GEM (2007): "Global Entrepreneurship Monitor" acedido em 31 de Mio de 2008, disponível em http://www.gemconsortium.org/download/1215538779687/GEM_2007_Executive_Report.pdf.

Groot, H. L.F., Nijkamp, P. e Stough, R. R. (2004): *Entrepreneurship and Regional Economic Development – A spatial perspective*. Edward Elgar Publishing Limited, Massachuetts.

Lopes, R. G. (1998): "Dinâmicas de Competitividade Territorial: Portugal por referência", ISCTE, Lisboa.

Kirzner, I. M. (1973): *Competition and entrepreneurship.* Chicago: University of Chicago Press.

McClelland, D.C. (1961): *The achieving society.* Pinceton, N.J; Van Nostrand.

Raposo, M., Serrasqueiro, Z. Silva, M. Ferreira, J. Leitão, J. e Pereira, D. (2004): "Cooperação Universidade Meio Envolvente", Comissão de Coordenação e Desenvolvimento Regional do Centro – CCDRC e Departamento de Gestão e Economia.

Rego, M. C. (2003): "Análise de alguns impactos regionais da Universidade de Évora no meio envolvente", *Nova Economia e desenvolvimento regional,* 2, 1019 – 1027.

Schumpeter, J. A. (1934): *The Theory of economic development,* Cambridge, MA: Harvard University Press.

Schumpeter, J. A. (1939): *Business Cycles,* Nova Iorque, McGraw – Hill.

Schumpeter, J. A. (1942): *Capitalism, Socialism and Democracy,* Nova Iorque: Harper & Row.

Santos, D. (2002): "Teorias de Inovação de Base Territorial", em *Compendio de Economia Regional,* APDR.

Santos, Domingos (2005): "A perspectiva territorialista", *Compêndio de Economia regional,* pp. 218 - 228 APDR.

AHMED, A.; MCQUAID, R. W. Entrepreneurship, Management, and Sustainable Development. World Review of Entrepreneurship, Management and Sustainable Development, v. 1, n. 1, p. 6-30, 2005.

ALMEIDA, F. O bom negócio da sustentabilidade. São Paulo: Nova Fronteira, 2002.

ALMEIDA, F. Os desafios da sustentabilidade: uma ruptura urgente. Rio de Janeiro: Campus Elsevier, 2008.

ANOKHIN, S.; WINCENT, J.; AUTIO, E. Operationalizing opportunities in entrepreneurship research: use of data envelopment analysis. Small Business Economics, v. 37, n. 1, 2011.

BARON, R. A.; SHANE. S. A. Empreendedorismo: uma visão do processo. São Paulo: Thomson Learning, 2007.

CAPRA, F. A teia da vida: uma nova compreensão científica dos sistemas vivos. São Paulo: Cultrix, 2004.

CATTANI, A. D. (Org.). A outra economia. Porto Alegre: Veraz Editores, 2003.

COSTA, J. F. A ética e o espelho da cultura. Rio de Janeiro: Rocco, 1994.

COHEN, B.; WINN, M. I. Market Imperfections, Opportunity and Sustainable Entrepreneurship. Journal of Business Venturing, v. 22, n. 1, p. 29-49, 2007.

CHA, M.; BAE, Z. The entrepreneurial journey: from entrepreneurial intent to opportunity realization. Journal of High Technology Management Research, London, v. 21, n. 1, 2010.

DEAN, T. J.; MCMULLEN, J. S. Toward a Theory of Sustainable Entrepreneurship: Reducing Environmental Degredation Through Entrepre neurial Action. Journal of Business Venturing, v. 22, n. 1, p. 50-76, 2007.

ECKHARDT, J.; SHANE, S. Opportunities and entrepreneurship. Journal of Management, v. 29, p. 333-394, 2003.

França, S. L. B., Neto, J. V., Meiriño, M. J., & Quelhas, O. L. G. Diretrizes para implantação de estratégias sustentáveis em organizações, 2009.

FOUCAULT, Michel. A verdade e as formas jurídicas. Rio de Janeiro: PUC, 1974.
_____. A ordem do discurso. São Paulo: Edições Loyola, 2001

GERLACH, A. Sustainability entrepreneurship in the context of emissions trading. In: ANTES, R., HANSJÜRGENS, B.; LETMATHE, P. Emissions Trading and Business. Heildelberg: Physica-Verlag, 2006. p. 73-91.

GOYETTE, G.; LESSARD-HEBERT, M. La recherche-action: ses fonctions, ses fondementes et instrumentation. Québec: Presses de l'Université du Québec, 1987.

GRUBER, M.; MACMILLAN, I. C.; THOMPSON, J. D. Escaping the prior knowledge corridor: What shapes the number and variety of market opportunities identified before market entry of technology startups? Organization Science v. 24, n. 1, 2013.

HALL, J. K.; DANEKE, G. A.; LENOX, M. J. Sustainable development and entrepreneurship: Past contributions and future directions. Journal of Business Venturing. v. 25, n. 5, p, 439-448, 2010.

HISRICH, R. D.; PETERS, M. P. Entrepreneurship. New York: McGraw Hill, 2002.

MORIN, E. Problemas de uma epistemologia complexa. In: MORIN, E. O problema epistemológico da complexidade. 2. ed. Lisboa: Publ. Europa-América, 1996. p. 13-39.

PARRISH, B. D. Sustainability-Driven Entrepreneurship: A Literature Review. Leeds, UK: University of Leeds, 2008.

PENTEADO, H. *Ecoeconomia: uma nova abordagem*. São Paulo: Lazuli, 2003.

PRIGOGINE, I. *O fim das certezas: tempo, caos e as leis da natureza*. São Paulo: Fundação Unesp, 1996.

SACHS, J. *A riqueza de todos: a construção de uma economia sustentável em um planeta superpovoado, poluído e pobre*. Tradução Sérgio Lamarão. Rio de Janeiro: Nova Fronteira, 2008.

SENGE, P. et al. *A Revolução decisiva: como indivíduos e organizações trabalham em parceria para criar um mundo sustentável*. Tradução Afonso Celso da Cunha Serra. Rio de Janeiro: Campus Elsevier, 2009.

SHANE, S.; VENKATARAMAN, S. *The promise of entrepreneurship as a field of research*. Academy of Management Review, v. 25, n. 1, 2000.

SHANE, S.; VENKATARAMAN, S. *The promise of entrepreneurship as a field of research*. Academy of Management Review, v. 25, n. 1, 2000.

Silva, L. S. A. D., & Quelhas, O. L. G. (2006). *Sustentabilidade empresarial e o impacto no custo de capital próprio das empresas de capital aberto*. Gestão & Produção, 13(3), 385-395.

TILLEY, F; YOUNG, W. *Can businesses move beyond efficiency? The shift toward effectiveness and equity in the corporate sustainability debate*. Business Strategy and the Environment, v. 6, n. 15, p. 402-415, mar. 2006.

VENKATARAMAN, S. *The distinctive domain of entrepreneurship research: An editor's perspective*. In J. Katz & R. Brockhaus (Eds.), Advances in entrepreneurship, firm emergence and growth: v. 3, p. 119–138. Greenwich, CT: JAI Press, 1997.

World comission on enviromental and development (wced). Our common future. Oxford: Oxford University Press, 1987.

RELAÇÃO ENTRE PRÁTICAS DE RESPONSABILIDADE SOCIAL, SATISFAÇÃO NO TRABALHO E COMPROMETIMENTO ORGANIZACIONAL: ANÁLISE BIBLIOMÉTRICA E PORTFÓLIO BIBLIOGRÁFICO

Alysson Bruno Martins Assunção
Osvaldo Luiz Gonçalves Quelhas

Motivado por uma pesquisa que visa estudar como as práticas de responsabilidade social das empresas (RSE) podem influenciar a satisfação no trabalho e o comprometimento organizacional, o presente capitulo visa apresentar um processo para selecionar artigos relevantes sobre o tema, publicados entre os anos 2000 e 2015, a fim de compor o cerne de um referencial bibliográfico sobre o tema em questão. A seleção realizada a possibilitou identificar 48 artigos relevantes e alinhados com o tema de pesquisa em uma base de dados internacional. Além da seleção de artigos, o presente trabalho realiza uma análise bibliométrica desse portfólio e descreve estatisticamente, para o portfólio selecionado, os artigos mais relevantes, os autores e os periódicos que mais publicaram sobre o tema, assim como uma síntese dos artigos mais relevantes para o tema, considerando ano de publicação, amostra selecionada, metodologia utilizada para análise dos dados e principais resultados que mostram como as práticas de RSE podem umectar a satisfação e o comprometimento organizacional dos colaboradores no trabalho A partir desses resultados, acadêmicos e praticantes podem desenvolver seus arcabouços teóricos sobre artigos, autores e periódicos que mais se destacam nessa área de pesquisa.

Introdução e Objetivos

Nas últimas décadas, as empresas em todo o mundo têm sido pressionadas a adotar práticas socialmente responsáveis. Consumidores que passaram a evitar produtos ou serviços vistos como socialmente inaceitáveis; investidores que começaram a preferir investimentos que atendem normas relacionadas à RSE; futuros colaboradores que começaram a revelar uma preferência por corporações socialmente responsáveis (DAHLSRUD, 2008; WADDOCK, 2008; ALLEDI & QUELHAS, 2009; TENÓRIO, 2015). Apesar da forte ênfase da comunidade empresarial na adoção de responsabilidades sociais diversificadas, o debate sobre o papel das empresas está longe de ser fechado, indo em direção a uma noção de responsabilização e cumprimento das obrigações para com múltiplas partes interessadas, e não exclusivamente os acionistas (SEN, BHATTACHARYA & KORSCHUN, 2006; COSTA & MENICHINI, 2013).

A relação entre RSE e atitudes e comportamentos dos colaboradores ainda é um tema pouco pesquisado, e muitas vezes esse é um fator que não é sequer considerado pelas empresas. Como consequência, pouco ainda se sabe sobre a relação entre estas variáveis – como, por exemplo, a influência da RSE como fator de satisfação no trabalho e comprometimento organizacional (DUARTE & NEVES, 2012).

A busca contínua dos gestores de formas inovadoras para gerar maior satisfação e comprometimento dos colaboradores em um mercado competitivo envolveria a abordagem de questões que contemplem de forma mais sistêmica a relação do colaborador com a empresa, na medida em que satisfação e comprometimento permitem alcançar padrões mais elevados de funcionamento e alargar a vantagem competitiva (QUELHAS ET AL, 2006; EL AKREMI ET AL, 2015). A identificação de situações que favoreçam atitudes de trabalho positivo é vital para a sustentabilidade e crescimento das empresas.

Para compreender melhor a relação entre as práticas de RSE empresas e o impactos que as mesmas podem ter sobre a satisfação no trabalho e o comprometimento organizacional, o presente artigo tem como objetivo propor um processo para selecionar referências bibliográficas, identificando artigos, autores e periódicos mais proeminentes nesse tema, formando um portfólio bibliográfico que possa servir de base para pesquisas futuras e para estudiosos sobre o tema no Brasil.

O processo de pesquisa em banco de dados recorrendo ao uso de bibliometria vem sendo utilizado recorrentemente por pesquisadores brasileiros de orientação construtivista para formar bases consistentes sobre temas variados ligados à sistemas de gestão (ENSSLIN ET AL, 2010; TASCA, 2010; LACERDA, ENSSLIN & ENSSLIN, 2012), assim como por estudiosos da responsabilidade social nas organizações (BAKKER ET AL, 2005, ALCAÑIZ ET AL 2010; HERRERA ET AL, 2011). Tal esforço de pesquisa compreenderá artigos publicados na base de dados Scopus, entre os anos 2000 e 2015, por ser o período em que, como veremos, a produção sobre artigos relacionados à RSE se intensificou fortemente.

Podemos situar a partir do surgimento dos primeiros conceitos sobre o tema da RSE, pelo menos cinco momentos: a) o início nos anos 1950; b) a expansão da literatura nos anos 1960; c) a proliferação de definições na década de 1970; d) a pesquisa e busca por temas correlatos e alternativos nos anos de 1980; e e) a consolidação da RSE como ponto de partida para estudos sobre outros temas, nos anos 1990 (CARROLL, 1999). "A responsabilidade social das empresas abrange as expectativas econômicas, legais, éticas e discricionárias que a sociedade tem das organizações em determinado ponto no tempo" (CARROLL, 1979, p. 40).

Na década de 1990 os conceitos de RSE serviram como base ou ponto de partida para outros conceitos e temas relacionados, muitos dos quais adotaram a forma de pensar da RSE e se mostraram bastante compatíveis com temas como a Teoria dos Stakeholders, cidadania corporativa e ética nos negócios e noções mais amplas de "desenvolvimento sustentável" (WCED, 1987) e "*triple bottom line*" (ELKINGTON, 2001), noções surgidas na década anterior (CARROLL, 1999; MOHAN, 2003). Percebe-se, embora na literatura a discussão sobre a questão da performance empresarial tenha-se iniciado na década de 1970, só houve aumento expressivo de publicações após 1994 (BAKKER ET AL, 2005). Entre 2002 e 2006, verificamos que o número de publicações sobre o tema mais que dobrou (HERRERA ET AL, 2011).

Um dos aspectos mais importantes que podem estar ligados à percepção das práticas de RSE por parte dos colaboradores é justamente a satisfação no trabalho. No contexto da psicologia organizacional a satisfação no trabalho é entendida como atitude geral da pessoa face ao seu trabalho, afetando aspectos físicos e psicológicos, atitudes que predispõe comportamentos profissionais e repercussões para a vida pessoal indivíduo tanto quanto para as organizações (ZALEWSKA, 1999). "Em vez de se concentrar em traços de diferentes decisores atuais e futuros (como gerentes e estudantes de negócios) como preditores de suas propensões para endossar os princípios e práticas de RSE, pode ser mais produtivo estudar as consequências de tais princípios e práticas para os empregados" (BAKKER ET AL, 2005, p. 312).

A satisfação no trabalho seria considerada um estado emocional agradável resultante da avaliação que o indivíduo faz de seu trabalho como um todo – imagem da empresa, benefícios, relacionamentos, clima organizacional – que resulta da percepção da pessoa obtem aquilo que lhe satisfaz no trabalho com relação aos seus valores pessoais (LOCKE, 1984). Numa perspectiva multidimensional, o conceito engloba vários outros fatores, e consistiria num conjunto de reações especificas às situações de trabalho e à organização em si, sendo os fatores mais pagamento, promoção, supervisão, benefícios, recompensas (baseadas no desempenho), procedimentos operacionais (regras, politicas, padrões), colegas, natureza do trabalho e comunicação (SPECTOR, 1997; SIQUEIRA & GOMIDE JR, 2004). O interesse pela satisfação no trabalho pode ser explicado pela sua relaçãocom a rotatividade (turnover), absentismo, atrasos, aposentadoria, fadiga e burnout, e a percepção de fatores correlatos tais como percepção de apoio e justiça organizacional e satisfação pessoal com a vida (KIRKMAN & SHAPIRO, 2001).

Já compromisso organizacional refere-se a sentimentos ou crenças do colaborador com uma organização e reflete não apenas valores e objetivos, mas também um desejo, necessidade e/ou uma obrigação de manter a filiação na organização, assim como uma observância a certos padrões de conduta (MEYER ET AL, 2002, MEDEIROS ET AL, 2003; MEYER, 2015). Na perspectiva afetiva, ou atidudinal, valoriza a identificação do indivíduo para com a organização e seus objetivos, metas e resultados, estando associada à idéia de lealdade, desejo de contribuir, sentimento de orgulho em permanecer na organização. Já a dimensão "calculativa" ou instrumental refere-se à avaliação individual de permanência na organização em função das recompensas e dos custos pessoais vinculados à condição de pertenimento, sendo portanto ligado a aspectos como salário, status e autonomia dentro da organização. O comprometimento normativo reflete a internalização de pressões normativas de comportamento, padrões esperados e códigos de conduta socialmente validados (MEYER & ALLEN, 1991; MEDEIROS ET AL, 2003; ZANELLI, ET AL, 2014; MEYER, 2015).

Os compromissos afetivos e normativos, embora diferentes, podem encontrar-se substancialmente correlacionados. As correlações entre o compromisso instrumental e os demais, por outro lado, tendem a ser menores (MEYER ET AL, 2002; MARQUES, 2003, ZANELLI ET AL, 2014; MEYER, 2015). Os resultados de experiências de trabalho e valores da organização podem fazer com que o colaborador sinta-se confortável e aumente sua auto-estima e desempenho, o que está relacionado prioritariamente à dimensão afetiva. O tempo e esforço investidos no trabalho (ou a falta de alternativas no mercado) apelam para a dimensão instrumental. O investimento e reconhecimento da organização no colaborador, por sua vez, podem fortalecer seu senso de compromisso normativo.

No entanto, a relação entre a RSE e as atitudes e comportamentos dos trabalhadores – mais especificamente construtos como satisfação no trabalho e comprometimento organizacional – ainda permanece pouco pesquisada na maior parte dos países, incluindo o Brasil. Assim, existem pouco conhecimento de como variáveis como emoções atitudes e comportamentos (assim como os processos psicológicos subjacentes e fatores modeladores ou mediadores) podem ser impactados ou influenciados pela RSE

A presente trabalho pretende contribuir para essa linha de estudos, estudando o impacto em nível individual o impacto das práticas de RSE sobre duas atitudes relacionadas ao trabalho, que são a satisfação no trabalho e o compromisso ou comprometimento organizacional, fornecendo uma análise da relação entre as percepções dos colaboradores sobre a RSE e essas duas variáveis. Como veremos, uma distinção importante entre esses dois construtos é de que o objetivo da satisfação no trabalho é a posição ou o papel do indivíduo, enquanto que o comprometimento organizacional é referente à organização um todo.

Aspectos Teórico-Metodológicos

A pesquisa possui caráter exploratório-descritivo, gerando conhecimento sobre a relação entre as práticas de RSE das empresas e a satisfação e comprometimento dos trabalhadores, materializando de forma objetiva os termos dessas áreas de conhecimento. As análises ocorrem tanto de forma qualitativa –na etapa de seleção dos artigos do portfólio bibliográfico – e quantitativa, na identificação das características da literatura (RICHARDSON, 1999; MINAYO, 2013; ENSSLIN ET AL, 2014).

A pesquisa bibliométrica foi realizada através da aplicação do método *webliomining*, ou garimpagem de texto na rede web (COSTA, 2016), para analisar as referências dos artigos, com base em ferramentas de acesso e busca de dados bibliográficos através da internet. A proposta foi aplicada para a definição de um conjunto inicial de referências bibliográficas, visando a uma investigação mais aprofundada sobre o tema de pesquisa. Considerou-se que a realização do estudo bibliométrico, no início do projeto de pesquisa foi importante, pois evidenciou a necessidade relacionar os temas de RSE com e literatura sobre comprometimento organizacional e satisfação no trabalho.

Do mesmo modo, essa etapa fornece subsídios e parâmetros para a estruturação do método de pesquisa, bem como para a construção do modelo de apoio à análise para tomada de decisão melhor considere a influência das demonstrações de responsabilidade e desempenho social das empresas na sua influência sobre as atitudes e comportamentos. Nessa etapa, será apresentado ainda o resultado da pesquisa bibliométrica, por busca de palavras-chave.

Base de dados utilizada

Para a presente pesquisa, foi adotada como fonte de dados a base Scopus, uma vez que se trata de um dos maiores bancos de dados de resumos e é publicações acadêmicas, com o maior número (cerca de 16,5 mil) revistas *peer-reviewed* nos campos científico, técnico, e de ciências médicas e sociais, incluindo gestão e humanidades – incluindo as bases *ScienceDirect* e *Social Science Research Network* (SSRN), da Elsevier.

Período coberto pela análise

Foram analisados os textos que compõe os bancos de dados da Scopus entre 1º de janeiro de 2000 e 31 de dezembro de 2015. Embora tal período desconsidere estudos mais antigos e possivelmente influentes, assim como publicações iminentemente recentes, entendeu-se que esse período de 15 anos seria suficiente para ter uma correlação das publicações recentes nos dois eixos escolhidos (RSE e gestão de pessoas), sendo que a exclusão dos ártigos publicados entre janeiro e maio de 2016 preserva a progressão das publicações nessa série histórica.

Escolha das palavras-chave

Os procedimentos descritos abaixo foram realizados no mês maio de 2016. Uma vez definido o campo amostral, partiu-se para a escolha das palavras-chave. Com vistas a uma pesquisa cuja linha seja de RSE, foi determinado a priori os termos *"Corporate Social Responsibility"* (termo mais utilizado na literatura em inglês, e cuja tradução para o português é equivalente à RSE), *"Corporate Social Performance"*, *"Business Social Responsibility"*, *"Corporate Social Responsiveness"*, *"Sustainable development"* e *"Corporate Citizenship"*

A afim de conjugar as palavras-chave relacionadas aos temas de compromisso organizacional e satisfação no trabalho, criou-se outro eixo da pesquisa, utilizando termos *"Employee Satisfaction"*, *"Job Satisfaction"*, *"Employee Commitment"* e *"Organizational Commitment"*, principais termos utilizados na literatura internacional.

Depois de uma leitura não estruturada de títulos e resumos dos artigos mais citados e relacionados com as palavras-chave, verificou-se que o termo "Corporate Social Responsibility" pareceu o mais alinhado com o foco da pesquisa em desenvolvimento, pois, na conjugação com os termos ligados do segundo eixo, retornou nas buscas uma massa inicial superior a 300 artigos, que é considerada adequada por trabalhos semelhantes (BAKKER ET AL., 2005; HERRERA AT AL, 2011).

Resultados

Com o intuito de iniciar a análise dos artigos a partir de uma amostragem mais representativa, foram definidas duas pesquisas para compor a massa inicial de artigos para início das atividades de seleção de artigos para compor o referencial teórico.

Search for	Eixo 1		Eixo 2	Artigos
P1	Corporate Social Responsibility	AND	Employee Satisfaction or Job Satisfaction	95
P2	Corporate Social Responsibility	AND	Employee Commitment or Organizational Commitment	221

Tabela 1 - Parâmetros das pesquisas realizadas na base Scopus em maio/2016

Fonte: Elaborada pelo autor a partir de dados da base Scopus.

Assim, massa inicial para compor o referencial teórico da pesquisa consistiu de 316 textos. Inicialmente, é possível perceber – mesmo antes de uma seleção criteriosa de títulos, resumos e textos completos – uma tendência crescente de publicações envolvendo os temas RSE, satisfação com o trabalho e comprometimento organizacional/dos colaboradores.

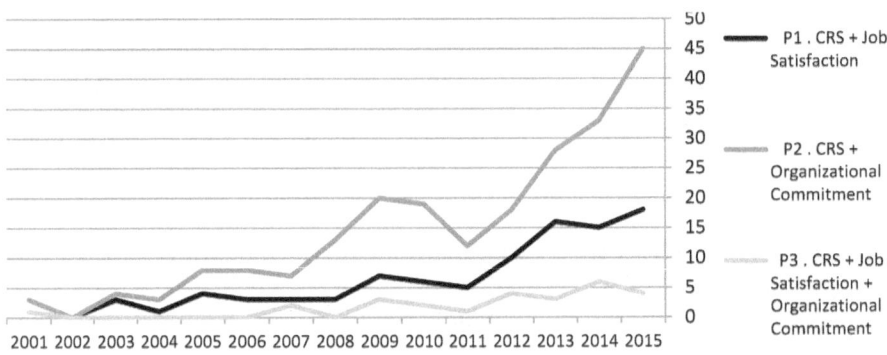

Gráfico 1 - Evolução das publicações utilizando as palavras-chave selecionadas

Fonte: Elaborada pelo autor a partir de dados da base Scopus.

A partir do gráfico 1, é possível observar que, principalmente, em relação ao construto comprometimento organizacional, o número de trabalhos publicados na base Scopus cresceu fortemente nos últimos quatro anos. O crescimento proporcional dos artigos relacionado RSE e satisfação com o trabalho também foi expressivo, demonstrando padrão semelhante à relação entre RSE e comprometimento organizacional. A terceira linha do gráfico demonstra a evolução dos trabalhos que apresentam as expressões chave pesquisadas.

De posse das palavras-chave e da base que se caracteriza pelo campo amostral, pode-se iniciar o processo de seleção dos artigos que comporão o portfólio para a construção do referencial teórico da pesquisa em pauta. Tais atividades foram realizadas entre os dias 22 a 30 de maio de 2016. Utilizando as palavras-chave anteriormente definidas e a data de publicação após o ano de 2000, a busca na base de dados Scopus foi transporta para uma planilha de software Excel. Dessa maneira, pôde-se identificar 36 referências a serem excluídas da amostra: 32 referências, dois capítulos de livros, uma nota de pesquisa e um editorial, restando assim 280 artigos. Passou-se a analisar então o alinhamento desses com a presente pesquisa.

Depois dessa análise, 125 referências foram excluídas por não apresentaram alinhamento com a pesquisa, restando 155 artigos. Com relação aos periódicos mais representativos nas publicações que relacionam a RSE e atitudes dos colaboradores nas organizações, destaca-se o *Journal of Business Ethics*, com número de publicações alinhadas bem superior aos demais, conforme a Figura 10.

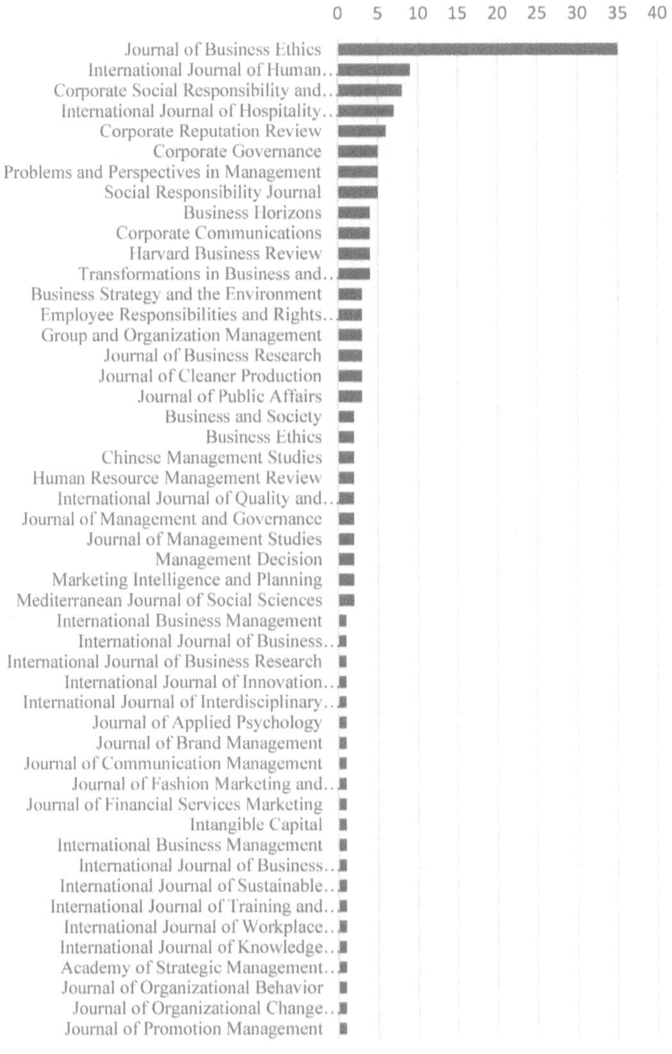

Gráfico 2 - Periódicos com maior número de artigos publicados sobre o tema da pesquisa

Fonte: Elaborada pelo autor a partir de dados da base Scopus.

Das 155 referências restantes e que, pelos seus títulos, se alinhavam com o tema de pesquisa, foram analisadas pelo seu reconhecimento científico desde sua publicação, sendo analisadas ferramenta *Google Scholar* quanto ao número de citações e ordenadas de forma decrescente (BAKKER ET AL, 2005; ENSSLIN, L. ET

AL. 2010 LACERDA, ENSSLIN & ENSSLIN, 2012). Esse corpus de 155 artigos recebeu, no total, 6846 citações em periódicos publicados nessa base de pesquisa.

A partir desses dados, foi estabelecido um valor de corte para os artigos mais citados, seguindo o princípio de Pareto, no qual uma minoria da população selecionada representa a maior parte do efeito – o que, no contexto da pesquisa significaria que a maioria do reconhecimento científico presente no conjunto atual de artigos selecionados estaria concentrado nos artigos que comportam percentual maior de citações (ENSSLIN, L. ET AL. 2010). Arbitrariamente, foi selecionado um valor de corte equivalente a 90% de todas as citações obtidas pelos 155 artigos mantidos após a seleção.

Assim, os artigos que individualmente foram citados 26 vezes ou mais, representam 6162 citações, ou seja, 90% de todas as citações das referências selecionadas. Com esse valor de corte, 43 artigos foram selecionados pelo critério de número de citações.

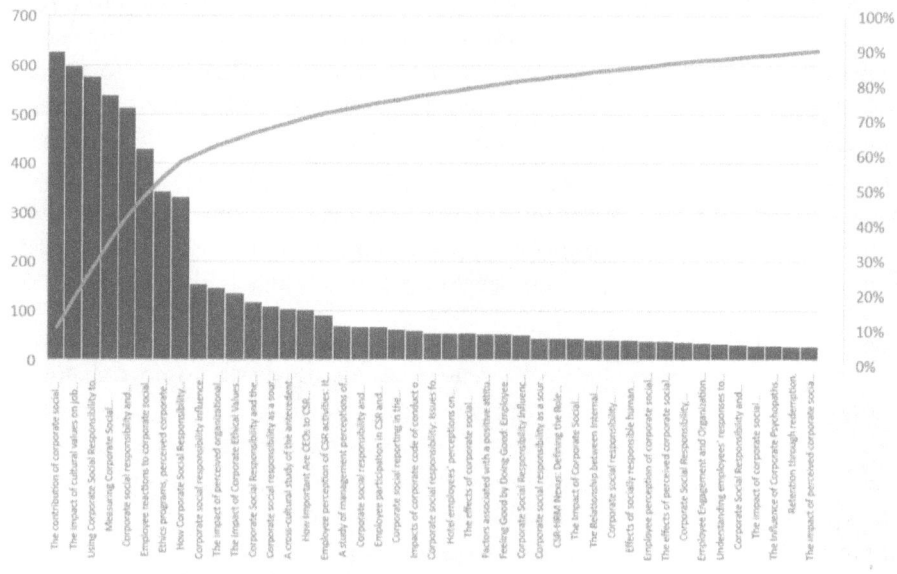

Gráfico 3 - Artigos da pesquisa bibliométrica com maior número de citações
Fonte: Elaborada pelo autor a partir de dados da base Scopus.

No gráfico 3, a linha cumulativa projetada no eixo secundário demonstra o percentual do total de citações, mostrando as referências até a linha de corte estabelecida. Cabe ressaltar que os 155 selecionados serão analisados sob outros critérios que possam incluí-los no portfólio final de artigos que constituirão parte do referencial teórico da pesquisa, apesar de não terem número de citações suficiente de acordo com a linha de corte estabelecida. Essa ressalva é importante para não desqualificar artigos cujo alinhamento seja alto, especialmente artigos recentes e, portanto, pouco citados.

Uma vez selecionados os artigos com maior reconhecimento científico, os mesmos foram analisados quanto ao alinhamento com relação ao tema e objetivos da pesquisa, a partir dos seus respectivos resumos (*abstract*). Dos 43 resumos analisados, 03 foram excluídos devido à falta de alinhamento com o objeto de pesquisa. Dessa forma, conforme explicitados na tabela 5, restaram 40 artigos que a) estão alinhados frente à leitura de título e resumo; b) têm um volume de citações relevante; c) têm abstract acessível.

Esses artigos foram selecionados para compor o cerne do referencial teórico sobre RSE e atitudes (comprometimento e satisfação) no trabalho, em que pese que artigos menos citados poderão ainda fazer parte do referencial teórico dessa pesquisa. Dos 112 artigos selecionados para o processo de reanálise, oito artigos foram selecionados após leitura de seus resumos, e depois sua leitura completa, foi constatado alto alinhamento ao objeto de pesquisa. Assim, foram 48 textos selecionados para o portfólio final, descritos detalhadamente no Apêndice A do presente trabalho. Considerou-se que o estudo desenvolvido na base Scopus atendeu ao objetivo de estabelecer um referencial inicial para a revisão bibliográfica necessária para o desenvolvimento da pesquisa sobre o tema. Neste capítulo de revisão da literatura, foram abordados os principais aspectos teóricos, sendo ao final apresentado o resultado das buscas das palavras-chave durante a pesquisa bibliométrica.

A maioria dos estudos revisados que abordam empiricamente a relação entre aspectos e práticas de RSE e seus impactos na satisfação no trabalho e/ou no comprometimento organizacional utilizam, como metodologia, análises multifatoriais como forma de buscar correlações estatísticas a partir de surveys online ou aplicação de questionários, na maior dos casos utilizando método de equações estruturais para análise dos dados. Entre os artigos selecionados, foram destacados na tabela abaixo 14 deles que, por avaliação qualitativa, representaram maiores contribuições para o campo de pesquisa, no sentido de que apresentaram em seus resultados relações mais significativas entre aspectos e práticas ligadas a RSE e sua influência sobre a satisfação no trabalho e/ou comprometimento organizacional.

Tabela 3 - Resumo dos estudos sobre RSE, satisfação no trabalho e comprometimento organizacional

Autores	Ano	Amostra	Resultados
Peterson	2004	279 egressos de cursos de administração	Relação positiva entre 4 dimensões da RSE e comprometimento afetivo. Percepção de ética foi melhor preditor.
Brammer et al	2007	4712 colaboradores de empresa britânica de serviços financeiros	Relação positiva entre RSE interna, satisfação no trabalho e comprometimento afetivo.
Valentine & Fleischman	2008	313 egressos administração, contabilidade, recursos humanos e marketing	Relação positiva entre percepção de RSE e satisfação no trabalho.
Turker	2009	269 egressos de cursos de administração	Relação positiva entre RSE e comprometimento afetivo. RSE interna mostrou-se melhor preditor.
Elçi e Alpkan	2009	1174 questionários de 62 empresas na Turquia	Relação positiva entre aspectos de RSE e satisfação no trabalho.
Kim et al	2010	101 colaboradores de 5 empresas coreanas	Relação positiva entre a percepção geral de RSE e comprometimento afetivo.
Al-Bdour et al	2010	336 colaboradores do setor bancário na Jordânia	Relação positiva entre a percepção de RSE interna e comprometimento afetivo e normativo.
Tziner et al	2011	101 colaboradores israelitas de empresas de importação	Relação positiva entre práticas de RSE e satisfação no trabalho, sendo a RSE interna melhor preditor.
Vyas e Shrivastava	2011	600 colaboradores de diversas empresas indianas	Relação positiva entre satisfação no trabalho e práticas de RSE interna e relação de moderada a baixa para ações de RSE externa
Ellemers et al	2011	649 colaboradores de uma empresa alemã de tecnologia	RSE é percebida como justiça organizacional, o que influencia positivamente a satisfação e o comprometimento dos empregados.

Autores	Ano	Amostra	Resultados
Duarte e Neves	2012	98 colaboradores de uma empresa portuguesa de tecnologia	Relação positiva entre as três dimensões de RSE, sendo maior naqueles colaboradores que envolvidos nas práticas de RSE.
Zhu et al	2014	438 colaboradores de 4 empresas chinesas	Relação positiva entre RSE interna e fidelidade às empresas, tendo correlação com a satisfação no trabalho e com o comprometimento organizacional.
Glavas e Kelley	2014	827 colaboradores de 18 empresas com sede na América do Norte	Relação positiva entre RSE e satisfação no trabalho e comprometimento organizacional, moralidade, justiça e apoio organizacionais.
Omer Farooq et al	2014	378 colaboradores de empresas no sul da Ásia	Relação positiva entre comprometimento afetivo e práticas de RSE interna e relação de moderada a baixa para ações de RSE externa

Fonte: Elaborado pelo autor.

Considerando a revisão sistemática da literatura sobre RSE em sua relação com a satisfação e o comprometimento – assim como a análise bibliométrica dos estudos que exploram mais especificamente essa relação, podemos tirar algumas conclusões. A primeira delas é que se trata realmente de um campo de pesquisa que se encontra longe de uma consolidação, tanto em termos de se poder afirmar como as práticas de RSE das emrpesas podem impactar os seus colaboradores, como também pela falta de autores que sejam referência indiscutível a respeito desse tema.

Nota-se ainda que praticamente não há trabalhos publicados no Brasil que abordem especificamente o tema, o que reforça a importância da presente pesquisa como contribuição para melhorar a compreensão de como esse fenômeno pode ser observado no contexto empresarial brasileiro. Tal entendimento pode ajudar os gestores das corporações a a planejar as atividades de RSE que facilitem a satisfação no trabalho, considerando as especificidades de cada setor e organização.

O conjunto de estudos revisado, embora utilizando metodologias diferentes em amotras e contexos culturais muito distintos, sugerem que a percepção do engajamento da empresa em práticas socialmente responsáveis pode ter uma influência positiva na avaliação afetiva dos colaboradores com relação à sua situação de trabalho. As diferenças metodológicas e as diferenças entre resultados encontrados podem sugerir que a influência das práticas de RSE deva ser avaliada dentro de contextos culturais específicos, e certamente são necessários estudos nesse sentido para compreender plenamente a influência da RSE na satisfação no trabalho e no comprometimento organizacional.

Esse conjunto de estudos sugere é a existência de correlação positiva entre o desempenho percebido nas empresas pelos seus colaboradores, em termos de RSE, e e dimensões de comprometimento dos colaboradores para com suas organizações empregadoras. Além disso, os estudos parecem indicar que a relação enre a RSE e a dimensão afetiva do comprometimento organizacional guardam uma relação maior do que as dimensões instrumental e normativa. Contudo, cabe ressaltar que parte dos estudos supracitados se concentraram, como premissa, na avaliação dessa dimensão afetiva do comprometimento organizacional, não ressaltando a influência da RSE nas demais dimensões.

Referências

AL-BDOUR, A. Ali; NASRUDDIN, Ellisha; LIN, Soh Keng. The relationship between internal corporate social responsibility and organizational commitment within the banking sector in Jordan. International Journal of Social Sciences, v. 5, n. 14, p. 932-951, 2010.

ALCAÑIZ, E., HERRERA, A., PÉREZ, R., ALCAMI, J. J. (2010). Latest evolution of academic research in corporate social responsibility: an empirical analysis. **Social Responsibility Journal**, *6*(3), 332-344.

ALLEDI, Cid.; QUELHAS, Osvaldo Luís Gonçalves. Transparência nos Negócios a partir do Diálogo. In: QUELHAS, O.L.G; ALLEDI FILHO, C.; GOMES, E.R.; MEIRINO, M.J.. (Org.). **Transparência nos Negócios e nas Organizações:** os desafios de uma gestão para a sustentabilidade. 1ed.São Paulo: Editora Atlas, 2009, v. 1, p. 11-37.

BAKKER, Frank GA; GROENEWEGEN, Peter; DEN HOND, Frank. A bibliometric analysis of 30 years of research and theory on corporate social responsibility and corporate social performance. **Business & Society**, v. 44, n. 3, p. 283-317, 2005.

BAUMAN, Christopher W.; SKITKA, Linda J. Corporate social responsibility as a source of employee satisfaction. Research in Organizational Behavior, v. 32, p. 63-86, 2012.

BHATTACHARYA, Chitra B.; SEN, Sankar; KORSCHUN, Daniel. Using corporate social responsibility to win the war for talent. MIT Sloan management review, v. 49, n. 2, 2008.

BRAMMER, S.; MILLINGTON, A.; RAYTON, B. The contribution of corporate social responsibility to organizational commitment. The International Journal of Human Resource Management, v. 18, n. 10, p. 1701-1719, 2007.

CARROLL, A. Corporate social responsibility: Evolution of a definitional construct. **Business & Society**, 38, 268-295, 1999.

CARROLL, Archie B. A three-dimensional conceptual model of corporate performance. **Academy of management review**, v. 4, n. 4, p. 497-505, 1979.

COSTA, Helder Gomes. Modelo para webibliomining: proposta e caso de aplicação. **Revista da FAE**, v. 13, n. 1, p. 115-126, 2016.

COSTA, R.; MENICHINI, T. A multidimensional approach for CSR assessment. **Expert Systems with Applications**, v. 40, n. 1, p. 150–161, 2013.

DAHLSRUD, Alexander. How corporate social responsibility is defined: an analysis of 37 definitions. **Corporate social responsibility and environmental management**, v. 15, n. 1, p. 1-13, 2008.

DUARTE, A. P.; NEVES, J. Relationship between perceived corporate social responsibility and organizational commitment: the mediating role of construed external image. Simões, E., Neves, and J. (Eds), **Research on Ethics and CSR,** ISCTE-IUL, Lisboa, p. 163-177, 2012.

EL AKREMI, Assâad et al. How do employees perceive corporate responsibility? Development and validation of a multidimensional corporate stakeholder responsibility scale. **Journal of Management**, p. 14-31, 2015.

ELÇI, Meral; ALPKAN, Lütfihak. The impact of perceived organizational ethical climate on work satisfaction. Journal of Business Ethics, v. 84, n. 3, p. 297-311, 2009.

ELKINGTON, John. **Canibais com garfo e faca**. São Paulo: Makron Books, 2001.

ELLEMERS, Naomi et al. Corporate social responsibility as a source of organizational morality, employee commitment and satisfaction. Journal of Organizational Moral Psychology, v. 1, n. 2, p. 97-124, 2011.

ENSSLIN, L. et al. Avaliação do desempenho de empresas terceirizadas com o uso da metodologia multicritério de apoio à decisão-construtivista. **Revista Pesquisa Operacional**, v. 30, 125-152, 2010.

FAROOQ, O., PAYAUD, M., MERUNKA, D., & VALETTE-FLORENCE, P.. The impact of CSR on organizational commitment: Exploring multiple mediation mechanisms. Journal of Business Ethics, v. 125, n. 4, p. 563-580, 2014.

GLAVAS, Ante; KELLEY, Ken. The effects of perceived corporate social responsibility on employee attitudes. Business Ethics Quarterly, v. 24, n. 02, p. 165-202, 2014.

HERRERA, Alejandro et al. Epistemological evolution of corporate social responsibility in management: An empirical analysis of 35 years of research. **African Journal of Business Management**, v. 5, n. 6, p. 2055, 2011.

KIM, Hae-Ryong et al. Corporate social responsibility and employee–company identification. Journal of Business Ethics, v. 95, n. 4, p. 557-569, 2010.

KIRKMAN, Bradley L.; SHAPIRO, Debra L. The impact of cultural values on job satisfaction and organizational commitment in self-managing work teams: The mediating role of employee resistance. **Academy of Management journal**, v. 44, n. 3, p. 557-569, 2001.

LACERDA, Rogério Tadeu de Oliveira; ENSSLIN, Leonardo; ENSSLIN, Sandra Rolim. Uma análise bibliométrica da literatura sobre estratégia e avaliação de desempenho. **Gest. Prod.**, São Carlos, v. 19, n. 1, p. 59-78, 2012.

LOCKE, E. A. Job satisfaction. In: M. Gruneberg & T. Wall (Eds). **Social psychology and organizational behaviour** (pp. 93-117). New York: John Wiley & Sons, 1984.

MARQUES, Glenda Michelle. Comprometimento organizacional: o estado da arte da pesquisa no Brasil. **Revista de Administração Contemporânea,** 7(4), 187-209, 2003.

MEDEIROS, Carlos Alberto Freire, ALBUQUERQUE, Lindolfo Galvão de, SIQUEIRA, Michella. Comprometimento organizacional: o estado da arte da pesquisa no Brasil. **Revista de Administração Contemporânea**, v. 7, n. 4, p. 187-209, 2003.

MEYER, J., STANLEY, D., HERSCOVITCH, L. & TOPOLNYTSKY, L. Affective, continuance, and normative commitment to the organization: A Meta-analysis of antecedents, correlates, and consequences. **Journal of Vocational Behavior,** 61, 20–52, 2002.

MEYER, John P. Organizational Commitment. **Personnel Psychology and Human Resources Management: A Reader for Students and Practitioners**, p. 289, 2015.

MEYER, John P.; ALLEN, Natalie J. A three-component conceptualization of organizational commitment. **Human resource management review**, v. 1, n. 1, p. 61-89, 1991.

MINAYO, Maria Cecília. **Pesquisa social: teoria, método e criatividade**. Vozes, 2011.

MOHAN, Anupama. **Strategies for the management of complex practices in complex organizations: A study of the transnational management of corporate responsibility**. 2003. Tese de Doutorado. University of Warwick. 526 p.

QUELHAS, Osvaldo L G; CARVALHO, Alex; CAMPELO, Claudia; GUEDES, Wagner. A gestão de pessoas como estratégia para o comprometimento organizacional. Estudo de Caso: Empresa Brasileira de Correios e Telégrafos. **Pesquisa & Desenvolvimento em Engenharia de Produção**, Itajubá, v. 05, p. 40-51, 2006.

RICHARDSON, R. J. **Pesquisa social:** métodos e técnicas. 3. ed. São Paulo: Atlas, 1999.

SEN, Sankar; BHATTACHARYA, Chitra Bhanu; KORSCHUN, Daniel. The role of corporate social responsibility in strengthening multiple stakeholder relationships: A field experiment. **Journal of the Academy of Marketing science**, v. 34, n. 2, p. 158-166, 2006.

SHEN, J.; JIUHUA ZHU, C. Effects of socially responsible human resource management on employee organizational commitment. The International Journal of Human Resource Management, v. 22, n. 15, p. 3020-3035, 2011.

SIQUEIRA, M. M. M.; GOMIDE JR., S. Vínculos do indivíduo com o trabalho e com a organização. In: ZANELLI, J. C.; BORGES-ANDRADE, J. E.; BASTOS, A. V. B. & COLS. **Psicologia, organizações e trabalho no Brasil**. Porto Alegre: Artmed, 2004.

SPECTOR, Paul E. **Job satisfaction: Application, assessment, causes, and consequences**. Sage publications, 1997.

TASCA, J. E., ENSSLIN, L., ENSSLIN, S. R. e ALVES, M. B. M. An approach for selecting a theoretical framework for the evaluation of training programs. **Journal of European Industrial Training**, v. 34, n. 7, p. 631-655, 2010.

TENÓRIO, Fernando. **Responsabilidade social empresarial: teoria e prática**. FGV, 2015.

TURKER, Duygu. How corporate social responsibility influences organizational commitment. Journal of Business Ethics, v. 89, n. 2, p. 189-204, 2009.

TZINER, Aharon et al. Corporate Social Responsibility, Organizational Justice and Job Satisfaction: How do They Interrelate, If at All? Responsabilidad Social Corporativa, Justicia Organizacional y Satisfacción Laboral¿ Como se Relacionan? Revista de Psicología del Trabajo y de las Organizaciones, v. 27, n. 1, p. 67-72, 2011.

VALENTINE, Sean; FLEISCHMAN, Gary. Ethics programs, perceived corporate social responsibility and job satisfaction. Journal of business ethics, v. 77, n. 2, p. 159-172, 2008.

VYAS, J. H.; SHRIVASTAVA, Reshma. Employee Perception of Corporate Social Responsibility and Job Satisfaction In Large Scale Units. Prabandhan: Indian Journal of Management, v. 4, n. 12, p. 23, 2011.

WADDOCK, S. The development of corporate responsibility/corporate citizenship. **Organization Management Journal,** 5, 29-39, 2008.

WCED. **Our Common Future**. Oxford: Oxford University Press, 1987.

ZALEWSKA, A. M. Job satisfaction and importance of work aspects related to predominant values and reactivity. **International Journal of Occupational Safety,** 5 (4), 485-511, 1999.

ZANELLI, José Carlos; BORGES-ANDRADE, Jairo Eduardo; BASTOS, Antonio Virgílio Bittencourt. **Psicologia, Organizações e Trabalho no Brasil-2**. AMGH Editora, 2014.

A IMPORTÂNCIA DAS INTERLOCUÇÕES DAS ORGANIZAÇÕES E A REAL NECESSIDADE DE ENGAJAMENTO NAS AÇÕES DE DESENVOLVIMENTO TERRITORIAL/LOCAL E DE RELACIONAMENTO COMUNITÁRIO

Cláudio Paula de Carvalho

Introdução

A implantação de grandes empresas, a partir do processo de industrialização, principalmente no decorrer da década de 50, gerou um crescimento populacional desordenado, que no decorrer dos anos exigiu muito das empresas no sentido de que haja uma estruturação seja de conceitos, diretrizes, direcionadores e planejamento de ações mais voltadas às questões relacionadas à Responsabilidade Social Corporativa, principalmente, a partir do momento de instauração da globalização na década de 90, quando a área de responsabilidade social se estabeleceu. Não como uma simples atividade benevolente, mas como uma área estabelecida dentro das empresas. Estas premissas fazem com que haja uma necessidade de as organizações se estruturarem de modo a utilizar não só a ferramenta de comunicação, mas, principalmente, as ações de responsabilidade social diretamente junto às comunidades de modo a gerar ações mais presentes e a necessidade de continuidade. Esta continuidade permite uma maior aproximação, diagnóstico de informações, mapeamento de necessidades que podem propiciar insumos, formas, condições e até de reorientar o desenvolvimento de ações, programas e projetos socioambientais, com vistas à manutenção, reforço ou até redimensionamento das relações institucionais e comunitárias. O engajamento das empresas, neste sentido, propicia resultados mais consistentes, por meio do fortalecimento do ciclo de gestão e auxilia nesta contextualização ante a consolidação das competências internas e locais. Seja mediante à visão de sustentabilidade, à medida que os suportes externos, advindos das empresas, sejam alocados visando uma condição sustentável e reforço no relacionamento.

A situação alarmante em relação ao futuro da sociedade humana requer um maior controle e equilíbrio diante das ações de desenvolvimento tecnológico e econômico. Assim, na visão de Pinzón (2007), inserir uma visão mais sustentável nas diversas formas de atuação, exige um repensar não só do cotidiano e do convívio, mas todo o modo de pensar o mundo.

Deste modo, propiciando um maior engajamento junto às respectivas comunidades do entorno de abrangência ou mesmo aquelas relacionadas às áreas de influência, fazendo com que cada vez mais a função Responsabilidade Social seja vista como uma área importante de negócio da empresa e não somente de pequenas contrapartidas de ações mitigadoras. Uma área de negócio que ainda que não seja vista como geradora de renda ou de lucratividade, entretanto, possui um relevante papel no âmbito da mitigação de risco, da prevenção no que tange à segurança e integridade operacional, da redução de custos, na função do desenvolvimento territorial/ local, no desenvolvimento de projetos socioambientais com vistas a atender às necessidades e as demandas das comunidades. Mas, também das empresas no território de atuação, tendo um papel relevante nos aspectos de mudança e criando um movimento transformador que cresce rapidamente em todo o mundo. Pois, o acesso e a disponibilidade da sociedade a torna um importante agente do processo de mudança. Até porque, a sociedade está se ressentindo de forma acelerada diante das grandes mudanças sofridas diante de uma globalização econômica massiva (CAPRA, 2005).

Por outro lado, o desenvolvimento de projetos socioambientais e ações mais perenes e contínuas de relacionamento comunitário tomam um valor agregado imaterial. E imaterial, pois se relaciona diretamente a todas as ações desenvolvidas e os resultados, que muitas vezes não são dentro da lógica mais cartesiana conhecida. Os valores são muitas vezes, aparentemente, intangíveis. Só se cristalizam neste sentido, quando indicadores de imagem, de reputação ou mesmo de percepção, principalmente, evidenciam condições e informações que podem ser relatadas, E, podem caracterizar e dar dados e insumos que pela inferência a estes indicadores, deixam evidenciados e manifestados, e corroboram com os resultados para as empresas.

Estes indicadores ainda podem manifestar outros pontos relevantes, como, por exemplo, o desenvolvimento de ações e atividades dentro de um ambiente, no qual o possível resultado final é a geração de uma correlação de pertencimento local das comunidades envolvidas, gerando uma relação de empoderamento do território de atuação, de abrangência e de influência, possibilitando uma estruturação e implementação de ações específicas de comunicação, objetivando não só um aumento de contrapartidas que podem estar relacionadas à percepção na imagem institucional e/ou mercadológica, mas também relativas ao desenvolvimento territorial/ local, muito decorrente da geração do senso de pertencimento local por parte das comunidades envolvidas, ou mesmo aquelas próximas, adjacentes. O resultado acaba sendo exponencial, tanto para as boas interlocuções quanto àquelas que geraram lacunas às comunidades.

No caso específico das relações socialmente responsáveis, na visão de Azevedo (2004), os valores e a transparência devem ser seguidos como uma premissa e perene pelas empresas que formam, dentro de sua cultura organizacional, as premissas de responsabilidade social em suas relações. Certamente, isso se reflete diretamente nas relações com as partes interessadas assim como no que diz respeito ao desenvolvimento sustentável de seus negócios e na duração desta relação.

Estas ações desdobradas corroboram e convergem para uma ampliação do papel das organizações em suas áreas de atuação, fomenta o aumento e incentivo a novos indicadores de gestão socioambiental, além de atuar no fortalecimento deste relacionamento comunitário e de capital humano. Deste modo, cada segmento da organização passa a ter um papel importante no engajamento para o desenvolvimento da sustentabilidade, surgindo para as empresas a oportunidade em ser um agente de transformação ante a sociedade dando condições de atuar mais fortemente no desenvolvimento territorial/local, e com ênfase no elemento humano (PINZÓN, 2007).

O processo de gestão das organizações passa a ter um papel importante no processo de controle, seja relativa à ética, seja inerente aos valores corporativos e premissas sociais assim como em relação à forma de comunicação direta junto às partes interessadas, um maior diálogo necessário entre todos os agentes envolvidos, sociedade civil, poder público, agentes de mercado, público interno (RODRIGUEZ, 2002). Estas ações mais integradas requerem um controle integrado e possibilita uma metodologia de administrar diferente, mas participativa e compartilhada diante das tomadas de decisões e das ações desenvolvidas. Seja sobre o interesse coletivo, seja também pelo direcionamento dos negócios, mesmo tendo uma maior ênfase no planejamento, mas também uma ação mais colaborativa e uma visão mais proativa no que diz respeito ao tema responsabilidade social corporativa, diferentemente dos modelos de gestão mais centralizados e mais conservadores (ZAPATA, 2009).

A necessidade de estruturação das organizações para o entendimento das demandas de relacionamento comunitário

A implantação de grandes empreendimentos na cadeia produtiva do país também trouxe a necessidade de ações específicas e mais integradas por parte das organizações e um maior engajamento, mais voltado às ações de responsabilidade social corporativa, como mencionado anteriormente na Seção 1 do referido estudo. Estas ações devem estar inseridas no engajamento e na gestão das organizações, dentro de um plano de comunicação e de relacionamento junto às diversas partes interessadas, mas que neste estudo, o recorte recai sobre um determinado tipo de público: comunidade. Assim, dentro destas observações, atuar em maior consistência e mais alinhada à visão de negócio, às diretrizes das organizações, tendo um papel importante no aspecto do desenvolvimento humano, da necessidade de inserção social no território de atuação, da visão de pertencimento local, reforçando o papel nas relações comunitárias (ZAPATA, 2007).

O desenvolvimento de ações de responsabilidade social, com cunho voluntário pelas organizações não só gera um empoderamento junto às comunidades, mas também a estes indivíduos que as compõem, de modo que permita, ainda que de dentro de um processo mais longevo, estruturado, um processo de mudança, um processo em que o próprio indivíduo seja um agente de mudança, atuando como protagonista social no processo de transformação social, propiciando com isso ações voltadas ao desenvolvimento territorial/local.

Ainda dentro destas ações voluntárias, no que tange ao investimento socioambiental por parte das empresas, na visão de Boff (2012):

> "A sustentabilidade de uma sociedade se mede por sua capacidade de incluir a todos e garantir-lhes os meios de uma vida suficiente e decente."

Ainda complementando o autor acima, Pinzón (2007), complementa em relação à sustentabilidade que há uma necessidade de reestruturar o desenvolvimento, introduzindo novos valores, com aspectos e formas decisórias mais participativas, numa visão mais ampla ante a participação e a integração das pessoas assim como diante da questão de resolução dos problemas e da necessidade de estabelecer uma relação mais harmônica com o meio social, empresarial e junto ao meio ambiente.

Neste processo da necessidade de maior interlocução das organizações com as comunidades, a própria visão de sustentabilidade passa pela criticidade da sociedade, os próprios regramentos sociais, legais etc. Com isso, permite uma condição mais sustentável, não só nas relações junto às partes envolvidas, mas também na forma de condução do negócio, ajustando um posicionamento de mercado mais inserido em condições mais sustentáveis e com uma visão de atributo essencial para a sobrevivência e as relações junto às partes interessadas (BOFF, 2012).

As empresas possuem seu papel empresarial, seu planejamento estratégico, suas metas, diretrizes administrativas e econômicas, mas não podem prescindir de contribuir e integrar com seus mais diversos públicos de interesse e de relacionamento. A estratégia social de uma empresa, conforme Neto & Fróes (2004), deve compreender duas alternativas estratégicas, sejam elas atuando diretamente, ou seja, junto ao seu público interno e as comunidades que coabitam sem entorno ou em ambos. E, mesmo de uma forma indireta que as empresas possam ou que atuem em cooperação com o poder público e/ou outras instituições parceiras, base relevante no processo das interlocuções e desdobramentos das ações de responsabilidade social. Ou ainda em parceria com outras instituições técnicas ou mesmo empresas. Seja pela proximidade e pelas próprias condições estruturais, senão territoriais, seja pela atuação e o impacto direto causado pelas ações e instalações industriais. E, estas ações, ainda que somente vistas e conduzidas com uma finalidade de construção de imagem e de fortalecimento de sua reputação, passam também pelo fortalecimento das relações. Deste modo, atuando fortemente como um agente de transformação. A atuação das empresas e seu papel no desenvolvimento territorial/ local tem buscado a incorporação dos atores locais como protagonistas sociais, visando à construção de modos mais sustentáveis e também no desenvolvimento das ações (ZAPATA, 2011).

E, o referido estudo exposto aqui, traz esta relevância no papel das empresas e a necessidade de interlocuções junto às comunidades, pois estas compõem seu grande universo, coabitando em seu entorno, interagindo diretamente no dia a dia extramuros das organizações. Na visão de Zapata (2007), o crescimento econômico não é o objetivo final do desenvolvimento e tampouco assegura a melhoria de qualidade de vida às pessoas. O desenvolvimento humano sustentável é o valor principal da própria vida humana. E, para que isso possa ocorrer, as empresas devem ter uma ação mais consistente de atuação no âmbito do relacionamento comunitário. As empresas não podem se ater apenas aos regramentos explícitos que compõem o seu universo industrial. Tanto que as empresas vão além do seu papel institucional, e atuam com indicadores socioambientais como norteadores e/ou balizadores de suas ações. E, justamente para que possam estreitar ainda mais as diversas formas de relacionamento junto às diversas partes interessadas e, neste caso, junto as suas comunidades do entorno e/ou de atuação direta. E o nível de criticidade das comunidades é um fator tão relevante que as empresas possuem regramentos próprios para atuar junto a essas comunidades, levando em consideração todo um levantamento de informações, de diagnósticos, enfim, visando à priorização de desenvolvimento de ações.

> "O nível de criticidade de cada comunidade deve ser determinado a fim de permitir a priorização das ações de relacionamento comunitário. O grau de criticidade deve ser definido considerando os riscos inerentes às atividades da empresa e também a possibilidade da ação de terceiros causar danos à integridade dos dutos e à segurança da população do entorno e do meio ambiente" (PETROBRAS, 2016, p.19).

Deste modo, sob a ótica da condição de empoderamento, não deveria significar um conceito puramente instrumental, orientado somente para a obtenção de resultados eficientes. Mas, sim, diante da possibilidade de constituir uma afirmação de plena realização dos direitos das pessoas (PEREIRA, 2006). O objetivo da prática de responsabilidade socioambiental no universo empresarial, antes de tudo, é ter a consciência de que seu papel é também contribuir em regime de longo prazo para a manutenção das relações, minimizando os impactos adversos decorrentes do seu segmento de negócio sobre a sociedade e a própria natureza (MAY et al., 2003).

Definitivamente, o processo de mudança de gestão é inevitável e implica em mudanças culturais consistentes e estruturadas. Da mesma forma, as organizações podem ter uma participação como fomentadoras ou incentivadoras de projetos ou programas sustentáveis e isto se traduzindo não só em benefícios sociais, mas acresce o desenvolvimento humano e aproxima as comunidades locais ou mesmo aquelas sob o território de atuação. Sobre a questão do desenvolvimento humano, sob o ponto de vista do desenvolvimento territorial/local, temos que:

> "A questão sobre o desenvolvimento humano deve ser tratada sob um conceito de valores, crenças e estratégia e em um processo que também tem uma intencionalidade que contemple uma compreensão sistêmica da realidade e, com isso, a prática de uma boa governança" (JÓRDAN, 2014).

Assim, evidenciando o quão importante é a necessidade de as empresas se organizarem, se estruturarem para que as ações desenvolvidas no âmbito de responsabilidade social, principalmente, no campo do relacionamento comunitário seja caracterizado pela organização, sistematização e classificação das informações na coleta de dados, da necessidade de um mapeamento, levantamento e diagnóstico das comunidades, dentre outros possíveis fatores que forem evidenciados neste sentido de consolidação para fins de desdobramentos de ações.

A necessidade de interlocução e engajamento das organizações no processo de relacionamento comunitário com vistas ao desenvolvimento territorial/local

Uma vez que a participação da comunidade é assegurada no desenvolvimento de ações, isto auxilia e condiciona de algum modo, uma maior capacidade de que o processo de sustentabilidade seja mais viável e construído. Pois, na medida em que ela se sente inserida, possui o senso de pertencimento àquilo que vem sendo desenvolvido e implementado em seu território, permite que a comunidade esteja mais envolvida e muito mais engajada nas ações integradas. A sociedade está sentindo o movimento rápido nas ações sistematizadas e seus respectivos impactos diante da evolução da globalização econômica e tecnológica, e que, com isso, traduz um papel relevante nos aspectos de mudança, criando um movimento transformador e que cresce rapidamente em todo o mundo, aumentando o grau de exigência da sociedade de modo geral (CAPRA, 2005).

Pois, o acesso e a disponibilidade de forma mais ampla às mídias sociais transformam esta sociedade em um agente importante neste processo de mudança. E, deste modo, decorrente destas mudanças e diante das necessidades que são geradas com todo este movimento, sejam elas por conta das relações interpessoais, de consumo etc. Que, por sua vez, geram a real necessidade de as empresas se ajustarem e se adaptarem as estas novas realidades diante dos meios de produção e das relações junto às diversas partes interessadas, principalmente, atuando mais fortemente nas questões do relacionamento comunitário. Essa preocupação é fortemente vista naquelas empresas, principalmente, que possuem capital aberto e as exigências decorrentes de seus investidores e demais públicos de relacionamento. Tanto assim, que muitas empresas possuem plano de ação estabelecido, organizado e bem sistematizado, seja tanto no aspecto legal, quanto sob o aspecto de ações voluntárias, desenvolvidas mediante o planejamento de suas respectivas áreas de responsabilidade social. Com isso, caracterizando a relevância dada sob esta temática no aspecto voluntário das ações de responsabilidade social. Porém, sem abrir mão das questões de relacionamento legal no âmbito das questões de segurança e integridade operacional. Por exemplo, sob o aspecto legal, temos que:

> "Para o desenvolvimento do programa de relacionamento comunitário devem ser consideradas as seguintes etapas: (a) plano de trabalho contendo: metodologia, responsável e prazo; (b) planejamento mensal das atividades; (c) monitoramento do programa; e (d) avaliação do programa (análise crítica) " (PETROBRAS, 2016, pp.19-20). "

Estas características de ações não diferem muito do planejamento das ações voluntárias que são aquelas previstas no planejamento das áreas de responsabilidade social e dentro do plano de trabalho estabelecido, e que, na verdade, convergem com as ações legais previstas, dependendo dos regramentos existentes para este ou aquele segmento de negócio.

Muitos das ações voluntárias de relacionamento comunitário e de investimento socioambiental das empresas passam pela promoção e articulação intersetorial junto aos diversos públicos de interesse, se atendo muito àqueles relacionados diretamente às ações de relacionamento comunitário, principalmente, sendo eles: poder público, empresas do entorno, organizações sociais e as próprias comunidades. E, no âmbito destas ações globais estabelecidas, também um conjunto de possíveis projetos existentes ou que possam vir a ser estabelecidos, de modo que possam interagir e potencializar estas ações nestas localidades, reforçando os aspectos do pertencimento local.

Por outro lado, são vários os fatores externos que alteram significativamente o comportamento organizacional, pois isto se dá pela composição de diversos fatores, sejam eles vinculados à imagem empresarial; a reputação e a credibilidade diante dos diversos públicos de interesse. E, neste contexto, junto às comunidades do entorno, ao poder público e a sociedade em geral. Enfim, estes diversos setores, essencialmente no que tange à relacionamento comunitário são os que desdobram direta ou indiretamente, dependendo do tipo de segmento de negócio de cada empresa. Para cada ramo ou tipo de segmento, certamente, as partes interessadas também se desdobram e se segmentam especificamente, fazendo com que cada vez mais as interlocuções e as formas de comunicação sejam mais convergentes. E, além disso, as organizações devem se ajustar diante da necessidade em demonstrar a alteração na cadeia de valores e diante da necessidade e mudança de paradigmas, considerando que a sociedade em geral mudou o nível e o grau de relacionamento cobrando mais presencialmente as ações e/ou engajamento das empresas. Assim, existindo uma real necessidade de acompanhar a evolução destes processos, que na visão de Nonaka & Takeuchi (2008), além das questões voltadas às ações de mercado e vantagem competitiva, diante de um mercado de grande atratividade e diversidade, faz com que haja uma também uma movimentação acentuada e também uma influência quanto ao tempo de duração das decisões e das estratégias adotadas bem como o custo envolvido e as relações junto às diversas partes interessadas e, consequentemente, os desdobramentos junto às ações de relacionamento comunitário.

Deste modo, os programas e/ou projetos socioambientais ou socioeducacionais que são implementados no seu entorno ou na região de influência ou área de influência direta, mobiliza um potencial de trabalho que corrobora com a consolidação dos resultados previstos e esperados, modificando a relação estabelecida e, com isso, propiciando um processo de transformação social. Pois, falar em transformação social passa pelo processo de ressignificação de conceitos, premissas e ações desenvolvidas assim como um maior engajamento junto à comunidade, propiciando um fortalecimento nas ações de relacionamento. A construção de uma nova concepção do desenvolvimento humano, na visão de Zapata (2009), passa sob uma nova ótica de governança, em que o tratamento das informações, a forma de condução das tomadas de decisões, do planejamento e ante aos desdobramentos das ações que compreendem uma necessária e melhor compreensão e debate de construção aos alicerces estabelecidos no âmbito de uma visão mais compartilhada e desenvolvida nas questões do desenvolvimento do relacionamento comunitário. A concepção estabelecida, na visão de Kraemer (2004) é que uma nova forma de pensamento empresarial se faz cada vez mais necessária, dispensando características não convergentes, neste sentido.

As empresas hoje estão muito mais inseridas às questões de relacionamento comunitário, seja frente à competitividade, decorrente da forte expansão de mercado, seja pelo fato de as empresas estarem diante da necessidade de mudanças em suas políticas e práticas de gestão de administração (RODRIGUEZ, 2002). Consequentemente, não existe mais espaço para a sobrevivência de uma empresa que não esteja em consonância com este modelo mental de pensamento, de comportamento e de postura empresarial. Na visão de Jórdan (2014), é o processo de mudança na gestão na qual o papel da estratégia, do mapeamento da situação, do levantamento de dados e informações é fundamental para aplicabilidade de um plano de comunicação assim como de outros dispositivos de intervenção junto aos atores sociais.

A questão do pertencimento local e o desenvolvimento territorial/local

As ações de relacionamento comunitário devem ter desenvolvimento baseado em um plano de ação organizado e consistente. Com premissas, direcionadores e diretrizes bem definidas. Por outro lado, estas ações permitem que haja um desenvolvimento de mudança de comportamento, atitudes e posturas que possuem um lado bem mais abstrato no que diz respeito a esta percepção social. A necessidade de mudar o modelo mental, baseado nas premissas de mudança de cultura política e social também passa no sentido de sensibilização e de mobilização das pessoas e da própria sociedade, atuando fortemente na questão da necessidade de desenvolvimento local (ZAPATA, 2011).

As atitudes e comportamentos fazem com que o movimento de mudança ocorra e, com isso, as pessoas saiam do senso comum e passem a ater um olhar mais crítico diante da realidade, que possa vir a despertar motivação, estímulo e entusiasmo para com o coletivo envolvido. Assim, este movimento coletivo, no decorrer do tempo, passa a dar e demonstrar evidências, seja por meio do monitoramento dessas ações, seja de modo que a comunidade se veja integrada como parte daquele território. Se sinta, efetivamente, como parte daquele território. Se sinta parte daquele contexto com o qual esteja convivendo, coabitando, se sinta engajado com o processo de mudança e de manutenção daquele território.

Na visão de Boff (2012), o mundo contemporâneo preconiza uma nova postura e uma condição mais abrangente no modo de viver em coletividade e da sociedade em geral, em que as relações humanas passem a ter uma condição mais sustentável e socialmente mais participativa assim como um cuidado e maior empoderamento social, além de uma maior consciência em relação ao universo do seu entorno. A questão do empoderamento tem um papel social importante, a partir do momento em que permite que haja um processo de mobilização social, dentro de contextos específicos e bem definidos relacionados ao desenvolvimento sustentável territorial/ local e humano, como forma de dar maior perenidade e empoderamento às comunidades e dos grupos envolvidos.

E, uma vez que estas comunidades se veem como parte daquele território, as ações e os desdobramentos destas, propiciam um desenvolvimento encadeado, ampliando o estreitamento do processo de comunicação mais amplo, as atitudes e as ações de conscientização socioambiental e de inclusão social assim como aumentando as interlocuções de comunicação no processo de relacionamento comunitário. A participação social propicia o fomento do desenvolvimento não só da consciência crítica, mas também da questão da cidadania de forma mais ativa, onde o entendimento do que é direito e dever seja um componente do cotidiano na vida coletiva, com isto construindo o sentido e o senso de valorização. Deste modo, incorrendo em um crescente senso de pertencimento e maior engajamento daquela comunidade em seu território.

Considerações finais

O referido estudo aponta acerca da relevância do engajamento e da interlocução das empresas no âmbito da responsabilidade social atuando junto às comunidades.

Porque a interlocução, a forma de comunicação, os preceitos de governança tendo a metodologia de gestão assim como a construção do diálogo, do engajamento social, tudo isso, a longo prazo, propicia também uma melhor ação de reputação e credibilidade que atua fortemente neste processo de relação entre as organizações e as partes interessadas, com ênfase no relacionamento comunitário, recorte principal neste estudo. Além disso, é um tema que ganha relevância ao se constatar as diversas iniciativas voltadas ao desenvolvimento territorial/ local aplicado pelas empresas, pois é parte do processo de construção social de um território assim como parte do processo de apoio no que tange à construção do processo de pertencimento local e, consequentemente, de manutenção daquele território.

A responsabilidade social corporativa passa diretamente sobre o desenvolvimento humano e também local em que a questão do empoderamento é um tema recorrente no processo de construção das relações comunitárias, com vistas à sustentabilidade, pois trata de um processo evolutivo nas relações, com premissas de respeitabilidade dos direitos sociais, em que a ação coletiva desenvolvida pelos indivíduos quando participam de espaços privilegiados de decisões, amplia a consciência não só destes direitos sociais, mas também das interações entre comunidade e empresa, fortalecendo e estabelecendo relacionamento mais consistente e mais profícuo nos desdobramentos dessas ações desenvolvidas. Assim, para que a sustentabilidade passe a fazer parte de um processo mais longevo no relacionamento, há a necessidade de que as ações, programas e projetos sejam estruturados de modo que atendam aos interesses empresariais, mas que converse, principalmente, com as reais necessidades das comunidades e demais públicos de interesse. Não só reforçando o relacionamento comunitário, mas estabelecendo permanente diálogo.

Além disso, o engajamento da organização empresarial neste sentido visando um desenvolvimento de programa e/ou projetos de responsabilidade social, um programa de relacionamento comunitário, vem ao encontro deste posicionamento, de modo a implementar uma relação perene e contínua desse diálogo. Assim, afirmando que é possível atuar com responsabilidade social corporativa, e visão empresarial, corroborando com o desenvolvimento territorial/local (e humano), reforçando as relações comunitárias, mantendo um nível de interlocução presente e com capilaridade, sem perder a visão de sustentabilidade organizacional dentro de seus negócios e não deixando de considerar a construção de uma cadeia de valores junto aos diversos públicos de relacionamento, principalmente as comunidades, reforçando a imagem, acrescendo no grau de reputação e na consolidação das relações sociais e institucionais.

Referências

AZEVEDO, M. T. de. Publicidade cidadã: como comunicar responsabilidade social empresarial. In: INSTITUTO ETHOS DE EMPRESAS E RESPOSABILIDADE SOCIAL. **Responsabilidade social das empresas**. Vol. III. São Paulo: Ed. Peirópolis, 2004, p.333-384.

BOFF, LEONARDO. **Sustentabilidade – O que é – O que não é**. Petrópolis, RJ: Vozes, 2012.

CAPRA, Fritjof. **As conexões ocultas – Ciência para uma vida sustentável**. Tradução: Marcelo Brandão Cipolla. 1ª. Ed. 5ª. Reimpressão. São Paulo: Ed. Cultrix, 2005.

JÓRDAN, Arturo (Organização geral). **IADH Atua – Referências para uma prática em desenvolvimento local/territorial**. 1ª Ed. Recife: IADH, 2014.

KRAEMER, Maria Elisabeth Pereira. **Gestão Ambiental: Um Enfoque no Desenvolvimento Sustentável**. Out. 2004. Disponível em: www.gestiopolis.com. Acesso em 17-07-2008 – 11h.

MAY, PETER H.; LUSTOSA; MARIA CECÍLIA; VINHA, VALÉRIA DA (organizadores). **Economia do Meio Ambiente – Teoria e Prática**. 3ª Ed. Rio de Janeiro: Elsevier, 2003.

NETO, FRANCISCO PAULO DE MELO; FRÓES, Celso. **Gestão da Responsabilidade Social Corporativa: O Caso Brasileiro – da filosofia tradicional à filantropia de alto rendimento e ao empreendedorismo social**. 2ª. Ed. Rio de Janeiro: Qualitymark, 2004.

NONAKA, Ikujiro; TAKEUCHI, Hirotaka. A Empresa Criadora de Conhecimento. In: TAKEUCHI, Hirotaka; NONAKA, Ikujiro (organizadores). **Gestão do Conhecimento**. Tradução: Ana Thorell. Porto Alegre: Bookman, 2008, pp.39-53.

PEREIRA, FERDINAND CAVALCANTE. **O que é empoderamento (Empowerment)**. Sapiência. Teresina. jun. 2006. n.3, Ano III. Artigo. Disponível em: http://www.fapepi.pi.gov.br/novafapepi/sapiencia8/artigos1.php. Acesso em 09-11-2008.

PETROBRAS. **Inspeção e Manutenção de Faixas de Dutos Terrestres e Relações com Terceiros**. N-2775, Rev. B. 1ª. Emenda, 2016.

PINZÓN, RAFAEL. Gestão Ambiental e Participação. In: ZAPATA, Tania (organizadora). **Desenvolvimento Local e Participação Social**. 2ª Ed. Recife: Editora Livro Rápido – Elógica, 2007, pp-93-127.

RODRIGUEZ, MARTIUS V. RODRIGUEZ Y. **Gestão Empresarial – Organizações que Aprendem**. Rio de Janeiro: Qualitymark: Petrobras, 2002.

ZAPATA, TANIA (coordenação geral). **A experiência de desenvolvimento local na Bomba do Hemetério – Um olhar sobre a concepção pedagógica**. Recife: IADH, 2011.

_____, TANIA. (organizadora). **Desenvolvimento Local e a Nova Governança**. Recife: Editora Livro Rápido – Elógica, 2009.

_____,TANIA (organizadora). **Desenvolvimento Local e Participação Social**. 2ª Ed. Recife: Editora Livro Rápido – Elógica, 2007.

_____,TANIA. Desenvolvimento Humano. In: ZAPATA, Tania (organizadora). **Desenvolvimento Local e Participação Social**. 2ª Ed. Recife: Editora Livro Rápido – Elógica, 2007, pp-17-27.

ESTUDO BIBLIOGRÁFICO DA COMUNICAÇÃO INTERNA E DA REPUTAÇÃO NO CONTEXTO DA RESPONSABILIDADE SOCIAL CORPORATIVA

Anneliese Schmidt da Silva
Rodrigo Goyannes Gusmão Caiado
Osvaldo Luiz Gonçalves Quelhas

Nos dias de hoje, uma reputação corporativa forte é pressuposto de sucesso para a competitividade e eficiência nos negócios, interferindo na capacidade de atrair e manter clientes, empregados e investidores de uma organização. Cada vez mais, práticas de comunicação interna estão atreladas a responsabilidade social a fim de gerar um melhor desempenho corporativo. Este capitulo objetiva identificar os fatores da comunicação interna e as práticas da reputação no contexto da Responsabilidade Social (RS). Para isso, adotou-se metodologia exploratória, bibliográfica, descritiva, com abordagem quantitativa pela análise bibliométrica para selecionar o portfólio bibliográfico da pesquisa e qualitativa por meio da síntese temática, a fim de entender a importância da comunicação, seus veículos e ferramentas de RS e relacionamento com os *stakeholders* para alcançar uma boa reputação corporativa. Por fim, prevê-se que esta pesquisa será de interesse para profissionais e acadêmicos, pois a convergência desses conceitos e análises pode ser útil como benchmarking para organizações e empreendedores, de diversos setores.

Introdução

Nos últimos vinte anos, pesquisadores de comunicação corporativa tem aumentado seu interesse na contribuição da comunicação para a habilidade da empresa criar ou disseminar sua estratégia (FORMAN & ARGENTI, 2005). Já a reputação, tem sido uma área proeminente de estudo na literatura de mídia social (HUANG-HOROWITZ & FREBERG, 2016). E, recentemente a reputação tem sido considerada como um dos melhores conceitos para explicar a aceitação das organizações em seus ambientes, uma condição essencial para sua longa vida (ŞATIR, 2006). A partir disso, a definição dos componentes de reputação e comunicação e a verificação da relação entre essas duas temáticas no contexto empresarial da responsabilidade social e gestão de stakeholders possui forte contribuição para o contexto atual, ajudando a esclarecer para quais critérios as corporações devem determinar seus valores, missão e estratégias.

Objetivo

O capitulo objetiva identificar os fatores da comunicação interna e as práticas da reputação no contexto da Responsabilidade Social (RS). Para isso, busca-se:

Realizar uma revisão bibliográfica a fim de localizar estudos relevantes existentes a respeito dos principais fatores da comunicação interna e práticas da reputação, para avaliar e sintetizar suas respectivas contribuições. Os artigos selecionados nessa busca constituem o portfólio bibliográfico (PB), amostra de documentos com maior representatividade para responder a questão da pesquisa.

Realizar sínteses narrativa e temática e construir um mapa conceitual para representação dos temas da pesquisa.

Metodologia

A pesquisa é básica, exploratória e descritiva (VERGARA, 1998). Exploratória porque não se encontraram informações cientificamente produzidas que atendessem as necessidades da pesquisa proposta e envolve levantamento bibliográfico. Descritiva porque tem por objetivo conhecer e descrever os atores bem como entender o seu comportamento para a formulação de estratégias;

através do estabelecimento de relações entre variáveis (GIL, 2002): comunicação, reputação e responsabilidade social. Quanto a abordagem, é quantitativa pela análise bibliométrica para selecionar o portfólio bibliográfico da pesquisa e qualitativa por fazer análise de síntese, a fim de entender a importância da comunicação, seus veículos e ferramentas de RS e relacionamento com os stakeholders para alcançar uma boa reputação corporativa. A metodologia de revisão da literatura é composta de cinco etapas: (1) definição de eixos da pesquisa, (2) combinação de palavras-chave e operadores booleanos, (3) limitações temporal e de base de dados, (4) análises bibliométricas, (5) sínteses narrativa e temática por meio da criação de mapa conceitual.

Na primeira etapa, a partir do objetivo da pesquisa, definiram-se os eixos primários do estudo: reputação e comunicação e os eixos secundários, compostos de todas as outras palavras-chave derivadas do eixo primário (Tabela 1).

Tabela 1 – Eixos temáticos da pesquisa.

Comunicação	Reputação
communication	reputation
sincerity	engagement
clarity	innovation
transparency	credibility
consistency	trust
identity	responsiviness
public relation	accountability
crisis	manag*
stakeholder	build*
social responsibility	image
CSR	integrity
authenticity	governance
consistency	performance
distinctiveness	workplace
ambiguous message	transparency
marketplace	sincerity
engagement	leader*

Fonte: elaborada pelos autores

Em seguida, as palavras-chave foram combinadas para formar todas as combinações possíveis com os operadores booleanos "AND" e "OR". Com o intuito de encontrar o estado da arte e alcançar o maior número de estudos aderentes ao assunto na base de dados, só foram consideradas combinações das palavras do eixo primário da pesquisa nos títulos, resumos e palavras-chave e das palavras do eixo secundário em todas as partes dos documentos.

Na terceira etapa, há as limitações. Esta pesquisa foi limitada temporalmente, de modo que inclui somente documentos científicos publicados desde 1997 até o término da seleção do portfólio bibliográfico em quatro de dezembro de 2016, considerando inclusive documentos aceitos em 2016 que serão publicados no início de 2017. Houve limitação quanto aos bancos de dados de análise, incluindo a base de dados eletrônica Scopus (scopus.com) disponível para acesso através do Portal de Periódicos CAPES.

Na quarta etapa foi feita, no Microsoft Office Excel 2010, a catalogação dos estudos e a geração de gráficos, a fim de realizar as análises bibliométricas. A bibliométrica fornece uma avaliação da produtividade científica ou da pesquisa em uma área específica ao longo de um período de tempo (GARFIELD, 1979), pode ocorrer por meio da estatística descritiva e busca transformar algo intangível em uma entidade gerenciável (DU *et al.*, 2013)

Após extrair os dados de estudos individuais, na quinta etapa, ocorrerá a síntese, processo de colocação dos estudos individuais em conjunto em um arranjo novo ou diferente e de desenvolver o conhecimento que não está aparente na leitura isolada dos estudos individuais (DENYER & TRANFIELD, 2009). Primeiramente, utilizou-se uma síntese narrativa, útil para reunir diferentes tipos de evidência de pesquisa (por exemplo, qualitativa, quantitativa) (JBI, 2014). Em seguida, realizou-se uma síntese temática, um método muito eficaz na identificação de temas recorrentes importantes e para o uso de formas estruturadas de tratamento de dados dentro de cada tema (BARNETT-PAGE & THOMAS, 2009). Para isso, construiu-se um mapa conceitual, a partir de uma coleção de estudos que abordam diferentes aspectos de um mesmo fenômeno (BRINER & DENYER, 2012). O Mapa Conceitual é uma forma indutiva e clara de visualizar, organizar, categorizar e estruturar as áreas de concentração e limitação dos temas da pesquisa (GARZA-REYES, 2015).

Análises Bibliométricas

Obteve-se um total de 177 documentos, dos quais 117 eram artigos publicados em inglês e espanhol. Com fins de realizar uma análise imparcial, foram feitas análises bibliométricas na amostra total de documentos. A Figura 1 demonstra o percentual de pesquisas para cada tipo de documento presente na amostra.

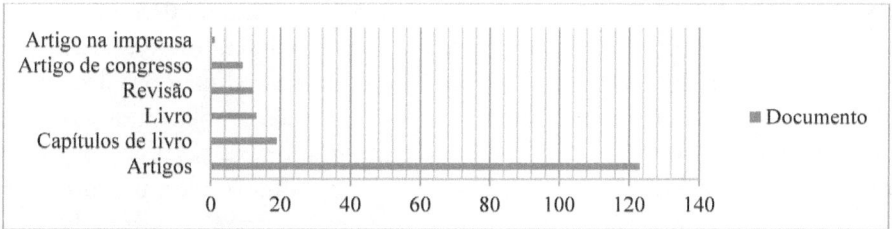

Figura 1 – Tipos de documentos
Fonte: elaborada pelos autores

Pela análise da Figura 1, percebe-se que a grande maioria dos documentos encontrados na revisão, aproximadamente 76 % da amostra, é composta por estudos publicados em periódicos revisados por pares (artigos e revisões). Isso mostra que apenas 24% (cerca de 43 documentos) possuíam um processo de revisão menos rigoroso e estão menos disponíveis para leitura.

Em seguida, analisaram-se como os documentos encontrados comportam-se em relação ao ano de sua publicação. Embora tenha havido delimitação temporal, considerando apenas aqueles publicados nas últimas duas décadas, só foram encontrados documentos a partir de 1999 e até o ano de 2006 havia poucos estudos, pois eram assuntos ainda incipientes.

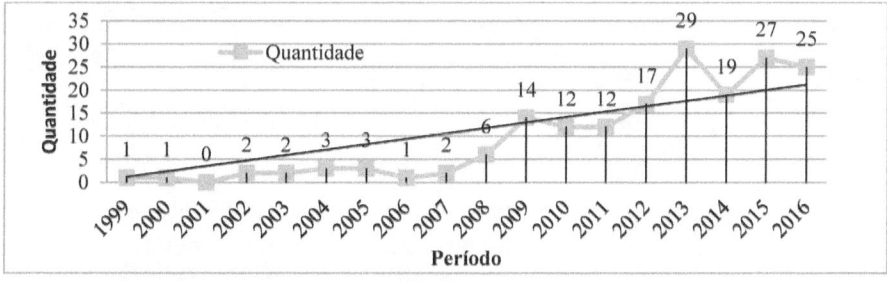

Figura 2 – Publicações por ano
Fonte: elaborada pelos autores

O gráfico acima permite concluir que as publicações que envolvem a temática proposta estão desconcentradas ao longo do período, havendo uma tendência crescente na última década, sobretudo com "picos" de maior publicação em 2009, 2013 e 2015, pois o número de pesquisas científicas nesse tema aumentou rápido a partir de 2007, diminuiu um pouco em 2010, mas continuou em crescimento até cair novamente em 2014 e voltou a subir em 2015. Cabe lembrar que houve uma crise econômica no mercado imobiliário norte-americano no período 2008-2009 que gerou a queda do desempenho financeiro de empresas em todo o mundo, colocando em risco a reputação corporativa destas. Esse ativo intangível é considerado um dos mais importantes para as organizações, o que justificaria o aumento de interessados sobre o assunto. Ademais, conforme visto na literatura, o aumento de crises que afetam a marca e a imagem das corporações têm impulsionado pesquisas sobre gestão da reputação e novos canais de comunicação com os *stakeholders*.

Em seguida, propôs-se identificar a localização dos pesquisadores que apresentam uma produção científica mais frequente sobre o tema (Figura 3), a fim de ajudar no conhecimento dos países que estão mais aderentes e são considerados um campo fértil para as pesquisas científicas do ramo.

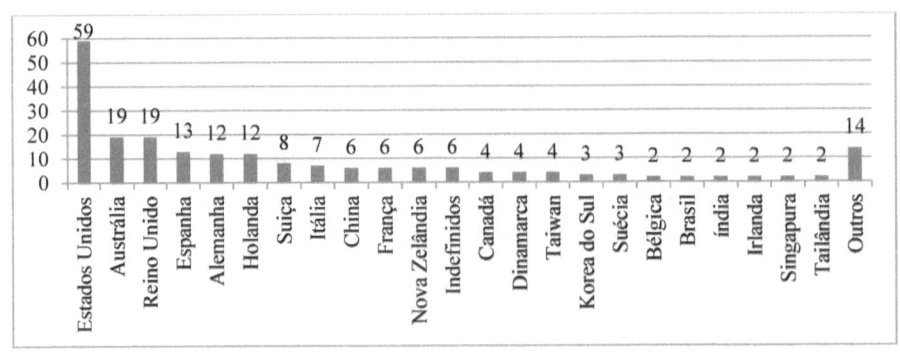

Figura 3 – Produção de artigos por países

Fonte: elaborada pelos autores

No total houve participação de 36 países diferentes, 61% desses com mais de um trabalho realizado. Destaca-se que os Estados Unidos são líder em desenvolvimento de pesquisas relativas ao assunto com aproximadamente 33% do total e logo atrás estão a Austrália e o Reino Unido com pouco mais que 10% do total cada um. Entretanto, no que diz respeito à América Latina, apenas Brasil,

Colômbia e México possuem pesquisas, representando 2% do total. O Brasil possui apenas duas pesquisas, mas apenas uma realizada no país, o que mostra um potencial ainda latente de pesquisas brasileiras.

Síntese narrativa do portfólio bibliográfico

A Comunicação Interna tem como responsabilidade fundamental promover a integração e o engajamento do público interno, catalisando as mudanças culturais necessárias para atingir os objetivos das organizações (ARGENTI & FORMAN, 2005). Á Comunicação Interna é atribuído o papel de influenciar diretamente o rendimento e os resultados de uma instituição, por estabelecer e retroalimentar padrões culturais e, ainda, por motivar os recursos humanos, integrando-os através do compartilhamento de ideais e valores, objetivando orientar suas ações para o alcance das metas e objetivos estratégicos organizacionais (MEDEIROS, 2006 *apud* REINALDO, 2009). Ademais, uma liderança ética pode orientar funcionários, definindo padrões elevados para o clima e cultura organizacional, claramente definindo limites de comportamento correto e criando códigos de ética, mesmo que não instituídos (HALTER *et al.*, 2009).

Toda empresa pode criar vantagem competitiva usando estratégias de comunicação para estabelecer relações de longo prazo com seus públicos de interesse, contribuindo para melhorias em seus processos de fortalecimento da imagem e da reputação (ARGENTI & FORMAN, 2005). Com isso, é necessário aumentar a cultura ética de uma empresa, introduzindo uma comunicação mais transparente e com forte aderência aos códigos de ética de conduta organizacionais, pois altos valores éticos contribuem para a criação de identidade corporativa e fortalecem o relacionamento com seus *stakeholders*. Ademais, percebe-se que a transparência pode ser usada, também, para reduzir a corrupção, já que contribui de modo crescente ao comportamento ético e favorece a imagem da empresa.

A diminuição da confiança nos gestores cria percepções cada vez mais negativas em relação à direção de empresas e isso deve ser evitado, pois as partes interessadas estão constantemente avaliando e examinando as corporações (TAN *et al.*, 2015).

Além disso, os funcionários devem ser parte do processo de formação de imagem corporativa, pois eles são capazes de se comunicar com todas as partes interessadas sobre a corporação, sendo importante garantir que os trabalhadores possam ter atitudes consistentes para representar e defender a empresa (TAN *et al.*, 2015). Para estes autores, essa consistência é igualmente verdadeira para a aparência on-line, o que ganha importância crescente, já que atualmente o público é mais móvel, física e tecnologicamente.

A partir da literatura do PB foi possível elencar os seguintes fatores relacionados à comunicação interna (Tabela 2):

Tabela 2 – Fatores da Comunicação

Comunicação	Referências
Transparência	Christensen (2002); Halter *et al.* (2009);
Consistência	Dolphin e Ying (2000); Fombrun e Van Riel (2004); Romenti (2010);
Distintividade	Rindova e Fombrun, (1999); Van Halderen *et al.* (2011);
Visibilidade	Moura-Leite e Padgett (2014);
Autenticidade	Carrol (2012);
Ausência de Ambiguidade	Corley e Gioia (2004);
Responsividade	Skouloudis *et al.* (2012);
Sinceridade	Van Halderen *et al.* (2011); Huang-Horowitz e Freberg (2016)
Clareza	Huang-Horowitz e Freberg (2016)
Comprometimento com o negócio	Halter *et al.* (2009); Moura-Leite e Padgett (2014)
Compromisso com o bem comum	Huang-Horowitz e Freberg (2016)

Fonte: elaborada pelos autores

Quando esses fatores são bem trabalhados pela Comunicação Interna das organizações, levam à conquista de uma distinção da organização junto aos diversos públicos de interesse e, portanto, contribuem para a consolidação da sua reputação.

No que concerne à reputação corporativa, esta é algo complexo e difícil ou impossível de ser diretamente gerenciado, em razão de ela ser uma avaliação da organização como um todo na percepção dos *stakeholders* (GOTSI & WILSON, 2001). No entanto, podem ser gerenciados os elementos que a formam e mantêm. Com o gerenciamento dos fatores que levam à formação da reputação, é possível fazer com que a reputação de uma organização seja mais bem avaliada por seus diversos públicos, destacando-se aí o público interno que é grande parceiro no equilíbrio e na manutenção desse valor.

Uma variedade de definições para o termo reputação corporativa tais como imagem, boa vontade ou o prestígio de uma empresa têm sido utilizados de forma intercambiável na literatura (FAMIYEH *et al.*, 2016). O termo reputação, no contexto corporativo, é visto como um conceito abrangente que engloba todos os aspectos de marketing corporativo, incluindo: imagem corporativa, identidade corporativa, identidade visual corporativa, associações empresariais e comunicação corporativa. Todos esses conceitos, juntos, formam a reputação corporativa.

A reputação é um importante meio pelo qual as empresas podem manter uma vantagem competitiva sustentável e que dá suporte a uma relação duradoura com vários grupos de *stakeholders*. De fato, as organizações têm diversas reputações, estabelecendo-se de forma relacionada aos diversos públicos de seu relacionamento; sendo a reputação o resultado da interação das organizações com esses públicos (THOMAZ & BRITO, 2010).

Em 2000, na busca por estabelecer critérios que permitissem a mensuração da reputação, Fombrun e Gardberg apresentaram um estudo que concluiu que haveria seis dimensões para avaliação da reputação: apelo emocional, produtos e serviços, desempenho financeiro, visão e liderança, ambiente de trabalho e responsabilidade social. A partir desse estudo, vários outros se seguiram e levaram a adaptações. Helm (2005) desenvolveu um modelo composto de dez elementos: qualidade dos produtos, compromisso em proteger o meio ambiente, sucesso empresarial, tratamento de funcionários, orientação para o cliente, compromisso com questões sociais e caridade, valor para o dinheiro de produtos, desempenho financeiro, qualificação da gestão e credibilidade das reivindicações de publicidade. Atualmente, o modelo apresentado pelo *Reputation Institute* é o mais famoso e aceito. Nele, constam sete dimensões da reputação (produtos e serviços, desempenho, liderança, ambiente de trabalho, cidadania, governança e inovação), associadas a 23 atributos que demonstram a percepção geral de empatia, estima, admiração e confiança.

Pela literatura, observaram-se as seguintes práticas de gestão relacionadas à reputação corporativa (Tabela 3):

Tabela 3 – Práticas da Reputação Corporativa

Reputação	Referências
Governança	Halter *et al.* (2009);
Liderança	Romenti (2010)
Desempenho técnico e financeiro	Romenti (2010); Moura-Leite e Padgett (2014);
Cidadania	Fombrun *et al.* (2000); Helm *et al.* (2011)
RSC	Romenti (2010); Eberle *et al.* (2013); Taghian *et al.* (2015); Famiyeh *et al.* (2016)
Inovação	Fombrun *et al.* (2000); Romenti (2010); Helm *et al.* (2011)
Integridade	Worcester (2009)
Tratamento justo	Huang-Horowitz e Freberg (2016)
Engajamento	Romenti (2010); Taghian *et al.* (2015); Huang-Horowitz e Freberg (2016)
Experiência	Worcester (2009)
Habilidade de atender objetivos	Helm *et al.* (2011)
Simetria de informação	Moura-Leite e Padgett (2014)
Relacionamento com as partes interessadas	Taghian *et al.* (2015);
Prestação de contas às partes interessadas	Skouloudis *et al.* (2012); Taghian *et al.* (2015);
Ética nas relações de trabalho	Halter *et al.* (2009); Romenti (2010); Taghian *et al.* (2015)

Fonte: elaborada pelos autores

Assim, pela Tabela 3, percebe-se que fatores relativos à RSC e à Gestão de Stakeholders já auto relacionados por pressões e diálogos, estão intrínsecos nas práticas de reputação corporativa, contribuindo de forma complementar a outras práticas para mudanças organizacionais.

Síntese temática da relação entre a Comunicação e a Reputação

Muitos estudos teóricos e empíricos demonstraram que a RSC tem um efeito positivo significativo na imagem corporativa de uma empresa (FAMIYEH *et al.*, 2016).

Eberle *et al.* (2013) constataram que as mensagens de comunicação corporativa interativa sobre RSC têm maior credibilidade e sentimentos de identificação com a empresa do que as mensagens puramente controladas por esta - como as informações geradas por profissionais de marketing sobre RSC - o que mostra que os canais on-line interativos estão ganhando importância para os especialistas em *branding*, sugerindo que as empresas devem prestar atenção a essas novas formas de comunicação que permitam a seus *stakeholders* ter algo a dizer e passando a sensação de que a empresa está interessada em suas opiniões (comunicação bidirecional) e em capacitá-los (comunicação simétrica), porque a reputação corporativa é ou será afetada por estas novas formas de comunicação sobre a RSC.

Além disso, a estratégia empresarial centrada na RSC pode servir como um recurso intangível essencial para melhorar a reputação e o desempenho das empresas, pois a reputação corporativa baseada em atividades de Responsabilidade Social, potencialmente, gera bons sentimentos e uma atitude positiva para os funcionários e o público, o que atrai o seu apoio (TAGHIAN *et al.* 2015).

Ao tomar decisões sobre ações que podem afetar positivamente os *stakeholders* técnicos - que têm uma relação de troca econômica com a empresa - é muito importante que as empresas conheçam e entendam as necessidades deles e assegurem-se de executar os programas com sucesso para evitar fraquezas nas ações institucionais e técnicas sociais que podem impactar negativamente a RC. (MOURA-LEITE & PADGETT, 2014).

Assim, a comunicação pode ser vista como processo fundamental, que serve de base para quase todas as atividades nas organizações. A comunicação organizacional, por sua vez, engloba os dispositivos, as práticas e os processos de comunicação que constituem as dinâmicas de construção social de uma organização. Ela integra múltiplos modos de comportamento, consistindo em um todo integrado e multidisciplinar (REINALDO *et al.* 2009).

Nesse cenário, a Figura 4 busca ilustrar e analisar o papel exercido pela Comunicação, especialmente a Interna, na promoção e manutenção da reputação corporativa.

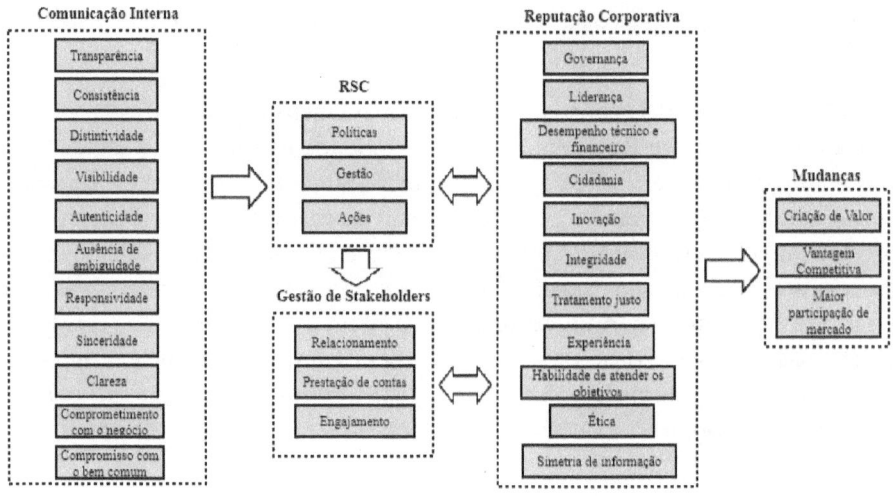

Figura 4 – Mapa Conceitual dos componentes da comunicação e da reputação
Fonte: elaborada pelos autores

Pela Figura 4, percebe-se que os 11 fatores-chave da comunicação interna, definidos pela literatura, devem ser observados na construção e no uso de ferramentas e veículos comunicacionais de forma socialmente responsável para atender as pressões internas e externas dos *stakeholders*. A partir disso, a RSC busca prestar contas a fim de garantir a qualidade do relacionamento duradouro e o engajamento das partes interessadas. Assim, essa gestão de *stakeholders* em conjunto com políticas, práticas de gestão e ações de responsabilidade social geram um reflexo reputacional. Em decorrência disso, com o intuito de conseguir maior participação de mercado, vantagem competitiva e criação de valor, deve-se haver maior preocupação com os fatores comunicacionais que impactam diretamente na reputação corporativa. Ademais, no apoio às ações sociais institucionais, sob a dimensão discricionária, a reputação corporativa (RC) não é apenas a consequência involuntária das atividades gerenciais, mas também é um instrumento proposital que pode ser usado de forma efetiva e estratégica para promover metas corporativas, com o objetivo de gerar aprovação e criar reputação aos olhos de seus diversos públicos (MOURA-LEITE & PADGETT, 2014).

Dessa forma, a comunicação é responsável pela manutenção e aprimoramento da imagem e reputação da organização, promovendo eventos e divulgando ações, resultados, produtos e serviços para todas as partes interessadas (ARGENTI & FORMAN, 2005).

Considerações Finais

O objetivo deste estudo em identificar os fatores da comunicação interna e as práticas da reputação no contexto da RSC foi alcançado por meio das seções 5 e 6 que propõem respectivamente a análise e a interpretação dos estudos selecionados por esse trabalho, por meio da descrição dos componentes dessas temáticas e a análise da relação entre os temas na forma de um mapa conceitual.

Assim, a comunicação e a reputação organizacionais tornam-se elementos extremamente importantes para a criação de valor nas organizações. A comunicação interna pode ser vista como processo fundamental para quase todas as atividades nas organizações, englobando os dispositivos, as práticas e os processos de comunicação que constituem as dinâmicas de construção social de uma organização. Já a reputação, é um valor intangível, dificilmente construído e que pode ser perdido de um momento para o outro, demandando zelo e cuidados em sua preservação.

Portanto, prevê-se que esta pesquisa será de interesse para profissionais e acadêmicos, pois a convergência desses conceitos e análises pode ser útil como benchmarking para organizações e empreendedores, de diversos setores. O tema é importante academicamente, pois é inovador e busca orientar futuras pesquisas sobre as relações da comunicação interna e da reputação corporativa e com isso, determinar oportunidades e desafios para as práticas de comunicação empresarial. O tema também é relevante para o mercado, visto que gestores, empreendedores e líderes organizacionais habilitados com essas percepções poderiam promover eficientemente a adaptabilidade ao ambiente de mudanças dentro de suas organizações, de forma que visualizem e inovem assim que a mudança se torne necessária.

Como sugestão para trabalhos futuros, propõe-se pesquisas aplicadas em diferentes setores, por meio de estudos de caso ou survey, a fim de validar o mapa conceitual e comparar o estado da arte com as práticas organizacionais.

Referências:

ARGENTI, Paul A., FORMAN, Janis. How Corporate Communication Influences Strategy Implementation, Reputation and the Corporate Brand: An Exploratory Qualitative Study. Corporate Reputation Review; Vol.8, No. 3; 2005.

BARNETT-PAGE, E., THOMAS, J. Methods for the synthesis of qualitative research: a critical review. BMC Med. Res. Methodol. 9 (59), 2009, pp. 1-11.

BRINER, R.B., DENYER, D. Systematic Review and Evidence Synthesis as a Practice and Scholarship Tool. Handbook of Evidence-based Management: Companies, Classrooms and Research, 2012. pp. 112-129.

BRAMMER, S. and PAVELIN, S. "Building a good reputation", European Management Journal, Vol. 22 No. 6, 2004, pp. 704-713.

CARROL, C.E. The OTRI-I audit and the detection and expression of hidden and blind organizational identities: implications for managing reputational intelligence, authenticity and alignment, Corporate Reputation Review, Vol. 15 No. 3, 2012, pp. 179-197.

CORLEY, K. G., GIOIA, D. A. 'Identity ambiguity and change in the wake of a corporate spin-off'. Administrative Science Quarterly, 49, 2004, pp. 173–208.

CHRISTENSEN, L. T. Corporate communication: The challenge of transparency. Corporate Communications, 7, 2002, pp. 162-169.

DENYER, D., TRANFIELD, D. Producing a systematic review. In D. A. Buchanan & A. Bryman (Eds.), The SAGE handbook of organizational research methods (pp. 671–689). London: Sage Publications Ltd. 2009.

DICKINSON-DELAPORTE, S., BEVERLAND, M., LINDGREEN, A. Building corporate reputation with stakeholders: Exploring the role of message ambiguity for social marketers. European Journal of Marketing, 44(11), 2010, pp. 1856-1874. doi:10.1108/03090561011079918

DOLPHIN, P., YING, F. Is corporate communications a strategic function?", Management Decision, Vol. 38 Nos 1/2, 2000, pp. 99-109.

DU, H., WEI, L., BROWN, M. A., WANG, Y., SHI, Z. A bibliometric analysis of recent energy efficiency literatures: an expanding and shifting focus. Energy Efficiency 6, pp.177–190. 2013. DOI 10.1007/s12053-012-9171-9.

EBERLE, D., BERENS, G., LI, T. The Impact of Interactive Corporate Social Responsibility Communication on Corporate Reputation. *Journal of Business Ethics.* 2013. http://doi.org/10.1007/s10551-013-1957-y

FAMIYEH, S., KWARTENG, A., DADZIE, S. A. Corporate social responsibility and reputation: some empirical perspectives. *Journal of Global Responsibility,* 7(2), 2016, pp. 258–274. http://doi.org/10.1108/JGR-04-2016-0009

FOMBRUN, C.J.; VAN RIEL, C. B. M. Fame and Fortune: how successful companies build winning reputations. Upper Saddle River: Prentice Hall, 2004.

FOMBRUN, C. J., GARDBERG, N. A., SEVER, J. M. The reputation quotient . The Journal of Brand Management, 7(4), 241-255. 2000.

FORMAN, J.; ARGENTI, P. A.. How Corporte Communication Influences Strategy Implementation, Reputation and the Corporate Brand: An Exploratory Qualitative Study. Corporate Reputation Review, London, v. 8, n. 3, 2005, pp.245-264.

GARFIELD, E. Is citation analysis a legitimate evaluation tool? Scientometrics, 1(4), 1979, pp. 359–375.

GARZA-REYES, J.A. Green lean and the need for Six Sigma. Int. J. Lean Six Sigma 6, 2015, pp. 226–248. doi:10.1108/IJLSS-04-2014-0010

GERHARDT, T. E.; SILVEIRA, D. T. Métodos de Pesquisa. Curso de Graduação Tecnológica. Planejamento e Gestão para o Desenvolvimento Rural. Universidade Federal do Rio Grande do Sul. 2009.

GOTSI, M., WILSON, A. M. Corporate reputation: seeking a definition. Corporate Communications, 6(1), 24-30, 2001.

GIL, A. C. Como elaborar projetos de pesquisa. São Paulo: Atlas, 2002.

HALTER, M.V., DE ARRUDA, M.C.C., HALTER, R.B. Transparency to Reduce Corruption? J. Bus. Ethics 84, 2009, pp. 373–385. doi:10.1007/s10551-009-0198-6

HAMEL Gary, PRAHALAD, CK Competindo pelo Futuro RJ. Ed.Campus, 1995.

HELM, Sabrina. Designing a formative measure for corporate reputation. Corporate Reputation Review, 8(2), 95-109. 2005

HUANG-HOROWITZ, N. C., FREBERG, K. Bridging organizational identity and reputation messages online: A conceptual model. Corporate Communications, 21(2), 195-212, 2016. doi:10.1108/CCIJ-06-2014-0034

JOANNA BRIGGS INSTITUTE (JBI). Joanna Briggs Institute Reviewers' Manual [Internet]. Adelaide; 2014. Disponível em: http://joannabriggs.org/assets/docs/sumari/reviewersmanual-2014.pdf

MOURA-LEITE, R., PADGETT, R. The effect of corporate social actions on organizational reputation. *Management Research Review*, 37(2), 2014, pp. 167–185. http://doi.org/10.1108/MRR-10-2012-0215

OLIVEIRA, Luísa Magalhães. A comunicação com estratégia no processo de construção e gerenciamento da reputação organizacional. II ECOMIG, 2009.

REINALDO, Priscila et all. Comunicação Interna no âmbito da Gestão Pública: O caso de uma autarquia pública federal brasileira. XXXIV Encontro Nacional da ANPAD, 2000.

RIEL, C. B. M. van. Principles of corporate communication. London: Prentice Hall. 1995.

RINDOVA, V.P., FOMBRUN, C. Constructing competitive advantage: the role of firm-constituent interactions, Strategic Management Journal, Vol. 20 No. 8, 1999, pp. 691-710.

ROMENTI, S. Reputation and stakeholder engagement: an Italian case study. Journal of Communication Management, Vol.14 No.4, pp.306-318, 2010.

ŞATIR, Ç. The nature of corporate reputation and the measurement of reputation components, Corporate Communications: An International Journal, Vol. 11 Iss 1 pp. 56 – 63, 2006.

SKOULOUDIS, A., EVANGELINOS, K., MORAITIS, S. Accountability and stakeholder engagement in the airport industry: an assessment of airports' CSR reports. J. Air Transp. Manag. 18, 2012, pp. 16-20.

TAGHIAN, M., D'SOUZA, C., POLONSKY, M. A stakeholder approach to corporate social responsibility, reputation and business performance. *Social Responsibility Journal*. 2015. http://doi.org/10.1108/SRJ-06-2012-0068

TAN, M. A., NGUYEN, B., MELEWAR, T. C., BODOH, J. *Exploring the corporate image formation process. Qualitative Market Research: An International Journal* (Vol. 18). 2015. http://doi.org/10.1108/QMR-05-2014-0046

THOMAZ, José Carlos; BRITO Eliane Zamith. Reputação corporativa: Construtos formativos e implicações para a gestão. Disponível em: http://www.anpad.org.br/rac v. 14, n. 2, art. 3, pp. 229-250, Mar./Abr. 2010, acessada em 02/02/2017

VAN HALDEREN, M. D., VAN RIEL, C. B., BROWN, T. J. Balancing between legitimacy and distinctiveness in corporate messaging: A case study in the oil industry. Corporate Reputation Review, 14(4), 2011, pp. 273–299.

VAN RIEL, C.B.M.; FOMBRUN, C.J. Essentials of Corporate Communication, Routledge, New York, NY, 2007.

VERGARA, Sylvia Constant. Projetos e relatórios de pesquisa em administração. São Paulo: Atlas Editora, 1998.

WILLIAMS, R.J., BARRETT, J.D. Corporate philanthropy, criminal activity, and firm reputation: is there a link?, Journal of Business Ethics, Vol. 26, 2000, pp. 341-350.

WORCESTER, S.R. Reflections on corporate reputations", Management Decision, Vol. 47 No. 4, 2009, pp. 573-589. Disponível em: http://dx.doi.org/10.1108/00251740910959422

GERAÇÃO Y: ASPECTOS QUE INFLUENCIAM SUA RETENÇÃO NAS ORGANIZAÇÕES

André Baptista Barcaui
Janaína Januário Ferreira

Esta pesquisa aplicada objetivou identificar quais aspectos organizacionais influenciam na retenção de profissionais Y nas organizações. Inicialmente foi realizada uma revisão bibliográfica acerca das teorias de motivação, bem como das características da Geração Y. O estudo também fez uso de um levantamento quantitativo, através de um questionário fechado como instrumento de coleta de dados, aplicado a 100 pessoas nascidas entre 1981 e 1999. Os resultados obtidos foram analisados à luz das teorias, onde pode-se constatar quais aspectos organizacionais e quais teorias de motivação mais se encaixavam com o processo de retenção dos profissionais Y. As conclusões sugerem que as oportunidades de carreira são o aspecto organizacional que mais influencia a retenção da Geração Y, seguido de remuneração alta e bom relacionamento com superiores e colegas de trabalho. As teorias de motivação que mais se relacionam com estes aspectos, foram a Teoria dos dois fatores, Teoria das necessidades de Maslow, Teoria ERG e Teoria das necessidades socialmente adquiridas.

Introdução

Garrafa e Schefer (2015) sugerem que a separação da sociedade tendo como critério a idade cronológica é denominada de geração. Na atualidade, existem quatro gerações diferentes coexistindo, com características, valores e formas de pensar peculiares. As quatro gerações consistem nos Veteranos, que são pessoas nascidas antes de 1946, os *Baby Boomers*, nascidos entre 1946 e 1964, a Geração X, que compreende os indivíduos nascidos entre 1965 e 1980 e a Geração Y, que consiste em pessoas nascidas entre 1981 a 1999, mas não há consenso na literatura sobre quando começa e termina cada geração. O comportamento das gerações no trabalho tornou-se relevante e ora destacam a Geração X (Bova&Kroth, 2001; Coupland, 1991), ora a Y (Martin&Tulgan, 2006; Lombardia, 2008; Foja, 2009) ou até mesmo a relação entre essas gerações (Crampton et al., 2006; Smola&Suton, 2002).

Diferente das gerações anteriores, a Geração Y não é leal à organização na qual trabalha, pois os Y sempre estão em busca de seu próprio bem e valorizam o equilíbrio entre a vida pessoal e a profissional (Maciel, 2010). Lafuente (2009) discorre sobre o argumento da autora, pois para a autora, os jovens não são mais leais a uma empresa, mas a uma união de aspectos que os fazem sentir-se bem e este é o motivo porque nunca deixam de procurar novas oportunidades que contribuam para o seu desenvolvimento pessoal.

Torna-se relevante também analisar os fatores que colaboram para a motivação dos jovens Y, pois é a partir deles que as organizações podem pensar em formas para a retenção destes profissionais. Com a aposentadoria dos líderes de gerações anteriores, há a necessidade de substituição dos mesmos e essa geração é ansiosa para tomar estes cargos na organização (Maciel, 2010). A atração e retenção destes profissionais tornou-se um desafio, dado que estão sempre buscando oportunidades que estimulem o seu desenvolvimento e que promovam uma ascensão profissional rápida. Os Y são muito exigentes e, quando percebem que não estão alcançando os seus interesses, sentem-se desvalorizados, perdem o foco e tendem a buscar novos desafios (Negrão et al., 2013).

Atualmente, o Brasil atravessa uma crise política e econômica e, em virtude deste fato, há certa dificuldade tanto na entrada quanto na manutenção do profissional no mercado de trabalho. Entretanto, os autores Veloso, Dutra e Nakata (2012) afirmam que a Geração Y brasileira é mais otimista quanto ao seu crescimento profissional e busca equilíbrio entre trabalho e vida pessoal. Os mesmos autores relatam que o trabalho para os profissionais Y brasileiros é mais do que uma fonte de renda, sendo também uma fonte de aprendizado e satisfação.

Considerando que: (1) as empresas precisam se adaptar à essa nova dinâmica do mercado de trabalho, onde acabam dependendo cada vez mais do comprometimento de seus colaboradores com os seus objetivos organizacionais e que, (2) possuem a missão de atender às expectativas e anseios dos profissionais que deseja manter em seu quadro organizacional, especialmente a Geração Y, buscou-se, por meio desta pesquisa, identificar quais aspectos organizacionais influenciam na retenção de profissionais da Geração Y, a fim de proporcionar modos de retenção destes novos talentos nas organizações.

Base Teórica

As Teorias de motivação no ambiente de trabalho

A palavra motivação vem do latim "motivos", referente a movimento, algo móvel (Nakamura et al., 2005). Para os autores, a motivação é um conjunto de razões que determina a conduta de um indivíduo. A motivação pode ser definida como uma força, uma energia que incentiva o indivíduo em direção à alguma coisa que nasce das necessidades interiores do mesmo (Hersey, 1976).

Outro fator que deve ser levado em consideração é a motivação dos profissionais da Geração Y na organização, uma vez que isto possibilita o aumento da produtividade e, consequentemente, sua retenção. Motivação é um processo que engloba intensidade, direção e persistência dos esforços de um indivíduo para o alcance de um objetivo (Robbins, 2002). Explorando mais o conceito, Bergamini (2008) afirma que não é possível motivar alguém, pois cada indivíduo possui uma força própria dentro de si, logo, as pessoas devem estimular as outras a se motivarem. São muitas teorias sobre motivação, conforme a Figura 1 a seguir:

Figura 1: Ordem cronológica das Teorias de Motivação.

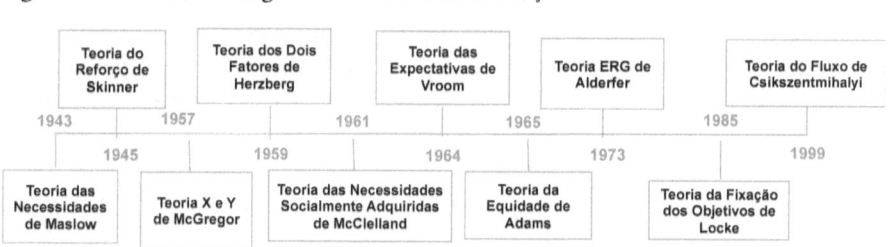

Fonte: Elaborado pelos autores.

Vale ressaltar a colocação de Ferreira et al. (2006) acerca de que quando uma teoria é considerada válida, não significa a anulação das demais, além de muitas se complementarem. As revisão das teorias a seguir, ainda que sintetizada e condensada, auxilia na análise da integração das mesmas ao percurso e aos anseios da Geração Y no mercado de trabalho.

A Teoria das Necessidades de Maslow sugere a noção de necessidade como fonte de energia das motivações que existem no interior dos indivíduos (Bergamini, 2008). Essa teoria compreende que os fatores de satisfação se dividem em cinco necessidades propostas por Maslow no formato de pirâmide, onde os níveis mais baixos são chamados de necessidades básicas e devem ser atendidas uma a uma para que se alcance um nível mais alto. A pirâmide seria composta por necessidades: fisiológicas, de segurança, sociais, de auto-estima e autorrealização, respectivamente. A Teoria Existência, Relacionamento e Crescimento, em inglês *Existence, Relatedness* e *Grow* (ERG) é um aperfeiçoamento da Teoria das Necessidades de Maslow (Ferreira, Demutti e Gimenez, 2010). As necessidades de existência são definidas como aquelas que têm o objetivo de adquirir bens materiais que asseguram subsistência e pela satisfação pessoal relacionada a competição por recursos limitados, entre estas necessidades estão compreendidas a fome e sede bem como pagamento de salário e segurança física. As necessidades de relacionamento são diferentes das necessidades de existência, pois não podem ser satisfeitas sem mutualidade, sendo caracterizadas pelo compartilhamento recíproco de ideias e sentimentos. Por último, as necessidades de crescimento compreendem a vontade de um indivíduo de ter influência criativa e produtiva sobre si próprio e o ambiente em que vive. Os objetivos são alcançados de forma sequencial, assim como Maslow retrata em sua teoria. Entretanto, há uma diferença entre a ERG e a Teoria das Necessidades de Maslow, pois na ERG, mais de uma atividade pode estar ativa ao mesmo tempo, ou seja, se uma necessidade de nível mais alto não for satisfeita, aumentará o desejo de satisfazer uma necessidade de nível mais baixo. Também a ERG não segue uma hierarquia rígida, pois as necessidades mais altas podem ser atingidas mesmo que algumas de nível mais baixo não tenham sido satisfeitas ainda, além de as três necessidades da ERG podem estar sendo satisfeitas simultaneamente.

Já McGregor levantou duas hipóteses acerca da natureza humana: uma substancialmente negativa, a Teoria X e outra positiva, a Teoria Y (Robbins, 2002). A Teoria X afirma que o funcionário não gosta de trabalhar, é preguiçoso, evita responsabilidade e são coagidos para mostrar desempenho, entretanto, a Teoria Y mostra o contrário, ou seja, os funcionários gostam de trabalhar, possuem criatividade, procuram responsabilidade e demonstram auto orientação. Souza (2006) afirma que um gerente Y pode auxiliar no amadurecimento dos funcionários ao reduzir o controle sob os mesmos e deixá-los assumir o autocontrole. Paul Hersey (1976) reflete que é neste tipo de ambiente que os empregados satisfazem as necessidades sociais, de auto-estima e de autorrealização descritas na pirâmide de Maslow e que as mesmas são negligenciadas no mundo do trabalho.

Herzberg (1997) separa sua teoria de motivação em dois fatores: higiênicos e motivadores. Dentro de uma organização, os fatores higiênicos englobam os benefícios que são oferecidos pela mesma, como ambiente de trabalho, relacionamento com superiores, segurança no emprego, benefícios sociais e salário, que podem ser vistos como aqueles que geram ausência de satisfação. Os fatores motivadores estão relacionados ao cargo ocupado pelo funcionário e compreendem reconhecimento, oportunidade de progresso profissional, responsabilidade e realização e podem conduzir os empregados do estado de não satisfação ao estado de satisfação.

A Teoria das Necessidades Socialmente Adquiridas foi desenvolvida por David McClelland (1967), que acredita que muitas necessidades são adquiridas com base na cultura de uma sociedade, sendo divididas em três guiariam o comportamento dos indivíduos: a necessidade de realização, de poder e de associação. A necessidade de realização tem como pilar a excelência, ou seja, os indivíduos desejam realizar o seu trabalho cada vez melhor ou de uma forma mais eficiente do que já foi feito (Ferreira et al., 2006). A necessidade do poder consiste, no desejo de impactar, ser forte e exercer influência sobre as pessoas. McClelland (1967) afirma que o objetivo da motivação do poder é oriundo da necessidade de fazer os outros se comportarem da maneira que se deseja, ou seja, de uma forma não natural. A necessidade de afiliação vem do desejo de ser amado e aceito por outras pessoas.

A Teoria das Expectativas ou Instrumentalidade teve o seu início nos anos 30 (Lobos, 1975). Uma das mais aceitas explicações acerca desta teoria é a de Victor Vroom que consiste em um modelo contingencial através do qual se observa que o processo motivacional não depende apenas dos objetivos individuais, mas do contexto de trabalho em que o indivíduo está inserido (Ferreira et al., 2006). Lobos (1975) também define que o foco desta teoria é a percepção de que os indivíduos possuem expectativas com relação aos resultados que virão em consequência das suas ações.

A Teoria da Equidade de Adams (1965) sugere que as pessoas são motivadas pela busca da justiça. Ferreira et al (2006) explica essa ideia ao afirmar que as pessoas que possuem essa necessidade tendem a comparar o que lhes é oferecido com o que é oferecido a pessoas semelhantes a elas. Os empregados comparam o seu trabalho que abrange entradas (esforço, experiência, educação e competência) e os resultados obtidos (remuneração, aumentos e reconhecimento) com as entradas e resultados de outras pessoas (Robbins, 2002). Ferreira et al. (2006) ainda destaca que há uma grande relação entre essa teoria e a remuneração, distribuição de vantagens ou reconhecimento entre os empregados e, se esse processo não for bem conduzido, pode gerar um clima ruim dentro da organização, promovendo a perda de motivação.

Para Cavalcanti (2005), a Teoria da Fixação dos Objetivos consiste na concentração dos esforços de um empregado para atingir um objetivo e o estabelecimento de metas incentiva o indivíduo e guia os seus pensamentos para uma finalidade. As metas devem possuir características que possibilitem uma maior motivação, ou seja, precisam ser aceitáveis e fazer sentido para os funcionários, além de não entrar em conflito com valores pessoais do mesmo. As metas devem ser desafiadoras e possíveis de serem conquistadas, ser específicas e, para um melhor entendimento e desempenho do empregado, quantificáveis e mensuráveis.

Uma das mais recentes teorias ligadas à motivação é a do Fluxo de Csikszentmihalyi (1999), na qual o autor afirma que para ocorrer o chamado fluxo, a atividade deve ser desafiadora e conciliável com as habilidades de quem a executa, além de as pessoas precisarem estar envolvidas a ponto de a consciência de si e das ações unirem-se em uma só. Para chegar ao estado de fluxo, a atividade deve ser clara, o *feedback* imediato e a concentração deve ter foco na tarefa, o que deve afastar acontecimentos externos do pensamento do indivíduo durante um tempo, isso faz com que o funcionário sinta controle da situação e as horas passem de forma mais rápida, resultando em um estado de imersão do indivíduo.

As Gerações e os Diferentes Prismas do Trabalho

Motivar funcionários é uma tarefa reconhecidamente árdua para as organizações, pois além da sua natureza subjetiva, deve-se levar em conta também a influência do período em que cada pessoa nasceu e como foi criada, ou seja, a geração a qual pertencem. Maciel (2010) compreende que a palavra geração não determina somente um grupo de pessoas nascidas em uma mesma época, mas também um grupo de pessoas que têm características e valores análogos. Neste sentido, torna-se relevante repassar, ainda que de forma efêmera, as particularidades das gerações anteriores, visando analisar seu contexto geracional na sociedade, além de esclarecer as diferenças entre o perfil e a atitude de cada geração.

A geração denominada "Veteranos" é formada pelas pessoas nascidas antes do ano de 1946. Essa geração teve sua identidade influenciada pelo período turbulento no qual viveram, atravessado por grandes guerras e crises financeiras no mundo, levando os indivíduos a desenvolverem disciplina e atitudes conservadoras (Maciel, 2010). As ocorrências vivenciadas pelos veteranos, os fizeram carregar para o seu ambiente de trabalho a lealdade aos padrões e respeito à autoridade, com grande hierarquia proveniente das circunstâncias militares de sua época.

Os *Baby Boomers* constituem uma geração formada pelas pessoas nascidas entre os anos de 1946 a 1964. A expressão "Baby Boomers" foi utilizada em função da sensação de bem estar propiciada pelo pós guerra, gerando uma grande quantidade de nascimentos (Barcaui, 2011). Esta geração seguiu os valores tradicionais relacionados ao cumprimento de suas obrigações em relação à carreira, lealdade à organização, educação e criação dos filhos, casamento, entre outros. Além disso, tendem a ser mais cooperativos e participativos no trabalho (Smola &Sutton, 2002).

Já a Geração X é composta pelas pessoas nascidas entre os anos 1965 e 1980. Coupland (1991) foi um dos primeiros autores que, inicialmente, identificou algumas características dessa geração, como buscar um equilíbrio real entre trabalho e vida pessoal, ser uma geração independente, e ser a primeira geração a dominar os computadores. Essa geração mostra-se descrente e desconfiada em relação às organizações, ou seja, não possuem o mesmo compromisso dos *Baby Boomers* com as empresas nas quais trabalham (Smola&Sutton, 2002), além de demonstrar uma valorização do trabalho para si próprio e de lidar com a autoridade de maneira informal. Veloso, Dutra, Nakata (2008) afirmam que a percepção de que adultos leais à organização perderam seus empregos, incentivou o desenvolvimento de habilidades que melhorem sua empregabilidade, pois a estabilidade é incerta.

De fato, a delimitação do início e fim de uma geração é indeterminada e, se tratando da Geração Y especificamente, alguns autores discordam no que tange ao intervalo de tempo de nascimento de indivíduos que pertencem à mesma. Nessa circunstância, alguns autores demarcam os nascidos entre 1977 e 1994 (Broadbridge, Maxwell, Ogden, 2007; Hewlett, Sherbin, Sumberg, 2009),

1978 e 1994 (Egri, Ralston, 2004), 1981 a 1999 (Bolton et al., 2013) e 1982 a 1999 (Twenge et al., 2010). Este estudo optou por considerar a determinação dos autores Bolton et al (2013), por sua abrangência e impacto. Martin&Tulgan (2006) afirma que os principais fatos históricos que marcaram a Geração Y foram a globalização e tecnologia, instituições em um estado permanente de fluxo de ondas de informações que crescem consideravelmente acerca dos mais diversos aspectos. Além disso, são indivíduos difíceis de gerir, pois possuem falta de atenção (Martin&Tulgan, 2006). Essa geração tem a tecnologia como fundamento e maior aliada em um mundo globalizado (Barcaui, 2011). O uso da mesma representa para a Geração Y uma espécie de combustível catalisador com efeito recursivo, algo que aumenta o seu uso cada vez mais. O autor também ressalta que a Geração Y não possui a mesma relação com o computador que as gerações anteriores, pois o respeito e a veneração digital são trocados por um uso mais rotineiro, o contato digital é priorizado ao invés do pessoal e uma prova disso são as redes sociais tão difundidas atualmente.

A Geração Y, assim como a geração imediatamente anterior, também sofreu influência do contexto familiar. Os jovens Y viram seus pais, o grupo X, passarem por movimentos de formalização e terceirização, a minimização da mão de obra e demissões, que fizeram com que todo sacrifício e dedicação durante anos na organização se tornassem questionáveis. Outras características que já eram vistas na Geração X, são encontradas na Geração Y de forma mais radical, como: conexão contínua com alguma mídia, adaptação a mudanças e valorização a diversidade. Importam-se com questões sociais, acreditam nos direitos individuais, são mais criadores que receptores, curiosos, alegres, flexíveis, colaboradores, constituem redes para atingir os seus objetivos, priorizam o pessoal ao profissional, são inovadores, gostam da mobilidade, auto orientados, decididos, voltados para resultados, possuem dificuldade com restrições, limitações e frustrações. Esta geração enxerga o trabalho como um desafio, prioriza o ambiente informal com transparência e liberdade, busca aprendizado permanente e não tem medo da rotatividade de empregos. (Lombardia et al., 2008; Veloso et al., 2008). É a geração que valoriza a praticidade e rapidez e detesta a burocracia, o que pode gerar um senso de imediatismo e impaciência. Desse modo, Martin&Tulgan (2006) afirma que o que realmente preocupa a Geração Y são as oportunidades e recompensas de curto prazo.

Barcaui (2011) corrobora a visão de que a Geração Y não possui receio da rotatividade de empregos ao afirmar que a noção da vida se encerrando na organização não é fundamental para os jovens Y. Não somente pelas facilidades que teve em sua infância no que diz respeito à criação e tecnologia, mas também pela ideia de que o trabalho deve propiciar prazer e não só obrigação e sacrifício. O autor relata que há um contrato psicológico entre a organização e o funcionário Y e este deve ser respeitado visto que essa geração não foi treinada para nascer, crescer e morrer em uma mesma empresa.

A motivação da Geração Y no ambiente de trabalho depende do seu perfil que difere, em muitos aspectos, das gerações passadas. Silva et al (2013) afirmam que essa geração é conhecida por características relacionadas com o ritmo de mudança, interatividade, acesso à informação e entendimento do mundo, além de ter uma visão mais global e ser envolvida com sustentabilidade e responsabilidade social. Outras características dos jovens Y nas organizações compreendem uma geração educada e aberta à diversidade, que deseja desafios que a faça refletir, precisa obter sucesso, busca pessoas que a auxilie em seu desenvolvimento e empenha-se para inovar e medir o próprio desempenho (Allen, 2005). Lombardia (2008) ainda ressalta que a Geração Y faz do seu trabalho uma fonte de satisfação e aprendizado e não somente econômica e, com isso, Silva et al (2013) afirma que esta mudança torna a percepção de carreira, promoção, estabilidade e vínculo profissional diferente das gerações anteriores que valorizavam tais aspectos.

Conforme Francis-Smith (2004), os Y buscam um estilo de gestão horizontal e sem controles severos, não compactuam com lentidão e almejam um *feedback* imediato diante do seu desempenho. Martin e Tulgan (2006) corroboram a visão de Allen ao afirmar que esta geração tem o seu desempenho melhorado quando suas habilidades e seus desafios no trabalho convergem. Suas expectativas com relação ao trabalho são expostas pelos autores Dytchwald, Erickson e Morison (2006): (1) responsabilidade individual e autonomia para a tomada de decisões; (2) ambiente de trabalho agradável que incentive as relações interpessoais; (3) oportunidades de aprendizagem e crescimento; (4) colaboração e atividades em grupo que permitam a tomada de decisão; (5) *feedback* contínuo, livre comunicação e gestores acessíveis; (6) respeito ao estilo de vida e trabalho; (7) reconhecimento por resultados e flexibilidade. Essas características muitas vezes se sobrepõem, mas são semelhantes em ênfase na autonomia, desapego das tradições, individualismo e em opiniões ativas acerca das características socioculturais herdadas (Perrone et al., 2012)

Sobre o comportamento da Geração Y, Maciel (2010) ressalta a capacidade de questionar da Geração Y, desde suas atividades dentro da organização, até mesmo se os valores da mesma condizem com os seus valores pessoais. Os autores Meister e Willyerd (2010) confirmam essa visão ao afirmar que o trabalho é essencial na vida das pessoas da Geração Y e não algo que possa ser feito separadamente, como em gerações anteriores. Os autores concluíram que esse fato traz a necessidade de busca por um trabalho que possua significado do ponto de vista pessoal e não somente profissional. Martin e Tulgan (2006) afirmam que essa geração almeja desempenhar um papel significativo em um trabalho relevante e que auxilie outras pessoas. Os jovens Y buscam ser "voluntários remunerados", pois desejam que a inserção em uma organização tenha uma razão e querem fazer a diferença. Os autores também ressaltam a relevância em fazer parte de uma equipe motivada, além de aprender e socializar com colegas de trabalho, tornando-os amigos.

A Geração Y espera ganhar salários altos até os 30 anos, entretanto, os jovens desta geração também estão dispostos a atingir padrões de trabalhos específicos por recompensas financeiras ou não financeiras (Teixeira et al., 2014). Os autores também afirmam que as organizações tendem a pagar bons salários, oferecendo escalas, locais de trabalho e cargos flexíveis. Entretanto, com o advento da recessão econômica, esse leque de possibilidades acaba por se tornar mais estreito, uma vez que há mais procura que oferta de empregos, o que tende a abaixar os salários. As organizações enfrentam uma grande dificuldade para gerir pessoas desta geração, pois trabalhos rotineiros e repetitivos não são o foco dos jovens Y, uma vez que são modelados desde a infância, a realizar diferentes atividades. Maciel (2010) relata que em virtude dessa experiência, geralmente, não respondem bem nas suas ocupações profissionais que exijam tarefas feitas de forma recorrente. Barcaui (2011) também relata que é difícil conciliar um trabalho que tem características repetitivas para um jovem "Y", pois essa geração considera que uma vez que entende como um procedimento é feito, não precisa realiza-lo novamente.

Conforme Oliveira (2011), a Geração Y prioriza empresas que tenham um ambiente em que os funcionários possuam maior liberdade e flexibilidade. Vestimentas, comunicação e horários flexíveis são fatores que os jovens Y levam em consideração na escolha de uma organização. Muitas vezes, por apresentarem essas características, acabam tornando-se menos subordinadas que as gerações passadas. Os jovens Y devem vislumbrar um sentido e uma razão, conciliando seus valores pessoais e profissionais com a empresa. Deve ser uma via de mão dupla, onde a empresa fornece o que a Geração Y anseia em sua carreira e, em contrapartida, a Geração Y supre as necessidades de crescimento da mesma. Com relação à economia, a Geração Y não tinha ainda tido a experiência dos Veteranos ou da Geração X em relação as crises. Em função disso, e por serem encorajados desde a infância a criar e aproveitar as suas oportunidades, tendem a ser mais otimistas e correrem mais riscos. Maciel (2010) relata que esse quadro teve algumas mudanças em 2008 com a primeira grande crise mundial enfrentada pelas pessoas desta geração, embora o Brasil tenha sido menos afetado que outros países. Contudo, em função da atual crise sócio-político-econômica que o país atravessa, esse quadro sofreu um revés, gerando uma certa barreira para conquista de emprego ou mesmo para aqueles que desejam empreender.

Metodologia de Pesquisa

Trata-se de uma pesquisa aplicada, classificada como descritiva quanto aos fins, pois pretendeu expor as características de uma determinada população de pessoas nascidas entre 1981 a 1999, que representam a Geração Y (Bolton et al., 2013). Quanto aos meios, além da revisão bibliográfica, o estudo fez uso de um levantamento de campo, com abordagem quantitativa, utilizando a aplicação de questionário. A amostra foi do tipo não probabilística selecionada por conveniência e acessibilidade, e composta por estudantes de diversos cursos de graduação da Universidade Federal do Rio de Janeiro (UFRJ) nascidas a partir do ano de 1981, totalizando 100 pessoas. A coleta de dados foi feita por meio de um questionário estruturado fechado, montado através do site de pesquisas online *Survey Monkey* (www.surveymonkey.com.br). Os sujeitos desta pesquisa receberam o *link* do mesmo através de redes sociais e e-mails. Foi realizado um pré-teste do questionário de pesquisa com dez pessoas a fim de constatar possíveis melhorias no mesmo. Posteriormente, o questionário revisado foi alterado para refletir as alterações sugeridas (adicionou-se a opção de "ensino médio" na questão sobre grau de escolaridade e acrescentou-se uma questão sobre a flexibilidade de horário e local de trabalho). O tratamento dos dados obtidos por meio do questionário preenchido foram analisados de forma descritiva, utilizando-se o cálculo de frequência (%) e apresentados com o auxílio de gráficos. Além disso, as questões foram analisadas com equiparação à teoria, verificando com quais teorias a amostra desta pesquisa mais se identificou.

Análise de Resultados

Na amostra estudada, 81% dos pesquisados pertenciam ao gênero feminino, sendo que 12% nasceram entre 1981 e 1986, 20% nasceram entre 1987 e 1992 e 49% nasceram entre 1993 e 1999 e 19% pertencem ao gênero masculino, sendo que 2% nasceram entre 1981 e 1986, 12% nasceram entre 1987 e 1992 e, por fim, 5% nasceram entre 1993 e 1999, sugerindo uma amostra composta predominantemente de pessoas do sexo feminino nascidas entre 1993 e 1999. Quanto à renda salarial, foi observado que 76% possui renda entre 1 e 3 salários mínimos, 10% entre 4 e 5 salários mínimos, 6% entre 6 e 8 salários mínimos e 8% acima de 8 salários mínimos. Considerando o intervalo de nascimento descrito anteriormente, esta amostra representa jovens em início de carreira e, consequentemente, com uma renda menor.

Quando questionados sobre o grau de escolaridade, 2% declararam possuir ensino médio incompleto, 5% têm ensino médio completo, 3% têm ensino médio técnico, 64% têm ensino superior incompleto, 21% têm ensino superior completo e 5% são pós graduados. Logo, esta amostra é representada, de forma predominante, por indivíduos que ainda não concluíram o ensino superior, corroborando os dados anteriores ao tratar-se de pessoas mais jovens pertencentes à Geração Y. Quanto ao status empregatício e o porte da empresa onde trabalha, foi informado que 8% ainda não estagia ou trabalha, 27% estão à procura de estágio ou emprego, 26% estão estagiando ou trabalhando em empresas de pequeno ou médio porte, 25% estão estagiando ou trabalhando em uma empresa nacional de grande porte, 13% estão estagiando ou trabalhando em empresas multinacionais e 1% está trabalhando em uma organização não governamental. Nota-se também que 35% da amostra encontra-se desempregada e 26% está realizando estágio, sendo assim, 65% ainda possuem rendas salariais menores e um dos motivos é estar em uma fase inicial da carreira, visto que a maior parte dos pesquisados estão incluídos no último intervalo de nascimento da Geração Y.

Os respondentes foram questionados sobre o tempo em que se encontram no mercado de trabalho estagiando ou como efetivo e, como já confirmado em questões anteriores, a maioria situa-se no início da carreira, entre 1 a 4 anos e 11 meses, totalizando 60% da amostra. Outra parte significativa da amostra corresponde a 22% com menos de um ano de carreira e o restante (18%) com mais de 5 anos estagiando ou trabalhando. Em resumo, esta amostra caracterizou-se por indivíduos que, em sua maioria, são: (a) pessoas do sexo feminino nascidas entre 1993 e 1999, (b) com renda salarial entre 1 e 3 salários mínimos, (c) universitários e (d) em início de carreira, com pouco tempo no mercado de trabalho.

Quando questionados sobre o tempo em que pretendem buscar uma nova oportunidade de trabalho, 42% dos pesquisados responderam que buscarão um novo estágio ou trabalho dentro de apenas 6 meses, enquanto 9% afirmaram estarem satisfeitos na organização em que se encontram e, ainda, 25% irão buscar outra oportunidade dentro de 6 meses a 1 ano, 16% entre 1 e 2 anos e 8% após 2 anos. Este resultado corrobora a visão dos autores Negrão et al.

(2013) ao concluírem que a retenção dos profissionais da Geração Y torna-se um desafio para as organizações, pois os Y costumam pensar em si mesmos e quando não estão satisfeitos com suas atividades, buscam novos horizontes sem receio algum, o que os diferencia de gerações anteriores as quais despendiam um tempo maior de trabalho nas empresas sem arriscarem muito em outras oportunidades. Os respondentes foram questionados sobre o que os levou a aceitar a oportunidade atual de estágio ou trabalho. conforme mostra a Figura 2 a seguir.

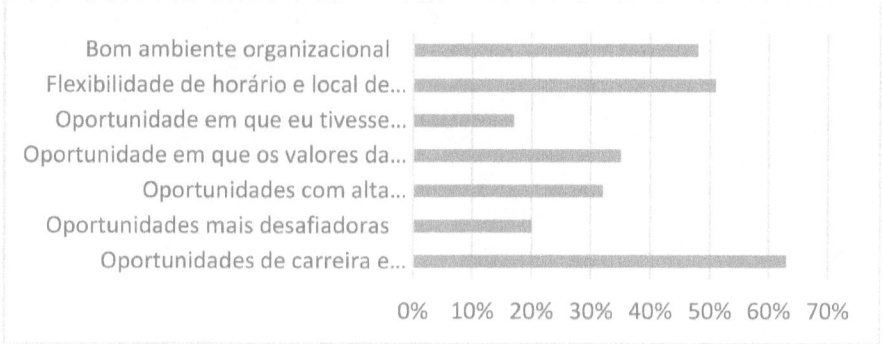

Figura 2: Fatores que influenciaram na escolha da oportunidade atual.

Os achados confirmam o que Branham (2002) afirma sobre a Geração Y, pois, entre os aspectos que mais fomentam a retenção destes profissionais, a carreira, remuneração, recompensas e ambiente e locais de trabalho estão entre os principais. Percebe-se também que a remuneração e pacote de benefícios, considerados muito relevantes pelas gerações anteriores deram lugar a outras questões, tais como: oportunidades de carreira e desenvolvimento de habilidades. Grande parte dos respondentes também afirmaram que é primordial que os valores da empresa coincidam com os seus valores, o que corrobora a visão de Maciel (2010), que ressalta a capacidade que os jovens Y possuem de questionar se os valores da organização condizem com os seus valores pessoais. Os autores Meister e Willverd (2010) também argumentam que a Geração Y busca um trabalho que possua significado do ponto de vista pessoal e não somente profissional.

Escolhida por 32% dos respondentes, a alta remuneração também foi importante na escolha da oportunidade atual de trabalho dos pesquisados e, este fato confirma o que os autores Negrão et al. (2013) concluíram a respeito do grau de relevância da remuneração para os profissionais Y, pois os mesmos desejam recebe-la de forma atrelada aos seus resultados, e esperam que ela seja alta o suficiente para proporcionar e manter um padrão de vida elevado. Os Y buscam fundamentalmente um bom ambiente de trabalho, com tarefas distintas e desafiadoras (Oliveira, 2011). Mas um dos achados dessa pesquisa oferece uma alternativa a perspectiva desse autor, uma vez que demonstrou que a alta remuneração foi mais relevante que os aspectos citados por ele. Entende-se que essa análise possa representar também um viés influenciado pelo cenário crônico de crise que atravessa o país.

Quando questionados sobre o tempo que consideram adequado para alcançar uma oportunidade almejada na organização, a maioria (47%) mencionou de 1 a 2 anos, em segundo lugar ficou a opção de 6 meses a 1 ano (29%), seguida de 2 a 5 anos (21%) e, por último, mais de 5 anos (apenas 3%), conforma a Figura 3.

Figura 3: Tempo adequado para alcançar uma nova oportunidade na organização.

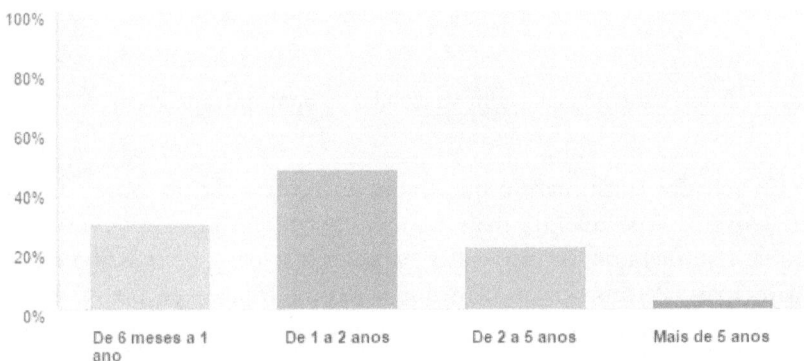

Este resultado coincide com as afirmações de alguns autores, como Lombardia (2008), Martin&Tulgan (2006) e Maciel (2010) que concluíram que a Geração Y valoriza a praticidade e rapidez, o que pode gerar um senso de imediatismo e impaciência, além de esta geração estar preocupada com as oportunidades e recompensas de curto prazo. Apesar de estarem no início de sua carreira, os respondentes desta pesquisa almejam uma oportunidade adequada dentro da organização na qual trabalham em um período de tempo curto, contrariando o pensamento de gerações passadas, onde esse senso de imediatismo não era acentuado como na Geração Y.

Discussão sobre os Fatores de Retenção da Geração Y

Com o objetivo de identificar quais aspectos motivam e retém profissionais da Geração Y em uma organização, os pesquisados responderam, em ordem de importância, o que uma organização deve fazer para incentivar a sua retenção. A Figura 4 mostra os resultados dos aspectos organizacionais e a frequência com que cada um foi escolhido.

Figura 4: Frequência dos Aspectos Organizacionais de Retenção.

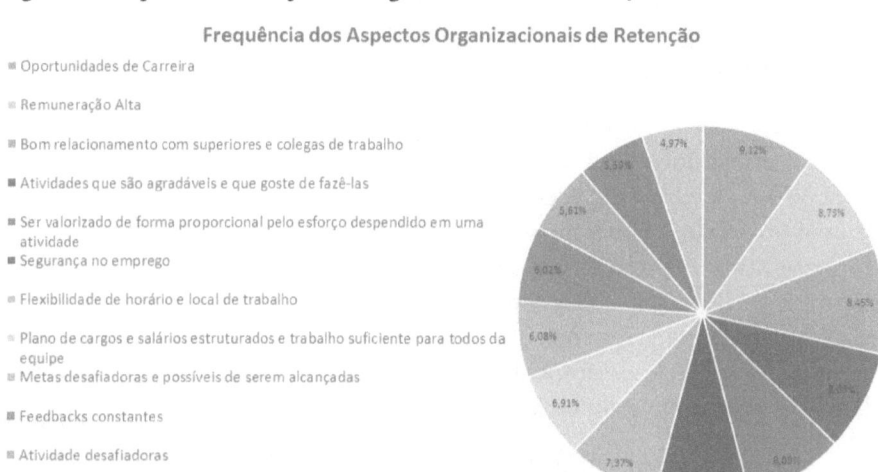

Cada aspecto organizacional desta questão refere-se às teorias de motivação e às características da Geração Y que constam no marco teórico desta pesquisa. O fator que obteve a maior frequência (9,12%), foram as oportunidades de carreira que, além de serem um traço dos jovens Y, encontram fundamento na Teoria dos Dois Fatores, pois os fatores motivadores estão relacionados ao cargo ocupado pelo funcionário e compreendem reconhecimento, oportunidade de progresso profissional, responsabilidade e realização.

A remuneração alta, segunda maior frequência com 8,73%, corresponde às Teorias da Necessidade de Maslow e ERG, pois além da vontade dos profissionais Y de obterem salários altos até os 30 anos, os autores Ferreira, Demutti e Gimenez (2010) afirmam que as necessidades de nível baixo em uma organização são satisfeitas por fatores extrínsecos e a remuneração é um destes fatores. O bom relacionamento com os superiores e colegas de trabalho, terceira maior frequência (8,45%), corresponde às necessidades de afiliação da Teoria das Necessidades Socialmente Adquiridas, pois a necessidade de afiliação consiste em o indivíduo ser amado e aceito por outras pessoas. McClelland (1967) afirma que são pessoas que procuram por amizade e cooperação, construindo bons relacionamentos. A quarta maior frequência foram as atividades que são agradáveis, escolhida por 8,03% dos respondentes. Este aspecto corresponde à Teoria de Csikszentmihalyi (1999), pois para ocorrência do fluxo, as pessoas precisam estar muito envolvidas em suas atividades a ponto de a consciência de si e de suas ações. Com isso, o tempo acaba passando mais rápido em virtude de um estado de imersão do indivíduo, através do qual ele se motiva de forma mais rápida ao fazer o que gosta.

Ser valorizado de forma proporcional pelo esforço despendido em uma atividade, (7,86%), foi a quinta maior frequência e este aspecto está relacionado à Teoria do Reforço e da Expectativa. Ou seja, o indivíduo despende um esforço em uma atividade e é recompensado pela realização da mesma, gerando um reforço positivo em relação à outras demandas da organização. A Teoria das Expectativas (Robbins, 2002), afirma que o funcionário se sente motivado a realizar as suas atividades com um alto grau de esforço se elas resultarem em uma boa avaliação de desempenho que pode gerar recompensas, aumento de salário, promoção ou bonificação.

A segurança no emprego foi respondida por 7,74% dos pesquisados e tornou-se a sexta maior frequência. Esses pesquisadores acreditam que a crise influenciou nesse resultado, na medida em que a segurança no trabalho passa a ser fator preponderante, inclusive para a Geração Y, que tende a priorizar outros aspectos em detrimento a estabilidade. Este aspecto corresponde às Teorias das Necessidades de Maslow e ERG, mais especificamente as necessidades de segurança, além da Teoria dos Dois Fatores, na qual a segurança no emprego está contida nos fatores higiênicos.

A flexibilidade de horário e local de trabalho foi o aspecto escolhido por 7,37% dos pesquisados, correspondendo a outra característica marcante da Geração Y, pois os mesmos consideram relevante serem donos do seu tempo e terem autonomia na realização do seu trabalho. O aspecto com a oitava maior frequência (6,91%) sugere que a organização possua um plano de cargos e salários estruturado, além de trabalho suficiente para todos da equipe. Este aspecto condiz com a Teoria da Equidade, pois os empregados comparam o seu trabalho e os resultados obtidos com o de outras pessoas e, se eles percebem que esta comparação não é justa, iniciam uma ação corretora (Robbins, 2002). As metas desafiadoras e possíveis de serem alcançadas é o aspecto que foi escolhido por 6,08% dos participantes, se encaixando nas Teorias do Fluxo e Fixação dos Objetivos.

Os *feedbacks* constantes formam o aspecto escolhido por 6,02% dos participantes da pesquisa. Na Teoria das Necessidades Socialmente Adquiridas, os indivíduos têm preferência por situações nas quais obtém o *feedback* acerca de seu desempenho, o que os motiva mais rapidamente a exercer as suas atividades (Rego e Jesuíno, 2002). As atividades desafiadoras consistem no aspecto com a décima primeira maior frequência, (5,61%). Este aspecto se relaciona com a Teoria das Necessidades Socialmente Adquiridas e a Teoria X e Y, pois as pessoas que possuem necessidade de realização tem predileção por tarefas nas quais usem todo o seu potencial. Além de que na Teoria X e Y, o funcionário que é considerado Y tem uma visão positiva do trabalho e tende a executar atividades que possam incentivar o seu crescimento pessoal e o da organização.

Alguns pesquisados julgaram mais importantes as recompensas e prêmios por seu desempenho, sendo este aspecto a penúltima frequência. A Teoria da Expectativa relaciona este fator com a motivação dos funcionários, pois os mesmos despendem um esforço em uma atividade vislumbrando uma boa avaliação de desempenho que pode resultar em prêmios e recompensas. Por fim, liderar um projeto de grande impacto para a organização foi o último fator, escolhido por 4,97% dos respondentes. Este aspecto se relaciona com a Teoria das Necessidades Socialmente Adquiridas, que engloba as necessidades de poder, e na qual, além de serem motivadas quando exercem um papel de líder, as pessoas demonstram orientação ao prestígio, ao impacto no comportamento e nas emoções de outros indivíduos, e na carestia de estar no comando, mais do que propriamente na eficácia das atividades que realiza.

Conclusões

Esta pesquisa objetivou identificar quais aspectos organizacionais influenciam a retenção dos profissionais da Geração Y e constatou-se que, para a amostra desta pesquisa, as oportunidades de carreira são os aspectos que mais os retém na organização, seguido de remuneração alta e bom relacionamento com superiores e colegas de trabalho. Tais aspectos vão de encontro às características dos profissionais Y listadas no marco teórico deste estudo, onde ficou evidenciado que esses jovens possuem predileção pelo alcance de cargos e remuneração altos até os 30 anos, além de prezarem pelo bom relacionamento no ambiente de trabalho. Quando questionados sobre o que os fez aceitar a oportunidade de trabalho atual, as oportunidades de carreira também surgiram como o ponto principal e decisivo da escolha destes jovens.

A teoria de motivação que mais representou a amostra pesquisada foi a Teoria dos Dois Fatores, ao tratar das oportunidades de carreira, pois os fatores motivadores possuem relação com o cargo a ser ocupado pelo empregado, além de compreenderem reconhecimento, oportunidade de progresso profissional, responsabilidade e realização. A Teorias das Necessidades de Maslow e ERG também representam a Geração Y com relação à alta remuneração, pois as necessidades de nível baixo em uma organização são satisfeitas por fatores extrínsecos, o que engloba a remuneração. O bom relacionamento com os superiores e colegas de trabalho está relacionado à Teoria das Necessidades Socialmente Adquiridas, onde consta a necessidade de afiliação que os indivíduos possuem, tornando-se um aspecto organizacional visado pela maioria dos jovens Y quando buscam ou decidem permanecer em uma determinada empresa.

Além das teorias de motivação que mais se identificam com os profissionais Y, algumas das características desta geração foram confirmadas por meio deste estudo, como um senso de imediatismo cada vez mais recorrente na medida em que os Y anseiam por seu crescimento profissional de forma célere. A flexibilidade de horário e local de trabalho também foram aspectos considerados relevantes para a retenção da Geração Y nas empresas, uma vez que estes profissionais desejam ser donos do seu próprio tempo, possuindo maior autonomia e equilíbrio entre a vida pessoal e profissional. Em resumo, para que as organizações catalisem suas chances quanto a retenção destes profissionais, um ponto parece ter sido elucidado: o trabalho para os Y deve ser uma via de mão dupla, onde a organização fornece o que a Geração Y anseia em sua carreira e, em contrapartida, a Geração Y supre as necessidades de crescimento da organização. Esse acordo se torna um contrato psicológico que, quando respeitado, gera satisfação para ambos os lados, com extraordinário potencial de performance.

Referências

ADAMS, J. S. (1965) *Inequity in social exchange*. In: BERKOWITZ, L. (Ed.). Advances in experimental social psychology. New York: Academic Press, v. 2. p. 233-256.

ALLEN, R. L. (2005) **Managers must set example for Gen Y kidployees: employee recruitment and molding.** Nation's Restaurant News. Estados Unidos. Disponível em: http:// business.highbeam.com/409700/article-1G1-137626449/expert-managers-must-setexample-gen-y-kidployees. Acesso em: 15 de outubro de 2016.

BARCAUI, A. (2011) **Gerente "Y" no comando: Uma reflexão sobre a nova geração de gerentes.** Revista MundoPM, Curitiba, v. 1, p. 43-50.

BERGAMINI, C.W. (2008) **Motivação nas Organizações.** 5ª ed. São Paulo: Atlas.

BOVA; KROTH, M. (2001) *Workplace learning and generation X.* Journal of Workplace Learning, v.13, 57– 65.

BRANHAM, L. (2002) **Motivando as pessoas que fazem a diferença: 24 maneiras de manter os talentos de sua empresa.** Rio de Janeiro: Campus.

BROADBRIDGE, A.; MAXWELL, G.; OGDEN, S. (2007) *Experiences, perceptions and expectations of retail employment for Generation Y.* Career Development International, v. 12, n. 6, p. 523–544.

CAVALCANTI, V. L. (org.). (2005) **Liderança e Motivação.** Rio de Janeiro: FGV.

CSIKSZENTMIHALYI, M. (1999) **A descoberta do fluxo: a psicologia do envolvimento com a vida cotidiana.** São Paulo: Rocco.

COUPLAND, D. (1991) *Generation X: Tales for an Accelerated Culture.* St Martin's Press.

CRAMPTON, S. M.; HODGE, J.W. (2006) *The supervisor and generational differences. Proceedings of the Academy of Organizational Culture*, Communications and Conflict, 11, 19-22.

DYTCHWALD, K.; ERICKSON, J.; MORISON, R. (2006) *Workforce crisis: how to beat the coming shortage of skills and talent.* Boston: Harvard Business School Press.

EGRI, C.; RALSTON, D. (2004) *Generation cohorts and personal values: A comparison of China and the United States.* Organization Science, v. 15, n. 2, p. 210-220.

FERREIRA, A.; BOAS, A.A.V.; ESTEVES, R.C.P.M.; FUERTH, L.R.; SILVA, S. (2006) **Teorias de Motivação: uma análise das lideranças sobre suas preferências e possibilidade de complementaridade.** In: XIII SIMPEP: Bauro.

FERREIRA, A.; DEMUTTI, C.M.; GIMENEZ, P.E.O. (2010) **A Teoria das Necessidades de Maslow: a influência do nível educacional sobre a sua percepção no ambiente de trabalho.** In: XIII Semead. São Paulo.

FOJA, C. R. (2009) **O Sentido do Trabalho para a Geração Y: Um estudo a partir do jovem executivo.** Disponível em: <http://ibict.metodista.br/tedeSimplificado.> Acesso em: 22 out de 2016.

FRANCIS-SMITH, J. (2015) *Surviving and thriving in the multigenerational workplace.* Oklahoma City, 2004. Disponível em: http://journalrecord.com/2004/08/26/surviving-and-thriving-inthe-multigenerational-workplace/. Acesso em: 17 outubro de 2016.

HEISE, B. A.; JOHNSEN, V.; HIMES, D.; WING, D. (2012) *Developing positive attitudes toward geriatric nursing among Millennials and Generation Xers.* Nursing education perspectives, v. 33, n. 3, p. 156-161.

HERSEY, P. (1976) **Psicologia para administradores de empresas.** São Paulo: EPU.

HERZBERG, F. (1997) **Novamente: como se faz para motivar funcionários?** In: BERGAMINI, C., CODA; R. (Org.). Psicodinâmica da vida organizacional – Motivação e liderança. 2. ed. São Paulo: Atlas.

LAFUENTE, F. (2009) **Do conflito à ação.** HSM Management, São Paulo, v.3, n. 74, p. 70-76.

LOBOS, J. (1975) **Teorias sobre a motivação no trabalho.** Revista de Administração de Empresas, v. 15, n. 2, p. 17-25.

LOMBARDIA, P.G. (2008) **Quem é a geração Y?** HSM Management, n.70, p.1-7. set./out.
MACIEL, N. B. **Valores que influenciam a retenção dos profissionais da geração Y nas organizações.** (2010) Monografia (Graduação em Administração) – Departamento de Ciências Administrativas, Universidade Federal do Rio Grande do Sul, Porto Alegre.

MARTIN, C.; TULGAN, B. (2006) *Managing the generation mix.* HRD Press.

MCCLELLAND, D. (1967) *Personality.* New York: Holt, Rhinehart and Winston.

MEISTER, J. C.; WILLYERD, K. (2010) *The 2020 Workplace: How innovative companies attract, develop, and keep tomorrow's employees today.* New York: Harper Business.

NAKAMURA, C.C.; FORTUNATO, J.C.; ROSA, L.M.; MARÇAL, R.; PEREIRA, T.A.A.; BARBOSA, D.F. (2005) **Motivação no trabalho.** Maringá Management: Revista de Ciências Empresariais, Maringá, v. 2, n. 1, p. 20-25, jan./jun.

NEGRÃO, H. T.; PRADO, J. S. M.; SALLES, M. A. M.; JUNIOR, D. M. P.; SANTO, G. F. E. (2013) **Geração Y: O que os atrai nas organizações**. Revista de pós graduação da Uniabeu, Belford Roxo, v. 2, n. 2, p. 1-17, jul/dez.

OLIVEIRA, M. (2011) **Onde eu sento? Com o aquecimento do mercado e a contratação de novos profissionais, empresas sofrem e inovam para encontrar mais espaços e acomodar seus funcionários**. Revista Você RH, São Paulo, 16. ed, p. 30-34, mai./jun.

REGO, A.; JESUÍNO, J. (2002) **Estilos de gestão do conflito e padrões motivacionais – Um estudo Exploratório**. In Comportamento Organizacional e Gestão. Lisboa: Instituto Superior de Psicologia Aplicada.

ROBBINS, Stephen P. (2002). **Comportamento organizacional**. 9. ed. São Paulo: Prentice Hall.

SCHEFER, J.; GARRAFA, I. M. (2015) **Geração Y: Fatores que os atraem, motivam e os retêm na organização**. Porto Alegre. International Journal of Business & Marketing (IJBMKT).v. 1, n. 1, 2015, p. 83-101.

SILVA, R. L.; GUTIERREZ, R.; GABRIELA, C.; SOUZA, N.; OLIVEIRA, S. (2013) **Motivação da Geração Y No Trabalho**. Congresso de Gestão Estratégica: Criatividade e Interatividade. Ponta Grossa, Paraná.

SMOLA, K. W.; SUTTON, C. D. (2001). *Generational differences: revisiting generational work values for the new Millennium.* Journal of Organizational Behavior, v. 23, n. 4.

SOUZA, C. M. D. C. (2006) **O líder e sua influência na motivação da equipe**. 2006. Monografia (Especialista em Gestão de Equipes e Dinâmicas de Grupo) – Curso de Especialização em Gestão de Equipes e Dinâmica de Grupo. Universidade Católica de Pernambuco, Pernambuco.

TEIXEIRA, A. P.; PETUCO, C.; GAMARRA, L., KUHSLER, C.; TEIXEIRA, R.; KLEIN, A. (2014) **O sentido do trabalho: uma análise à luz das gerações X e Y**. Revistas UnilaSalle, Canoas, n. 25.

TWENGE, J. et al. (2010) *Generational differences in work values: Leisure and extrinsic values increasing, social and intrinsic values decreasing.* Journal of Management, v. 36, n. 5, p. 1117-1142.

VELOSO, E. F. R.; DUTRA,J.S.; NAKATA, L. E. (2008). **Percepção sobre carreiras inteligentes: diferenças entre as gerações Y, X e baby boomers**. In: Encontro da Associação Nacional de Pós-Graduação em Administração, v. 32.

INOVAÇÃO ORGANIZACIONAL: PRÁTICAS SOCIALMENTE RESPONSÁVEIS DE GESTÃO EM SAÚDE E SEGURANÇA OCUPACIONAL EM EMPRESAS DO SUDESTE BRASILEIRO

Sávio Luís Oliveira da Silva
Osvaldo Luiz Gonçalves Quelhas
Júlio Vieira Neto
Marco Antônio Araújo

Pesquisa direcionada ao estudo das práticas de Saúde e Segurança Ocupacional (SSO), baseada em normas e indicadores de Responsabilidade Social Organizacional (RSO), com o foco na promoção e manutenção de melhores condições de trabalho. Tem como objetivo analisar se a adoção das práticas socialmente responsáveis de gestão em SSO depende do setor (público ou privado) ou do segmento industrial (manufatura ou serviço) em que a organização se insere, segundo a percepção dos profissionais que nelas atuam. A revisão da literatura que envolve a temática abordada possibilitou a construção de um questionário (*survey*), cuja aplicação foi realizada em uma amostra de 86 profissionais de distintas formações e áreas de atuação no Sudeste brasileiro. Buscou-se verificar a dependência entre as práticas de gestão em SSO com o setor e com o segmento industrial em que a organização se insere, através do teste de Qui-quadrado de Pearson ou Teste exato de Fisher. Como resultado, observou-se considerável adesão à estas práticas por parte das organizações. No entanto, esta adesão depende do setor e do segmento industrial em que a organização está inserida. Constatou-se maior adesão às práticas estudadas nas organizações privadas, comparadas com as públicas, e no segmento industrial de manufatura, comparada com as de serviço. O alinhamento do comportamento da organização com as práticas socialmente responsáveis de gestão em SSO, apresenta dependência ao setor e ao segmento industrial no qual a organização se insere.

Introdução

Nas últimas duas décadas, a Responsabilidade Social Organizacional (RSO) tornou-se um dos focos das operações das organizações e um tema relevante para decisores políticos, profissionais, e acadêmicos de uma gama de disciplinas (SEN; COWLEY, 2013). No entanto, apesar deste evidente interesse, ainda não existe consenso sobre o que de fato pode ser incluído de forma consistente neste conceito (KOSKELA, 2014).

A RSO é comumente organizada em um conjunto de dimensões que espelham a multidimensionalidade deste constructo, designadamente a sua dimensão interna e sua dimensão externa (VICENTE; REBELO; AGOSTINHO, 2011; KOSKELA, 2014). Antes de ser considerada uma ferramenta gerencial que anseie o ambiente externo, a RSO deve prezar pelo ambiente interno como maneira de ampliar e legitimar as práticas efetivadas (GUIMARÃES, 2009). As práticas de RSO Interna, segundo Al-bdour, Nasruddin e Lin (2010), estão diretamente relacionadas com os aspectos físicos e psicológicos do ambiente de trabalho. Preocupações com a promoção da saúde e segurança do trabalhador, com a igualdade de oportunidades, com o treinamento e com a relação trabalho-família fazem parte deste escopo.

Apesar do interesse contínuo em RSO e sua relação com diferentes grupos de interesse, os seus efeitos sobre os trabalhadores têm recebido atenção limitada (MUELLER; HATTRUP; SPIESS; LIN-HI, 2012). Infelizmente alguns empregadores não estão realmente preocupados com a proteção de seus empregados, desconhecendo a responsabilidade moral e legal implícita neste ato (MONTERO; ARAQUE; REY, 2009).

À empresa não é permitido relacionar-se como trabalhador como se fosse uma máquina, muito menos como um indivíduo que deixa seus problemas do lado de fora das fronteiras da organização (FUKUNAGA, 2009). Sendo assim, relacionado à importância de se prezar pela saúde e segurança do trabalhador, Montero, Araque e Rey (2009) afirmam que a preocupação com o bem-estar dos trabalhadores deve constituir um dos principais aspectos da RSO de qualquer empresa, definindo a SSO como uma disciplina ampla que abrange:

- a promoção e manutenção do mais alto grau de saúde física, mental e bem-estar social dos trabalhadores,
- a prevenção de problemas de saúde causados pelas condições de trabalho;
- a proteção dos trabalhadores contra os riscos adversos à saúde;
- a adaptação do ambiente de trabalho de acordo com a capacidade fisiológica e psicológica dos trabalhadores.

No escopo da RSO, a gestão mostra seu compromisso respondendo às necessidades sociais e indo além do mero cumprimento da legislação de segurança por meio de ações positivas para proteger e manter o bem-estar dos colaboradores (HADJIMANOLIS; BOUSTRAS, 2013). Espera-se das empresas a introdução proativa de políticas para melhorar as práticas de trabalho e para eliminar definitivamente as ameaças aos direitos dos trabalhadores (BRUNORO, 2013).

O empregador, juntamente com a alta administração, deve estabelecer estruturas e processos que envolvam programas de prevenção e promoção da saúde (ILO-OHS, 2001). Quando a legislação trabalhista em determinado país não existir ou não for consistente em relação à proteção ao trabalho, recomenda-se que as organizações sigam as orientações presentes nas normas internacionais (COSTA, 2011). Ainda segundo o autor, se a legislação nacional for consistente e adequada, mas os mecanismos governamentais de fiscalização forem frágeis - como é o caso do Brasil - as organizações devem se esforçar para cumprir a legislação evitando aproveitar-se nas vulnerabilidades políticas e sociais que permitam que a lei em favor dos trabalhadores não seja cumprida.

Assegurando que os trabalhadores se beneficiem de padrões mais elevados de Saúde e Segurança Ocupacional (SSO) do que o exigido por lei, a RSO pode fornecer, segundo Montero, Araque e Rey (2009), a estrutura para conectar saúde, segurança, bem-estar e outros aspectos relevantes como:

- recursos humanos;
- equilíbrio entre vida familiar e trabalho;

- questões ambientais;
- segurança e saúde pública;
- lucratividade e produtividade

O compromisso com a implementação de medidas de SSO como um fator interno contribui para a redução dos custos financeiros por afastamento associados com acidentes de trabalho (PETROVIC-LAZAREVIC, 2008). Tais acidentes têm como consequência, dentre outras, perda material, afastamento dos profissionais, treinamento para reposição de pessoal e diminuição do ritmo de trabalho (DENIZOT; HALL; ARESE, 2015).

O objetivo desta pesquisa é analisar se a adoção das práticas socialmente responsáveis de gestão em SSO depende do setor (público ou privado) ou do segmento industrial (manufatura ou serviço) em que a organização se insere, segundo a percepção dos profissionais que nelas atuam.

Metodologia

Objetivando responder às necessidades do objeto de estudo, que transita na gestão da RSO com foco nos trabalhadores e nos fatores inerentes à SSO, optou-se por uma abordagem qualitativa e quantitativa.

A abordagem qualitativa envolveu a busca de conteúdos bibliográficos que evidenciassem a importância do problema, o estágio de desenvolvimento do tema e novas fontes de informação.

A abordagem quantitativa do trabalho foi contemplada pela análise estatística dos dados levantados através da aplicação de questionário, submetido a um grupo de profissionais de organizações públicas e privadas dos segmentos industriais de manufatura e serviço. Nessa abordagem, procurou-se evitar a tendência em restringir-se a análise estritamente aos dados estatísticos, buscando-se avançar numa análise mais ampla, ou seja, enxergar além dos números.

A amostra assumiu o formato de não-probabilística, selecionada ao menos em parte segundo o julgamento do pesquisador (MATTAR, 1996). Foram selecionados 85 profissionais atuantes no mercado de trabalho, brasileiros, funcionários de organizações situadas na região Sudeste do Brasil, do setor público e privado, nos segmentos industriais de manufatura (como por exemplo petróleo e gás, siderurgia, construção e mineração) e serviço (como por exemplo educação, saúde, bancário e comércio).

Alguns dados preliminares foram coletados, visando caracterizar o perfil da amostra e das organizações pesquisadas. Considerando que a análise do setor em que a organização se insere é de suma importância para testar as hipóteses deste estudo, torna-se fundamental apresentar a distribuição da amostra segundo este quesito. As organizações do setor público compõem 21% da amostra, enquanto que as organizações do setor privado representam os demais 79%.

Assim como o setor, a análise do segmento industrial em que a organização se insere também é de suma importância para testar as hipóteses de pesquisa. Neste caso, encontra-se uma distribuição menos desigual, com as organizações do setor de manufatura compondo 52% da amostra, e as organizações do setor de serviço representando os demais 48%.

Um questionário foi utilizado como instrumento de pesquisa. Em sua parte introdutória, apresenta a Escala Likert (LIKERT, 1932), um tipo de escala psicométrica usada para as respostas, tendo como foco definir o nível de relevância dos itens investigados. A escala citada foi desenvolvida como forma de medir o julgamento dos respondentes em relação às ações identificadas, cabendo a eles pontuá-las em função de sua prática (ou não) na empresa.

Os itens descritos no Questionário (Quadro 2) foram apresentados aos profissionais respondentes na forma de afirmações e não de perguntas, onde o respondente faz o seu julgamento conforme sua percepção desta prática na sua organização e assinala sua resposta na escala psicométrica de Likert (LIKERT, 1932):

- *"Concordo Totalmente"* - A ação é frequentemente percebida pelo respondente na empresa em que trabalha;

- *"Concordo"* - A ação é percebida pelo respondente na empresa em que trabalha;

- *"Indiferente"* - O respondente não sabe ou não tem uma opinião definida;

- *"Discordo"* - A ação não é percebida pelo respondente na empresa em que trabalha;

- *"Discordo Totalmente"* - A ação nunca é percebida pelo respondente na empresa em que trabalha.

Os requisitos a serem investigados através do instrumento de pesquisa foram extraídos de Normas e documentos que permeiam as áreas temáticas da pesquisa. Foram utilizados como base de dados:

- ISO 26000: norma voluntária não-certificável, considerada o marco da Responsabilidade Social e serve como diretriz e recurso para as empresas que querem alcançar a sustentabilidade (NA; BUSTAMI; A'MMAARI; NARSUDDIN, 2013; NBR ISO 26000, 2010);

- SA 8000: norma de auditoria que estabelece requisitos voluntários a serem cumpridos pelos empregados nos locais de trabalho (SA 8000, 2008);

- Indicadores Ethos para Negócios Sustentáveis: ferramenta de gestão que visa apoiar as organizações na incorporação da sustentabilidade e da RSO em suas estratégias de negócio, de modo que esta venha a ser sustentável e responsável (ETHOS, 2005).

Nestes documentos foram selecionados itens referentes à práticas trabalhistas, com ênfase na SSO, originando um instrumento de pesquisa contendo 35 quesitos (Quadro 2).

Quadro 2 – Práticas trabalhistas socialmente responsáveis, com foco na SSO, abordadas no Questionário

Item	Descrição
Q1	Dispõe de instalações apropriadas que permitam a realização do trabalho de forma eficaz e sem interferências
Q2	Promove e mantém o mais alto nível de bem-estar físico, mental e social dos trabalhadores
Q3	Promove períodos regulares de descanso
Q4	Desenvolve, implementa e mantém uma política de saúde e segurança no trabalho baseada no princípio de que normas de saúde e segurança e desempenho organizacional sólidos se apóiam e reforçam mutuamente

Item	Descrição
Q5	Compreende e aplica princípios de gestão de saúde e segurança, entre os quais a hierarquia de controles: eliminação, substituição, controles de engenharia, controles administrativos, procedimentos de trabalho e equipamentos de proteção individual
Q6	Analisa e controla os riscos à saúde e à segurança envolvidos em suas atividades
Q7	Comunica a exigência de que convém que os trabalhadores sigam todas as práticas de segurança o tempo todo e garanta que os trabalhadores sigam os procedimentos adequados
Q8	Fornece os equipamentos de segurança necessários, inclusive equipamentos de proteção individual, para a prevenção de lesões, doenças e acidentes ocupacionais e também para lidar com emergências
Q9	Registra e investiga todos os incidentes e problemas de saúde e segurança, visando minimizá-los ou eliminá-los
Q10	Contempla que as formas específicas como os riscos de saúde e segurança no trabalho afetam diferentemente mulheres e homens, ou trabalhadores em circunstâncias especiais como pessoas com deficiência e trabalhadores inexperientes ou mais jovens
Q11	Oferece igual proteção à saúde e à segurança para trabalhadores em regime de tempo parcial e temporários, assim como para trabalhadores terceirizados
Q12	Esforça-se para eliminar perigos psicossociais no local de trabalho que contribuam ou levem a estresse e doenças
Q13	Respeita o princípio que não convém que medidas de saúde e segurança no local de trabalho envolvam gastos por parte dos trabalhadores
Q14	Baseia seus sistemas de saúde e segurança na participação dos trabalhadores envolvidos
Q15	Reconhece e respeita os direitos dos trabalhadores a obter informações tempestivas, completas e precisas referentes a riscos à saúde e à segurança e às melhores práticas usadas para enfrentar esses riscos

Item	Descrição
Q16	Reconhece e respeita os direitos dos trabalhadores a livremente perguntar e ser consultados sobre todos os aspectos de sua saúde e segurança relacionados ao seu trabalho
Q17	Reconhece e respeita os direitos dos trabalhadores a recusar trabalho que seja razoavelmente considerado trabalho que ofereça perigo iminente ou grave à sua vida ou saúde ou à vida e saúde dos outros
Q18	Reconhece e respeita os direitos dos trabalhadores a relatar assuntos de saúde e segurança para autoridades competentes
Q19	Reconhece e respeita os direitos dos trabalhadores a participar de decisões e atividades de saúde e segurança, inclusive da investigação de incidentes e acidentes
Q20	Nomeia um representante da alta administração como responsável por assegurar um ambiente seguro e saudável do local de trabalho
Q21	Estabelece um Comitê de Saúde e Segurança, composta por um grupo bem equilibrado de representantes da administração e dos trabalhadores
Q22	Oferece banheiros limpos, água potável, espaços adequados para intervalos para refeição e armazenamento de alimentos
Q23	Oferece dormitórios decentes (limpos, seguros e que atendem às necessidades básicas)
Q24	Mantém todos os documentos legais relativos a Saúde e Segurança do Trabalho atualizados e completos (como Relatórios de Saúde Ocupacional, Análise de Riscos Ambientais, Relatórios de Incidentes e Acidentes, entre outros).
Q25	Atende às exigências das Normas Regulatórias ou tem um plano de ação para garantir o seu cumprimento, especialmente no que se refere a emergências e riscos de incêndio
Q26	Possui um compromisso ou uma política de saúde e segurança que integra o tema como prática corporativa e monitora os indicadores e taxas referentes ao tema.
Q27	Realiza regularmente treinamentos em saúde e segurança com empregados

Item	Descrição
Q28	Realiza campanhas regulares de sensibilização para o tema e/ou campanhas que visam o bem-estar dos empregados
Q29	Considera os indicadores do sistema de gestão de saúde e segurança do trabalhador como parte dos indicadores-chave de desempenho
Q30	Tem um sistema de gestão de saúde e segurança certificado por terceira parte (Ex:. OHSAS18001, SA8000 ou BS8800).
Q31	Realiza análises de risco referentes a saúde e segurança para todos os novos processos e projetos
Q32	Desenvolve programas que têm como objetivo a redução de riscos e melhorias no ambiente de trabalho que beneficiam os empregados e prestadores de serviços
Q33	Possui um programa de acompanhamento da sua cadeia de valor e desenvolve iniciativas para apoiá-la na melhoria das condições de saúde e segurança
Q34	Promove exercícios físicos em horário de trabalho
Q35	É reconhecida por suas boas práticas em qualidade de vida e por uma jornada de trabalho equilibrada

Fonte: o autor.

Existem muitas medidas que quantificam a associação entre variáveis qualitativas. Neste trabalho, para avaliar tais variáveis (percepção do profissional e o setor econômico), utilizou-se o teste de Qui-Quadrado de Pearson, por ser o teste mais apropriado para verificar a dependência entre duas variáveis qualitativas (MORETTIN; BUSSAB, 2004).

Para os cenários nos quais não foram satisfeitas as pressuposições para aplicação do teste de Qui-Quadrado, isto é, foram encontradas muitas caselas com frequências esperadas inferiores a 5 (cinco), optou-se por utilizar o teste exato de Fisher (FISHER, 1938), que atende ao mesmo objetivo e mostra-se como alternativa para pesquisas que trabalham com amostras pequenas, que é o caso deste estudo empírico.

Para avaliar o grau de associação (dependência) entre a percepção do profissional sobre os itens testados e o setor (e segmento industrial) em que a organização se insere, consideram-se as seguintes hipóteses:

- H_0: Não existe dependência entre a percepção do funcionário sobre o item Qx e o setor (segmento industrial) em que a organização se insere;
- H_1: Existe dependência entre a percepção do funcionário sobre o item Qx e o setor (segmento industrial) em que a organização se insere.

O item Qx esta representando cada um dos 35 quesitos contidos no Questionário (ver Quadro 1). Neste trabalho optou-se por transformar a escala de 5 pontos da escala de Likert utilizada no questionário em uma escala de 3 pontos, isto é, as categorias concordo e concordo parcialmente foram consideradas como uma única categoria, bem como as categorias discordo e discordo parcialmente. Isto se fez necessário, principalmente pelo tamanho da amostra disponível.

Adotou-se um nível de significância de 5% para todos os testes de hipóteses. As análises foram conduzidas utilizando o software estatístico R Core Team® 2015.

Análise e discussão dos resultados

O questionário formulado e validado através de teste-piloto foi enviado via e-mail para 132 respondentes em potencial, que atendiam aos critérios de seleção da amostra desta pesquisa. Deste total, 86 questionários retornaram devidamente preenchidos e de forma completa, sendo então utilizados como base de dados a serem analisados.

Primeiramente, antes de realizar análises que possibilitem verificar as hipóteses de pesquisa, já anteriormente mencionadas, torna-se importante analisar de forma mais abrangente a percepção dos profissionais acerca dos itens pesquisados por meio do questionário. O intuito desta análise é obter um *overview* do cenário de respostas, sem entrar no mérito sobre o setor ou segmento industrial estudado.

A Tabela 1 apresenta a distribuição das respostas dos *n* profissionais respondentes em valores percentuais.

Tabela 1 – Distribuição das respostas dos *n* respondentes em valores percentuais, segundo escala psicométrica de Likert adaptada

Item	Discordo *n* (%)	Indiferente *n* (%)	Concordo *n* (%)
Q1	9 (10,5%)	3 (3,5%)	**74 (86%)**
Q2	18 (20,9%)	12 (14%)	**56 (65,1%)**
Q3	11 (12,8%)	9 (10,5%)	**66 (76,7%)**
Q4	12 (14%)	7 (8,1%)	**67 (77,9%)**
Q5	9 (10,5%)	10 (11,6%)	**67 (77,9%)**
Q6	7 (8,1%)	9 (10,5%)	**70 (81,4%)**
Q7	5 (5,8%)	14 (16,3%)	**67 (77,9%)**
Q8	10 (11,6%)	6 (7%)	**70 (81,4%)**
Q9	10 (11,6%)	13 (15,1%)	**63 (73,3%)**
Q10	7 (8,1%)	18 (20,9%)	**61 (70,9%)**
Q11	9 (10,5%)	13 (15,1%)	**64 (74,4%)**
Q12	20 (23,3%)	16 (18,6%)	**50 (58,1%)**
Q13	7 (8,2%)	17 (20%)	**61 (71,8%)**
Q14	6 (7,1%)	16 (18,8%)	**63 (74,1%)**
Q15	9 (10,5%)	12 (14%)	**65 (75,6%)**
Q16	10 (11,6%)	12 (14%)	**64 (74,4%)**
Q17	9 (10,6%)	9 (10,6%)	**67 (78,8%)**
Q18	11 (12,8%)	10 (11,6%)	**65 (75,6%)**
Q19	10 (11,6%)	9 (10,5%)	**67 (77,9%)**
Q20	16 (18,8%)	9 (10,6%)	**60 (70,6%)**
Q21	19 (22,6%)	10 (11,9%)	**55 (65,5%)**
Q22	9 (10,7%)	3 (3,6%)	**74 (85,7%)**

Item	Discordo n (%)	Indiferente n (%)	Concordo n (%)
Q23	10 (11,8%)	**41 (48,2%)**	34 (40%)
Q24	8 (9,3%)	14 (16,3%)	**64 (74,4%)**
Q25	6 (7%)	9 (10,5%)	**71 (82,6%)**
Q26	9 (10,7%)	17 (20,2%)	**58 (69%)**
Q27	19 (22,1%)	10 (11,6%)	**57 (66,3%)**
Q28	15 (18,1%)	12 (14,5%)	**56 (67,5%)**
Q29	19 (22,4%)	12 (14,1%)	**54 (63,5%)**
Q30	31 (36%)	17 (19,8%)	**38 (44,2%)**
Q31	18 (20,9%)	10 (11,6%)	**58 (67,4%)**
Q32	16 (18,6%)	12 (14%)	**58 (67,4%)**
Q33	21 (24,4%)	17 (19,8%)	**48 (55,8%)**
Q34	**43 (50%)**	17 (19,8%)	26 (30,2%)
Q35	25 (29,1%)	17 (19,8%)	**44 (51,2%)**

Fonte: o autor.

Na Tabela 1, os valores com maior predominância, em cada item avaliado, encontram-se destacados em negrito. Desta forma, fica bastante evidente uma percepção positiva dos profissionais a respeito das práticas socialmente responsáveis em SSO em suas respectivas organizações. Em 82,9% dos itens avaliados, a percepção de concordância dos profissionais é superior a 50%. As exceções foram os itens Q23 e Q34.

No item Q23, que avalia se a organização oferece dormitórios decentes, 41 profissionais respondentes (48,2% da amostra) julgaram como *Indiferente* a percepção sobre tal questão. Isso não implica inferir que a organização não oferece dormitórios. Muito provavelmente este benefício não se faz necessário (já que grande parte das organizações são prestadoras de serviço e funcionam em horário comercial). Outra possibilidade é considerar que o respondente não usufrui de tal benefício, mesmo que este seja oferecido.

Quanto ao item Q34, que avalia se a organização promove exercícios físicos em horário de trabalho, 50% da amostra assinalou *Discordo* em seu julgamento. Um primeiro olhar sobre estes dados sugere que a organização não está preocupada com este item, segundo julgamento do respondente. No entanto, tal análise deve ser considerada, também, sobre outros dois aspectos:

- A organização promove exercícios físicos *fora* dos horários de trabalho, ou;

- A organização não promove, mas incentiva seus profissionais a praticarem atividades físicas. Segundo vivência e experiência prática do pesquisador, algumas organizações financiam (total ou parcialmente) os custos com atividade física dos seus funcionários.

Feito o *overwiew* e observando-se que existe uma percepção positiva sobre os itens estudados, segue-se a análise dos dados acerca da existência ou não de dependência entre a percepção do profissional sobre o item Qx (ver Quadro 1) e o setor em que a organização se insere.

A Tabela 2 apresenta os percentuais de discordância, indiferença e concordância para cada item dentro dos setores público e privado, além do p-valor calculado segundo o teste exato de Fisher (FISHER, 1938).

Tabela 2- Comparação dos indicadores por setor e p-valor calculado segundo teste exato de Fisher

Itens		Setor		p-valor
		Publico (%)	Privado (%)	
Q1	Discordo	27,8	6	**0,032**
	Indiferente	0	4,5	
	Concordo	72,2	89,6	
Q2	Discordo	50	13,4	**0,005**
	Indiferente	5,6	16,4	
	Concordo	44,4	70,1	
Q3	Discordo	27,8	9	0,052
	Indiferente	0	13,4	
	Concordo	72,2	77,6	

Itens		Setor		p-valor
		Publico (%)	Privado (%)	
Q4	Discordo	33,3	9	**0,017**
	Indiferente	11,1	7,5	
	Concordo	55,6	83,6	
Q5	Discordo	22,2	7,5	**0,027**
	Indiferente	22,2	9	
	Concordo	55,6	83,6	
Q6	Discordo	16,7	6	0,146
	Indiferente	16,7	9	
	Concordo	66,7	85,1	
Q7	Discordo	16,7	3	**0,022**
	Indiferente	27,8	13,4	
	Concordo	55,6	83,6	
Q8	Discordo	27,8	7,5	**0,006**
	Indiferente	16,7	4,5	
	Concordo	55,6	88,1	
Q9	Discordo	22,2	9	**0,029**
	Indiferente	27,8	11,9	
	Concordo	50	79,1	
Q10	Discordo	16,7	6	0,094
	Indiferente	5,6	25,4	
	Concordo	77,8	68,7	
Q11	Discordo	33,3	4,5	**0,005**
	Indiferente	11,1	16,4	
	Concordo	55,6	79,1	
Q12	Discordo	50	16,4	**0,001**
	Indiferente	27,8	16,4	
	Concordo	22,2	67,2	

Itens		Setor		p-valor
		Publico (%)	Privado (%)	
Q13	Discordo	11,1	7,6	0,197
	Indiferente	33,3	16,7	
	Concordo	55,6	75,8	
Q14	Discordo	23,5	3	**0,023**
	Indiferente	17,6	19,4	
	Concordo	58,8	77,6	
Q15	Discordo	16,7	9	**0,01**
	Indiferente	33,3	9	
	Concordo	50	82,1	
Q16	Discordo	27,8	7,5	**0,02**
	Indiferente	22,2	11,9	
	Concordo	50	80,6	
Q17	Discordo	11,1	10,6	**0,028**
	Indiferente	27,8	6,1	
	Concordo	61,1	83,3	
Q18	Discordo	11,1	13,4	1
	Indiferente	11,1	11,9	
	Concordo	77,8	74,6	
Q19	Discordo	22,2	9	**0,021**
	Indiferente	22,2	6	
	Concordo	55,6	85,1	
Q20	Discordo	35,3	14,9	**0,004**
	Indiferente	23,5	6	
	Concordo	41,2	79,1	
Q21	Discordo	38,9	18,2	0,098
	Indiferente	16,7	10,6	
	Concordo	44,4	71,2	

Itens		Setor		p-valor
		Publico (%)	Privado (%)	
Q22	Discordo	22,2	7,7	0,206
	Indiferente	0	4,6	
	Concordo	77,8	87,7	
Q23	Discordo	22,2	9,1	0,289
	Indiferente	38,9	50	
	Concordo	38,9	40,9	
Q24	Discordo	22,2	6	**0,023**
	Indiferente	27,8	13,4	
	Concordo	50	80,6	
Q25	Discordo	27,8	1,5	**0,002**
	Indiferente	5,6	11,9	
	Concordo	66,7	86,6	
Q26	Discordo	22,2	7,7	**0,032**
	Indiferente	33,3	16,9	
	Concordo	44,4	75,4	
Q27	Discordo	50	14,9	**0,005**
	Indiferente	0	13,4	
	Concordo	50	71,6	
Q28	Discordo	31,2	15,2	0,359
	Indiferente	12,5	13,6	
	Concordo	56,2	71,2	
Q29	Discordo	50	15,2	**0,009**
	Indiferente	11,1	13,6	
	Concordo	38,9	71,2	
Q30	Discordo	44,4	32,8	0,735
	Indiferente	16,7	20,9	
	Concordo	38,9	46,3	

Itens		Setor		p-valor
		Publico (%)	Privado (%)	
Q31	Discordo	44,4	14,9	0,002
	Indiferente	22,2	9	
	Concordo	33,3	76,1	
Q32	Discordo	50	10,4	<0,001
	Indiferente	0	17,9	
	Concordo	50	71,6	
Q33	Discordo	44,4	17,9	0,045
	Indiferente	22,2	19,4	
	Concordo	33,3	62,7	
Q34	Discordo	72,2	44,8	0,025
	Indiferente	0	25,4	
	Concordo	27,8	29,9	
Q35	Discordo	55,6	22,4	0,009
	Indiferente	22,2	19,4	
	Concordo	22,2	58,2	

Fonte: o autor

Adotou-se um nível de significância de 5% como critério para verificar as hipóteses de pesquisa. Desta forma, quando o p-valor for menor do que este limite (p-valor<0,05), rejeita-se H_0 e considera-se a hipótese de haver dependência entre as variáveis *"percepção do profissional"* e *"setor em que a organização se insere"*. Caso contrário (p-valor>0,05), não rejeita-se H_0 e confirma-se a hipótese de pesquisa.

Observa-se na Tabela 2 que os valores de p-valor em negrito rejeitam a hipótese de pesquisa (H_0), pois são menores que o nível de significância adotado. Isso nos permite interpretar que a percepção do profissional a respeito do item Qx depende do setor em que sua organização se insere. Este comportamento foi verificado em 25 dos 35 itens testados, o que nos leva acreditar que exista certa divergência de comportamento entre as organizações públicas e privadas analisadas com relação a adoção e/ou prática destes itens.

A hipótese de pesquisa foi confirmada em 10 dos 35 itens testados, os quais encontram-se destacados em cinza na Tabela 3. Isso indica que a percepção do profissional sobre estes itens não depende do setor em que a organização se insere. Esta percepção foi positiva em ambos os setores, com exceção do item Q23, que obteve percepção "Indiferente" com maior percentual de predominância.

Os dados apresentados na comparação entre setores permitem interpretar que, segundo a amostra desta pesquisa, observa-se uma maior adesão das organizações privadas às práticas socialmente responsáveis de gestão em SSO. Somente 28,6% dos itens apresentaram independência com o setor estudado, um percentual relativamente pequeno considerando-se a quantidade de itens incorporados ao Questionário.

Sob a luz dos mesmos critérios adotados anteriormente, analisaremos a existência ou não de dependência entre a percepção do funcionário sobre o item Qx e o segmento industrial em que a organização se insere. A Tabela 3 apresenta os percentuais de discordância, indiferença e concordância para cada item dentro do segmento industrial de manufatura ou serviço, além do p-valor calculado segundo o teste de Qui-Quadrado de independência. Assim como na análise entre setores, utilizou-se o teste exato de Fisher (FISHER, 1938) quando as frequências esperadas nas caselas das tabelas eram menores do que 5, indicando uma inadequação do teste de Qui-Quadrado.

Tabela 3 - Comparação dos indicadores por segmento industrial e p-valor calculado segundo teste exato de Fisher e teste de Qui-Quadrado de independência (*)

Itens		Segmento industrial		p-valor
		Manufatura (%)	Serviço (%)	
Q1	Discordo	2,3	19,5	**0,017**
	Indiferente	4,5	2,4	
	Concordo	93,2	78	
Q2	Discordo	11,4	29,3	0,119*
	Indiferente	15,9	12,2	
	Concordo	72,7	58,5	

Itens		Segmento industrial		p-valor
Manufatura (%)		Serviço (%)		
Q3	Discordo	9,1	17,1	0,209
	Indiferente	15,9	4,9	
	Concordo	75	78	
Q4	Discordo	6,8	22	**0,046**
	Indiferente	4,5	12,2	
	Concordo	88,6	65,9	
Q5	Discordo	2,3	19,5	**0,006**
	Indiferente	6,8	17,1	
	Concordo	90,9	63,4	
Q6	Discordo	0	17,1	**<0,001**
	Indiferente	4,5	17,1	
	Concordo	95,5	65,9	
Q7	Discordo	0	12,2	**<0,001**
	Indiferente	4,5	29,3	
	Concordo	95,5	58,5	
Q8	Discordo	0	24,4	**<0,001**
	Indiferente	0	14,6	
	Concordo	100	61	
Q9	Discordo	2,3	19,5	**<0,001**
	Indiferente	4,5	26,8	
	Concordo	93,2	53,7	
Q10	Discordo	4,5	12,2	0,46
	Indiferente	22,7	19,5	
	Concordo	72,7	68,3	
Q11	Discordo	2,3	19,5	**<0,001**
	Indiferente	6,8	24,4	
	Concordo	90,9	56,1	

Itens		Segmento industrial		p-valor
		Manufatura (%)	Serviço (%)	
Q12	Discordo	9,1	36,6	**0,009***
	Indiferente	20,5	17,1	
	Concordo	70,5	46,3	
Q13	Discordo	4,7	12,2	**0,007**
	Indiferente	9,3	31,7	
	Concordo	86	56,1	
Q14	Discordo	0	15	**0,005**
	Indiferente	13,6	25	
	Concordo	86,4	60	
Q15	Discordo	4,5	14,6	**<0,001**
	Indiferente	2,3	26,8	
	Concordo	93,2	58,5	
Q16	Discordo	4,5	17,1	**0,011**
	Indiferente	6,8	22	
	Concordo	88,6	61	
Q17	Discordo	6,8	12,5	0,081
	Indiferente	4,5	17,5	
	Concordo	88,6	70	
Q18	Discordo	11,4	14,6	0,934
	Indiferente	11,4	12,2	
	Concordo	77,3	73,2	
Q19	Discordo	2,3	22	**0,001**
	Indiferente	4,5	17,1	
	Concordo	93,2	61	
Q20	Discordo	6,8	30	**0,005**
	Indiferente	6,8	15	
	Concordo	86,4	55	

Itens		Segmento industrial		p-valor
Manufatura (%)		Serviço (%)		
Q21	Discordo	11,6	32,5	0,057
	Indiferente	11,6	12,5	
	Concordo	76,7	55,5	
Q22	Discordo	9,1	12,8	0,328
	Indiferente	6,8	0	
	Concordo	84,1	87,2	
Q23	Discordo	2,3	22	**0,013**
	Indiferente	48,8	46,3	
	Concordo	48,8	31,7	
Q24	Discordo	4,5	14,6	**0,026**
	Indiferente	9,1	24,4	
	Concordo	86,4	61	
Q25	Discordo	0	14,6	**0,002**
	Indiferente	4,5	17,1	
	Concordo	95,5	68,3	
Q26	Discordo	2,3	17,5	**<0,001**
	Indiferente	4,7	37,5	
	Concordo	93	45	
Q27	Discordo	9,1	34,1	**<0,001**
	Indiferente	2,3	22	
	Concordo	88,6	43,9	
Q28	Discordo	6,8	28,9	**0,022***
	Indiferente	13,6	15,8	
	Concordo	79,5	55,3	
Q29	Discordo	4,5	42,5	**<0,001***
	Indiferente	6,8	22,5	
	Concordo	88,6	35	

Itens		Segmento industrial		p-valor
Manufatura (%)		Serviço (%)		
Q30	Discordo	20,5	51,2	0,001*
	Indiferente	15,9	24,4	
	Concordo	63,6	24,4	
Q31	Discordo	6,8	36,6	<0,001
	Indiferente	2,3	22	
	Concordo	90,9	41,5	
Q32	Discordo	4,5	34,1	<0,001*
	Indiferente	11,4	17,1	
	Concordo	84,1	48,8	
Q33	Discordo	11,4	36,6	<0,001*
	Indiferente	11,4	29,3	
	Concordo	77,3	34,1	
Q34	Discordo	38,6	61	0,11*
	Indiferente	22,7	17,1	
	Concordo	38,6	22	
Q35	Discordo	15,9	41,5	0,025*
	Indiferente	20,5	19,5	
	Concordo	63,6	39	

Fonte: o autor

O mesmo nível de significância foi adotado (5%) como critério para verificar as hipóteses acima, rejeitando-se H_0 quando o p-valor for menor do que este limite (p-valor<0,05) e aceitando-se H_0 quando p-valor for maior que o nível de significância adotado (p-valor>0,05).

Observa-se na Tabela 3 que os valores de p-valor em negrito rejeitam a hipótese de pesquisa (H_0), pois são menores que o nível de significância adotado. Isso nos permite interpretar que a percepção do funcionário a respeito do item Qx depende também do segmento industrial em que sua organização se insere. Este comportamento foi verificado em 27 dos 35 itens testados, o que nos leva acreditar que exista certa divergência de comportamento entre as organizações de manufatura e serviço analisadas com relação a adoção e/ou prática destes itens.

A hipótese de pesquisa foi confirmada em 8 dos 35 itens testados, os quais encontram-se destacados em cinza na Tabela 3. Isso indica que a percepção do funcionário sobre estes itens não depende do segmento industrial em que a organização se insere. Esta percepção foi positiva em ambos os segmentos, com exceção do item Q23, que obteve percepção "Indiferente".

O maior nível de concordância dos respondentes de organizações de manufatura foi registrado no item Q8. Um fato importante e que merece destaque, pois este item se refere ao uso de EPI (equipamento de proteção individual) e obteve 100% de concordância entre os profissionais. Já nas organizações de serviço, o maior nível de concordância foi observado no item Q22, que aborda questões de infraestrutura do local de trabalho (banheiros limpos, água potável, local para armazenamento de alimentos etc.)

Os dados apresentados na comparação entre segmentos industriais permitem interpretar que, segundo a amostra desta pesquisa, observa-se uma maior adesão das organizações de manufatura em relação às organizações de serviço, com as práticas socialmente responsáveis de gestão em SSO. Somente 22,9% dos indicadores apresentaram independência com o setor estudado, um percentual relativamente pequeno considerando-se a quantidade de itens incorporados ao Questionário.

Conclusão e sugestões de novas pesquisas

O objetivo desta pesquisa foi analisar se a adoção das práticas socialmente responsáveis de gestão em SSO depende do setor (público ou privado) ou do segmento industrial (manufatura ou serviço) em que a organização se insere, segundo a percepção dos profissionais que nelas atuam.

Ficou evidente na pesquisa de campo uma percepção positiva dos profissionais respondentes a respeito das práticas socialmente responsáveis de gestão em SSO, em suas respectivas organizações. Para a maioria dos itens avaliados, a percepção positiva e que sinalizava concordância quanto a adesão das organizações à tais práticas foi superior a 50%.

No entanto, o estudo nos mostra que esta adesão depende do setor em que a organização está inserida, segundo percepção dos profissionais respondentes.

Esta tendência foi confirmada em 25 dos 35 itens testados, e permite-se interpretar que exista certa divergência de comportamento entre as organizações públicas e privadas analisadas com relação a adoção e/ou prática destes itens. Segundo a amostra da pesquisa, observa-se uma maior adesão das organizações privadas às práticas socialmente responsáveis de gestão em SSO. Somente 28,6% dos indicadores apresentaram independência com o setor estudado, um percentual relativamente pequeno considerando-se a quantidade de itens incorporados ao Questionário.

O mesmo foi observado ao considerar o segmento industrial no qual a organização se insere. A dependência entre a percepção do profissional e esta variável foi verificada em 27 dos 35 itens testados, e permite-se interpretar que exista certa divergência de comportamento entre as organizações de manufatura e serviço analisadas com relação a adoção e/ou prática destes itens. Os dados apresentados, segundo a amostra desta pesquisa, mostram uma maior adesão das organizações de manufatura às práticas socialmente responsáveis de SSO, comparadas com as organizações do segmento industrial de serviço. Somente 22,9% dos indicadores apresentaram independência com o setor estudado, um percentual relativamente pequeno considerando-se a quantidade de itens incorporados ao Questionário.

Sendo assim, devemos observar que o alinhamento do comportamento da organização com as práticas socialmente responsáveis de gestão em SSO, apresenta dependência ao setor e ao segmento industrial no qual a organização se insere. O resultado desta avaliação, que atende ao objetivo desta pesquisa, foi baseado na percepção dos profissionais que compunham a amostra, não sendo possível replicar estes resultados de forma generalizada no cenário industrial.

Como proposta de trabalhos futuros, pode-se considerar a possibilidade da realização de novos estudos que investiguem a aderência das organizações que são consideradas como socialmente responsáveis às práticas de gestão em SSO integradas à RSO.

O foco da pesquisa também pode ser ampliado, considerando por exemplo, a abrangência de outras regiões brasileiras, com um estudo comparativo intra ou inter regiões. Outra possibilidade sugerida seria a de investigar as razões que justifiquem diferentes comportamentos de organizações públicas e privadas, de manufatura e serviço, na adesão às práticas investigadas nesta pesquisa.

Referências

Al-bdour AA, Nasruddin E., Lin SK. The relationship between internal corporate social responsibility and organizational commitment within the banking sector in Jordan. World academy of science, engineering and technology. 2010 (4)

Associação Brasileira de Normas Técnicas - ABNT. NBR ISO 26000:2010. Diretrizes sobre responsabilidade social. Rio de Janeiro: ABNT, 2010.

Brunoro, CM. Trabalho e Sustentabilidade: contribuições da ergonomia da atividade e psicodinâmica do trabalho. Tese de Doutorado – Escola Politécnica USP, 2013.

Costa H. ISO 26000 - Norma Internacional de Responsabilidade Social: um guia para entendê-la melhor. São Paulo: Instituto Observatório Social, 2011.

Denizot A, Hall J, Arese M. Responsabilidade Social Interna aplicada para conscientização da segurança do trabalhador. Responsabilidade Social Organizacional: modelos, experiências e inovações. Rio de Janeiro: Benício Biz, 2015.

Fisher, RA. The statistical utilization of multiple measurements. Annals of Eugenics. 1938; 8(4); 376-86.

Fukunaga EM. Responsabilidade social interna: uma contribuição ao debate. Revista de Ciências Gerenciai, 2009, 13(18).

Guimarães, JC. Responsabilidade social empresarial no campo das corretoras de seguros brasileiras. Dissertação (Mestrado em Administração) – Universidade Federal do Ceará, Fortaleza, 2009

Hadjimanolis A, Boustras G. Health and safety policies and work attitudes in Cypriot companies. Safety Science, 2013, (52), 50-56.

ILO-OHS. Guidelines On Occupational Safety And Health Management Systems. International Labour, Genebra, 2001.

Instituto Ethos de Empresas e Responsabilidade Social - ETHOS. Responsabilidade Social da Empresas: a contribuição das universidades. São Paulo: Periópolis, 2005, (4).

Koskela M. Occupational health and safety in corporate social responsibility reports. Safety Science, 2014, (68), 294-08.

Likert R. A Technique for the measurement of attitudes. Archives of Psychology, 1932, (140).

Mattar F. Pesquisa de marketing. São Paulo: Atlas. 1996.

Montero MJ, Araque RA, Rey JM. Occupational health and safety in the framework of corporate social responsibility. Safety Science, 2009, (47).

Morettin PA, Bussab WO. Estatística Básica. São Paulo: Saraiva, 2004

Mueller K, Hattrup K, Spiess SO, Lin-Hi N. The effects of corporate social responsibility on employees' affective commitment: a cross-cultural investigation. Journal of Applied Psychology, 2012, 97 (6).

Na D, Bustami R, A'mmaari SR, Narsuddin E. Exploring ISO 26000 and Global Reporting Initiatives (GRI): a neo-institutional analysis of two CSR institutions. International Economics Letters, 2013, (2), 12-19.

Petrovic-Lazarevic S. The development of corporate social responsibility in the Australian construction industry. Construction Management and Economics, 2008, 26 (2), 93-101.

Sen S, Cowley J. The relevance of stakeholder theory and social capital theory in the context of CSR in SMEs: An Australian perspective. Journal of Business Ethics, 2013, (118).

Social Accountability International – SAI. SA 8000. New York, SAI, 2008.

Vicente ALFMS, Rebelo TMMSD, Agostinho CF. Relação das práticas de responsabilidade social interna nas organizações com a satisfação no trabalho e as intenções de saída: O papel mediador do ajustamento pessoa-organização. *Psychologica*, 2011, (55).

SOBRE OS AUTORES

Alberto Eduardo Besser Freitag Doutor em Engenharia Civil - Gestão, Produção e Meio Ambiente (2015) pela Universidade Federal Fluminense (UFF) com tese sobre gestão enxuta (*lean management*) na indústria da construção, Mestre em Gestão Empresarial (2001) pela Ebape/Fundação Getúlio Vargas (FGV-RJ), Pós-graduado em Marketing (1996) e Engenheiro Mecânico (1989), ambos pela Pontifícia Universidade Católica do Rio de Janeiro (PUC-Rio). Frequentou cursos em escolas de negócios como Coppead/UFRJ e Fundação Dom Cabral no Brasil, e Georgia Tech e Wharton nos EUA. Executivo com sólida vivência em organizações de relacionamento empresarial, apoio ao empreendedorismo, serviços tecnológicos, indústria de bebidas e engenharia, ocupando cargos de gestão há mais de 10 anos, com carreira construída na Federação das Indústrias do Estado do Rio de Janeiro (Sistema FIRJAN), Coca-Cola Brasil, Jaakko Pöyry Engenharia e Varig. Conhecimento altamente especializado na tecnologia de gestão *lean*, além de vasta experiência nas áreas de gestão de projetos e pessoas, educação executiva, planejamento estratégico, elaboração de estudos e análises de viabilidade técnico-econômica, manufatura, qualidade e engenharia. Fluência em inglês, espanhol e alemão, com trabalhos desenvolvidos em nível internacional. Academicamente, possui artigos publicados em anais de congressos, periódicos científicos e capítulos de livros. Desenvolve pesquisas em associação com professores da UFF, da Universidade Estadual de Campinas (UNICAMP) e da HAW-Hamburg (Alemanha). Participa como convidado de bancas de mestrado na UFF e de graduação na Universidade Federal do Rio de Janeiro (UFRJ). É avaliador de artigos do Simpósio de Excelência em Gestão e Tecnologia – SEGeT e co-orientador de alunos de engenharia da UFF. Ministra aulas no mestrado e doutorado em Sistemas de Gestão Sustentáveis da UFF e no programa de pós-graduação da Fundação Getúlio Vargas (FGV-RJ).

Alexandre F Nascimento Head of Facilities Services na Willis Towers Watson, Professor do Curso de Pós Graduação em Gestão de Projetos na Universidade Estácio de Sá, Mestre em Gestão e Estratégia pela Universidade Federal Rural do Rio de Janeiro (UFRRJ), Especialista em Gestão Empresarial e Sistema de Informação pela Universidade Federal Fluminense (UFF), Administrador pela Faculdade Moraes Junior Mackenzie Rio.

Alysson Bruno Martins Assunção É Coordenador de Comunicação e Marcas na Petrobras. Professor associado ao Instituto Brasileiro de Medicina de

Reabilitação. É mestre em Comunicação Social pela Universidade do Estado do Rio de Janeiro PPGCOM/UERJ (2013), especialista em Jornalismo pela ABJL (2008) e Psicologia Clínica pelo IBAC (2008). Possui graduação em Comunicação Social pela Universidade Federal de Goiás (UFG - 2007), e Psicologia pela Pontifícia Universidade Católica de Goiás (PUC-GO - 2007). Mestrando em Sistemas de Gestão pela UFF (2017).

André Baptista Barcaui é Pós-doutor em Administração pela FEA/USP, doutor em Administração pela UNR, mestre em Sistemas de Gestão pela UFF-RJ, com graduação em Tecnologia da Informação e Psicologia, com formação em terapia cognitivo-comportamental. Foi *project office manager* da Hewlett-Packard Consulting, responsável pela região Latino-Americana, e gerente de programa e serviços na IBM. É membro-fundador do PMI *Chapter* Rio, onde concluiu sua certificação PMP em 1999. Professor Adjunto do Depto. Administração da UFRJ, é conselheiro da *International Project Management Association* (IPMA) Brasil e revisor técnico da revista MundoPM. É também certificado *Master Coach pelo Behavioral Coaching Institute* (BCI). Palestrante internacional, é autor de diversos artigos e livros na área gerencial, dos quais se destacam Gerente também é Gente e PMO - Escritório de Projetos, Programas e Portfólio, pela Ed. Brasport, e Gerência de Tempo em Projetos e *Coaching e Mentoring*, pelo FGV Management.

Anneliese Schmidt da Silva é Mestranda em Sistemas de Gestão Sustentáveis do Programa de Engenharia de Produção, com ênfase em Responsabilidade Social (MSG/UFF – 2017); Especialização (MBA) em Gestão da Comunicação Empresarial (USP/FIA – 2003); Graduada em Letras (UERJ – 2001).

Cláudio Paula de Carvalho. Profissional em comunicação organizacional, em responsabilidade social e relações institucionais; Professor convidado nos cursos de pós-graduação da Universidade Estácio: MBA em Administração Empresarial e MBA em Gestão Empresarial. Instrutor na Universidade Petrobras e Conteudista de trilhas de conhecimento na temática de Responsabilidade Social na Academia Transpetro. Mestre em Engenharia de Produção, com ênfase em Sistemas de Gestão em Sustentabilidade (LATEC/UFF); pós-graduação em: Responsabilidade Social e Terceiro Setor (FEA/UFRJ); Gestão da Comunicação Corporativa (FIA/USP). Especializações: Ross School of Business – Investor Relations and Communication Program (University of Michigan); International Corporate Communications (Syracuse University, EUA – Aberje, Brasil); Gestão Social (FGV/PR); Marketing e Produção Cultural (CEPUERJ/UERJ); e Comércio Exterior (CEPUERJ/UERJ); Graduado em jornalismo

(UGF/RJ). Membro da Comissão de Responsabilidade Social do Instituto Brasileiro de Petróleo, Gás e Biocombustíveis (IBP); Avaliador de periódicos (Revista Sistemas & Gestão); Desenvolvimento de projeto de voluntariado: Projeto Jaguaruana (Jaguaruana, CE, 1999/2001), Moção de Louvor na Assembleia Legislativa do Rio de Janeiro e Prêmio Mobilização Nacional – COEP, em 2000. Participação com a autoria de capítulo na publicação do INOVARSE em 2015.

Cid Alledi Filho é Doutor em Engenharia Civil (UFF), Mestre em Sistemas de Gestão (UFF) e Administrador de Empresas (UFRJ). Professor de disciplinas ligadas à ética nos negócios, engajamento de stakeholders, governança organizacional, responsabilidade social e sustentabilidade na UFF, UFRJ, UNICAMP, IBMEC, UniEthos e Instituto Brasileiro de Petróleo, Gás e Biocombustíveis, dentre outras organizações. Sócio-Gerente da Núcleo Ético. Autor do blog "Drops de Sustentabilidade".

Cristina I. Fernandes, Doutorada em Gestão e Professora no Instituto Politécnico de Castelo Branco e convidada na Universidade da Beira Interior, Portugal. Coordenada de Linha do Centro de Investigação NECE - Núcleo de Estudo em Ciências Empresariais. Os seus interesses de investigação centram-se nas seguintes áreas: Estratégia, Inovação, conhecimento intensivo e competitividade regional. È assistente editora do *Int. Journal of Management Science and Information Technology* e tem publicado numa variedade de revistas internacionais, e é autora de vários livros.

Daniel Luiz de Mattos Nascimento é Consultor de Engenharia do Instituto Tecgraf de Desenvolvimento de Software Técnico-Científico da PUC-Rio na área de Automação de Engenharia / BIM. Foi Supervisor de Automação de Projetos na Petrobras do complexo petroquímico do Rio de Janeiro por 3 anos. Foi Técnico em Planejamento e Controle de obras na Refinaria Alberto Pasqualini da Petrobras no Rio Grande do Sul por 6 anos (2006 até 2012), autuando nos setores de projeto básico e executivo, construção, montagem e comissionamento. Doutorando em Engenharia Civil e Ambiental na PUC-Rio. Mestrado em Montagem Industrial, Departamento de Engenharia Mecânica da Universidade Federal Fluminense. Bacharel em Engenharia de Produção. Técnico em Eletrônica. Foi professor/instrutor na Universidade Petrobras entre 2012 e 2014. Foi professor/instrutor na Universidade Federal Fluminense em cursos de administrador de PDMS do PROMINP entre 2011 e 2015.

Dilma Pimentel é Doutora em Engenharia Civil pela Universidade Federal Fluminense. Mestre em Sistema Integrado de Gestão e Especialista em Gestão Sustentável pela UFF. Especialista em Gestão Estratégica pela GRIFO e Educação pela PUC. Bióloga pela Univ. Santa Úrsula. Consultora e auditora em Sistemas Integrados de Gestão pela empresa Otimiza. Professora de disciplinas ligadas a tema como: Gestão Ambiental, Sustentabilidade, Responsabilidade Social e Gestão Integrada, pela Univ. Federal Fluminense –LATEC, IBMEC, UNICAMP e UFRJ. Co-autora dos livros "Ações Para a Qualidade" (Elsevier Editora, 5ed, 2014), "RESPONSABILIDADE SOCIAL: Conceitos e Práticas: construindo o caminho para a sustentabilidade nas organizações" (Atlas, 2012), "Direito ao ambiente como direito à Vida" (Cortez Editora, 2014).

Edson Carlos Santos de Andrade é Formado em Técnico Eletrotécnica, Técnico em Telefonia, Engenharia Mecânica. Pós-graduado em Análise de Sistema, Docência Superior e em Segurança & Saúde e Meio Ambiente na Indústria de Petróleo e Gás, é Mestre pela UFF em Sistemas de Gestão. Atuou nas empresas Light, Telerj, Bradesco Seguros, Grupo Cisper e Bureau Veritas Certification, atualmente atuo como Auditor de Sistemas de Gestão e como Consultor e Instrutor na empresa Runsoft.

Fernando Carvalho Cid de Araujo Graduado em Ciência de Computação (UFF/2001), Curso de Formação em Marketing (COPPEAD/2007), MBA em Economia (UFF/2014), Mestrando em Sistemas de Gestão pela UFF. Atuando na área de Informática desde 1998, com sistemas desenvolvidos para o mercado financeiro e de energia elétrica. Consultor e Administrador de Empresas desde 2007 com diferentes empresas atendidas.

Gabriel Pinto é Gerente de Indústria Criativa do Sistema FIRJAN, liderando um projeto que tem como objetivo o desenvolvimento econômico do Rio de Janeiro com o fortalecimento de uma indústria ainda mais criativa. Economista graduado pela PUC-RJ, mestre em Administração de Empresas pelo COPPEAD, é pesquisador, autor de diversos estudos e publicações, entre eles o Mapeamento da Indústria Criativa no Brasil. Sua experiência de trabalho é ampla e multidisciplinar, envolvendo desde Bancos de Investimentos ao Museu de Arte Moderna do Rio.

Geisa Meirelles Drumond. Mestre em Sistemas de Gestão pela Universidade Federal Fluminense (2014). Possui Especialização nas áreas: Organização e Estrátegia (2014); Gestão Estratégica e Qualidade (2008) e Informática na

Educação (2003). Bibliotecária graduada pela Universidade Federal Fluminense, com ampla experiência em bibliotecas universitárias pública e privada, atuando nos serviços de referência, indexação de artigos científicos e tratamento técnico de documentos. Possui também graduação em Psicologia.

Giuliano Cunha Coutinho possui Mestrado em Engenharia Civil (stricto sensu) com foco na Área de Gestão, Produção e MeioAmbiente. Possui Pósgraduação (Lato sensu) com MBA em Gerenciamento de Projeto pelo LabCEO/UFF conforme metodologia do PMI e detém Graduação em Nível Superior como Arquiteto e Urbanista (obtida em 1998) pelo Instituto M Bennett (IMB/FIB) do Rio de Janeiro. Atualmente é Docente na Universidade Salgado de Oliveira onde ministra as disciplinas: Projetos Viários e Pavimentação, Materiais de Construção II, Técnicas de Construção Civil I e II. Na sua vida profissional realizou treinamentos e atuou em projetos de telecomunicações de grande porte em operadoras nacionais e montagem de torres metálicas. Detém larga experiência na liderança de projetos, principalmente em ambientes complexos ou de alta pressão. ORCID: http//orcid.org/0000-0001-9477-3976

Gustavo Guimarães Marchisotti, Posso graduação em Engenharia Industrial Elétrica pelo CEFET-MG, Pós graduação (especialização) em Redes de Computadores pelo DCC/UFMG, Mestrado Executivo em Administração de Empresas pela FGV/EBAPE e atualmente cursando Doutorado em Sistemas de Gestão Sustentável na UFF. Pesquisador do Laboratório de Governo e Negócios Eletrônicos da EBAPE/FGV (e:lab) e do Núcleo de Competitividade, Estratégia e Organizações – LabCEO/UFF. Membro de grupos de pesquisa voltados para a discussão da Educação a Distância (FGV), e Óleo e Gás (ESG). Membro de comissões de verificação do CEE, para avaliação dos cursos técnicos e superiores do estado do Rio de Janeiro. Possuo interesse nas áreas do conhecimento relacionadas à Governança, Estratégia, Educação a Distância, Gestão da Informação, Tecnologia, Inovação e Sustentabilidade. Possuo 17 anos de experiência profissional nas áreas de Engenharia Elétrica, Tecnologia da Informação (TI) e Telecomunicações, trabalhando tanto na parte técnica, quanto na gerencial. Atualmente, além de trabalhar na Dataprev como Gestor de Estratégia de Suprimentos, também atuo como professor e professor responsável (graduação e pós-graduação), tutor e orientador (graduação e pós-graduação) nas áreas de TI, Gerência de Projetos e Administração.

Gustavo Lagoeiro é um executivo com foco em gerenciamento de programas de negócios com mais de 20 anos de experiência em tecnologia da informação com passagens em empresas de tecnologia e consultorias líderes do mercado mundial no Brasil e Estados Unidos. Experiência em integração de sistemas e entendimentos nos requisitos de negócios de diversas indústrias tendo liderado projetos de implementação de sistemas no Brasil e exterior (EUA, Canada, América Latina, Europa e Índia). Tendo conhecimento em Tecnologia da Informação, Consultoria, Gerenciamento de Programas de Negócios, Desenvolvimento de Processos Metodológicos e Relacionamento com Clientes como atributos chaves. Atualmente trabalha na Microsoft Corporation como líder do programa global de privacidade para as áreas de marketing e vendas. Possui graduação em Administração de Empresas pela Universidade Federal Fluminense e Mestrado em Gestão de Negócios pela Florida Metropolitan University e Mestrado em Sistemas de Gestão pela Universidade Federal Fluminense.

Helder Gomes Costa é Graduado em Engenharia Mecânica pela UFF (1987), mestre e doutor em Engenharia Mecânica pela PUC-Rio (1991e 1994, respectivamente). Na graduação e no mestrado aprofundou seus estudos em mecânica dos fluidos e em análise experimental de dados. No doutorado focou o processo decisório no ambiente fabril, desenvolvendo tese sobre multicritério. Professor Associado da Universidade Federal Fluminense, desenvolve ações no âmbito da graduação, do mestrado e do doutorado, tendo sido coordenador adjunto do Programa de Engenharia de Suprimentos do PROMINP (PETROBRAS/ANP). Atuação como consultor em projetos de P&D (ANEEL e PROMINP/ANP) e para avaliação de projetos da (CAPES e do CNPq). Publicação de artigos em periódicos e em congressos. Orientação de dissertações de mestrado, teses de doutorado e trabalhos de conclusão de curso de graduação e de especialização. Participação de Bancas de Doutorado (PUC-Rio, UENF, UFF, UFRJ, UFMG, UFPE e USP) e de Mestrado (IBMEC, PUC-Rio, UCAM, UENF, UFF, UFPR, UFRRJ, UNESP, UNIFEI, UNITAU). É coordenador do Grupo de Pesquisas Auxílio Multicritério à Decisão (CNPq/UFF) e do projeto "Análise de decisões em ambientes corporativos" (CNPq/UFF).

Janaína Januario Ferreira é graduada em Administração pela FACC/UFRJ e técnica em Administração pela ETEJK/FAETEC. Trabalhou na Gestão de Postos Escola na Petrobras Distribuidora, na Gerência de Riscos da Petrobras e atualmente atua como analista financeira do TT Burger.

Jéssica Galdino de Freitas é Doutoranda em Engenharia de Produção pela Universidade Federal Fluminense com graduação em Administração pela Universidade Federal Rural do Rio de Janeiro (2011), MBA em Gestão pela

Qualidade Total na Universidade Federal Fluminense (2013) e Mestrado em Engenharia de Produção pela Universidade Federal Fluminense (2016). Especialista Green Belt em Lean Seis Sigma formada pela Werkema Consultores, com mais de 5 anos de experiência na área de Administração, com ênfase em Gestão, Engenharia de Produção, Qualidade, Gestão por processos, Estratégia e Gestão da produção. Trabalhou nas áreas qualidade, auditoria e processos de empresas como: (i) Multiconsultoria (2009-2010), (ii) RioJunior (2011), (iii) Companhia Siderúrgica Nacional (2011), (iv) BRMalls (2011-2013) e (v) Lojas Americanas SA (2013-2016), atuando hoje como palestrante e consultora na EVOX empresarial (2016-Hoje).

João Guilherme de Miranda Lyra é formado em Administração, Pós-Graduado em Gestão e Marketing pela ESPM-RJ, Mestrando em Engenharia de Produção, com ênfase em Sistema de Gestão no LATEC/UFF. Construiu sua carreira profissional em empresas multinacionais. Atualmente é empresário e se dedica ao projeto "Blockchain Brasil" que procura compartilhar conhecimentos sobre a tecnologia blockchain.

João M. Ferreira, Professor Associado em Gestão na Universidade da Beira Interior (UBI) Portugal. Atualmente é Coordenador científico do Centro de Investigação NECE – Núcleo de Estudo em Ciências Empresariais. Os seus interesses de investigação centram-se nas seguintes áreas: Estratégia, Competitividade e empreendedorismo. É editor de várias revistas internacionais livros e tem publicado numa variedade de revistas internacionais, tais como *Journal of Business Research, Entrepreneurship and Regional Development, Journal of Knowledge Management, Scientometrics, Management Decision, International Entrepreneurship and Management Journal*, entre outros.

José Rodrigues Faria Filho, Engenheiro Civil pela Universidade de Fortaleza - UNIFOR/1988. Especialista em Engenharia de Segurança do Trabalho pelo LATEC/UFF/1998. Mestre em Engenharia Civil pela UFF/1992. Doutor em Engenharia de Produção pela COPPE/UFRJ/1996. Professor Titular do Departamento de Engenharia de Produção da Escola de Engenharia da UFF. Professor dos Programas de Doutorado e Mestrado em Engenharia de Produção e Engenharia Civil. Professor do Curso de Graduação em Engenharia de Produção da UFF. Professor do Doutorado em Sistema de Gestão Sustentáveis da UFF. Professor do Mestrado em Sistema de Gestão da UFF. Professor dos Cursos de Pós-Graduação em Gerenciamento de Projetos, Gerência de Riscos, Gestão pela Qualidade Total, Engenharia Econômica e Financeira, Gestão de

Negócios Sustentáveis da UFF. Pró-Reitor de Graduação da UFF. Coordenador do Núcleo de Competitividade, Estratégia e Organizações – LabCEO dos Programas de Doutorado e Mestrado em Engenharia de Produção, Engenharia Civil, Sistema de Gestão Sustentáveis e Mestrado em Sistema de Gestão da UFF. Vice-Coordenador do Laboratório de Tecnologia, Gestão de Negócios e Meio Ambiente da Escola de Engenharia da UFF. Representante da Pró-reitora de Graduação no Conselho de Ensino e Pesquisa da Universidade Federal Fluminense. Consultor de Empresas com ênfase na Implantação e Implementação de: Planejamento Estratégico Corporativo, Gestão pela Qualidade Total, Programas Institucionais em Engenharia de Segurança, Gerência de Riscos e Seis Sigma.

Juliana das Chagas Santos é Mestranda em Sistemas de Gestão na UFF (início janeiro de 2017), Engenheira Civil pela Universidade Veiga de Almeida. Projeto de iniciação científica no tema "etapas de gestão: planejamento, controle e riscos." Fez diversos cursos, tais como orçamento de obras e cálculo de BDI; administração, planejamento e gerenciamento de obras; gestão em obras civis; técnico em concretagem, além de diversos treinamentos relacionados ao setor de construção civil. Construiu sua carreira profissional em empresas como Sá Cavalcante, TJ2, Consórcio Linha 4 Sul – Odebrecht Infraestrutura, Eletrobras-Eletronuclear, RJZ Cyrela e Queiroz Galvão.

Júlio Vieira Neto, Possui Doutorado em Engº Civil pela Universidade Federal Fluminense, Mestrado em Sistema de Gestão (UFF) pós-graduado com MBA em Organização e Estratégia e MBA em Gestão Empresarial, graduado em Administração de Empresas. Atualmente é Professor Adjunto pela Universidade Federal Fluminense no Departamento de Ciências Contábeis, Ministra as disciplinas; Dinâmica Demográfica e Métodos Quantitativos no curso de graduação em ciências atuariais; Professor das disciplinas Finanças Corporativas, Planejamento Estratégico e Bibliometria em cursos Stricto sensu e Lato sensu, Pesquisador nas áreas do Gerenciamento do Ciclo de vida do Produto e Custo do Ciclo de Vida do Produto (CCVP) vinculados a área de Sustentabilidade, estudos de Viabilidade Econômica de materiais eco-eficientes. Consultor Empresarial nas áreas de Planejamento Estratégico, Estudos de Viabilidade Técnica Econômica (EVTE) e Mapeamento de Processos. Atuou como Executivo na área de desenvolvimento de novos negócios em empresas de Grande e Médio Porte nos setores de telecomunicações e embalagens.

Júlio Vieira Neto, Possui Doutorado em Eng° Civil pela Universidade Federal Fluminense, Mestrado em Sistema de Gestão (UFF) pós-graduado com MBA em Organização e Estratégia e MBA em Gestão Empresarial, graduado em Administração de Empresas. Atualmente é Professor Adjunto pela Universidade Federal Fluminense no Departamento de Ciências Contábeis, Ministra as disciplinas; Dinâmica Demográfica e Métodos Quantitativos no curso de graduação em ciências atuariais; Professor das disciplinas Finanças Corporativas, Planejamento Estratégico e Bibliometria em cursos Stricto sensu e Lato sensu, Pesquisador nas áreas do Gerenciamento do Ciclo de vida do Produto e Custo do Ciclo de Vida do Produto (CCVP) vinculados a área de Sustentabilidade, estudos de Viabilidade Econômica de materiais eco-eficientes. Consultor Empresarial nas áreas de Planejamento Estratégico, Estudos de Viabilidade Técnica Econômica (EVTE) e Mapeamento de Processos. Atuou como Executivo na área de desenvolvimento de novos negócios em empresas de Grande e Médio Porte nos setores de telecomunicações e embalagens.

Karolina Maggessi, Graduada em Engenharia de Produção, com MBA em Organizações e Estratégia, Mestre em Sistemas de Gestão e doutoranda em Sistemas de Gestão Sustentáveis, todos pela UFF. Profissional com 12 anos de experiência no mercado, atuando nas áreas de consultoria, projetos, portfólio de projetos, governança corporativa, comercial, contratos, riscos e compliance nos segmentos da Indústria e de O&G, atuou como instrutora do Latec em cursos de inteligência organizacional e lógica, e no MBA de Gestão de Pessoas. Interessa-se por Governança Corporativa, Estratégia, O&G e Negócios.

Lessandro Teixeira Rodrigues é Mestrando em Montagem Industrial (stricto sensu) na Universidade Federal Fluminense. Graduado em Engenharia de Produção (UNESA - 2015) do Rio de Janeiro. Técnico de Projetos, Construção e Montagem na Petrobras desde 2007. Tem experiência na área de Engenharia Elétrica, com ênfase em Instalações Elétricas Prediais e Industriais e também na área de Automação de Projetos. Trabalha com pesquisa, desenvolvimento e gerenciamento técnico em ferramentas de automação de projetos de engenharia com experiência no Brasil e no exterior. Possui formação em eletrotécnica e cursou a faculdade de Engenharia Elétrica entre 2005 e 2012 na Universidade Federal do Rio Grande do Sul. Desde 2013 atua como instrutor na Universidade Petrobras.

Lucy Moraes de Marazzo é Mestre em Sistemas de Gestão na Universidade Federal Fluminense (UFF), MBA em Gestão de Pessoas pela Universidade

Federal Fluminense (2011). Graduação e Licenciatura em Psicologia pela Universidade Santa Úrsula (2010). Tem experiência na área de Psicologia, com ênfase em Psicologia Social, Organizacional e Técnicas de Orientação Profissional.

Mara Regina dos Santos Barcelos é Doutoranda em Engenharia de Produção na Universidade Federal Fluminense. Mestre em Engenharia de Produção pela Universidade Estadual do Norte Fluminense Darcy Ribeiro (2013). Especialista em Educação à Distância pela Faculdades Integradas de Jacarepaguá (2011). Graduada em Tecnologia em Desenvolvimento de Software pelo Instituto Federal Fluminense *campus* Campos-Centro (2009). É professora no Institutos Superiores de Ensino do Censa desde 2014, trabalhou como professora nas instituições: (i) Instituto Federal Fluminense *campus* Campos-Centro (2009-2011; 2015-2016); (ii) Universidade Estácio de Sá (2014-2016).

Marcelo J. Meiriño Professor Adjunto da Escola de Engenharia da Universidade Federal Fluminense UFF; Professor do Programa de Doutorado em Sistemas de Gestão Sustentáveis PPSIG UFF; Professor do Mestrado em Sistemas de Gestão MSG UFF; Doutor em Engenharia Civil (UFF), ênfase em Gestão, Produção, Qualidade e Desenvolvimento Sustentável. Arquiteto e Urbanista (UFRJ); Mestre em Engenharia Civil (UFF); Engenheiro de Segurança do Trabalho (UFF); coordenador no Núcleo de Inovação e Tecnologia para a Sustentabilidade (NITS / UFF); Especialista em Sustentabilidade e Eficiência Energética em Edificações; Membro da Comissão de Responsabilidade Social do Instituto Brasileiro de Petróleo, Gás e Biocombustíveis (IBP); Coordenador do Congresso Nacional de Excelência em Gestão (CNEG); Avaliador de periódicos e eventos acadêmicos; Pesquisador e Consultor NITS / LATEC / UFF.

Sérgio Luís Lima Corrêa. Possui graduação em Tecnologia em Processamento de Dados, especialização em Engenharia de Software pelo Centro de Ensino Superior de Juiz de Fora, especialização em Gestão Estratégica de TI pela Faculdade Estácio de Sá e Mestrado em Sistemas de Gestão pela Universidade Federal Fluminense. Ocupa o cargo efetivo de Analista de TI da Universidade Federal de Juiz de Fora exercendo a função de Chefe do Setor de Gestão de Processos e Tecnologia da Informação (SGPTI) no Hospital Universitário da UFJF (HU-UFJF). Tem experiência na área de Sistemas de Informação, com ênfase em linguagens formais e banco de dados, atuando principalmente no projeto e desenvolvimento de aplicações web, e mais recentemente na governança e gestão de TI.

Marco Antônio Araújo Leite possui graduação em Medicina pela Universidade Federal Fluminense (1989), mestrado em Medicina (Neurologia) pela Universidade Federal Fluminense (1996) e doutorado em Medicina (Neurologia) pela Universidade Federal Fluminense (2009). Professor Adjunto do Depto de Medicina Clínica, da Faculdade de Medicina da Universidade Federal Fluminense. Coordenador dos Setores de Desordens do Movimento e de bloqueio neuromuscular da Neurologia do Hospital Universitário Antônio Pedro (UFF)

Maria Candida Torres é Mestre pelo IME. MBA com reconhecimento pela Universidade de Tampa - Flórida, EUA. Engenheira Industrial pelo CEFET. Coaching Senior pelo ICI. Autora de oito livros na área de Gestão Estratégica no Brasil, um na Europa e uma revisão técnica do livro Processos da série Harvard Business Essentials. Autor do curso a distância de Balanced Scorecard pela FGV online. Professora em cursos de pós-graduação do Programa FGV Management da Fundação Getulio Vargas. Consultor de empresas nas áreas de Gestão Empresarial e de Pessoas. Consultorias em empresas de pequeno, médio e grande porte. Empresas em que desenvolveu planejamento e balanced scorecard nos últimos anos: CSN, ABRAEC (Associação composta por DHL, UPS, TNT, FEDEX), Bunge Alimentos, Sistema Firjan, Sesi, Senai, Base de Submarinos do Brasil, CIAGA, ENGEPRON, Via Urbana, Via Máxima. Ganhou nos últimos anos 9 prêmios pela FGV e faz parte do Quadro de Honra da FGV do ano de 2010.

Maria Cecilia Bezerra Tavares é Mestre em Administração pela Universidade Federal Fluminense, mestre em Tecnologia pelo Centro Federal de Educação Tecnológica Celso Suckow da Fonseca, Especialista em Tecnologia Internet pelo IBPI, Especialista em Sistemas de Informação e Inteligência Competitiva pela UCAM, Bacharel em Administração de Empresas e Tecnóloga em Processamento de Dados pelas Faculdades Reunidas Professor Nuno Lisboa. Atualmente é Professora Assistente da Universidade Estácio de Sá, Professora I da Fundação de Apoio à Escola Técnica Estadual do Estado do Rio de Janeiro e professor assistente Sociedade Unificada de Ensino Superior e Cultura (SUESC). Ampla experiência na área de Administração e projetos sociais, com ênfase em Organizações Públicas, atuando principalmente nos seguintes temas: inclusão digital, planejamento estratégico, gestão de processos, tecnologia da informação e controle social. Concluindo especialização em Gestão de Saúde Pública pela Universidade Federal Fluminense e Pós-Graduação em Planejamento,

Implementação e Gestão de Ensino a Distância na mesma IES. Pesquisadora ativa dos seguintes grupos de pesquisa CNPq, vinculados a Universidade Federal Fluminense: Núcleo de Estudos de Administração Brasileira (ABRAS) e Núcleo de Estudos de Avaliação de Políticas e Programas Públicos.

Maria Pia Bartholo Ferreira possui MBA em Marketing e Design na PUC-RJ (1999), pós-graduada em Marketing e Finanças na Faculdade Candido Mendes (1993), graduada em desenho Industrial com habilitação em projeto de produto e programação visual pela PUC-RJ (1992). Possui cursos de avaliador / auditor, analista da qualidade e certificação plena ONA, bem como de graphic design e package design (University at Buffallo, 1992). Fluência em ingles e conhecimento de italiano.

Marlene Jesus Soares Bezerra é Pós-doutoranda em Sistemas de Gestão Sustentáveis - PPSIG pela Universidade Federal Fluminense (UFF), Doutora em Sistemas de Gestão, Produção, Qualidade e Desenvolvimento Sustentável pela UFF, Mestre em Sistemas de Gestão pela UFF, Especialista em Gestão Estratégica da Qualidade em Educação, Especialista em Psicodrama Pedagógico e Organizacional, Especialista em Qualidade Total, Especialista em Docência do Ensino Médio, Especialista em Docência Superior. Engenheira elétrica-eletrônica, Técnica em eletrônica. Com atuação direta nas áreas de engenharia, qualidade e educação, com trabalhos relevantes na Kinotécnica Serviços e Equipamentos Eletrônicos Ltda., Standard Eletric S.A, IMBEL, CEFET/RJ, FAETEC/RJ, SEE/RJ, SEE/PE, FG/PE e ITEP/PE. Possui formação específica na área no Brasil e no Exterior. Foi Gerente de Pesquisa e Desenvolvimento do Instituto de Tecnologia de Pernambuco ITEP, no acompanhamento das atividades de ensino, pesquisa, desenvolvimento e inovação, tendo atuado como representante da direção (RD) na condução da implantação do Sistema de Gestão da Qualidade da Instituição, foi também Gerente do Núcleo de Gestão Integrada do ITEP, responsável pela Implantação e Certificação do Sistema de Gestão da Norma ISO 9001:2008. Atualmente professora adjunta, titular da disciplina Gestão da Qualidade da Unidade Universitária de Engenharia de Produção e Conselheira Universitária (CONSU) do Centro Universitário Estadual da Zona Oeste do RJ - UEZO. Com experiência nas áreas de engenharia, administração e educação.

Marta Duarte de Barros é Doutoranda em Engenharia de Produção na Universidade Federal Fluminense (UFF). Mestre em Engenharia de Produção da Universidade Estadual do Norte Fluminense Darcy Ribeiro (maio de 2013).

Possui MBA em Engenharia Econômica Financeira pela UFF (2009). Possui graduação em Administração pela UFF (2006), participou da Gestão 2003/2006 da ÍMPAR Empresa Júnior como Trainne, diretora e conselheira. Em 2006, participou do 16 Seminário de Iniciação Científica, apresentando o trabalho Análise de Multicritério com a orientação do Professor Helder Gomes Costa, D.Sc. Tutora do CEDERJ no curso de administração de 2008 a 2014. Em 2008 a 2009, trabalhou no Hospital São José do Avaí na área financeira (responsável pelo Contas a receber). Cursou Pós em Planejamento, Implementação e Gestão a Distância pela UFF, cursou Especialização em Docência para Educação Profissional no SENAC-RJ, atuou como instrutora no SENAC Rio. Ministrou aulas no curso de Administração na Faculdade de Minas Gerais (setembro/2010 a março/2011) e na Universidade Cândido Mendes (Agosto/2013 a agosto/2014) nos cursos de Administração e Engenharia de Produção. Trabalhou na Universidade Iguaçu de 2012 a 2014 nos cursos Engenharia de Produção e Engenharia de Petróleo e Administração. Trabalhou na Tec Campos Incubadora de Empresas na escrita de projetos, palestras, ministrou curso Plano de negócios (novembro/2013 a setembro/2014).

Mirian Picinini Méxas. Doutorado em Engenharia Civil pela Universidade Federal Fluminense (UFF). Mestrado em Engenharia de Sistemas e Computação pela COPPE-Universidade Federal do Rio de Janeiro (UFRJ). MBA em Administração de Empresas pela UFF. Pós-Graduação no Curso PIGEAD (Planejamento, Implementação e Gestão da EaD), pela UFF. Graduação em Matemática (Bacharelado e Licenciatura) pela UFF. Certificação em Gerência de Projetos-PMP. A experiência profissional inclui gerência de projetos; analista de negócios; gerência de equipes de desenvolvimento e manutenção de sistemas. Atualmente professora dos cursos de Ciências Contábeis e Ciências Atuariais da UFF. Docente vinculada ao Mestrado Profissional em Sistemas de Gestão da UFF e ao Doutorado Interdisciplinar em Sistemas de Gestão Sustentáveis, na linha de pesquisa Gestão das Organizações Sustentáveis da UFF.

Octavio Sanz dos Santos Thomé Engenheiro Químico (UERJ/2011); Mestre em Engenharia de Produção (UFF/2013); e Doutorando em Engenharia de Produção (UFF/2015). Dez anos de experiência na indústria do petróleo, exercendo atividades relativas a medição de petróleo e derivados no modal marítimo. É pesquisador em Finanças, tendo artigos publicados relacionados a Avaliação de Investimento, Análise de Mercado, Pesquisa Operacional e Gerenciamento de Projetos. É revisor do periódico Relatórios de Pesquisa em Engenharia de Produção da UFF.

Osvaldo Luiz Gonçalves Quelhas é Bolsista de Produtividade em Pesquisa do CNPq - Coordena o Latec-UFF (Laboratório de Tecnologia, Gestão de Negócios e Meio Ambiente). Vice -Coordenador do Mestrado Profissional em Sistemas de Gestão do Departamento de Engenharia de Produção, UFF. Coordenador do Doutorado em Sistemas de Gestão Sustentáveis. Professor do Programa de Pós-Graduação em Engenharia de Produção/UFF. Organizador e autor de diversos livros e capítulos de livros, dentre os quais: Planejamento e Controle da Produção, (Editora Elsevier Campus, 2008) finalista em 2009 do Prêmio Jabuti/CBL Organizador dos eventos CNEG - Congresso Nacional de Excelência em Gestão e INOVARSE. Atua como referee em diversas revistas científicas; Editor do BJOPM Brazilian Journal Operation Management ABEPRO. Coordenador de Projetos de Pesquisa e Desenvolvimento da ANEEL. Membro efetivo da Comissão de Responsabilidade Social do IBP - Instituto Brasileiro de Petróleo, Gás e Biocombustíveis. Possui graduação em Engenharia Civil pela Universidade Federal Fluminense (1978), Mestrado em Engenharia Civil pela Universidade Federal Fluminense (1984), Doutorado em Engenharia de Produção pela COPPE (1994 - UFRJ Universidade Federal do Rio de Janeiro) e atividades de Pós-Doutorado na Universidade do Minho (Portugal. 2005), Campus Guimarães.

Paula Bié Alves é Mestranda em Sistemas de Gestão na Universidade Federal Fluminense (UFF), Engenheira de Produção pela Universidade Veiga de Almeida (UVA) com graduação parcial na Universidad de Jaén na Espanha, com monografia sobre gestão estratégica com foco em balanced scorecard. Formação técnica em Meio Ambiente, Edificações e Logística. Projeto de iniciação científica na área de pesquisa operacional, com resumo publicado nos Anais do Simpósio Brasileiro de Pesquisa Operacional (SBPO) e classificado como melhores trabalhos da XII Semana de Iniciação Científica da Universidade Veiga de Almeida (UVA). Fez diversos cursos, tais como: modelo de excelência de gestão, white belt 6-sigma e princípios do lean, gerenciamento de projetos, análise de multicritério para apoio à decisão. Possui experiência profissional nas áreas de planejamento, finanças, controle de projetos, qualidade e processos organizacionais. Fluência em inglês e espanhol. Convidada para participar em banca de graduação na Universidade Veiga de Almeida (UVA), para avaliação de monografia voltada para a área de estratégia.

Robson Amarante de Araújo possui graduação em História pelo Centro Universitário Augusto Motta (2010), MBA em Organizações e Estratégia e

Mestrado em Sistemas de Gestão (2016) pela Universidade Federal Fluminense. Lecionou aulas de História do Brasil para curso de pré-vestibular e para concursos militares em comunidades, período de 06/2010 - 12/2011. Trabalhou como Assistente de Auditoria externa e interna, Faturamento e com Análise de Indicadores em Projetos contábeis - Petróleo Brasileiro S.A. Avaliador de Artigos nos congressos CNEG e INOVARSE - 2014 e 2015. Atualmente é Professor da Universidade Anhanguera Educacional, lecionando matérias para os cursos de Engenharia de Produção, Engenharia Civil e Tecnólogo em Gestão Ambiental.

Rodrigo Amado dos Santos possui graduação em Turismo pela Universidade Metodista de Piracicaba (2003) e mestrado em Ciências Sociais pela Universidade Estadual Paulista Júlio de Mesquita Filho (2009). Em 2014 inicia seu doutorado no Programa de Pós-Graduação em Sistemas de Gestão Sustentáveis da Universidade Federal Fluminense, sendo aprovado em primeiro lugar no processo seletivo de 2014. Atualmente é professor dos cursos de bacharelado em hotelaria e de licenciatura em turismo da Universidade Federal Rural do Rio de Janeiro. Também é professor colaborador do curso de mestrado do Programa de Pós-Graduação em Gestão Estratégica - PPGE. É membro dos seguintes Grupos de Pesquisa CNPQ: Estratégias, Tecnologias e Gestão de Organizações, Produtos e Serviços; Gestão de Organizações, Conhecimento, Projetos e Tecnologia da Informação. Possui experiência nas áreas interdisciplinares e das ciências sociais aplicadas, com enfoque em pesquisas que observam as seguintes temáticas: gestões organizacionais, desenvolvimento sustentável, responsabilidade social corporativa e gestão da qualidade total.

Rodrigo Goyannes Gusmão Caiado é Doutorando em Sistemas de Gestão Sustentáveis do Programa de Engenharia de Produção, com ênfase na área de Apoio à Decisão nas Organizações (PPSIG/UFF – 2017); Mestre em Engenharia Civil (stricto sensu) com foco na Área de Gestão, Produção e MeioAmbiente (Pós-civil/UFF – 2015); Pósgraduação (Lato sensu) com MBA em Gestão Empresarial (UNESA – 2016); Graduado em Engenharia de Produção (UFF – 2012). Atua como pesquisador e possui produções científicas nas áreas de Responsabilidade Social, Gestão de Projetos, Métodos Multicritério, Sustentabilidade, Lean Six Sigma e Gestão de Riscos. Experiência Profissional nos setores de Óleo e Gás e Construção Naval. ORCID: http//orcid.org/0000-0002-3290-8385

Ronaldo Granha é Mestre em Sistemas de Gestão pelo LATEC/UFF. Pós-graduado em Finanças Corporativas pela Pontifícia Universidade Católica (1995) e em Telecomunicações pela Universidade Federal Fluminense (2005). Graduado em Engenharia Civil pela Universidade Veiga de Almeida (1982). Sua experiência profissional envolve as áreas de Compliance, Gestão de Processos, Gerenciamento de Riscos, Controles Internos, Auditoria, segurança da informação e Gestão de Tecnologia da Informação. É professor da Universidade Estácio de Sá

Ronnie J-Figueiredo, Professor Associado na Ibmec e Fundação Dom Cabral. Professor Convidado do Latec nos programas de Pós-Graduação – MBA. Atualmente é investigador científico no LATEC – Laboratório de Tecnologia, Meio Ambiente e Gestão de Negócios. Os seus interesses de investigação centram-se nas seguintes áreas: Estratégia, Competitividade e Inovação. Autor dos livros Gestão do Conhecimento e Reflexões de um Estrategista. Possui artigos publicados em revistas científicas internacionais.

Sávio Luís Oliveira da Silva possui graduação em Licenciatura Plena em Educação Física pela Universidade Federal do Rio de Janeiro - UFRJ (2003) e Mestrado em Sistemas de Gestão pela Universidade Federal Fluminense - UFF (2015). Doutorando em Sistemas de Gestão Sustentáveis na Universidade Federal Fluminense – UFF

Sergio Luiz Braga França é Doutor em Engenharia Civil (UFF), ênfase em Gestão, Produção, Qualidade e Desenvolvimento Sustentável. Especialista em Engenharia de Segurança do Trabalho (UFF). Professor Adjunto III do Departamento de Engenharia Civil (UFF). Coordenador do Núcleo de Inovação e Tecnologia para a Sustentabilidade (NITS/UFF). Professor credenciado no Programa de Pós Graduação em Sistemas de Gestão (LATEC/UFF). Atua em projetos de P&D nas áreas de Sustentabilidade, Qualidade, Meio Ambiente, Responsabilidade Social e Segurança do Trabalho.

Sergio Ricardo da Silveira Barros é Economista com Pós-Doutorado em Sistemas de Gestão pelo LATEC/ UFF - Laboratório de Tecnologia, Gestão de Negócios & Meio Ambiente com apoio da FAPERJ. Atualmente é Professor Adjunto do Departamento de Análise Geoambiental da Universidade Federal Fluminense - UFF, do Doutorado em Sistemas de Gestão Sustentáveis e do Mestrado em Sistemas de Gestão/LATEC-UFF na área de Gestão Ambiental. É Membro do Comitê Científico da REMADS – Rede UFF de Meio

Ambiente e Desenvolvimento Sustentável. Possui Doutorado em Geografia pela Universidade Federal Fluminense na área de Ordenamento Territorial e Ambiental, Mestrado em Ciência Ambiental - PGCA pela Universidade Federal Fluminense em Gestão Ambiental. Atuou na coordenação e na execução de projetos em Gerenciamento Costeiro, Gestão Ambiental Portuária, Planejamento Ambiental e Territorial e de Valoração Econômica. Participa dos seguintes Grupos de Pesquisas da UFF/CNPq: em Gerenciamento Costeiro, Gestão de Riscos de Processos em Sistemas Industriais e de Estratégia, Inovação e Avaliação.

Simone Milach é Mestranda em Sistemas de Gestão Sustentável pela Universidade Federal Fluminense investigando a temática da Ciência Cidadã com o uso de Novas Tecnologias da Informação e Comunicação. Especialização em Gestão Ambiental pela Universidade Federal do Rio de Janeiro; Certificado em Gestão de projetos pela Fundação Getúlio Vargas; Graduação na área ambiental (oceanologia) pela Fundação Universidade Federal do Rio Grande e graduação na área de comunicação (jornalismo) pela Universidade Federal de Santa Catarina. Atuou na gerência de projetos com ênfase em sustentabilidade e gestão ambiental; na coordenação de grupos de comunicação socioambiental; e em diversos projetos socioambientais de organizações de pequeno e grande porte, redes de pesquisa e organizações não governamentais.

Tatiana Sanchez, economista, especialista em mercado de trabalho e desenvolvimento local pela OIT. Desenvolveu e esteve à frente dos estudos do IFDM desde 2008, índice de referência em desenvolvimento municipal de abrangência nacional e três dimensões do desenvolvimento humano: Saúde, Educação e Mercado de Trabalho. Participou de importantes publicações da FIRJAN como IFGF, índice de gestão fiscal dos municípios, também de abrangência nacional, do Mapa do Desenvolvimento do Estado do Rio de Janeiro e do Diagnóstico de Comércio Exterior. Atualmente na área de Inteligência de Mercado, é responsável pelas pesquisas do Sistema FIRJAN junto às empresas, alunos e trabalhadores com foco no desenvolvimento da Indústria Fluminense. Recentemente publicou as pesquisas Jovens Empresários Empreendedores com cobertura internacional em 7 países e Incentivos Fiscais no Estado do Rio de Janeiro. Coordena pesquisa de diversos temas entre eles Imagem, Defesas de Interesses, Egressos e direcionamento de portfólio. Incentiva o desenvolvimento da Indústria Criativa através de pesquisas como Novos Modelos de Negócios e o acompanhamento sistemático das informações do Mapeamento da Industria Criativa no Brasil e seus diversos recortes regionais e temáticos.

Thamilla Talarico, mestre em Estudos da Linguagem pela PUC-Rio e advogada com experiência em direito empresarial, contratos e investimentos estrangeiros, hoje é Especialista de Indústria Criativa do Sistema FIRJAN, onde atua em projeto estratégico com foco no desenvolvimento empresarial criativo do Estado do Rio de Janeiro, tendo como principal função a articulação político-privada institucional, além do intercâmbio de negócios internacionais. Na área de Relações Internacionais da FIRJAN, participou de missões diplomáticas pela Europa e recebeu e acompanhou no Brasil, delegações empresariais e autoridades de todos os continentes. Na Gerência Setorial da Federação, foi representante do setor Audiovisual, tendo participado da construção e desenvolvimento do programa de internacionalização Films From Rio, com passagens pelos festivais de Cannes, Berlim, Rotterdam e Buenos Aires. Antes disso, como produtora audiovisual independente, atuou em projetos premiados como Tropa de Elite e os documentários Estamira e Hélio Oiticica